普通高校本科计算机专业特色教材精选·网络与通信

周　昕主　编
贾冬梅　任百利　副主编

清华大学出版社
北京

内容简介

本书为《数据通信与网络技术》第2版，相比第1版而言，本书在内容和结构方面都有较大的修改。

本书比较完整地叙述了数据通信与网络技术的基础知识及其相关内容，把数据通信、通信网络和计算机网络的知识融合在一起，主要介绍了计算机网络的技术基础、数据通信基础、传输介质及其应用、计算机局域网、网络互联设备及组网、网络互联和TCP/IP协议、交换机的配置与管理、路由器的配置与管理、接入网技术、帧中继和ATM技术、网络安全、网络综合布线以及通信网基础知识等。在介绍理论知识的前提下，特别注重应用能力的培养，使学生在学习的过程中，不仅掌握理论知识，而且具备实际应用能力。通过本书的学习，读者可以对数据通信和网络技术有一个全面了解，掌握交换机、路由器等设备的实际配置与管理方法。

本书可作为高等院校计算机专业、通信专业、电子信息科学与技术、自动化等信息类以及非信息类相关专业的数据通信、计算机网络等专业基础课或专业课教材，高职高专也可根据需要选讲其中的部分内容，也适合于数据通信和网络的初学者以及工程技术人员使用。

图书在版编目(CIP)数据

数据通信与网络技术/周昕主编；贾冬梅，任百利副主编. —2版. —北京：清华大学出版社，2014（2023.2重印）
普通高校本科计算机专业特色教材精选・网络与通信
ISBN 978-7-302-35540-3

Ⅰ. ①数… Ⅱ. ①周… ②贾… ③任… Ⅲ. ①数据通信－高等学校－教材 ②计算机网络－高等学校－教材 Ⅳ. ①TN919 ②TP393

中国版本图书馆CIP数据核字(2014)第034928号

责任编辑：汪汉友　徐跃进
封面设计：傅瑞学
责任校对：梁　毅
责任印制：丛怀宇

出版发行：清华大学出版社
　　网　址：http://www.tup.com.cn，http://www.wqbook.com
　　地　址：北京清华大学学研大厦A座　　**邮　编**：100084
　　社 总 机：010-83470000　　**邮　购**：010-62786544
　　投稿与读者服务：010-62776969，c-service@tup.tsinghua.edu.cn
　　质量反馈：010-62772015，zhiliang@tup.tsinghua.edu.cn
　　课件下载：http://www.tup.com.cn，010-62795954
印 装 者：北京鑫海金澳胶印有限公司
经　销：全国新华书店
开　本：185mm×260mm　　**印　张**：22.25　　**字　数**：553千字
版　次：2004年2月第1版　2014年9月第2版　　**印　次**：2023年2月第6次印刷
定　价：64.50元

产品编号：035149-03

出版说明

INTRODUCTION

在我国高等教育逐步实现大众化后，越来越多的高等学校将会面向国民经济发展的第一线，为行业、企业培养各级各类高级应用型专门人才。为此，教育部已经启动了“高等学校教学质量和教学改革工程”，强调要以信息技术为手段，深化教学改革和人才培养模式改革。如何根据社会的实际需要，根据各行各业的具体人才需求，培养具有特色显著的人才，是我们共同面临的重大问题。具体地，培养具有一定专业特色的和特定能力强的计算机专业应用型人才则是计算机教育要解决的问题。

为了适应21世纪人才培养的需要，培养具有特色的计算机人才，急需一批适合各种人才培养特点的计算机专业教材。目前，一些高校在计算机专业教学和教材改革方面已经做了大量工作，许多教师在计算机专业教学和科研方面已经积累了许多宝贵经验。将他们的教研成果转化为教材的形式，向全国其他学校推广，对于深化我国高等学校的教学改革是一件十分有意义的事。

清华大学出版社在经过大量调查研究的基础上，决定编写出版一套“普通高校本科计算机专业特色教材精选”。本套教材是针对当前高等教育改革的新形势，以社会对人才的需求为导向，主要以培养应用型计算机人才为目标，立足课程改革和教材创新，广泛吸纳全国各地的高等院校计算机优秀教师参与编写，从中精选出版确实反映计算机专业教学方向的特色教材，供普通高等院校计算机专业学生使用。

本套教材具有以下特点：

1. 编写目的明确

本套教材是深入研究各地各学校办学特色的基础上，面向普通高校的计算机专业学生编写的。学生通过本套教材，主要学习计算机科学与技术专业的基本理论和基本知识，接受利用计算机解决实际问题的基本训练，培养研究和开发计算机系统，特别是应用系统的基本能力。

2. 理论知识与实践训练相结合

根据计算学科的三个学科形态及其关系，本套教材力求突出学科的理论与实践紧密结合的特征，结合实例讲解理论，使理论来源于实践，又进一步指导实践，学生通过实践深化对理论的理解，更重要的是使学生学会理论方法的实际运用。在编写教材时突出实用性，并做到通俗易懂，易教易学，使学生不仅知其然，知其所以然，还要会其如何然。

3. 注意培养学生的动手能力

每种教材都增加了能力训练部分的内容，学生通过学习和练习，能比较熟练地应用计算机知识解决实际问题。既注重培养学生分析问题的能力，也注重培养学生解决问题的能力，以适应新经济时代对人才的需要，满足就业要求。

4. 注重教材的立体化配套

大多数教材都将陆续配套教师用课件、习题及其解答提示，学生上机实验指导等辅助教学资源，有些教材还提供能用于网上下载的文件，以方便教学。

由于各地区各学校的培养目标、教学要求和办学特色均有所不同，所以对特色教学的理解也不尽一致，我们恳切希望大家在使用教材的过程中，及时地给我们提出批评和改进意见，以便我们做好教材的修订改版工作，使其日趋完善。

我们相信经过大家的共同努力，这套教材一定能成为特色鲜明、质量上乘的优秀教材，同时，我们也希望通过本套教材的编写出版，为“高等学校教学质量和教学改革工程”作出贡献。

清华大学出版社

前言

PREFACE

计算机技术与通信网络技术的发展与融合，使现代社会进入了一个崭新的信息网络时代，网络通信技术广泛应用于各行各业的各个方面，并对社会的发展产生了深刻的影响。

本教材为第2版，讲授的是计算机网络的基本知识和基本原理，所以教材中保留了第1版中主要的内容，同时，也增加了许多新的内容，反映了网络技术的发展趋势，更加适合计算机网络教学的要求。

全书共分14章，第1章计算机网络技术基础，主要介绍网络的组成、网络拓扑结构、计算机网络体系结构等，将第1版中第6章的部分内容作为第2版第1章的主要内容，便于掌握计算机网络的基本概念和基本知识。第2章数据通信基础，主要介绍数据通信系统所涉及的基本概念、描述了数据编码及编码格式、数据传输技术、多路复用技术基础、数据交换技术和差错检测控制方法等。本章在第1版的基础上将原第3章的内容并入现在的第2章，使数据通信基础部分更加完整。第3章传输介质及其应用，主要介绍传输介质的结构及其特性等。第4章计算机局域网，主要介绍IEEE802标准，以太网、令牌环网、令牌总线等。第5章网络互联设备及组网，主要介绍交换机、路由器等网络互联设备以及局域网的组网技术。第6章网络互联和TCP/IP协议，主要介绍网络互联和TCP/IP协议、IP报文、IP编址技术、IP路由、IP子网技术、网际层协议、传输层协议、应用层协议以及网络中的常用管理命令等，在原第1版的基础上增加了很多内容，变化较大。第7章交换机与虚拟局域网，主要介绍交换机的基本配置，虚拟局域网VLAN和生成树协议等。第8章路由选择和路由器基本配置与管理，主要介绍路由器的基本功能、路由器的基本配置、路由选择、静态路由协议和动态路由协议等。新增加了第9章接入网技术，主要介绍接入网的接入方式和几种常用的接入网技术。第10章帧中继，主要介绍帧中继技术、帧中继的管理与控制、帧中继的配置等。新增加了第11章ATM技术，主要介绍ATM异步传输模式、ATM的工作原理和ATM交换以及ATM体系结构等内容。第12章计算机网络安全技术，主要介绍网络安全的基础知识、数据加密及其方法等。第 13 章网络综合布线系统，主要介绍综合布线系统的总体设计、工程设计，施工技术，验收和鉴定等。第 14 章通信网基础，主要介绍通信网基础知识，是新增加的内容。

本书可作为高等院校相关专业的数据通信、计算机网络等专业基础课或专业课教材，高职高专也可根据需要选讲其中的部分内容，也适合于数据通信和网络的初学者以及工程技术人员使用。

本书由周昕主编，贾冬梅、任百利、徐洪学、高玉潼、原玥参加编写，其中第 1、2、3、4、5、9、13 章由周昕编写，第 6 章由任百利编写，第 7、8、10 章由贾冬梅编写，第 11 章由原玥编写，第 12 章由徐洪学编写，第 14 章由高玉潼编写，全书由周昕统稿。在本书的编写过程中有许多人给予了很多帮助，在此一并表示感谢。由于水平有限，书中难免存在疏漏和错误，恳请专家和读者批评指正。

编　者

2013 年 10 月 3 日

目录

CONTENTS

第1章 计算机网络技术基础

CHAPTER

1.1 计算机网络概述

随着计算机技术的普及，人们既希望能共享信息资源，也希望各计算机之间能相互传递信息，因此，使得计算机技术向网络化方向发展，将分散的计算机连接成网络。所谓网络就是将分布在不同地理区域的计算机与专门的外部设备用通信线路互连成一个系统，在配有相应的网络软件（网络协议、操作系统等）的情况下实现资源共享的系统。应该说，网络技术是现代通信技术与计算机技术相结合的产物。

网络系统的产生和发展，使现代社会发生了巨大变化，尤其是 Internet 的建立，推动了网络向更高层次发展，建设信息高速公路，更使网络技术进入新的发展阶段。

1.1.1 网络的产生与发展

计算机网络的发展大体上可以分为以下 4 个发展阶段。

1. 面向终端的计算机网络

随着军事、工业等部门应用计算机的需要，人们非常需要将分散在不同地方的数据进行集中处理，在 20 世纪 50 年代，人们开始将彼此独立发展的计算机技术与通信技术结合起来进行研究，以计算机为中心，各终端通过通信线路共享主机的硬件和软件资源，实际上就是以单机为中心的联机系统。

2. 分组交换网

20 世纪 60 年代中期，英国的 Davies 提出了分组（packet）的概念，使计算机的通信方式由终端与计算机的通信发展到了计算机与计算机之间的通信。到了 20 世纪 60 年代末期，美国国防部高级计划研究署的分组交换网 ARPANET 的建立，对网络技术的发展起了重要的作用，使网络的概念发生了根本性的变化,表明了计算机网络要完成数据处理与数据通信两大功能,为Internet的形成奠定了基础。其核心技术是分组交换。分组交换网由通信子网与资源子网组成。

3. 形成计算机网络体系结构和网络协议的标准化

20世纪70年代中期国际上各种网络系统发展十分迅速,相互通信的计算机系统必须高度协调才能工作,因此网络体系结构和网络协议的国际标准化问题越发重要。为了使不同体系结构的网络能够实现互联,ISO推出了开放系统互联网络的参考模型,对网络理论体系的形成与网络技术的发展起了重要作用。

4. 网络互联与高速网络技术

从20世纪80年代末期,计算机网络迅速发展,其主要标志为采用高速网络技术;建设信息高速公路;多媒体网络及宽带综合业务数据网(B-ISDN)的开发和利用;智能网络的发展以及高速以太网、光纤分布式数据接口FDDI、快速分组交换技术;特别是Internet的发展,更是促使网络技术飞速发展,实现全球范围内的网络通信。

1.1.2 计算机网络的主要功能

计算机网络由计算机系统、通信链路(指线路及其设备)和网络节点组成。一般的网络体系具有下述主要功能。

1. 通信功能

网络技术是通信技术和计算机技术结合的产物,信息的传递是计算机的基本功能。

2. 资源共享

资源共享指共享计算机系统的硬件、软件和数据。硬件资源共享,指在网络内提供对处理资源、存储资源、输入输出资源等的共享,特别是对一些高级和昂贵的设备;软件资源共享,包括很多语言处理程序、网络软件等;数据资源共享,包括各种数据库、数据文件等。网络提高了整个系统的数据处理能力,降低了平均处理费用。

3. 提高了系统的可靠性和可用性

网络依靠可替代的资源提高可靠性,使网络计算机彼此互为备用。一台计算机出故障,可将任务交由其他计算机完成;可用性指通过计算机网络均衡各台计算机的负担,由网络上的计算机协同完成各种处理任务,均衡使用网络资源,提高了每台计算机的可用性。

4. 容易进行分布式综合处理

利用网络技术,按一定的算法将复杂任务交给不同计算机协作完成,便于采用分布式处理综合解决大型复杂的问题。

1.1.3 计算机网络的分类

对网络的分类可以按不同的标准、从不同的角度进行划分。最常用的方法是按网络覆盖范围大小进行分类，通常分为局域网(LAN)、城域网(MAN)和广域网(WAN)3大类。

1. 局域网

局域网(Local Area Network,LAN)指在有限地理区域内构成的覆盖面相对较小的计算机网络，传输距离在数百米左右，覆盖范围通常不超过几十千米，节点位置通常设在校园、建筑物或室内。网络拓扑常用简单的总线型、环状或星状结构，传输距离短，传输延迟低，传输速率为10～1000Mb/s。

2. 城域网

城域网(Metropolitan Area Network,MAN)覆盖范围是一个城市，传输距离一般在10～150km之间，目前多采用光纤或微波作为传输介质，树状拓扑结构。传输速率一般大于100Mb/s。

3. 广域网

广域网(Wide Area Network,WAN)又称远程网，是一种跨城市、跨国家的网络，其主要特点是进行远距离(几十到几千千米)通信。广域网通常含有复杂的分组交换系统，涉及电信通信的方式等。广域网传输时延大(尤其是国际卫星分组交换网)，信道容量较低，数据传输速率为5.6kb/s～155Mb/s甚至更高。

Internet指世界范围内，通过网络互联设备把不同的众多网络根据通信协议互联起来，形成全球最大的开放系统互联网络。

1.1.4 计算机网络的构成

计算机网络是在用户应用需要的推动下，促使计算机技术和通信技术的完善，逐步形成的。计算机网络要完成数据处理和数据通信两大基本功能，在结构上分为负责数据处理的计算机与终端；负责数据通信处理的通信控制处理机(Communication Control Processor,CCP)与通信线路。在逻辑功能上分为资源子网和通信子网两部分。

1. 资源子网

资源子网由主机系统、终端、终端控制器、连网外设、各种软件资源与信息资源组成。负责全网的数据处理，向网络用户提供各种网络资源与网络服务。其中主机是资源子网的主要组成单元，通过高速通信线路与通信子网的通信控制处理机相连接。

2. 通信子网

通信子网也称数据通信网，由通信控制处理机、通信线路与其他通信设备组成，完成网络数据传输、转发等通信处理任务；通信控制处理机在网络中称为网络节点；通信线路为通信设备之间提供通信信道。

1.1.5 计算机网络拓扑结构

从拓扑学的观点看计算机系统,抽象出网络系统的具体结构成为计算机网络拓扑结构。常见的计算机网络拓扑结构主要有以下几种。

1. 星状拓扑结构

星状拓扑结构指所有节点通过传输介质与中心节点相连,全网由中心节点执行交换和控制功能,即任意节点间的通信都要经过中心节点进行转发,中心节点通常为集线器(hub)(见图1-1)。

星状拓扑结构简单,便于集中控制和管理,建网容易,故障容易隔离和定位,网络延迟较小;但网络的中心节点负担过重,如果中心节点出现故障,将导致全网失效。设立备用中心可以提高其可靠性。

2. 环状拓扑结构

环状拓扑结构指将每个节点的转发器通过节点到信道的连接成闭合环路,信息沿环状信道流动,通常是单向的。采用存储转发的形式将数据从一个节点传送到环上的下一个节点。环状拓扑见图1-2。

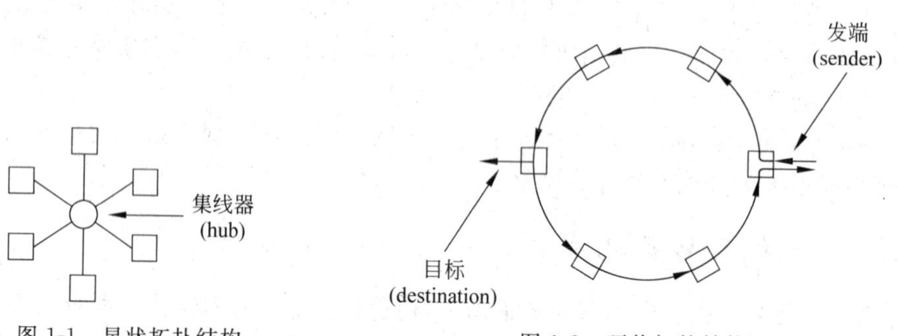

图1-1 星状拓扑结构

图1-2 环状拓扑结构

环状拓扑结构控制逻辑简单,节点之间通路唯一,不过一旦某一个节点或某一段信道失效,会影响全局,所以实际应用中常设置备份的第二环路,旁路故障节点。

3. 总线拓扑结构

总线拓扑结构是将若干个节点设备连接到一条共用总线上,共享一条传输介质,见图1-3。

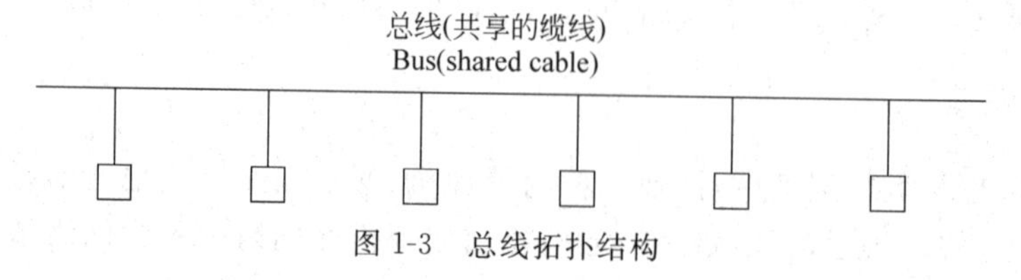

图1-3 总线拓扑结构

总线型网络采用广播通信方式，所有节点都可以通过总线传输介质发送或接收数据，但一段时间内只允许一个节点利用总线发送数据。网络结构简单灵活，便于扩充，可靠性高，易于布线，由于总线上的所有站都可以接收总线上的信息，易于控制信息流动。但是，因采用单一信道提供所有服务，如果信道出现故障，将影响全网工作。同时网络负载不能过重。

4. 树状拓扑结构

树状拓扑结构将节点按层次连接，是一种具有顶点的分层或分级结构，见图 1-4。

树状拓扑结构由顶点执行全网的控制功能，控制较简单，易于扩展，故障隔离容易。但如顶点故障，又无备用设备，就会使全网瘫痪。

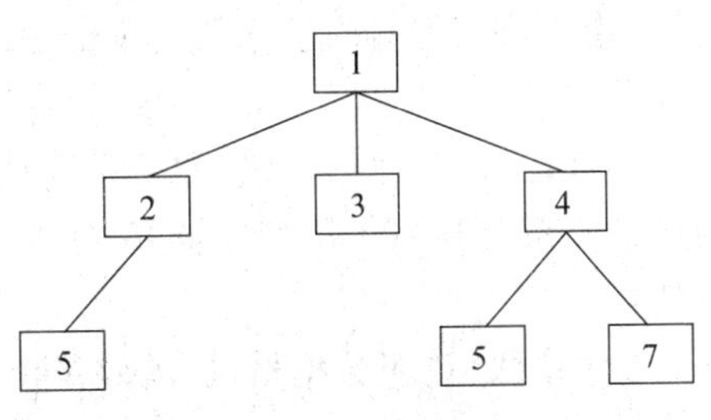

图 1-4　树状拓扑结构

5. 网状拓扑结构

网状拓扑结构指任意两个节点间存在多条可能路径，以供选择路由，提高了可靠性，大多数分组交换网都采用这种结构，但它的投资大，而且网络协议在逻辑上相当复杂。网状拓扑见图 1-5。

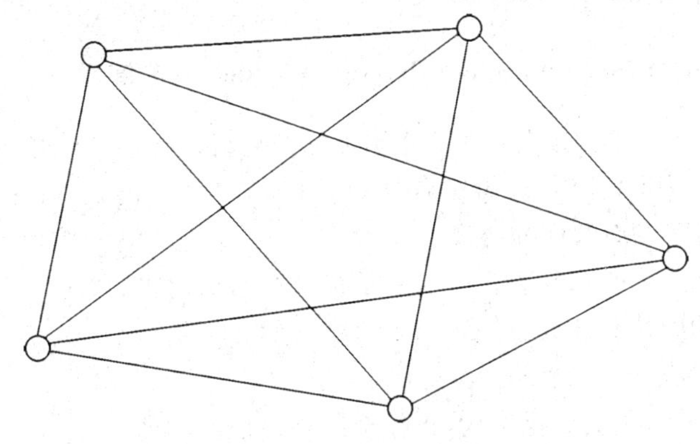

图 1-5　网状拓扑结构

1.2　计算机网络体系结构

1.2.1　计算机网络体系结构和协议

1. 体系结构

计算机网络体系结构就是采用层次化结构，将整个网络通信的功能分出层次，每层完成特定的功能，并且采用下层为上层提供服务的方式。

体系结构分层的原则：

(1) 网络中各节点都具相同的层次；

(2) 不同节点的相同层具有相同的功能;
(3) 同一节点内各相邻层之间通过接口通信;
(4) 每一层可以使用下层提供的服务,并向其上层提供服务;
(5) 不同节点的同等层通过协议实现对等层之间的通信。

2. 协议

计算机网络是将多种计算机和各类终端,通过通信线路连接起来的一个复杂系统,要实现资源共享,就必须使网络上的各个节点使用协调一致的规定,这就是网络协议。所谓协议,指通信双方共同遵守的规则的集合。协议的制定和实现采用层次结构,即将复杂的协议分解为一些简单的分层协议,再综合成总的协议。如果是同等功能层次间双方必须遵守的规定,称为通信协议;如果是同计算机不同功能层间的通信规则,规定了两层之间的接口关系及利用下层的功能提供上层的服务。则称为接口或服务。协议的主要内容包括:
(1) 语法,说明数据格式、编码及信号电平等;
(2) 语义,用于协调和差错处理的控制信息;
(3) 定时,包括速度匹配和排序等。

1.2.2 开放系统互连参考模型

OSI(Open System Interconnection Reference Model)参考模型

为了使网络系统结构标准化,1978年国际标准化组织提出了开放系统互连参考模型(OSI/RM),又与CCITT协同提出了各层协议(即7层)等,作为指导计算机网络发展的标准协议。

所谓"开放系统"是指一个系统与其他系统进行通信时能够遵循OSI标准的系统。开放系统互连参考模型的7层结构见图1-6。

应用层A
表示层P
会话层S
传输层T
网络层N
数据链路层DL
物理层PH

图1-6 开放系统互连参考模型

OSI参考模型采用了层次化结构,将整个网络通信的功能分为7个层次,每层完成特定的功能,并且下层为上层提供服务。通常把7层中1、2、3层,即物理层、数据链路层和网络层称为低三层,也称通信子网,是由计算机和网络共同执行的功能;把4、5、6、7层称为高层组,执行开放系统之间的通信控制功能,也称资源子网。

1. 物理层

物理层是OSI的最下层,直接与物理传输介质相连。物理层的功能是提供数据终端设备(Data Terminal Equipment,DTE)之间、DTE与数据线路端接设备(Data Circuit-terminaing Equipment,DCE)之间的机械连接设备插头、插座的尺寸和端头数及排列等,见图1-7。

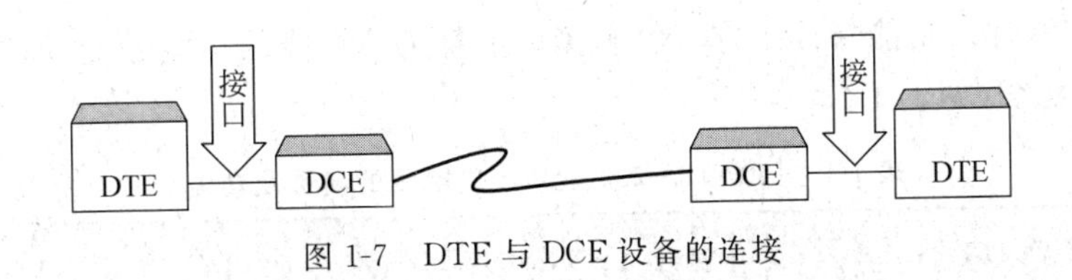

图 1-7　DTE 与 DCE 设备的连接

DTE 产生数据并且传送到 DCE。而 DCE 将此信号转换成适当的形式在传输线路上进行传输。在物理层，DTE 可以是终端、微机、打印机、传真机等其他设备，但是一定要有一个转接设备才可以通信。DCE 是指可以通过网络传输或接收模拟数据或数字数据的任意一种设备，最常用的设备就是调制解调器。

如 ISO 所规定的连接器标准，电气的接口电路，如 EIA RS-232C 部分内容等。物理层负责在计算机之间传递数据位，为在物理介质上传输的位流建立规则，定义电缆连接方式，在电缆上发送数据时的传输技术等。物理层在网络上实现设备之间连接的物理接口，这些接口主要通过 4 个方面定义它的特性：

(1) 机械特性。DTE 和 DCE 之间的接口首先涉及用于多线互连的接插件的机械特性。机械特性规定了网络物理连接时所使用的可接插连接器的形状和尺寸，连接器中引脚的数量、功能、规格，建议的最大电缆长度，以及最大的电容等，见图 1-8。

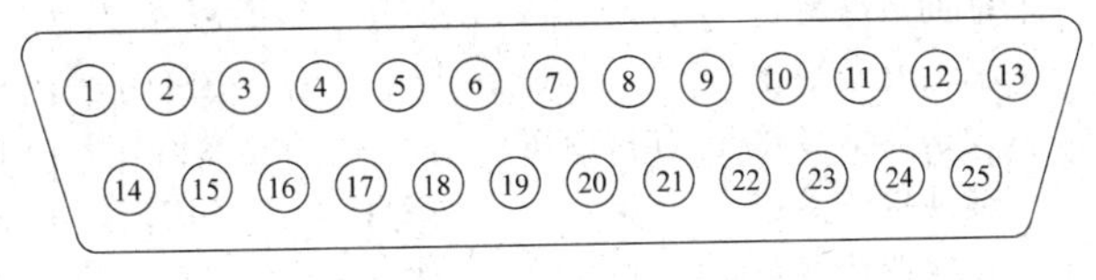

图 1-8　RS-232 接口

(2) 电气特性。电气特性规定了在物理连接上传输二进制比特流时，线路上信号电平的高低、阻抗及阻抗匹配、传输速率与传输距离；主要考虑信号波形和参数、电压和阻抗的大小、编码方式等，它决定传输速率和传输距离。接口的电气性能主要有 3 种：不平衡型、半平衡型和平衡型，其主要区别是驱动线路和接收线路是否采用差分驱动或差分接收电路。

RS-232C 对所有信号线采用一根公共的回线，回线上瞬变的电压降对信号电平产生干扰。RS-232C 和 RS-423A 称为非平衡型电路连接，而 RS-422A 称平衡型电路连接，见图 1-9。

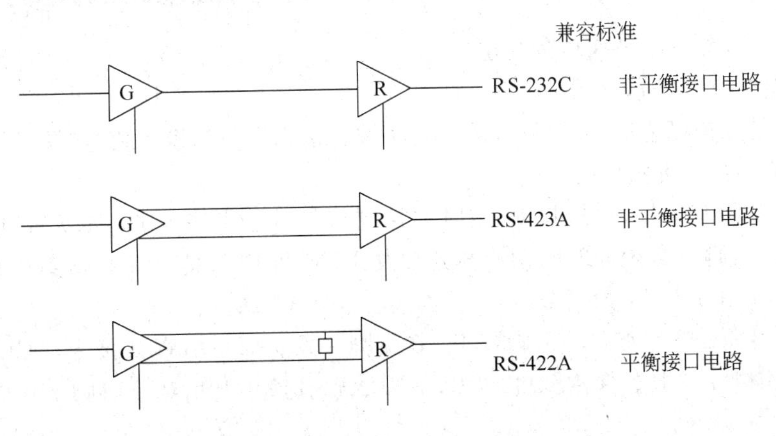

图 1-9　通信接口的电气特性

(3) 功能特性。功能特性规定了物理接口上各条信号线的功能分配,如数据线、控制线、定时线和地线,见表1-1。

表1-1 (EIA)RS-232 系列接口电路的名称及功能

引脚编号	EIA电路	CCITT电路	信号描述	通用缩写	EIA RS-449	EIA RS-232C	EIA RS-232D
1	AA	101	保护机架地(屏蔽)	GND		AA	AA
2	BA	103	发送数据	TD	SD	BA	BA
3	BB	104	接收数据	RD	RD	BB	BB
4	CA	105	请求发送	RTS	RS	CA	CA
5	CB	106	清除发送	CTS	CS	CB	CB
6	CC	107	数据集就绪(DCE 就绪)	DSR	DM	CC	CC
7	AB	102	信号地/公共回路	SG	SG	AB	AB
8	CF	109	接收线信号检测器	DCD	RR	CF	CF
9			保留				
10			保留				
11			未分配				
12	SCF	122	辅助接收线信号检测器		SRR	SCF	SCF
13	SCB	121	辅助清除发送		SCS	SCB	SCB
14	SBA	118	辅助发送数据		SSD	SBA	SBA
15	DB	114	发送器信号单元定时(DCE)		ST	DB	DB
16	SBB	119	辅助接收数据		SRD	SBB	SBB
17	DD	115	接收器信号单元定时		ST	DD	DD
18			未分配(本地自环)		LL		LL
19	SCA	120	辅助请求发送			SCA	SCA
20	CD	108/2	数据终端就绪(DTE 就绪)	DTR	TR	CD	CD
21	CG	110	质量信号检测器	SQ	SQ	CG	CG
22	CE	125	振铃指示器	RI	IC	CE	CE
23	CH	111	数据信号速率选择器(DTE)		SR	CH	CH
23	CI	112	数据信号速率选择器(DCE)		SI	CI	CI
24	DA	113	发送器信号单元定时(DTE)		TT	DA	DA
25			未分配(文本模式)				

下面简单介绍一下各引脚的功能。

① 引脚1和引脚7。

引脚1是保护机架地(或提供屏蔽),它将被连接到设备的机架地;如果使用的是屏蔽电缆,则还应连接至屏蔽层的一端。

引脚7是所有信号,包括数据、定时和控制信号的公共参考点,即所有其他引脚的参考信号地,引脚7必须同时与两端相连以便DTE和DCE能在串行接口中正常工作。

② 引脚2和引脚3:发送数据(TD)和接收数据(RD)。

这两个引脚是非常重要的引脚,DTE在引脚2发送而在引脚3接收,DCE则在引脚3发送而在引脚2接收。在RS-232C中,引脚2或引脚3上相对于引脚7在5~15V之间的正电压表示逻辑0电平，在－5～－15V之间的负电压则表示逻辑1。这些电平是对数据而言的，在控制线上的逻辑0和逻辑1的电压极性则相反。

③ 引脚4和引脚5：请求发送(RTS)和清除发送(CTS)。

清除发送(CTS)又称发送准备好，终端要发送数据必须首先收到来自DCE的清除发送信号。对于专线传输，CTS通常被连接到请求发送(RTS)上。

④ 引脚6和引脚20：数据集就绪(DSR)和数据终端就绪(DTR)。

数据集就绪(DSR)也就是调制解调器就绪，说明调制解调器已经加电。在RS-232D中，引脚6的信号被更名为DCE就绪，而引脚20的信号被更名为DTE就绪。

⑤ 引脚8：接收线信号检测器(DCD或CD)。

接收线信号检测器信号通常称为数据载波检测(DCD)。许多DTE要求这一信号有效才能传输或接收数据。在没有调制解调器的应用中，引脚8通常与引脚20相连，当DTE被打开时后者在大多数情况下是接通的。

⑥ 引脚22：振铃指示器(RI)。

振铃指示器(RI)信号是DCE通知DTE电话正在振铃的手段。实际上是使所有直接与电话网相连(通过FCC认可的模块插座)的调制解调器都能自动应答。

⑦ 引脚15、17、21和24：

同步调制解调器使用引脚15、17、21和24上的信号。由于发送调制解调器在每个比特时间都必须发送信号(1或0)，所以调制解调器控制来自DTE的比特定时。同样接收调制解调器必须在接收后输出比特及其相关定时信息。

⑧ 引脚23：数据信号速率选择器。

引脚23为两个引脚，但实际上它或者是数据信号速率选择器(DTE源)，或者是数据信号速率选择器(DCE源)。因此有些被称为双速率的调制解调器允许在两种传输速度之间进行切换。有时速度是在初始化时由调制解调器自动选择的，有时则是由发送调制解调器选择的。

(4) 规程特性。规程特性规定了信号线进行二进制比特流传输的一组操作过程。即描述通信接口上传输时间与控制执行的时间顺序。通信过程控制由许多控制线的状态变化实现，并且规定了各条控制线的定时关系。例如，请求发送和准备发送的控制电路，用于控制DTE和DCE之间数据的发送和接收过程。DTE置RTS为ON状态，表示它要求发送数据，DCE检测到RTS为ON状态后，就进入发送方式，并且通知另一端的DCE置于接收数据的状态；DTE通过置RTS为OFF状态，表示它要求停止发送数据，DCE检测到RTS为OFF状态后，则置CTS为OFF状态，予以响应。

因此，物理层保证了物理链路的正确连接和数据链路实体之间比特流的透明传输。

2. 数据链路层

数据链路层是OSI的第二层，它的主要功能是保证上层数据帧在信道上无差错地传输；实现链路管理(即建立连接、维持连接及通信后的释放连接)；链路层为了保证通信双方有效、可靠、正确地工作，把比特流划分成帧，并规定识别帧的开始与结束标志，便于检测传输差错及增加传输控制功能;提供数据的流量控制;由通信实体中实现链路层协议的硬件、软件,调制解调器或其他的数据电路终端设备、数据传输电路与设备等构成。

数据链路层为网络层提供服务,主要是面向连接的服务和无连接服务两大类。常用的数据链路层协议有两类,一是面向字符的传输控制规程,如基本型传输控制规程。另一类是面向比特的传输规程,如高级数据链路控制规程(HDLC)。

3. 网络层

网络层是OSI的第三层,主要支持网络连接的实现,为传输层提供整个网络内端到端的数据传输的通路,完成网络的寻址;从传输层来的报文在此转换为分组进行传送,然后在收信节点再装配成报文转给传输层,并保证分组按正确顺序传递;提供路径选择与中继;对通信子网的流量进行控制,防止因通信量过大造成通信子网的性能下降,甚至造成网络拥塞。

网络层为传输层提供服务,主要是面向连接的服务和无连接服务两大类。

4. 传输层

传输层是第四层,建立在网络层之上,为从源端机到目的机提供可靠的数据传输。传输层向高层用户屏蔽了通信子网的细节,使高层用户觉得是在两个传输层实体之间存在着一条端到端的可靠通信系统。传输层的主要功能是建立、拆除和管理传输连接;实现传输层地址到网络层地址的映射;完成端到端可靠的透明传输和流量控制;采取不同的方法,降低通信费用,提高传送报文的能力。

5. 会话层

会话层是第五层,建立在传输层之上,负责组织通信进程之间的对话,协调它们之间的数据流。在这里,用户与用户之间的逻辑上的联系称为会话。实际上会话层是用户(应用进程)进网的接口。会话层的主要功能是,在建立会话时,核实对方身份是否有权参加会话;确定何方支付通信费用;在两个通信的应用进程之间建立、组织和协调交互,提供会话活动管理和会话同步管理等功能。

6. 表示层

表示层是第六层,建立在传输层之上,主要解决两个通信系统中交换信息的表示方法差异问题。表示层管理所用的字符集与数据码、数据在屏幕上的显示或打印方式、颜色的使用、所用的格式等。表示层的主要功能是完成信息格式的转换,对有剩余的字符流进行压缩与恢复,数据的加密与解密等,使信息的表示方法有差异的设备间可以相互通信,提高通信效能,增强系统的保密性等。

7. 应用层

应用层是第七层,也是7层协议的最高层,是用户和网络的界面。在应用层用户可以通过应用程序访问网络服务,为应用进程访问网络环境提供接口或工具,并提供它直接可用的全部 OSI 服务。

1.2.3　数据链路控制

1. 数据链路的结构

数据链路为数据终端到计算机及计算机与计算机之间提供按照某种协议进行传输控制的数据通路。它由数据电路以及数据终端设备(DTE)和通信控制处理器(CCP)中的传输控制部分组成,包括两个终端之间的物理电路,具有能使数据正确传送的链路控制功能。数据链路的基本结构可以分为两种,即点对点和点对多点数据链路(见图 1-10)。

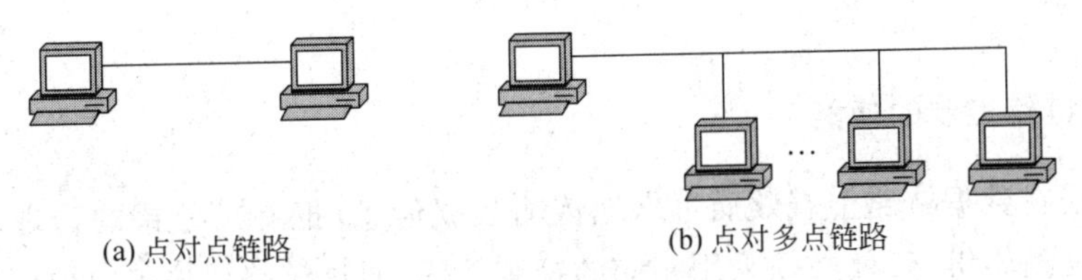

图 1-10　数据链路基本结构

数据链路传输数据信息通常有 3 种操作方式:

(1) 单向型,信息只能按一个方向传输;

(2) 双向交替型,信息先从一个方向传输,然后再以相反的方向传输;

(3) 双向同时型,信息在两个方向上同时传输。

为了减少传输过程中的差错,需要进行检错和纠错控制及收发双方的同步控制等。这种在数据链路上进行的数据传输控制称为传输控制,进行这些传输控制的系列规则称为数据链路控制规程。

2. 数据链路控制的基本概念

连接到数据链路上的 DTE,可以是不同类型的终端或计算机。但从通信的角度来看,它们都具有发送数据和(或)接收数据的能力。所以,从数据链路的逻辑功能上,可以把它们统称为"站"。为了适应不同配置、不同操作方式和不同传输距离的数据通信链路,在点对点链路中,定义了 3 种类型的站:

(1) 主站(primary)。发送信息和命令的站。

(2) 从站(secondary)。接收信息和命令而发出确认信息或响应的站,在主站控制下进行操作,主站为线路上的每个从站维持一条逻辑链路。

(3) 复合站。具有主站和从站的双重功能,既可发送命令也可以发出响应。在点对多点链路中,有一个站称为"控制站",负责组织链路上的数据流,处理链路上所出现的不可恢复的差错情况;其余的站则称为"辅助站"。在集中控制的多站链路中,只允许控制站和辅助站之间传输信息,由控制站发送命令,引导辅助站发送或接收信息。在控制站发送信息时,控制站为"主站",接收信息的站为"从站";若某一时刻辅助站向控制站发送信息,则该辅助站就成为"主站",而控制站成为"从站"。其工作状态见

图1-11。

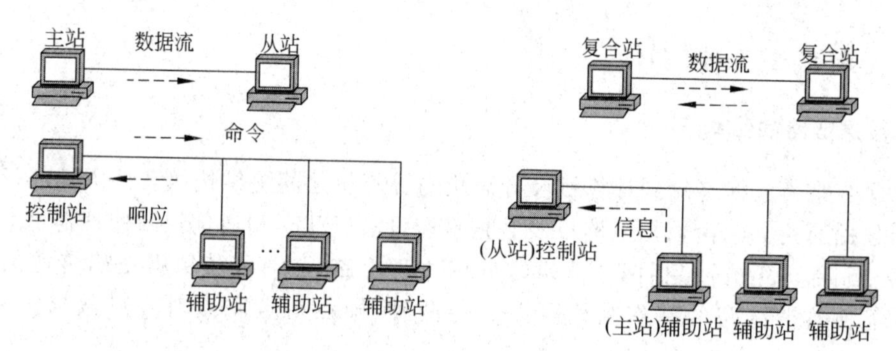

图1-11 各站工作状态

3. 数据链路控制的功能

为了保证在数据链路上有效而可靠地传输数据信息，把易出差错的物理电路改造成相对无差错的逻辑链路，就必须采用相应的控制手段，通过链路层协议对数据链路上传输的数据信息进行控制。其主要功能有：

1）帧控制

在数据链路层使用帧作为数据的传送单元，帧有特定的格式，通常由一些字段和标志组成。标志用于指明帧的开始和结束；字段分为地址字段、控制信息字段、信息字段和校验字段等。通过对帧的控制，可以协调收发双方的工作，保持帧同步，使数据正确传输。

2）透明传输

所谓透明传输指数据链路能传输各种各样的数据信息，而不论数据是什么样的比特组合。这就要求所采用的链路控制规范必须独立于要传输的数据信息。

3）差错控制

当数据传输出现差错时，链路控制规范要求接收端能检测出差错并能够恢复，常用的方法有检错重发和前向纠错两种。

4）流量控制

通过流量控制对链路上的信息流量进行调节，克服链路可能出现的拥塞状况。一般要求发送方发送数据的速率不能超过接收方接收和处理的能力。常用的流量控制方法有停-等方法、面向帧控制方法、滑动窗口控制方法等。

5）寻址

在点对点的连接中，寻址方式非常简单；但在点对多点的连接中，必须进行寻址，以保证每一帧都能送到正确的地址。

6）链路管理

数据链路的建立、维护和释放过程称为链路管理。链路管理包括控制信息的传输方向，建立和释放链路的逻辑连接，等等。

7）异常状态的恢复

当链路发生异常情况像超时收不到响应等，能自动重新启动，恢复到正常工作状态。

4. 数据链路控制协议

1）停-等协议

在广域网数据链路层上，最基本的数据链路控制协议是停止-等待（stop-and-wait）协议。该方法采用接收端检错，发送端执行重发的控制体系，又称为自动请求重发（Automatic Repeat reQuest，ARQ）。停止-等待协议是指当节点 A 发出一个数据帧后，必须停止发送，等待节点 B 的应答（ACKnowledgment）；节点 B 收到数据帧后，经检验无差错，向节点 A 发送应答帧，节点 A 收到应答后才能发送下一个数据帧（见图 1-12）。其中，N_S 表示待发送的帧序号，N_R 表示期望接收的帧序号。

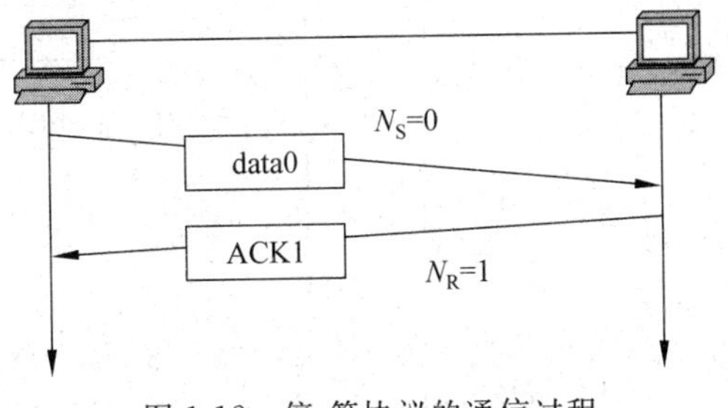

图 1-12　停-等协议的通信过程

如果节点 A 向节点 B 发送数据帧时受到干扰而出现差错或丢失，或者节点 B 收到数据帧后，应答帧在传输过程中受到干扰而丢失时，节点 A 将等不到确认帧，而无法继续发送数据帧，形成死锁（dead lock）。为了解决这样的问题，在节点 A 设置一个定时器，当发出一个数据帧后，便启动定时器，如果在规定的时间内，节点 A 收到应答帧则正常发送下一数据帧，否则便超时（time out）重发数据帧；在发送数据帧的时候，给每个帧都编上顺序号，如果接收方一旦收到重复帧，便可以丢弃此重复帧，但要向节点 A 发送应答帧。具体通信过程见图 1-13、图 1-14 和图 1-15。

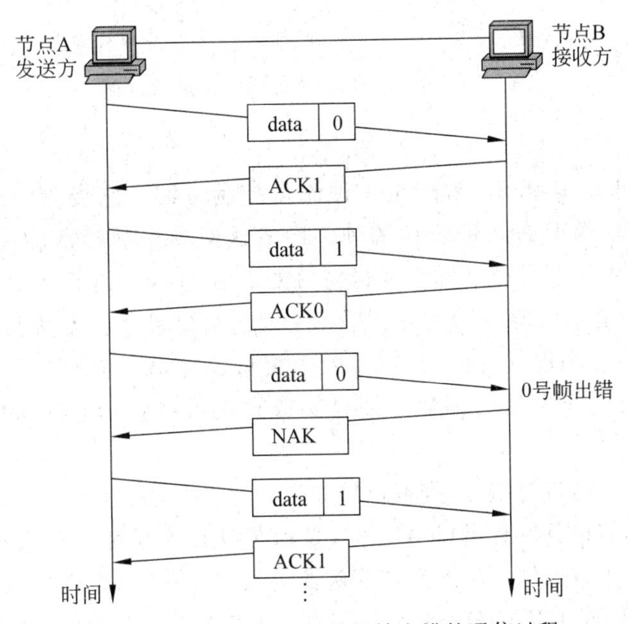

图 1-13　停-等协议发送数据帧出错的通信过程

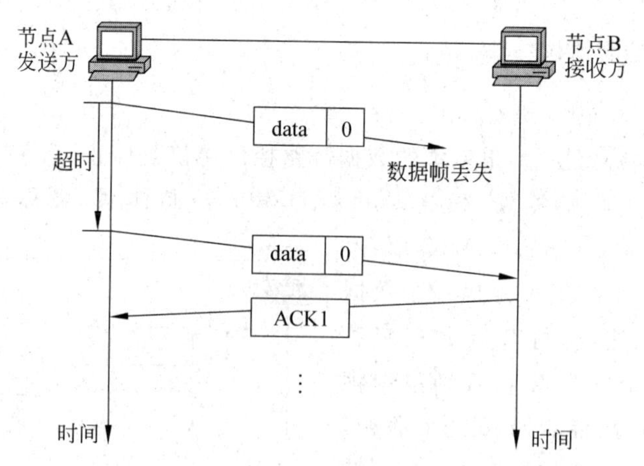

图 1-14 停-等协议发送数据帧丢失的通信过程

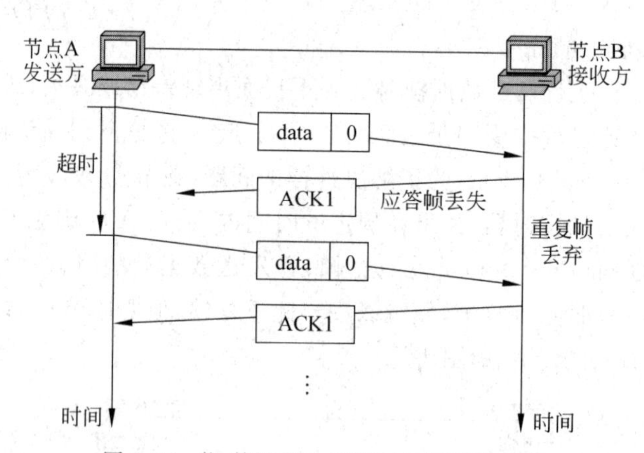

图 1-15 停-等协议应答帧丢失的通信过程

2) 滑动窗口

滑动窗口(sliding window)指的是一种流量控制方法。它要求通信双方要设置缓冲区,用于保存已发送但尚未被确认的帧。已发送但尚未被确认的序号队列的界,称为发送窗口,其上界和下界分别称为发送窗口的上沿 $H(W)$和下沿$L(W)$,上沿 $H(W)$和下沿 $L(W)$之间定义为窗口尺寸 W。设 W_T 发送窗口尺寸,W_R 为接收窗口尺寸。发送窗口是用来对发送端进行流量控制的,发送窗口尺寸 W_T 表示在没有接到对方确认的条件下发送端可连续发送的帧数。接收窗口时表示接收端允许接收的数据帧的序号范围。

假设现在用 3 比特进行编号,则窗口尺寸为 $2^n-1=7$,见图 1-16。

在图 1-16 中,假设其发送窗口 $W_T=3$,表示在没有接到对方确认的条件下,发送端最多可连续发送 3 个数据帧。当发送端依次发送完成 0~2 号数据帧且尚未接到确认信息,则发送窗口已满,停止发送进入等待状态,这时窗口下沿 $L(W)=0$,窗口上沿 $H(W)=2$。如果收到确认帧 $N_{®}=3$,表示期望接收的帧序号为 3,也说明发送的 0~2 号数据帧已全部被对方正确接收,则将 $N_{®}$ 作为窗口的下沿 $L(W)=3$,窗口上沿 $H(W)=5$,可以发送

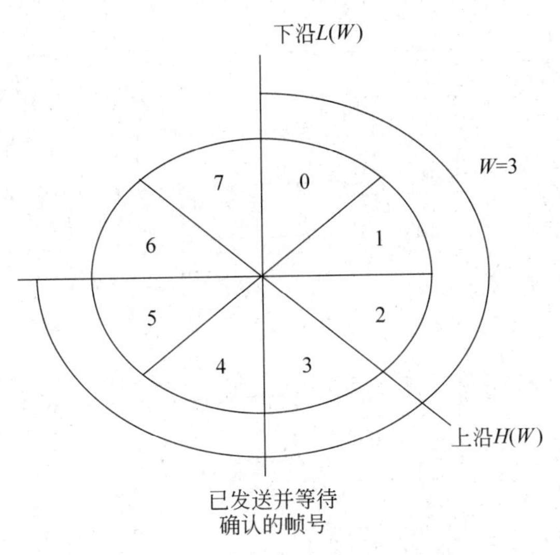

图 1-16　滑动窗口机制的流量控制

3～5 号帧。以此类推，窗口按照规律不断滑动，所以称为滑动窗口机制的流量控制方法。

(1) Go-Back-n ARQ 协议。

在滑动窗口的 Go-Back-n ARQ 方法中，允许发送方连续发送多个数据帧，如果一旦某个帧丢失或出现差错，则将最后传送的一个应答帧之后尚未应答的数据帧全部重新发送，其工作过程见图 1-17 和图 1-18。

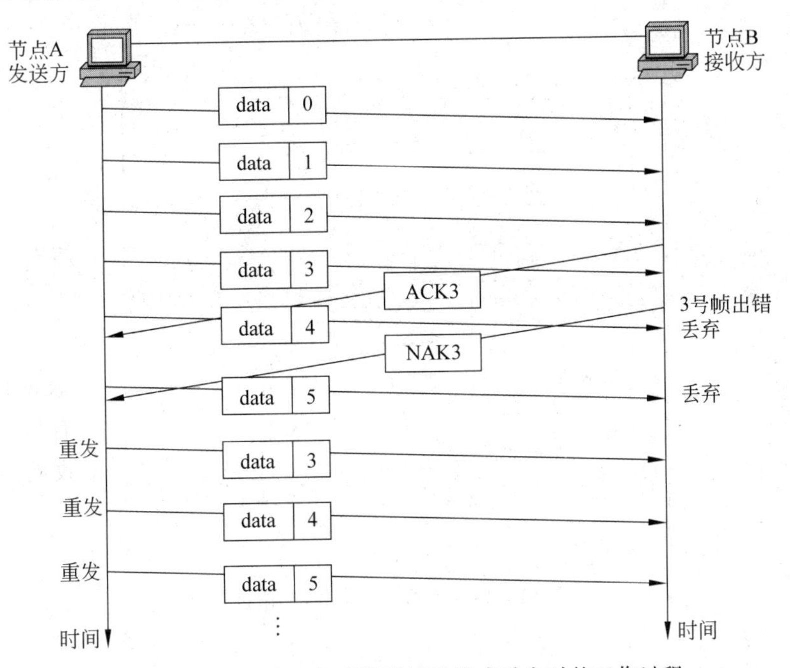

图 1-17　Go-Back-n 方式数据帧出错或丢失时的工作过程

如果在传输时应答帧丢失，则发送方超时重发，见图 1-18。

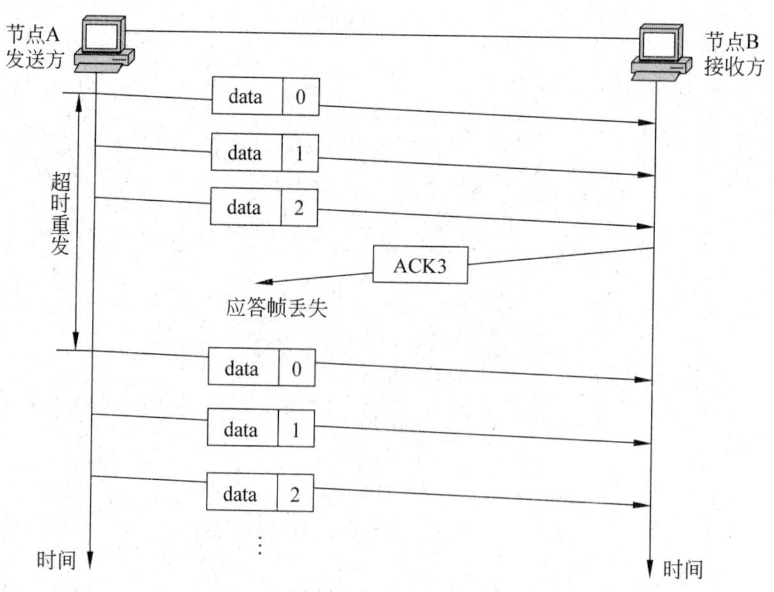

图 1-18 Go-Back-n 方式应答帧丢失时的工作过程

(2) 选择重发协议。

为了进一步提高信道利用率,减少重传的帧数,只重传有错的帧或者是定时器超时的帧,这就是选择重传 ARQ 协议,其工作过程见图 1-19。

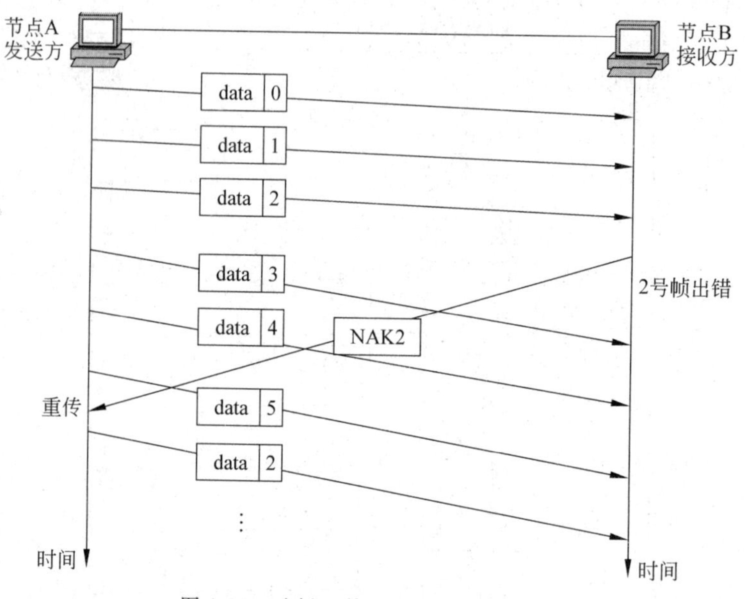

图 1-19 选择重传 ARQ 的工作过程

5. 数据链路的传输控制过程

数据通信的完整通信过程大致可以分为以下 5 个阶段。

1）建立物理连接

建立物理连接就是按照建立连接的要求，使物理层的若干数据电路互连的过程。

2）建立数据链路

当建立起物理连接之后，为了能可靠而有效地传输数据信息，收发双方要交换控制信息，主要包括：

（1）呼叫；

（2）确认双方所要通信的对象；

（3）确认对方处在正常收发信准备状态；

（4）确认接收和发送状态；

（5）指定对方的输入输出设备。

建立数据链路的方式主要有两种：争用方式和探询/选择方式。争用方式适用于点对点的链路结构，由发送数据的站发起建立数据链路。当两个站同时要求建立数据链路时，就会产生冲突，这时数据链路规范应指定其中的一个站为主站。探询/选择方式主要适用于点对多点的链路结构，在建立数据链路时，由控制站向辅助站发送探询选择命令，引导辅助站发送或接收数据信息，从而确定主站和从站。

3）数据传送

主站沿着所建立的数据链路向从站发送数据，同时完成差错控制、流量控制等功能，并保证传输的透明性。

4）释放数据链路

数据传送结束后，主站发送结束传输的命令，各站返回到中性状态、初始状态或进入一个新的控制状态，并释放数据链路。

5）拆除物理连接

如果是交换型的数据电路，还要释放建立起来的物理连接。

6. 高级数据链路控制（HDLC）规程

数据链路控制规程通常分为两大类：面向字符的协议和面向比特的协议。面向字符的协议早在1960年就开始发展起来了，ISO的基本型控制规范（ISO1745）、IBM公司的BSC等都属于此类型控制规范，所以又称为基本型传输控制规范。其特点是以字符作为传输的基本单位，并用10个专用字符控制传输过程。主要适用于中低速异步或同步传输，半双工交替方式的操作，很适合通过电话网的数据通信。

面向比特控制规范是在面向字符控制规范之后发展起来的，它最早起源于IBM公司在1969年提出的同步数据链路控制规范（SDLC），继而提出的有ISO的HDLC等。面向比特的协议以比特作为传输的基本单位，传输效率高，能适应计算机通信技术的发展，其特点是采用某些比特序列完成控制功能，具有统一的帧格式，控制序列可以和数据信息序列同时传输。面向比特控制规范主要适用于中高速同步交替半双工或同时双向全双工的数据通信，随着通信的发展，已广泛地应用于公用数据网上。

HDLC协议的全称是高级数据链路控制规程（High Level Data Link Control）。是面向比特的链路控制规范的典型代表。它是国际标准化组织（ISO）根据IBM公司的SDLC

(Synchronous Data Link Control)协议扩充开发而成的。

ISO最早在1979年提出HDLC的标准,经进一步修改后,ISO在1984年提出了新的HDLC标准,国际电报电话咨询委员会(CCITT)也有相应的标准,叫做LAP-B协议(Link Access Procedure- Balanced)它其实是HDLC的子集。

1) 数据链路信道状态

(1) 链路结构。

不平衡链路结构:适用于点对点和多点线路。这种线路配置由个主站和多个从站组成,在链路中由主站负责控制链路上的各从站,并发送工作方式命令,故称为不平衡链路结构。支持全用工或半双工传输。

平衡链路结构:仅用于点对点线路,这种配置由两个复合站组成,在链路的两端均为复合站,处于同等地位,共同负责对链路的控制。支持全双工或半双工传输。

(2) 数据链路信道状态。

数据链路信道状态是表示数据链路是否在工作,具体分为数据链路工作和数据链路空闲两种状态。

工作状态:指主站、从站或复合站正在发送一个帧。

空闲状态:如果一个站检测出连续15个比特为1时,则数据链路便处在空闲状态。

2) 操作方式和非操作方式

HDLC定义了3种操作方式和3种非操作方式。

3种操作方式为正常响应方式(NRM)、异步响应方式(ARM)和异步平衡方式(ABM)。3种非操作方式为正常断开方式(NDM)、异步断开方式(ADM)和初始化方式(IM)。

(1) 操作方式:

① 正常响应方式(NRM)。

NRM适用于不平衡数据链路的操作方式。能用于点对点和点对多点的链路中,只有主站能启动数据传输,由主站控制整个链路的操作,负责链路的初始化、数据流控制和不可恢复系统差错情况下的链路复位等。从站仅在收到子站的询问命令时才能发送数据,启动一次响应传输,发送完数据时,必须在最后一帧中指明该次响应传输的结束。

② 异步平衡方式(ABM)。

ABM适用于平衡数据链路的操作方式。在ABM方式下,链路上的任何复合站都无须取得另一个复合站的允许就可启动数据传输,同样启动响应传输也无须得到对方的许可。

③ 异步响应方式(ARM)。

ARM也是适用于不平衡数据链路的操作方式。在ARM方式时,从站无须取得主站的明确指示就可以启动数据传输,这样的异步传输可以包含一帧或多帧,可用于传输信息字段和(或)表明从站状态变化的信息。主站的责任只是对线路进行管理。

(2) 非操作方式:

① 正常断开方式NDM。

NDM适用于不平衡数据链路的非操作方式,此时从站在逻辑上与数据链路断开,不能发送和接收信息。一旦接收 $P=1$ 的命令帧，从站方可以正常方式响应。

② 异步断开方式 ADM。

ADM 适用于不平衡或平衡数据链路的非操作方式。此时从站/组合站在逻辑上与数据链路断开，不允许发送信息。在双向交替的交换中，一旦检测到数据链路信道的空闲状态，以及双向同时交换中的任何时刻，都可以启动响应传输。

③ 初始化方式 IM。

IM 适用于不平衡或平衡数据链路的非操作方式。处于此方式时，从站/一个组合站的数据链路控制程序可以通过主站/另一组合站的作用进行初始化或重新生成。

3）HDLC 帧结构

在 HDLC 规范中，使用具有统一结构的帧作为信息传输和交换的基本单位，无论是信息报文或控制报文都必须以符合帧的格式进行同步传输。图 1-20 展示了 HDLC 的帧结构，它由 F、A、C、I 、FCS、F 6 个字段组成。

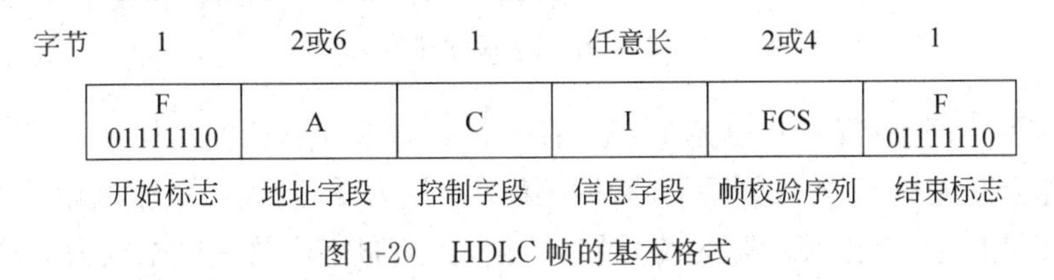

图 1-20　HDLC 帧的基本格式

（1）标志 F。

HDLC 协议用于面向比特的传输系统，信息传输的形式是比特流，因此，必须解决所传输信息的起止位置，以及比特同步问题。HDLC 规范指定 F 字段用一种唯一固定的 8 比特序列 01111110 为标志序列，作为一帧的开始和结束的标志，要求所有的帧都必须以 F 标志开始和结束；同时也作为帧同步和帧间填充字符之用，称为 F 标志；当连续发送数据时，同一标志既表示前一帧的结束，又表示下一帧的开始。因而在数据链路上的各个数据站，都要不断地搜索 F 标志，以判断帧的开始和结束。因为 F 标志的特殊作用，所以在一帧内的两个 F 标志之间不允许出现与 F 标志相同的比特序列。为了防止在标志以外的地方出现同样的序列，HDLC 采用了“零插入-零删除”技术，在发送端和接收端对帧中的地址、控制、信息及校验序列（除标志之外）等字段进行零比特的插入和删除。其具体过程是：发送站对处在一帧内起始标志和结束标志之间的比特序列进行检查，当发现有连续的 5 个 1，即 011111 的码形结构时，就必须在其后插入 0。例如，原来要发送的二进位序列是 01111111101，插入 0 后就成为 011111011101 形式。在接收站，同样对接收的比特序列进行检查，当发现在起始标志和结束标志之间的比特序列中有 5 个连续的 1 时，自动把第五个 1 后面的 0 删去，恢复发送端的原来编码。不用对发送数据的内容进行限制，从而达到数据的透明传输。

（2）地址字段 A。

地址字段用于标识从站的地址，虽然在点对点链路中不需要地址，但是为了帧格式的统一，保留了地址字段。地址字段的长度一般为 8b，当然也可以采用更长的扩展地址。

当地址字段为 11111111 时,定义为广播地址,即通知所有的接收站接收有关的命令帧并按其动作。

(3) 控制字段 C。

控制字段用来表示帧类型、帧编号以及命令、响应等。HDLC 定义了 3 种帧的类型,信息帧(简称 I 帧)、监控帧(简称 S 帧)和无编号帧(简称 U 帧)。具体可根据控制字段的格式区分。信息帧(I 帧)装载着要传送的数据,此外还捎带着流量控制和差错控制的信号;监控帧(S 帧)用于提供实现 ARQ 的控制信息;无编号帧(U 帧)提供各种链路控制功能。控制字段前两位用于区别 3 种不同格式的帧,参见图 1-21。

控制字段的位	1	2	3　4	5	6　7　8
信息帧(I帧)	0	N_S		P/F	N_R
监控帧(S帧)	1	0	S	P/F	N_R
无编号帧(U帧)	1	1	M	P/F	N_R

图 1-21　控制字段的比特结构

对于 3 种不同类型的帧,由控制字段的最低 2 个比特来识别。如果 C 字段中第 1 位为 0 则表示是信息帧(I 帧);如果 C 字段中第 1、2 位为 10 则表示是监控帧(S 帧);如果 C 字段中第 1、2 位为 11 则表示是无编号帧(U 帧)。控制字段的一般格式为 8 位,其中:

N_S 表示发送端发送序列编号;

N_R 表示发送端接收序列编号;

S 表示监控功能位;

M 表示无编号帧(附加修改)功能位;

P/F 表示命令帧发送时的询问位响应帧发送时的终止位。

- 信息帧 I,若控制字段的第 1 比特为 0,则该帧为信息帧。比特 2、3、4 为发送序号 N_S,表示当前发送的信息帧的序号,比特 6～8 为接收序号 N_R,表示一个站所期望接收的帧的序号。
- 监控帧 S,若控制字段的第 1～2 比特为 10 则对应的帧为监控帧 S。S 帧用来实现对数据链路的监控功能,例如对 I 帧进行确认,请求重发 I 帧以及暂停 I 帧的传输等。在 S 帧的 C 字段内,N_R 和 P/F 的功能是互相独立的。N_R 是确认编号,接收站可以用 N_R 确认或不确认其接收的 I 帧,N_R 的具体含义随不同的 S 帧类型而不同。监控帧共有 4 种,按比特 3～4 位的类型区分。4 种监控帧分别是:

  如果比特 3～4 位是 00,表示接收准备好 RR(Receive Ready),准备接收下一帧;

  如果比特 3～4 位是 10,表示接收未准备好 RNR(Receive Not Ready),暂停接收下一帧;

  如果比特 3～4 位是 01,表示拒绝接收 REJ(Reject),从 N_R 起的所有帧被拒绝接收;

  如果比特 3～4 位是 11,表示选择拒绝接收 SREJ(Selective Reject),只拒绝接收序号为 N_R 的帧。

- 无编号帧 U：若控制字段的第 1～2 比特为 11 则此帧就是无编号帧 U，它本身不带编号，即无 N_S 和 N_R 字段，而是用 5 个比特（即第 3、4 和 6、7、8 比特）表示不同作用的无编号帧。U 帧用来提供附加的数据链路控制功能和无编号信息的传输功能。虽然总共有 32 个不同的组合，但目前实际上只定义了很少的几种无编号帧，它主要起控制作用，可以在需要时发出而不影响带序号的信息帧的交换顺序。

在上述的 3 种类型的帧中，其 C 字段内都具有 P/F（探询/终止位），它只有在置 1 时才有用。它被主站使用时称为 P 位；在被从站使用时称为 F 位；对于复合站，则由其在一次数据链路的使用中所处的地位而决定。

在 NRM 方式中，从站只有在收到一个 $P=1$ 的帧时才能发送 I 帧，从站在其发送的最后一个 I 帧中的 F 比特为 1，表示发送的是最后一个 I 帧。

在 ARM 和 ABM 方式中，从站没收到 $P=1$ 的帧时也可以发送 I 帧；当 $P=1$ 时，用于请求从站尽快发送一个 $F=1$ 的响应帧，并在其后可以继续发送 I 帧，这时 $F=1$ 仅仅看作是对 $P=1$ 的响应而已。

（4）信息字段（I）。

信息字段内包含了用户的数据信息和来自上层的各种控制信息。可填入要传送的任意长数据、报文等比特序列。在实际应用中，其长度由收发站的缓冲器的大小和线路的差错情况决定。

（5）帧校验序列（FCS）。

帧校验序列字段（FCS）用于对帧进行差错控制。FCS 可以用生成多项式 $G(X)=X^{16}+X^{12}+X^{5}+1$ 进行循环冗余校验。其校验范围包括除标志字段之外的所有字段，并且规定为了透明传输而插入的 0 不在校验的范围内。即进行循环冗余校验时，应先将 011111 后插入的 0 去掉，以便保证标志序列的唯一性，然后处理首标志序列后的一位到校验序列前一位之间的信息。HDLC 规定了两种帧校验序列，即 16b 校验序列和 32b 的校验序列。通常使用 16b 检验序列；对于要求较高的场合，可以采用 32b 的校验序列。

4）命令和响应

HDLC 规定了 18 种命令和 13 种响应，其命令和响应的名称以及对应的控制字段的编码格式如表 1-2 所示。

表 1-2　HDLC 的命令和响应

格　式	控制字段比特编码								命　　令	响　　应
	1	2	3	4	5	6	7	8		
信息帧	0	N_S			P/F	N_R			I 信息	I 信息
监控帧	1	0	0	0	P/F	N_R			RR——接收准备好	RR——接收准备好
	1	0	0	1	P/F	N_R			REJ——拒绝	REJ——拒绝
	1	0	1	0	P/F	N_R			RNR——接收未准备好	RNR——接收未准备好
	1	0	0	0	P/F	N_R			SREJ——选择拒绝	SREJ——选择拒绝

续表

格　式	控制字段比特编码								命　令	响　应
	1	2	3	4	5	6	7	8		
无编号帧	1	1	0	0	P/F	0	0	0	UI——无编号信息	UI——无编号信息
	1	1	0	0	P/F	0	0	1	SNRM——置正常响应方式	
	1	1	0	0	P/F	0	1	0	DISC——断开	RD——请求断开
	1	1	0	0	P/F	1	0	0	UP——无编号探询	
	1	1	0	0	P/F	1	1	0		UA——无编号确认
	1	1	0	0	P/F	1	1	1	TEST——测试	TEST——测试
	1	1	1	0	P/F	0	0	0	SIM——置初始化方式	RIM——请求初始化方式
	1	1	1	0	P/F	0	0	1		FRMR——帧拒绝
	1	1	1	1	P/F	0	0	0	SARM——置异步响应方式	DM——断开方式
	1	1	1	1	P/F	0	0	1	REST——复位	
	1	1	1	1	P/F	0	1	0	SARME——置扩充的异步响应方式	
	1	1	1	1	P/F	0	1	1	SNRME——置扩充的正常响应方式	
	1	1	1	1	P/F	1	0	0	SABM——置异步平衡方式	
	1	1	1	1	P/F	1	0	1	XID——交换标志	XID——交换标志
	1	1	1	1	P/F	1	1	0	SABME——置扩充的异步平衡方式	

1.2.4 OSI参考模型中的服务

1. 对等层通信协议和层间服务

协议和服务是OSI模型中的两个概念,协议定义了对等层之间的通信规则和过程,表现了对等实体间交换帧、分组和报文的格式及意义的一组规则,所谓对等实体指相同层次内相互交互的实体;服务定义了相邻的上、下层之间接口的方法,体现了下层为上层提供服务的原则。

2. 服务原语

在OSI模型中,当同一开放系统的$(N+1)$实体向(N)实体请求服务时,服务用户和服务提供者之间进行交互的信息称为服务原语。服务原语指出需要本地实体或远程的对等实体所完成的工作。OSI规定了4种服务原语类型。

(1) Request　请求,表示一个实体请求得到某种服务;

(2) Indication 指示,把某一事件的信息通知某一实体;

(3) Response 响应,一个实体响应某一事件;

(4) Confirm 确认,确认一个实体的服务请求。

一个完整的服务原语由原语名称、原语类型和原语参数3部分组成。原语名称和原语类型之间用圆点或空格隔开,原语参数用括号与前面两部分隔开,可以用中文表示。例如,一个网络连接请求的原语是:

N-CONNECT. Request(主叫地址,被叫地址,确认,加速数据,QOS,用户数据)。

3. 服务访问点

在同一系统中相邻层次间实体交换信息的接口称为服务访问点(Service Access Point,SAP),它是相邻两层实体的逻辑接口。每个SAP都有一个唯一的地址码,供服务用户间建立连接,而且在两层之间允许有多个服务访问点。

4. 面向连接和无连接服务

在网络中下层向上层提供的服务主要有面向连接的服务和无连接服务两种类型。

面向连接的服务指在数据交换之前必须先呼叫建立连接,保留下层的有关资源,并在通话过程中维持这个连接,保证正常通信,数据交换结束后,应终止这个连接,释放所保留的资源。面向连接的服务具有建立连接、维持连接进行数据传输和释放连接3个阶段,采用可靠的报文分组按序传送数据,所以又称为虚电路服务。在通信过程中,如果建立了虚电路,就像在两个主机之间建立了一条物理电路一样,所有发送的分组都沿这条电路按顺序传送到目的站,保证报文分组无差错、不丢失、不重复的按序传送,使通信的服务质量可以得到保证。

无连接服务指两个实体之间的通信不需要先建立好一个连接,因此,其下层的有关资源不需要事先预订保留,这些资源是在数据传输时动态地进行分配的。无连接服务具体实现就是数据报服务,数据报服务可以随时发送数据,每个数据报必须提供完整的目的站地址,根据目的地址每个分组独立选择路由,灵活方便和迅速,但不能保证按发送数据的顺序传输给目的站,特别是当网络一旦发生拥塞时,网络中的某个节点可以将一些分组丢弃,所以无连接服务是不可靠的服务,不能保证服务质量。

1.2.5 TCP/IP体系结构

Internet是计算机网络的集合,由计算机互联而成。为使接入Internet的异种网络以及不同设备之间能够进行正常的通信,必须制定一套共同遵守的规则即Internet协议族,因为TCP/IP是两个最基本和最主要的协议,所以习惯上称为TCP/IP协议。随着Internet在全球的飞速发展,TCP/IP协议也得到了广泛的应用。

传输控制协议/网际协议(Transmission Control Protocol/Internet Protocol,TCP/IP)源于ARPANET,从20世纪70年代研究开发到1983年年初,ARPANET完成了向TCP/IP协议转换的全部工作。它规范了网络上的所有通信设备,特别是主机之间的数据传输格式以及传输方式等,不论是局域网还是广域网都可以用TCP/IP构造网络环境。

TCP/IP 协议是一个开放的协议标准,独立于特定的计算机硬件与操作系统,特别是具有统一的网络地址分配方案,使得在网络中的地址都具有唯一性,同时还提供了多种可靠的用户服务。使 TCP/IP 广泛应用于各种网络,成为 Internet 的通信协议。以 TCP/IP 为核心协议的 Internet 的发展,也促进了 TCP/IP 的应用和发展,成为了事实上的国际标准。

1. 层次结构

TCP/IP 协议使用多层体系结构,TCP/IP 协议族分为应用层、传输层、网际层和网络接口层 4 层结构:

1) 网络接口层(或主机-网络层)

网络接口层是体系结构的最底层,负责网络中的传输介质,包括各种物理层协议,如 Ethernet、Token Ring、X.25 分组交换网等。

2) 网际层(或 IP 层)

网际层负责将源主机的报文发送到目的主机,包括处理来自传输层的分组发送请求,处理接收的数据报和互连的路径、流量控制和网络拥塞等。一些管理和控制协议用来支持 IP 提供的服务。

3) 传输层

传输层向应用进程提供端到端的通信服务,对应用层传递过来的用户信息进行处理,保证数据可靠传输。

4) 应用层

应用层是最上一层,包括所有的高层协议。

其层次结构及与 OSI 7 层模型的关系见图 1-22。

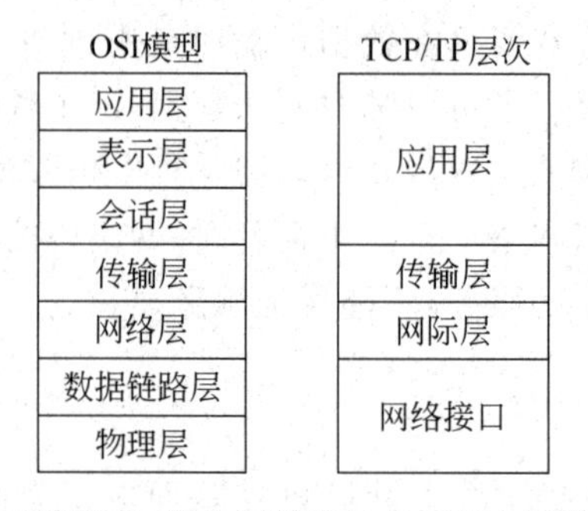

图 1-22 TCP/IP 协议分层结构及与 OSI 7 层模型的关系

其中,网络接口层相当于 OSI 模型的物理层和数据链路层;网际层对应于 OSI 模型的网络层,是针对网际环境设计的,具有更强的网际通信能力;传输层包含 TCP 和 UDP 两个协议,与 OSI 传输层相对应;应用层包含 OSI 会话层、表示层和应用层功能,主要定义了远程登录、文件传送及电子邮件等应用。用户还可以根据需要建立自己专用的程序。

2. TCP/IP 协议族组成及功能

TCP/IP 协议族组成见图 1-23。

<table>
<tr><td>SMTP</td><td>DNS</td><td>FTP</td><td>RPC</td><td>SNMP</td></tr>
<tr><td colspan="3">TCP</td><td colspan="2">UDP</td></tr>
<tr><td colspan="5">IP(ICMP, ARP, RARP)</td></tr>
<tr><td>Ethernet</td><td colspan="2">Token-Ring</td><td>100Base-T</td><td>Others</td></tr>
</table>

图 1-23　TCP/IP 协议族

1）网络接口层

网络接口层代表 TCP/IP 的物理基础，定义了与各种网络之间的接口，通常包括操作系统中的设备驱动程序、计算机中对应的网络接口卡及各种逻辑链路控制和媒体访问协议等。网络接口层负责网络层与硬件设备间的联系，接收 IP 数据报并通过特定的网络进行传输等。

2）网际层

网际层主要针对网际环境设计，网际通信能力较强。网际层由多种协议组成，有 IP、ARP、RARP、ICMP。其中 IP 是其中最重要的一个。IP 协议提供一种无连接的服务，完成节点的编址、寻址和信息的分解与打包。

IP 网际协议，负责主机间数据的路由及网络数据的存储，同时为 ICMP、TCP、UDP 提供分组发送服务。

ARP 地址分析协议和 RARP 反向地址解析协议，用于将网络地址映射到物理地址或将物理地址映射到网络地址。

ICMP 网间报文控制协议，用于网关和主机间的差错和传输控制。

网际层负责处理来自传输层的分组请求，组成 IP 数据报，选择路径并转发数据报，处理流量控制和拥塞控制等。

3）传输层

传输层提供端到端的通信服务，包括 TCP 协议和 UDP 协议，其主要功能为：

TCP 传输控制协议，定义了格式化报文、建立和终止虚拟线路、流量控制和差错控制等规则。向用户进程提供可靠的全双工的连接，并进行传输正确性检查。

UDP 用户数据报协议，该协议为用户进程提供无连接的协议，保证数据的传输但不进行正确性检查。

4）应用层

应用层包括 FTP、SMTP、TELNET、TFTP、DNS 等协议。

FTP(File Transfer Protocol)文件传输协议，为用户提供节点之间文件形式的传输。

SMTP(Simple Message Transfer Protocol)简单邮件传送协议，用来在节点之间传送电子邮件。

TELNET 远程通信协议。为用户提供在远程主机中完成本地主机的工作能力。用户可以通过远程登录(Remote Login)方式与一台主机建立在线连接关系，成为远程主机的一个终端。

DNS 域名系统协议。用于实现域名与 IP 地址的转换。

SNMP 简单网管协议。用于对网络的监视和控制,以提高网络运行效率。

3. TCP/IP 的服务方式

TCP/IP 网络服务可以分为面向连接的服务和无连接服务。面向连接的服务指在发送方和接收方之间交换数据之前必须首先建立连接关系,如 TCP 协议;而无连接服务则不需要建立连接,如 UDP 协议,每个分组都是独立的数据单元。

在 TCP/IP 协议族中,应用层协议向用户提供 3 种类型的服务。

1) 依赖于面向连接的 TCP 协议

包括虚拟终端协议 TELNET、远程登录、简单邮件传输协议 SMTP 和文件传输协议 FTP 等。

2) 依赖于无连接的 UDP 协议

包括简单文件传输协议 TFTP、远程过程调用协议 RPC 等。

3) 依赖于 TCP 和 UDP 的协议

包括域名系统协议 DNS 和通用管理信息协议 CMOT。

1.3 小　　结

本章简要介绍计算机网络的发展、计算机网络的功能和局域网(LAN)、城域网(MAN)及广域网(WAN)3 种类型的网络。局域网指在有限地理区域内构成的覆盖面相对较小的计算机网络,城域网覆盖范围是一个城市,广域网又称远程网,是一种跨城市、跨国家的网络,其主要特点是进行远距离通信。通常在逻辑功能上将网络分为资源子网和通信子网两部分。资源子网由主机系统、终端、终端控制器、连网外设、各种软件资源与信息资源组成。负责全网的数据处理,向网络用户提供各种网络资源与网络服务。通信子网也称数据通信网,由通信控制处理机、通信线路与其他通信设备组成,完成网络数据传输、转发等通信处理任务。网络拓扑结构主要分为星状结构、环状结构、总线型结构、树状结构和网状结构等。

网络中要实现资源共享,就必须使网络上的各个节点使用协调一致的规定,这就是网络协议。所谓协议,指通信双方共同遵守的规则的集合。主要包括语法、语义和时序。

开放系统互连参考模型是 ISO 所制定的国际标准,OSI 模型将网络分为 7 个层次,有物理层、数据链路层、网络层、传输层、会话层、表示层和应用层,每个层次完成不同的功能。

数据链路为数据终端到计算机及计算机与计算机之间提供按照某种协议进行传输控制的数据通路。它由数据电路以及数据终端设备(DTE)和通信控制处理器(CCP)中的传输控制部分组成,包括两个终端之间的物理电路,具有能使数据正确传送的链路控制功能。数据链路的基本结构可以分为两种,即点对点和点对多点数据链路。在广域网数据链路层上,最基本的数据链路控制协议是停止-等待(stop-and-wait)协议和滑动窗口协议。

数据链路控制规程通常分为两大类：面向字符的协议和面向比特的协议。其中HDLC协议是面向比特的链路控制规范的典型代表。在HDLC规范中，使用具有统一结构的帧作为信息传输和交换的基本单位，无论是信息报文或控制报文都必须以符合帧的格式进行同步传输。

TCP/IP协议使用多层体系结构，TCP/IP协议族分为应用层、传输层、网际层和网络接口层4层，网络接口层相当于OSI模型的物理层和数据链路层；网际层对应于OSI模型的网络层，是针对网际环境设计的，具有更强的网际通信能力；传输层包含TCP和UDP两个协议，与OSI传输层相对应；应用层包含了OSI会话层、表示层和应用层功能。

练习思考题

1-1　请举出一个点对点的网络的例子，说明为什么该网络要选择点对点连接。

1-2　分析网络的拓扑结构，比较各种拓扑类型的优缺点。看一看你所使用的网络哪一种拓扑结构比较多。

1-3　如何理解OSI模型中的协议和服务两个概念？举例说明面向连接服务和无连接服务。

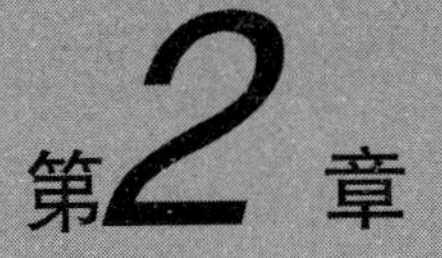

数据通信基础

CHAPTER

2.1 数据通信基本概念

2.1.1 引言

计算机的发明，特别是Internet的出现，使以数据为主的计算机通信网得到了迅速的发展。网络的出现也改变了我们的生活方式，人们希望快速地获取最新的信息，这也促使数据通信技术得到更快的发展，数据通信也从20世纪50年代的萌芽时期开始，快速发展到现在的高速发展和广泛应用时期。美国从20世纪50年代开始研究发展数据通信，欧洲和日本也于20世纪60年代末到70年代初开始发展数据通信，在这些发达国家，数据通信发展迅速，现已具有很大规模。数据通信虽然在我国发展较晚，但近些年却发展很快，中国公用计算机网、中国教育和科研网等网络的发展，标志着我国数据通信进入了一个崭新的高速发展时期。

了解与掌握数据通信对我们来说是很重要的，因为数据通信在当今世界意义重大，目前，数据通信不仅用于商业领域，在家庭的使用也越来越广泛。比较有代表性的应用有目录查询、文件传输、语音信箱、电子信箱、可视图文、智能用户电报及遥测遥控等。数据通信正在成为人们日常生活中不可缺少的一个组成部分，将对社会的发展产生深刻的影响。

2.1.2 数据通信的基本概念

数据一词的含义非常广泛，人们几乎每天都要碰到它。例如各种实验数据、各类统计报表等。通常用数字或字母(符号)来表示数据，是一个有意义的实体。因此可以说，数据是预先约定的具有某种含义的数字或字母(符号)以及它们的组合。数据涉及事物的表示形式，是信息的载体。而信息则是数据的内容和解释。例如，约定用负电压表示二进制数字1，用正电压表示二进制数字0，这里数字0和1就是数据。

现代通信技术借助于电子和电气设备以及光等媒介，在两点之间以符号和字符形式进行信息交换，传送信息，因此数据通信就是将数据用电信号或光信号表示,并通过传输媒体正确地传输给接收者。为此需要通过信道来传输数据信号,而信道并不是完全理想的,存在着传输失真和噪声干扰等,可能使数据信号发生差错,因此要进行必要的差错控制。同时,为了使整个数据通信过程能按一定的规则有序进行,通信双方必须建立共同遵守的规则协议和约定,并具有执行协议的功能,这样才能实现有意义的数据通信。

通俗而言,数据通信是计算机与通信相结合而产生的一种通信方式和通信业务。在数据通信的过程中,实际上是大家在共享信息,这个共享可以是局部的也可以是远程的,因此,数据通信是指依照通信协议,在两个设备之间利用传输媒体进行的数据交换。它可实现计算机与计算机、计算机与终端以及终端与终端之间的数据信息传递。是计算机网络的实现基础,它是信息社会不可缺少的一种高效通信方式,也是未来"信息高速公路"的主要内容。数据通信包含两方面的含义:数据的传输和数据的处理。数据传输是数据通信的基础,而数据处理使数据的远距离交换得以实现。

2.1.3 数据通信的特点

数据通信与其他通信方式相比有其自己的特点。

1. 通信对象的范围广

在电报、电话通信中,涉及的是人与人之间的通信;而数据通信除了人与人之间的通信之外,更主要的是人通过终端与计算机之间的通信或者是计算机与计算机之间的通信。

2. 传输内容为二进制数据

电话通信传输的是连续的语音信号,电报通信传输的是具有特定含义的报文;而数据通信传输的则是以二进制形式表示的数据。

3. 通信的可靠性高

电话、电报在信息传输中若出现差错比较容易纠正。而数据传输中如果出现差错则较难纠正,为了保证传输质量,一般需要采用差错控制技术,因此数据传输的可靠性高。

4. 通信的复杂性高

数据通信的影响因素比较多,传输的内容、方式也不同,对数据通信的要求也有很大差别,因而在实现数据通信时涉及的因素也比较复杂。

2.1.4 数据通信的发展

数据通信领域迅速发展,应用范围和应用规模不断扩大,新的应用业务不断涌现,特别是网络互联技术的不断更新和发展以及移动式数据通信的迅速发展,使得数据通信与网络技术不断更新换代,现代网络技术向高速、宽带、数字传输与综合利用的方向发展。

2.2　数据通信系统

2.2.1　数据通信系统的基本概念

数据通信系统是指能够完成数据通信任务的完整系统。作为通信系统而言，必须要解决下面的一系列问题，包括：

1. 通信接口

通信接口可以将发送端产生的信号传输给通信信道并进行传输，而且在接收端能对数据做出正确解释。

2. 同步

发送器和接收器之间、传输系统和接收设备之间必须要同步，必须确定何时信号开始，何时信号结束等。

3. 传输系统利用率

传输系统利用率指有效地使用传输设备。在通信系统中，传输设施通常是由很多的通信设备共享，因此要有效地分配传输介质的容量，协调传输服务的要求。如采用多路复用技术和拥塞控制技术等。

4. 交换管理

在两个实体通信期间的各种协调管理。

5. 差错检测

在通信系统中，要对数据流量进行控制，对通信过程中产生的差错进行检测和校验。

6. 寻址和路由

指决定信号到达目的地的路径，以保证端到端的数据传输。

7. 恢复

指在系统由某种原因被中断后，对系统进行必要的恢复。

8. 报文格式

由两个对话实体进行协商，使报文格式一致。

9. 网络安全

保证准确并且安全地将数据从发送端传至接收端。

10. 网络管理

对复杂的通信系统进行配置、监控和故障处理等管理。

2.2.2 数据通信系统的组成和模型

一个数据通信系统可以简单的用3个术语概括：发送器(又称信源)、传输媒介(又称信道)和接收器(又称信宿)。有时，在两状态通信系统中，信源和信宿也可以互换即某一通信设备可以同时发送和接收数据。

具体地说，一个数据通信系统由7部分组成的，如图2-1所示。

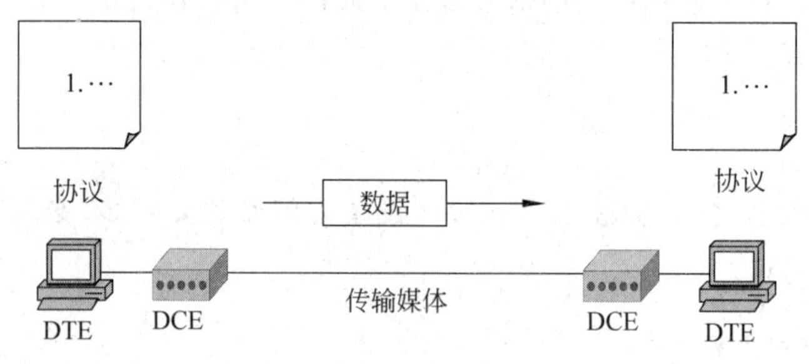

图2-1 数据通信系统的组成

1. 发送方的数据终端设备(DTE)

用来发送数据的设备，可以是计算机、工作站等终端设备。

2. 发送方的数据电路通信设备(DCE)

用来实现数字信号和模拟信号的转换，可以是调制解调器(如果使用模拟信道)或数据业务单元(DSU)(如果使用数字信道)。

3. 接收方的数据电路通信设备(DCE)

用来实现数字信号和模拟信号的转换，可以是调制解调器(如果使用模拟信道)或数据业务单元(DSU)(如果使用数字信道)。

4. 传输媒体

传输媒体是数据从发送方传送到接收方的物理路径，它可以是有线的(如双绞线、同轴电缆、光纤等)，也可以是无线的(如无线电波、微波、红外线等)。

5. 接收方的数据终端设备(DTE)

用来接收数据的设备，可以是计算机、工作站等终端设备。

6. 消息

消息是通信所传输的信息(数据)，由文本、数字、图像、声音、视频或它们之间任意的组合。

7. 协议

协议是数据通信的规则的集合，如果没有协议，虽然两台设备即使是连接着的也无法通信。

在数据通信系统中 DTE 可以是系统中的信源、信宿或同时作为信源和信宿。它利用 DCE 和数据传输信道发送或接收数据。

2.3　信号及其转换

在讨论模拟传输和数字传输之前，先来介绍有关信号等数据通信的一些相关概念。

2.3.1　数据信号的基本概念

1. 数据

数据一词的含义非常广泛，人们几乎每天都要碰到它。例如各种实验数据，各类统计报表等。通常用数字或字母(符号)来表示数据，是一个有意义的实体。因此可以说，数据是预先约定的具有某种含义的数字或字母(符号)以及它们的组合。数据涉及事物的表示形式，是信息的载体。而信息则是数据的内容和解释。例如，约定用负电压表示二进制数字 0，用正电压表示二进制数字 1，这里数字 0 和 1 就是数据。

现代通信技术借助于电子和电气设备以及光等媒介，在两点之间以符号和字符形式进行信息交换，传送信息，因此数据通信就是根据通信协议，将数据通过传输媒体从一端传到另一端。

数据可以分为模拟数据和数字数据两种。

1) 模拟数据

模拟数据是在某个区间产生连续的值。像声音和视频等。大多数用传感器收集的数据，例如温度和压力，都是连续值。

2) 数字数据

数字数据指产生离散的值，例如文本信息和整数。

2. 信号

信号是数据的电磁或电子编码，信号发送是指沿传输介质传播信号的动作。在通信系统中，利用电信号把数据从一个点传到另一个点。从信号的形式上分，信号可以分为模拟信号和数字信号两种。

1) 模拟信号

表示模拟数据的信号称作模拟信号。模拟信号在时间上和幅度数值上都是连续的，是一种连续变化的电磁波，如图 2-2 所示。这种电磁波可以按照不同频率在各种介质上传输。大多数用传感器收集的数据，例如温度和压力等，都是连续变化的模拟信号。语音是最典型的模拟信号。

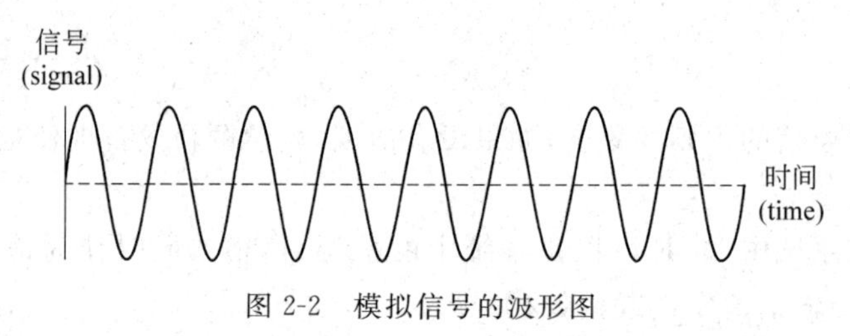

图 2-2 模拟信号的波形图

2) 数字信号

数字信号是表示数字数据的信号。数字信号是一种离散的脉冲序列,如计算机所使用的二进制代码 0 和 1。如图 2-3 所示。计算机中传输的就是典型的数字信号。在数字信号中,使用两个新的术语来描述数字信号,即位的间距和位的速率。位的间距指发送一个信号位所需要的时间。位速率指每秒中含有多少位。即每秒钟所发送的位数(b/s)。

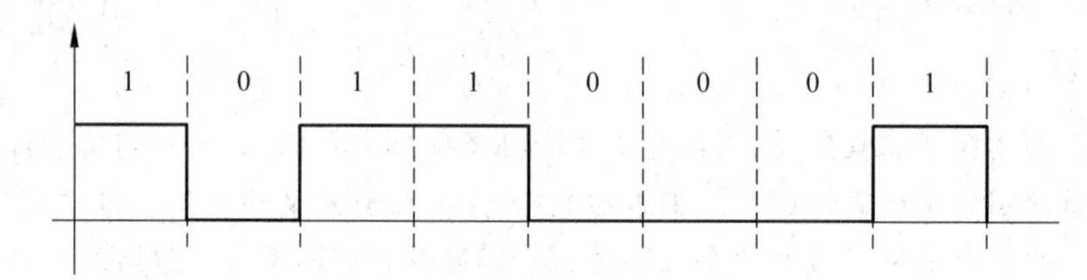

图 2-3 数字信号的波形图

3. 信道

各种数据终端设备要交换数据,就要传输信号,信道就是传送信号的通路。通常情况下,可以将其分为物理信道和逻辑信道。物理信道是指用来传送信号的物理通道,网络中两个节点的物理通路也称为通信链路,由传输介质及相应的中间通信设备组成。通常所说的信道基本上是指物理信道。而逻辑信道是指在物理信道的基础之上,由节点内部或节点之间建立的连接实现的,在信号的发送方和接收方之间并不存在一条物理上的传输介质,因此通常也把逻辑信道称为连接。信道可按不同方式来分类。例如按传输媒体分类,可分为有线信道和无线信道。按允许通过的信号类型分类,又可以分为模拟信道和数字信道等。

需要注意的是,信道和电路其概念和含义是不同的,信道通常是表示向某一个方向传送数据的媒体,信道可以被看成是电路的逻辑部件,而一条电路至少包含一条发送(或接收)信道。

4. 基带

基带指原始信号所占的基本频带。

5. 基带信号

将数字信号直接用两种不同的电压表示,这种信号称为基带信号。

6. 数据传输

数据传输指用电信号把数据从发送端传送到接收端的过程。

7. 模拟传输

模拟传输指以模拟信号的形式在信道上传输数据。

8. 数字传输

数字传输指以数字信号的形式在信道上传输数据。

9. 数据传输速率

数据传输速率指单位时间内传送的位数，单位是比特/秒。

设数据传输速率为 S：

$$S = (1/T)\log_2 N$$

式中，T 为脉冲宽度或脉冲周期；N 为一个脉冲所能表示的有效状态。在数据传输系统中普遍采用的单位脉冲 $N=2$，其传输速率为

$$S = 1/T$$

10. 调制速率

波特率是每秒钟信号变化的次数，也叫做调制速率，单位为波特(Baud 或 B)。其计算公式为 $B=1/T$，所以如果 $N=2$，则

$$S = B\log_2 N$$

2.3.2　模拟信号与数字信号的转换

数字信号和模拟信号都用于数据通信，但是由于它们之间的明显差异，其用途也各不相同。数字信号变化非常明显，没有中间的变化过程，模拟信号既有信号大小的逐渐变化又有频率的变化。不同的传送技术使用不同的模拟信号。不同的网络使用不同类型的信号。电话网络传送模拟信号，如果用电话网络传送数字信号就必须进行转换。如果使用数字网络(如 DDN)就不用将数字信号转换成模拟信号了。

模拟数据和数字数据都可以用模拟信号和数字信号表示，因而也可以用这些形式传输，见图 2-4。

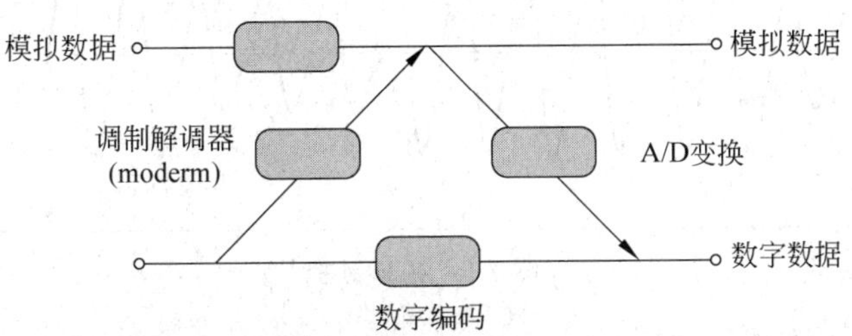

图 2-4　模拟数据、数字数据与模拟信号、数字信号的对应关系

模拟信号和数字信号在传输介质上进行传输时,采用不同的信道(数字信道和模拟信道)和不同的信号变换技术,以取得较好的传输质量。

- 数字信道:主要用于传输数字信号。
- 模拟信道:主要用于传输模拟信号。

1. 数字数据转换为模拟信号

有时我们需要将计算机中的数字数据通过传输介质转换为模拟信号进行传输。例如,某个计算机的数据通过公用电话网传输到另外一个地方,因为计算机的数据是数字的,而公用电话线传输的数据是模拟信号,那么计算机所产生的数字数据必须转换为模拟信号进行传输。数字数据采用调制的方法转换为模拟信号,见图2-5。

图2-5 数字数据调制为模拟信号

数字数据可以利用调制解调器调制成模拟信号,所产生的信号占据以载波频率为中心的某一频谱。大多数调制解调器都用语音频谱表示数字数据,因此数字数据能在普通的音频电话线上传输。在线路的另一端,调制解调器再把载波信号解调还原成原来的数字数据。

将数字数据转换为模拟信号的方法称为调制。可以通过调制解调器进行调制和解调,调制的基本方法主要有3种:振幅、频率和相移。

(1) 幅移键控法(Amplitude-Shift Keying,ASK),又称幅度调制(Amplitude Modulation,AM),用载波频率的不同幅度表示两个二进制值,见图2-6。

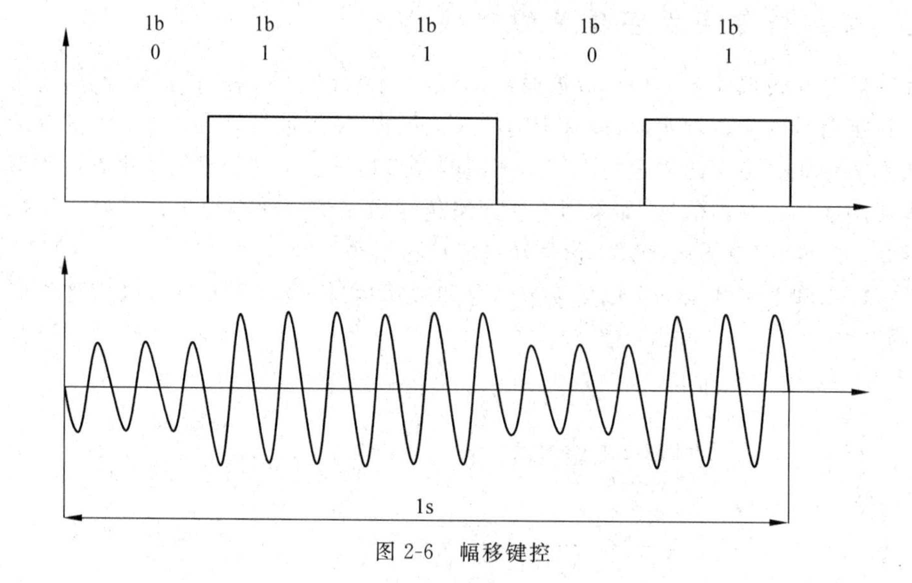

图2-6 幅移键控

(2) 频移键控法(Frequency-Shift Keying,FSK),又称频率调制(Frequency Modulation,FM),用不同的载波频率(相同的幅度)表示两个二进制值,见图2-7。

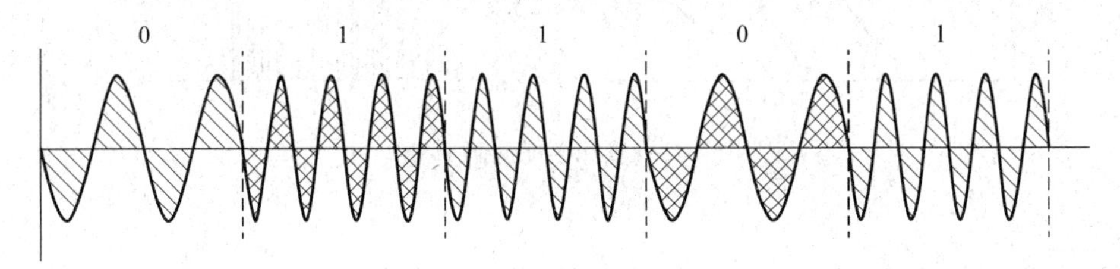

图2-7 频移键控

(3) 相移键控法(Phase-Shift Keying,PSK),又称相位调制,用不同的载波频率(相同的幅度)表示两个二进制值,见图2-8。信号的差异在于相移,而不是频率或振幅。通常,一个信号的相移是相对于前一个信号而言的。

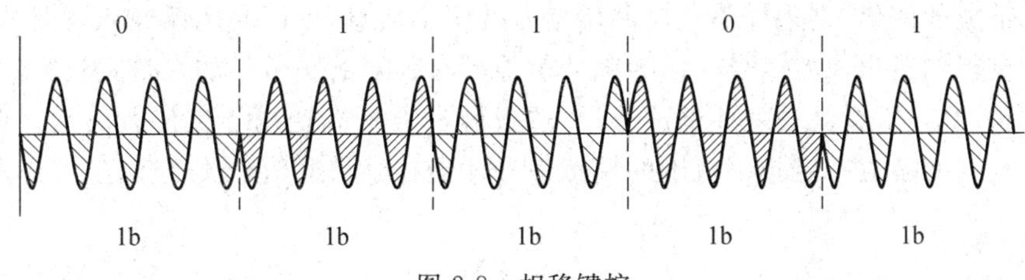

图2-8 相移键控

(4) 正交调幅(Quadrature Amplitude Modulation,QAM),正交调幅是为每个比特组合分配一个给定振幅和相移的信号。即假设使用2种不同的振幅和4种不同的相移。把它们结合起来将允许定义8种不同的信号,见图2-9。

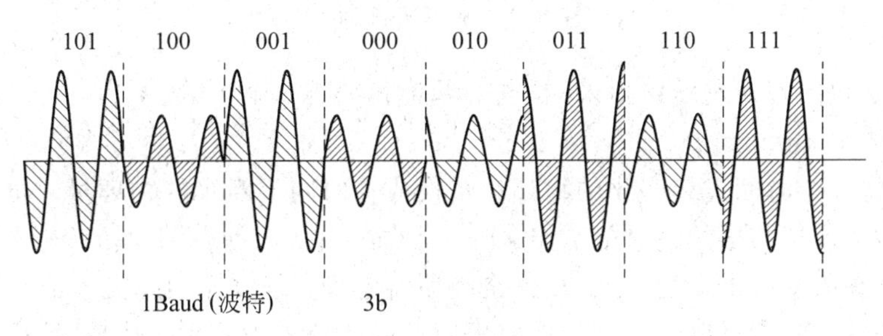

图2-9 QAM信号

2. 模拟数据转换为数字信号

模拟数据也可以用数字信号表示,又称模数转换也叫解调,是从载波频段变换到基带,通过编码解码器实现。对于声音信号来说,编码解码器直接接收声音的模拟信号,然后用二进制流近似地表示这个信号。数字化模拟信号的方法主要有两种:

1) 脉冲幅度调制(Pulse Amplitude Modulation,PAM)

PAM的处理过程比较简单,在将模拟数据转化为数字信号时,按一定的时间间隔对模拟信号进行采样,产生一个振幅等于采样信号的脉冲。图2-10显示了定期采样的

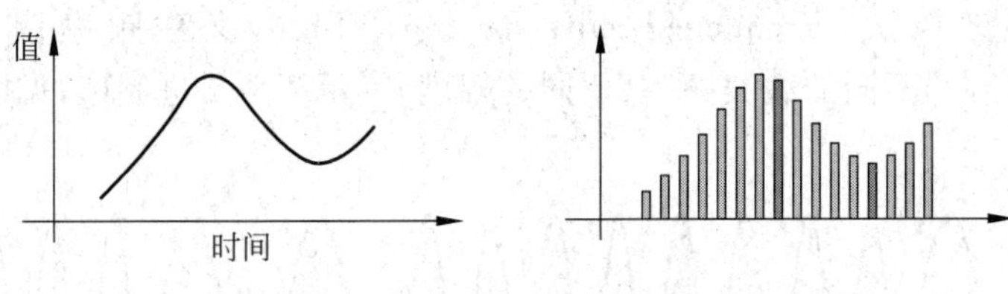

图 2-10 脉冲幅度调制 PAM

结果。

2）脉码调制(Pulse Code Modulation,PCM)

脉码调制是将模拟信号转化为数字信号编码最常见的方法,主要用于对声音信号进行编码,如图 2-11 所示。PCM 的方法是指以采样定理为基础,为采样信号分配一个预先确定的振幅。这种处理方法称为脉码调制(Pulse Code Modulation,PCM)。采样定理证明:若对连续变化的模拟信号进行周期性采样,只要采样频率等于或大于有效信号最高频率或其带宽的两倍,则采样值包含原始信号的全部信息,可以利用低通滤波器从这些采样信号中重新构造出原始信号。因为脉冲信号具有很宽的频带。如在带宽较窄的通信介质上传送脉冲信号,会滤去一些谐波分量,造成脉冲波形畸变而导致传输失败。此时,必须将数字数据变换成一定频率范围的模拟信号才能在窄带通信介质上传送。

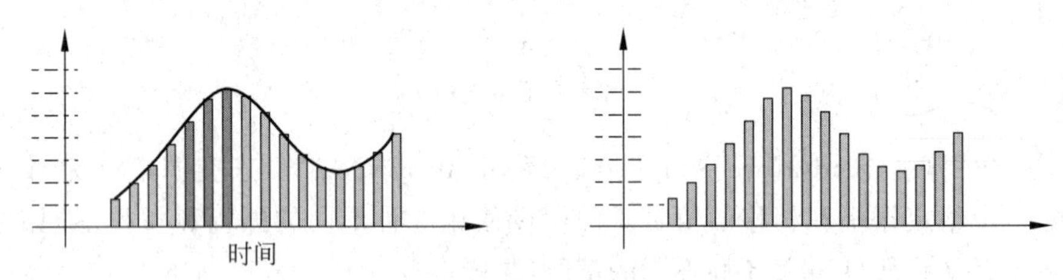

图 2-11 脉码调制 PCM

信号数字化的转换过程包括采样、电平量化和编码 3 个步骤。

(1) 采样(sampling)。

采样是将一个时间连续变化的物理量转换成在时间上断续的物理量。也就是每隔一定时间间隔,把模拟信号的瞬时值取出来作为样本,以代表原信号,一个连续变化的模拟数据,设其最高频率或带宽为 F_{max},根据奈奎斯特定理:若取样频率大于或等于 $2F_{max}$,则取样后的离散序列,就可以无失真的恢复出原始的连续模拟信号。所以,取样频率

$$F_1 = 1/T_1 \geqslant 2F_{max}$$

或

$$F_1 \geqslant 2B_s$$

式中,T_1 为采样周期,B_s 为原始信号的带宽。

(2) 量化(quantizing)。

量化是使连续模拟信号变为时间轴上离散值,即分级处理过程。将取样所得到的脉冲信号幅度按量级比较,并且取整,以某个最小数量单位的整数倍表示采样值的大小。这个最小数量单位称量化单位,量化后的最大整数倍数称量化级。显然,量化单位越小,量化的精度越高,其量化级越大。对于语音数据,量化成 128 级,就达到了足

够的精度。

(3) 编码(coding)。

编码是将量化值用相应的二进制编码表示。例如量化级为 128 时,可用 7 位二进制数表示一个语音的采样值。大多数话音能量的频率在 300～3400Hz 标准频谱内,当取其带宽是 4kHz 时,则取样频率是每秒 8000 次。如果有 N 个量化级,那么每次采样将需要 $\log_2 N$ 位二进制码。每个采样值的二进制码组称为码字,其位数称为字长。此过程由模/数转换器实现。在 PCM 系统的数字化语音中,通常分为 $N=256$ 个量级,每次取样 $\log_2 N=8$ 位二进制码(即 8 比特),每秒 8000 次取样,所以,话音信号的数据传输率为

$$8000\text{Hz} \times 8 = 64\text{kb/s}$$

量化、编码过程是将采样后的离散模拟量经模数转换后变换成数字量。采样频率越快、脉冲振幅越多,传输的质量也就越高,但价格也更贵。因为它们都将增加每秒的比特流量,于是比特速率也必须相应提高,费用也随之上涨。

3. 模拟数据的模拟信号传输

模拟数据的模拟信号传输是指对任意的模拟信息用模拟信号表示,见图 2-12。其方法也是采用调制的方法:

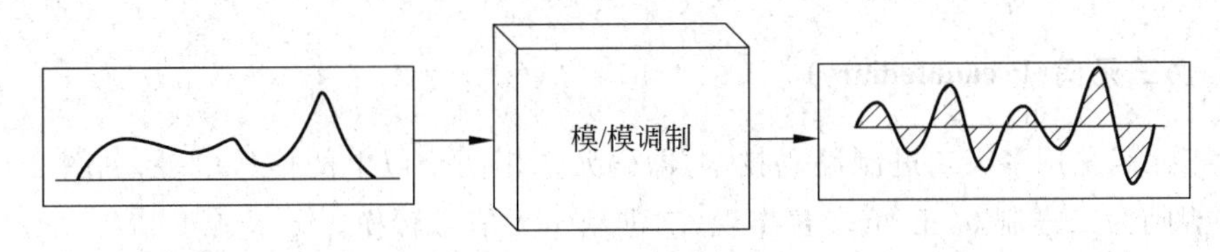

图 2-12　任意模拟信号的调制

(1) 幅度调制(Amplitude Modulation,AM)简称调幅,使载波幅度随原始的模拟数据幅度变化而得到的信号(已调信号),而载波的频率是不变的。

(2) 频率调制(Frequency Modulation,FM),简称调频,使载波频率随原始的模拟数据的幅度变化而得到的信号,而载波的幅度是不变的。

(3) 相位调制(Phase Modulation,PM),简称调相,使载波相位随原始的模拟数据的幅度变化而得到的信号,而载波的幅度是不变的。

载波通信就是采用幅度调制的一种模拟通信方式,像无线广播电台等仍采用调幅、调频技术。

2.4 数据编码

2.4.1 数字信号编码

数字数据的数字信号编码是指数字信息用数字信号表示。例如,当要将计算机内的数据传输到打印机时,就是直接使用数字信号,这时计算机的二进制编码 1 和 0 是由电压脉冲的矩形波来体现和传输的,见图 2-13。

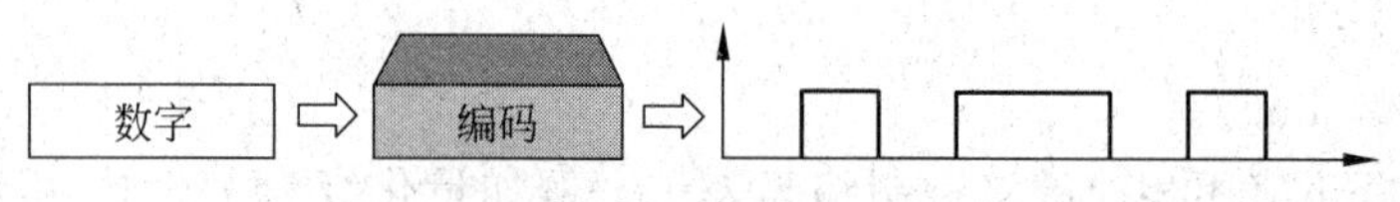

图 2-13 数字信息的数字信号表示

数字数据的数字信号编码的目标是，经过编码，使二进制 1 和 0 的特性有利于传输。下面简单介绍几种比较常见的编码方法。

1. 不归零编码(Non Return to Zero,NRZ)

通常数字信号用两种不同的电压电平的脉冲序列表示，其基本的表示方式为高电平为 1，低电平为 0，在一比特的传送时间内，电压是保持不变的，这种编码方式称不归零码，见图 2-14(a)。

NRZ 的数字信号传输的最大问题是没有同步信号，难以决定一位的结束和另一位的开始，在接收方不能区分每个数据位，也就不能正确接收数据，如增加同步时钟脉冲，就要增加传输线。另外，脉冲序列含有直流分量，特别是有连续多个 1 或 0 信号时，直流分量会累积。这样，就不可能采用变压器耦合方式隔离通信设备和通信线路，以保护通信设备的安全。因此，在数据传输时不采用这种 NRZ 制数字信号。

2. 伪三元码(Pseudotemary)

伪三元码采用多级二进制编码技术，即码元选用两个以上的信号电平，见图 2-14(b)。其编码规则为二进制 0，正-负交替出现，二进制 1 无信号转换。

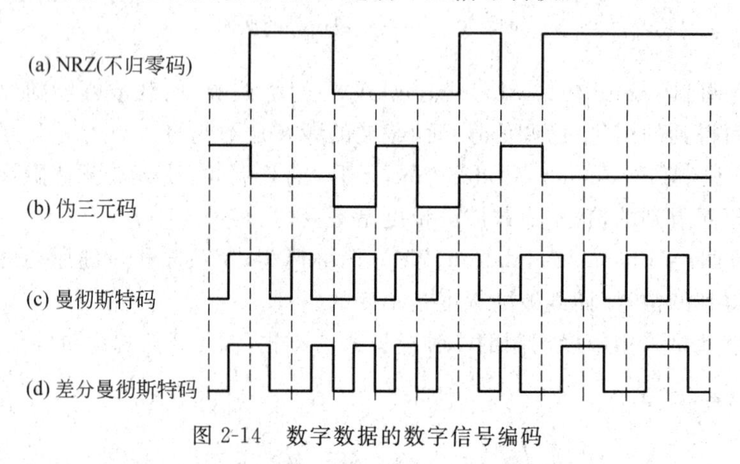

图 2-14 数字数据的数字信号编码

3. 曼彻斯特(Machester)编码

目前，在传输数字信号时可以采用曼彻斯特编码和差分曼彻斯特编码，见图 2-14(c)和图 2-14(d)。这两种编码都是采用了双相位技术实现的，通常用于局部网络传输。在曼彻斯特编码中，每位数据位的中心都有一个跳变，既作为时钟信号，又作为数据信号，可以起到位同步信号的作用。曼彻斯特编码中以这个跳变的方向判断这位数据是 1 还是

0。其编码规则是：每个比特的中间有跳变；二进制 0，表示从低电平到高电平的跳变；二进制 1 表示从高电平到低电平的跳变。

4. 差分曼彻斯特编码(Differential Manchester Encoding)

在差分曼彻斯特编码中，每位数据位的中心都有一个跳变，该跳变仅提供时钟定时，起到位同步信号的作用。数据则是以每位数据位的开始是否有跳变，来表示这位数据是 1 还是 0。其编码规则是：二进制 0，表示每比特的开始有跳变；二进制 1 表示每比特的开始无跳变。

曼彻斯特编码和差分曼彻斯特编码都带有数据位的同步信息，又称为自同步编码。同时，这两种编码的每位数据位都有跳变，整个脉冲序列的直流分量比较均衡，可以采用变压器耦合方式进行电路隔离。

曼彻斯特编码和差分曼彻斯特编码在数据波形上携带了时钟脉冲信息，将时钟和数据包含在信号数据流中，在传输编码信息的同时，也将时钟同步信号一起传输到对方，这种编码又称为字同步编码。接收端利用这个跳变产生接收同步时钟的脉冲，因此可以用较高的传输速率传输数据。

2.4.2　数据编码的格式

在通信中，数据以什么样的格式编码才能适合传输呢？这是通信无法回避的基本问题。目前有很多标准的编码，比较常见的有下面几种。

1. ASCII 码

ASCII(Amrican Standard Cole for Information Interchange)是美国标准信息交换码，这是一种 7 位编码，是目前最为流行的编码之一。它为每一个键盘字符和特殊功能字符分配一个唯一组合，每一个代码对应一个可打印字符或不可打印字符。可打印字符包括字母、数字，以及逗号、括号和问号等特殊的标点符号；不可打印字符指的是某些代码被用来表示一个特殊的功能，比如换行字符、制表符、回车等。附录 A 给出了字符及其对应的 ASCII 码的二进制格式和十六进制格式。

2. 莫尔斯码、博多码和 BCD 码

(1) 莫尔斯码是非常古老的一种编码。1838 年 Samtucl Morse 发明了该编码用于电报通信。莫尔斯码由一系列的点和划组成，并且字母代码的长度不统一。例如，字母 E 对应于单个点，而字母 O 有 3 个点，这种不同长度的代码，在编码时，将最短的代码分配给最常用的字母，减少了代码的平均长度，最大程度地利用了可变长度代码的优点，让信息传送得更快。

(2) 博多码(Baudot Code)是由 Jean-Marie-Emile Baudot 发明的代码，用 5 比特表示一个字符或字母，见表 2-1。

表2-1　博多码和BCD码

字符	博多码	BCD码	字符	博多码	BCD码
A	00011	110001	S	00101	010010
B	11001	110010	T	10000	010011
C	01110	110011	U	00111	010100
D	01001	110100	V	11110	010101
E	00001	110101	W	10011	010110
F	01101	110110	X	11101	010111
G	11010	110111	Y	10101	011000
H	10100	111000	Z	10001	011001
I	00110	111001	0	10110	001010
J	01011	100001	1	10111	000001
K	01111	100010	2	10011	000010
L	10010	100011	3	00001	000011
M	11100	100100	4	01010	000100
N	01100	100101	5	10000	000101
O	11000	100110	6	10101	000110
P	10110	100111	7	00111	000111
Q	10111	101000	8	00110	001000
R	01010	101001	9	11000	001001

从表2-1中可见,每一个数字的代码都跟某一个字母的代码相同,用上码和下码区分数字和字母。博多码定义了五位代码11111(上码)和11011(下码),用来确定如何解释后续的五位代码。当收到一个上码时,接收设备将把后续的代码当作字母;当收到一个下码时,后面的所有代码将被解释为数字或其他特殊符号。因此,报文BCD678将被转换成下面的博多码(从左到右):

11111　11001　01110　01001　11011　10101　00111　00110

上码　B　C　D　下码　6　7　8

BCD码又称二-十进制码,它不是给每个数字分配一个代码组合,或者为每个精确数字指定等价的表达式,而是由处理器能够直接使用以这种格式存储的数字作数学计算。这种方法在需要大量输入数据的时候是非常简单的。

2.5　数据传输

2.5.1　数据传输模式

1. 传输模式

数据传输模式是指数据在信道上传输所采取的方式。在计算机内部各部件之间,计算机与各种外部设备之间，计算机与计算机之间都是以通信的方式传递交换数据信息。数据传输模式可以分为不同的类型，如果按数据代码传输的顺序可以分为两种基本方式：即并行传输和串行传输；按数据传输的同步方式可分为同步传输和异步传输；按数据传输的流向和时间关系可分为单工、双工和全双工数据传输；按传输的数据信号特点可分为基带传输、频带传输和数字数据传输。

2. 同步技术

在数据通信系统中，通信系统的接收端和发送端发来的数据序列在时间上必须取得同步，以准确地接收发来的每位数据。因此说，收发两端工作的协调一致性是实现信息传输的关键，在通信过程中，要求接收端要按照发送端所发送的每个码元的重复频率及起止时间接收数据，而且接收时还要不断校准时间和频率，这一过程称为同步过程。所谓同步就是要求建立系统的收发两端在时间上保持步调一致。在数据通信系统中主要有位(码元)同步、群(码组、帧)同步和网同步等。

位同步是数据通信系统接收数据码元的需要。位同步是使接收端对每一位数据都要和发送端保持同步。可分为外同步和自同步法。外同步法是指在发送数据时，先向接收端发出一串同步时钟脉冲，接收端按照这一时钟脉冲频率和时序，在接收数据时始终与发送端保持同步；而自同步法是指接收端能从数据信号波形中提取同步信号的方法，最典型的自同步方法就是曼彻斯特编码。另外，在数据传输系统中为了有效地传递数据报文，通常还要对传输的信息分成若干组或打包，这样，接收端要准确地恢复这些数据报文，就需要组同步、帧同步或信息包同步，这类同步统称为群同步。

对数据通信系统来说，最基本的同步是收发两端的时钟同步，这是所有同步的基础。为了保证数据准确地传递，要求系统定时信号满足：

(1) 接收端的定时信号频率与发送端定时信号频率相同。

(2) 定时信号与数据信号间保持固定的相位关系。

3. 数据通信方式

所谓的单工、双工等数据通信方式，是指数据传输的方向。

单工通信：指通信只在一个方向上进行，即数据传输是单向的。单工通信在发送方和接收方之间有明确的方向性，如图 2-15(a)所示。

半双工通信：指通信可以在两个方向上进行，但不能同时进行传输，在任意时刻信息只能在一个方向传输，如图 2-15(b)所示。

全双工通信：指通信可以在两个方向上同时进行。当设备在一条线路上发送数据时，它也可以接收到其他数据，像电话、调制解调器等，如图 2-15(c)所示。

4. 基带传输、频带传输和数字数据传输

1) 基带传输方式

基带传输指只使用一种载波频率的数据传输技术，直接将计算机(或终端)输出的二进制 1 或 0 的电压(或电流)基带信号直接送到电路的传输方式。基带传输通常用于短距

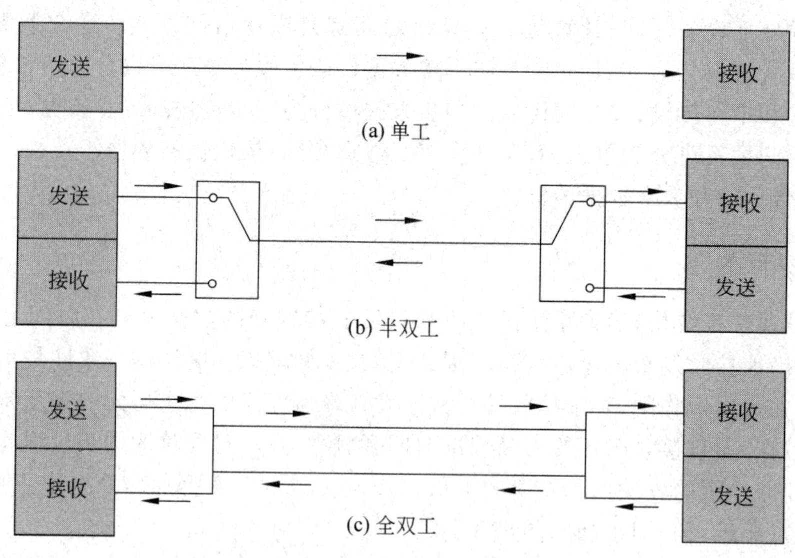

(a) 单工
(b) 半双工
(c) 全双工

图 2-15　数据通信方式

离的数据通信中,传输电路为双绞线、对称电缆等。

2) 频带传输方式

频带传输指把代表二进制数据的1和0信号,通过调制解调器变成具有一定频带范围的模拟信号进行传输。到达接收端后,再把音频信号解调成原来的数字信号。如电话电路,一般频带范围为300～3400Hz,基带信号不能通过,所以要把基带信号调制到电话电路的频带范围内传输。频带传输可实现远距离的数据通信。

3) 数字数据传输方式

数字数据传输方式是利用数字话路传输数据信号的一种方式,如PCM数字电话。这种方式效率高,传输质量较好。

2.5.2　数字数据传输

在线路上传输二进制数据可以采用并行模式传输或串行模式传输。在并行模式下,每一个时钟脉冲有多位数据被发送,而在串行模式下,每一个时钟脉冲只发送一位数据。而且,仅仅有一种方法发送并行数据,而串行传输有两类:同步和异步传输,见图2-16。

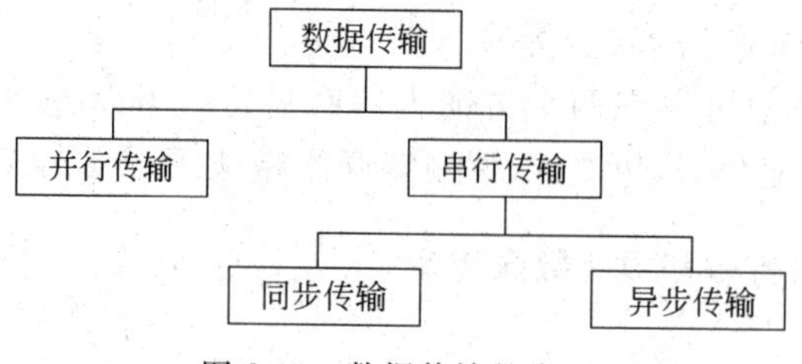

图 2-16　数据传输的类型

1. 并行传输

并行传输(Parallel Transmission)是将由1和0组成的二进制数，n位组成一组，在发送时n位同时发送，数据以成组的方式在两条以上的并行信道上同时传输，这就是并行传输。传输过程中，使用n根线路同时发送n位，每一位都有其自己的线路，并且一组中的所有n位都能够在一个时钟脉冲同时从一个设备传送到另一个设备上。例如采用8位代码字符时可以用8条信道并行传输，另加一条“选通”线用来通知接收器，以指示各条信道上已出现某一字符的信息，接收器可对各条信道上的电压进行取样，见图2-17。

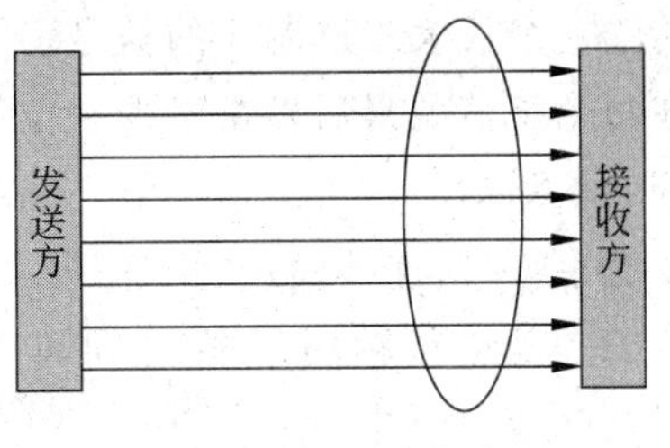

图2-17 并行传输

与串行传输相比，并行传输的优点就在于速度。它可以将n位数据同时传输，提高了传输速度，此外并行传输不需要另外措施就实现了收发双方的字符同步。但是它的缺点也比较明显，成本高。并行传输需要n根通信线路传输数据流，这也使得并行传输被限制在短距离传输上。因为在长距离传输上使用多条线路要比使用一条单独线路昂贵，而且长距离的传输要求较粗的导线，来降低信号的衰减，很难将它们捆到一条电缆里；另外长距离传输时，导线上的电阻也会阻碍比特的传输，从而使它们的到达稍快或稍慢，给接收端带来麻烦。一般适用于计算机和其他高速数字系统，特别适于在设备之间距离较近时采用。最常见的例子是计算机和外围设备之间的通信，CPU、存储器模块和设备控制器之间的通信。

2. 串行传输

串行传输(Serial Transmission)是使数据流以串行方式在一条信道一位接着一位地从一端传输到另一端。串行传输仅需要一根通信线路就可以在两个通信设备之间进行数据传输，方法简单，易于实现，而且比较便宜。串行传输见图2-18。

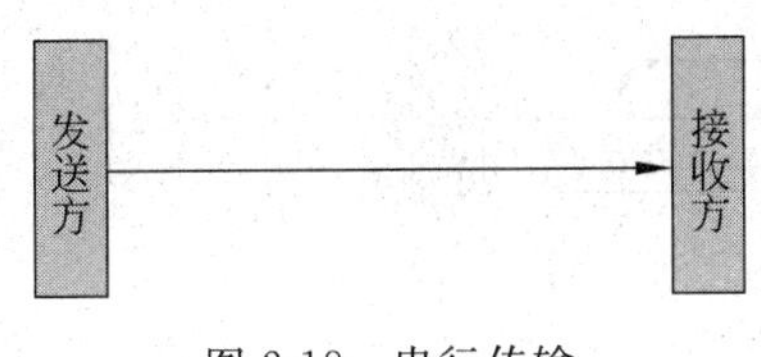

图2-18 串行传输

串行传输和并行传输的区别在于组成一个字符的各码元是依顺序逐位传输还是同时并行地传输。串行传输的优点是：串行传输只需要一个通信信道，与并行传输相比降低了传输成本。通常情况下，在设备内部采用并行通信方式，这就需要在发送方和通信线路之间以及通信线路和接收方之间的接口进行转换；缺点是需外加同步措施，同时每次只能发送一个比特位，所以其速度比较慢。

在串行传输时，接收端为了从串行数据码流中正确地划分出发送的一个个字符所采取的措施称为字符同步。根据实现字符同步方式的不同，数据传输有异步传输和同步传输两种方式。

1) 异步传输

异步传输指比特被划分成小组独立传送，发送方可以在任何时刻发送这些比特组，为了让接收方在每一组数据到达时都能够正确接收,在每一个字节的开始处额外增加了一个特别的位,称为起始位。每次异步传输都以一个起始位开始,这就给了接收方响应、接收和缓存数据比特的时间,在传输结束时,至少一个停止位表示一次传输的终止。异步传输一个常见的例子是使用终端与一台计算机进行通信,按下一个字母键、数字键或特殊键就可以在任何时刻发送一个 ASCII 代码,这取决于输入速度。异步传输时,空闲的线路传输一个代表二进制 1 的信号,开始传送数据时,首先发送一个起始位 0,然后是数据位,在每个字节的最后发送至少一位停止位 1,使信号重新变回 1,该信号一直保持到下一个开始位到达。在每一个字节之间可以有间隙,即字符可以连续发送,也可以单独发送,不发送字符时,连续发送"止"信号。因此,每一字符的起始时刻可以是任意的。需要特别注意的是虽然传输时字符之间可以有间隙,但是字符中的每一位仍然要保持同步,见图 2-19。

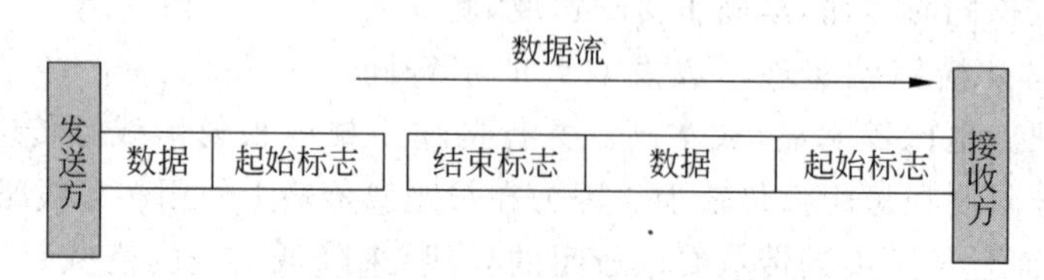

图 2-19 异步传输

异步传输的优点是:实现字符同步比较简单,收发双方的时钟信号不需要精确地同步;缺点是每个字符至少增加了 2b,降低了传输效率。

2) 同步传输

同步传输是以固定时钟节拍来发送数据信号的,在同步传输时,它不是独立地发送每个字符,而是连续地发送位流,并且不需要每个字符都有自己的开始位和停止位,而是把它们组合起来一起发送,这些组合称为数据帧,或简称为帧,如图 2-20 所示。

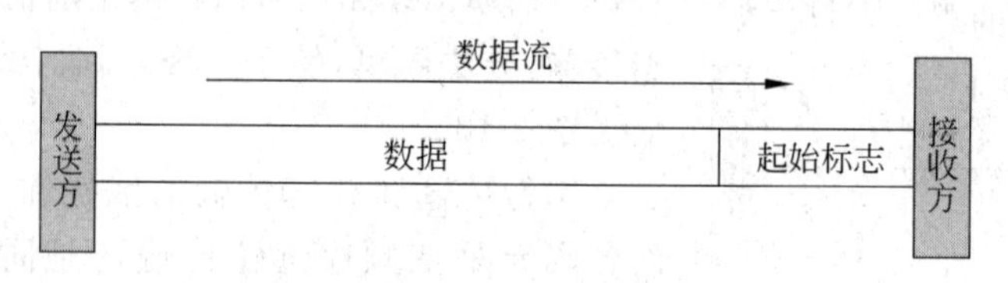

图 2-20 同步传输

同步传输通常要比异步传输快,它不需要对每一个字符单独加起、止标志,只是在一串字符的前后加上标志序列,因此传输效率较高。

2.5.3 数据传输信道

任何一个通信系统都可以看作是由发送设备、传输信道和接收设备 3 大部分组成。传输信道是指以传输物理媒质为基础,为发送设备和接收设备而建立的信号通路。由有线或无线线路(包括交换设备)组成的信号通路。数据传输信道的特性对通信的质量影响很大。

1. 信道分类

信道可按不同方式来分类。从概念上可分为广义信道和狭义信道。按传输媒体可分为有线信道和无线信道。按信息复用形式,又可分为频分制信道和时分制信道。前者包括载波信道、频分短波信道、频分微波信道和频分卫星信道等;后者主要有时分基带信道、时分短波信道、时分微波信道和时分卫星信道等。

1) 广义信道与狭义信道

狭义信道是指传输信号的具体传输物理媒介,如电缆、光纤或微波、卫星中继等传输线路。

广义信道是指广义上的信号传输通路。它通常是将信号的物理传输媒介与相应的信号转换设备结合起来看作是信道,常用的信道如调制信道、编码信道等。

2) 有线信道和无线信道(按传输媒介的种类分类)

(1) 有线信道。包括双绞线、同轴电缆、光缆等。有线信道性能稳定,外界干扰小,保密性强,维护便利,但是有线信道一次性投资较大。

(2) 无线信道。无线信道是利用无线电波在空间进行信号传输。主要有微波、卫星、中波、短波、超短波等。无线信道不需铺设线缆,其通信成本低,通信的建立比较灵活,可移动性大,但受环境气候影响较大,保密性较差。

3) 模拟信道和数字信道(按允许通过的信号类型分类)

(1) 模拟信道。信道上允许通过的是模拟信号。模拟信道的质量用信号在传输过程中的失真和输出信噪比来衡量。

(2) 数字信道。信道上允许通过的是数字信号,例如PCM数字电话信道。大部分数据信号都是数字的,故数字信道更便于传输数据。

4) 单工、半双工和全双工信道(按传输的工作方式分类)

与数据通信的单工、半双工和全双工3种工作方式相匹配,信道也可分成3种:

(1) 单向(单工)信道。只能沿一个固定方向传输的信道,配合它使用的是单工传输方式。

(2) 双向(全双工)信道。可以同时沿两个方向双向传输的信道。全双工传输工作方式必须采用双向信道。

(3) 半双工信道。可以分时沿两个方向传输的信道。可以构成半双工传输工作方式的数据通信系统。

5) 各种复用信道(按传输信息复用的形式分类)

在通信网上所采用的复用方式按传输信息复用的形式分类,主要有频分复用(FDM)、时分复用(TDM)、波分复用(WDM)和混合复用等。

6) 专用信道和公用信道(按信道的使用方式分类)

(1) 专用信道。两用户间固定不变的数据电路,由专用线路或通信网中固定路由提供。传输质量可以得到保证。

(2) 公用(交换)信道。网中用户通信时由交换机随机确定的数据传输电路,这类电路由于其路由的随机性,其传输质量也相对不稳定。

2. 信道特性

1）电缆

电缆信道通信容量大，传输质量稳定，受外界干扰小，可靠性高。

2）光缆

光缆信道由光纤组成。由于光纤的不同，其传输特性也不尽相同，通常可分为单模光纤和多模光纤。当纤芯直径小于5mm时，光在光波导中只有一种传输模式，这样的光纤称为单模光纤；纤芯直径较粗时，光在光波导中可能有许多沿不同途径同时传播的模式，这种光纤称为多模光纤。用光纤来传输信号时，在发送端先要将电信号转换成光信号，而在接收端还要将其还原成电信号，光源可以采用激光二极管或发光二极管。光纤的主要传输特性为损耗和色散，光纤的损耗会影响传输的中继距离，而色散会影响传输的码率。

光纤传输的主要优点是：传输速度快，频带宽，通信容量大，抗干扰能力强，不受外界电磁干扰的影响，所以传输距离远。

3）微波

微波通信是电磁波在视距范围内传输的一种通信方式，其载波频率一般在2～40GHz。由于微波是沿直线传播的，而地球表面是曲面，所以微波在地面的传播距离受地形和天线高度的限制，直接传播时天线越高距离越远。两站间的通信距离一般为30～50km，故长距离传输时，必需建立多个中继站。

微波中继通信具有较高的接收灵敏度和较高的发射功率。但受天气影响较大，在传播中通过不利地形或环境时会造成衰落现象。

4）卫星信道

卫星通信实际上也是微波通信的一种方式，它是利用地球同步卫星作中继来转发微波信号。卫星通信可以克服地面微波通信距离的限制，信道频带宽，也可以采用频分多路复用技术，所以卫星通信适用于远距离通信，传输容量大，其质量和可靠性都优于地面微波通信；但其缺点是传输延迟时间长。

3. 信道容量

通信是为了可靠有效地传输信息。信息论提出并解决了信道的可靠性与有效性的问题，即对于给定的信道，当无差错传输时，信道的信息传输量的极限问题。香农的信息论证明了信道传输极限的存在，并给出了计算公式，这个极限就是信道容量。信道容量是一个理想的极限值，它是一个给定信道在传输差错率趋于零情况下在单位时间内可能传输的最大信息量。信道容量的单位是比特率(b/s)。

2.5.4 数据通信的主要指标

在通信系统中，通信质量是人们关心的问题。所谓通信质量是指整个通信系统的性能，主要是传输的有效性和可靠性。

1. 传输损耗

传输存在着或多或少的损耗，所以任何通信系统接收到的信号和发送的信号都会有所不同。对于模拟信号，传输损耗使得信号出现各种随机的改变，降低了信号的质量；对于数字信号，则会在传输中出现位串错误。

影响传输损耗的主要参数有衰减、时延失真和噪声等。

1）衰减(attenuation)

数据在任何传输介质上进行传输时，信号强度都将随距离的延伸而减弱。为了实现远距离的传输，采用了很多的方法来降低信号的衰减，如模拟传输系统采用放大器来解决传输损耗问题，不过放大器使得噪声也随之放大，尤其在经过多次放大之后，会产生噪声累加，引起数据出错。而数字传输与数字信号的内容有关，衰减将会影响数据的完整性，通常采用中继器来再生信号。

衰减 A 定义为输入信号功率与输出信号功率的比值，并取以 10 为底的对数，表示输入信号与输出信号的功率电平之差：

$$A = 10\lg\left(\frac{P_1}{P_2}\right)\text{dB}$$

式中，P_1 为输入信号功率(mW)，P_2 为输出信号功率(mW)。

2）时延失真

在数据传输系统中，传输介质的频带宽度，不仅会影响信号的幅度特性，而且会影响其相位特性，通常是中心频率附近的信号传输速率最高，而频带两侧的信号速率较低，产生时延失真。

对数字数据传输而言，时延失真的影响很大，它可以引起信号内部的相互串扰，也是限制最高速率值的主要原因。

3）噪声

在数据传输过程中，不可避免地会有噪声，就其性质和影响来说，可以分为随机噪声和脉冲噪声两大类。

(1) 随机噪声。

随机噪声又称为白噪声(white noise)，是在时间上分布比较平稳的噪声，包括：

- 热噪声，通信传输介质和电子器件热运动所引起的，不可能完全消除。
- 内调制杂音，系统的非线性因素造成的交调干扰。
- 串扰，由系统的电磁耦合引起，像近端串扰、远端串扰等。

(2) 脉冲噪声。

脉冲噪声通常是突发性的电磁干扰，如闪电等。脉冲噪声对模拟数据的影响较小，但对数字数据的影响很大，也是导致信号出错的主要原因。

2. 频带利用率

频带利用率是单位频带内所能实现的码元速度(或者单位频带内的传输速度)。单位为波特/赫，或者比特/秒·赫(b/s·Hz)。

3. 数据传输速率

数据传输速率指每秒能传输的二进制信息位数,单位为位/秒,记作 b/s,其计算公式为:

$$S = (1/T)\log_2 N(\mathrm{b/s})$$

式中,S 为数据传输速率;T 为一个数字脉冲信号的宽度(全宽码情况),单位为秒。一个数字脉冲也称为一个码元;N 为一个码元所取的有效离散值个数,也称调制电平数,一般取 2 的整数次方值。

若一个码元仅可取 0 和 1 两种离散值,则该码元只能携带一位(b) 二进制信息;若一个码元可取 00、01、10 和 11 4 种离散值,则该码元就能携带两位二进制信息。以此类推,若一个码元可取 N 种离散值,则该码元便能携带 $\log_2 N$ 位二进制信息。

4. 信道容量

在数据通信系统中,任何传输介质都有限定的带宽,如何高效地使用带宽,提高信道的利用率,是通信系统中急需解决的问题。信道容量是在给定条件、给定通信信道情况下的数据传输速率。

1) 奈奎斯特定理(Nyquist)

信道的最大数据速率是受信道的带宽限制的,对于无热噪声的信道,Nyquist 给出了这种限制关系。1942 年,Nyquist 证明:如果一个任意信号通过带宽为 W 的理想低通滤波器,当每秒取样 $2W$ 次,就可完整地重现该滤波过的信号。

Nyquist 定理指在无噪声有限带宽 W 的理想信道的条件下,其最大的数据传输速率 C(信道容量)为:

$$C = 2W\log_2 N$$

式中,N 是离散性信号或电平的个数。

[**例 2-1**] 一个无噪声的信道,带宽是 4000Hz,采用 4 相调制解调器传送二进制信号,试问信道容量是多少?

解:4 相调制解调器传送二进制信号的离散信号数为 4,所以 $N=4$,$W=4000\text{Hz}$,则信道容量 $C=2\times4000\log_2 4=16(\text{kb/s})$

2) 香农定理(Shannaon)

1948 年,Claude Shannon 进一步研究了受随机噪声干扰的信道情况,给出了在有噪声的环境中,信道容量将与信噪功率比有关,根据香农公式,在给定带宽 W(Hz),信噪功率比 S/N 的信道中,最大数据传输速率 C 为

$$C = W\log_2(1 + S/N)$$

式中,S/N 常用分贝形式表示,而公式中的 S/N 为信噪功率比,其计算公式如下:

$$(S/N)\text{dB} = 10\lg(S/N)$$

式中,S 为信号功率,N 为噪声功率,(S/N)dB 为信道实验检测出的信噪比(dB)。

[**例 2-2**] 一个数字信号通过两种物理状态,经信噪比为 20dB 的 3000Hz 带宽信道传输,其数据速率不会超过多少?

解：按 Shannon 定理：在信噪比为 20dB 的信道上，信道最大容量为：

$$C = W\log_2(1 + S/N)$$

已知信噪比电平为 20dB，则信噪功率比

$$S/N = 100$$

$$C = 3000 \times \log_2(1 + 100) = 3000 \times 6.66 = 19.98(\text{kb/s})$$

数据速率不会超过 19.98kb/s。

信道容量与数据传输速率的区别在于，信道容量表示信道的最大数据传输速率，是信道传输数据能力的极限；而数据传输速率则表示实际的数据传输速率。

5. 误码率和误组率

数据在传输过程中，不可避免地会受到噪声和外界的干扰，致使出现差错。误码率和误组率则是衡量数据通信系统在正常工作情况下的传输可靠性的主要指标。

1）误码率

误码率是指在一定时间内，二进制数据位传输时出错的概率。设传输的二进制数据总数为 N 位，其中出错的位数为 N_e，则误码率表示为：

$$P_e = \frac{N_e}{N} \times 100\%$$

计算机网络中，一般要求误码率低于 10^{-6}，即平均每传输 10^6 位数据仅允许错一位。

2）误组率

误组率 P_B 是指在传输的码组总数中发生差错的码组数所占的比例，即码组错误的概率。在数据传输过程中往往存在着随机性与突发性的干扰，造成传输错误，但是在一块或一帧中的 1 比特差错和几比特差错都导致数据块（或帧）出错，所以使用误码率还不能确切地反映其差错所造成的影响，因此，采用误组率 P_B 来衡量差错对通信的影响。

$$P_B = \frac{b_1}{b_0} \times 100\%$$

式中，b_1 为接收出错的组数，b_0 为总的传输组数。

误组率在一些采用块或帧检验以及重发纠错的应用中能反映重发的概率，从而也能反映出该数据链路的传输效率。在某些数据通信系统中，以码组为一个信息单元进行传输，此时使用误组率更为直观。

除上述几种指标外，还有可靠度、适应性、使用维修性、经济性、标准性及通信建立时间等。

2.6 多路复用

在网络中传输媒体的带宽往往超过传输单一信号的需要，为了提高传输媒介的利用率，降低成本，提高有效性，希望一个信道可以同时传输多路信号，这就是多路复用问题。所谓多路复用技术，是指在数据传输系统中，允许两个或两个以上的数据源共享一个公共传输媒介，把多个信号组合起来在一条物理信道上进行传输。这就像每个数据源有它自

己的信道一样,所以,采用多路复用可以将若干个彼此无关的信号合并为一个能在一条共用信道上传输的复合信号,见图2-21。

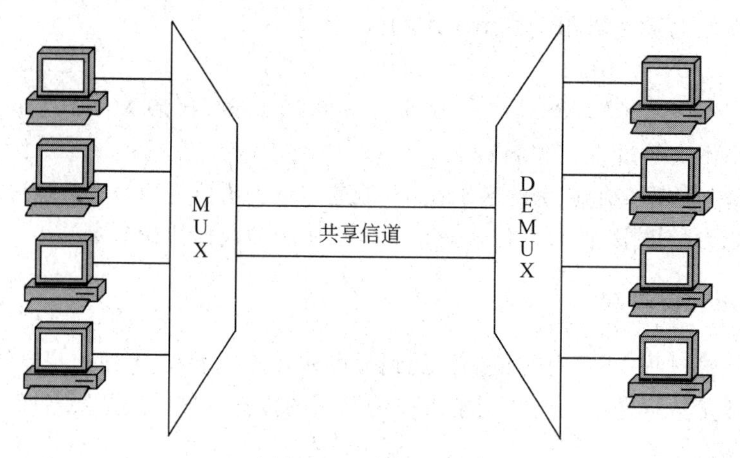

图2-21 多路复用

多路复用通常可分为时分复用(TDM)、频分复用(FDM)、波分复用和码分复用(CDM)等。在TDM中,由于采用的技术不同,又可分为同步时分复用(STDM)、异步时分复用(ATDM)等,见图2-22。

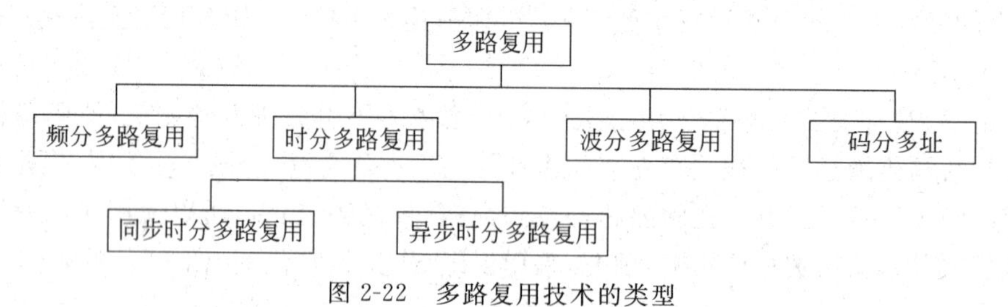

图2-22 多路复用技术的类型

2.6.1 频分多路复用

频分多路复用(Frequency Division Multiplexing,FDM)技术是一种按频率划分信道的复用方式,它把整个物理媒介的传输频带,按一定的频率间隔划分为若干较窄的信道,每个信道提供给一个用户使用。频分复用技术主要用于模拟信号,普遍应用在电视和无线电传输中。使用FDM技术时,信号通常被发送设备调制成不同的载波频率,这些调制信号组合成一个能够在线路上传输的复合信号。每一个载波都有一个独立的信道传输信号,该信道必须是独立的一条没有被使用的带宽,以防止重叠部分相互干扰,见图2-23。

典型的频分复用系统是电话多路载波系统,用来进行话音信号的长距离传输,它先把信号进行调制,然后通过频分多路复用设备复合成多路数据复用信号进行传输,见图2-24。

频分复用系统在复用和传输过程中,调制、解调、传输和音频转接等操作会不同程度地引入噪声。这些因素都会使数据信号的传输质量下降,增大误码率。

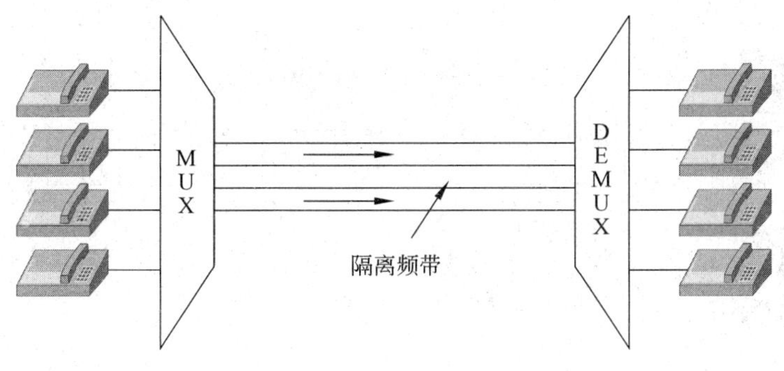

图 2-23　FDM

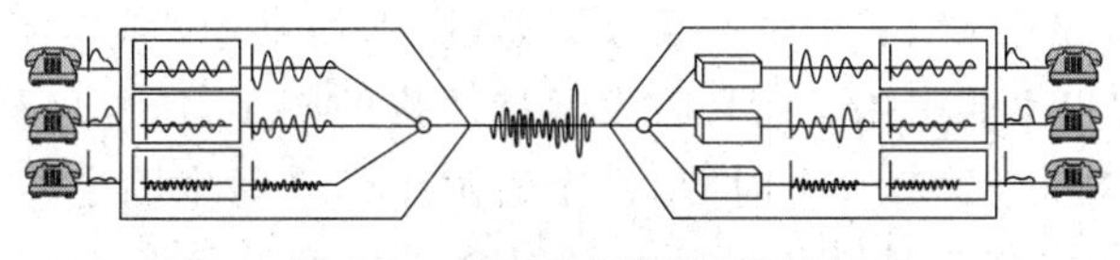

图 2-24　FDM 多路复用过程

2.6.2　时分多路复用

和 FDM 一样，时分多路复用（Time Division Multiplexing，TDM）技术也是把许多输入信号结合起来，并一起传送出去。但 TDM 技术是利用时间分片方式实现传输信道的多路复用，将传输媒体分成不同的周期，每个周期再分成不同的时间片，将每个时间片分给固定的用户使用。TDM 技术主要用于数字信号，因此，和 FDM 把信号结合成一个单一复杂信号的做法不同，TDM 保持了信号物理上的独立性，而从逻辑上把它们结合在一起，见图 2-25。

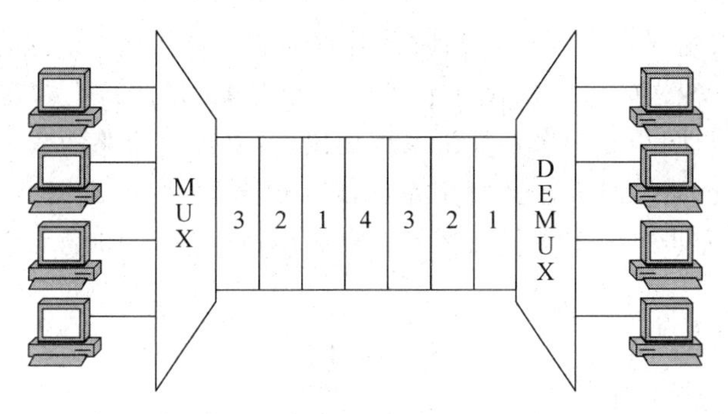

图 2-25　TDM

从如何分配传输介质资源的观点出发，时分多路复用又可分为静态时分复用和动态时分复用两种。

1. 静态时分复用

静态时分复用是一种固定分配资源的方式，即将多个用户终端的数据信号分别置于预定的时隙内传输，见图 2-26。

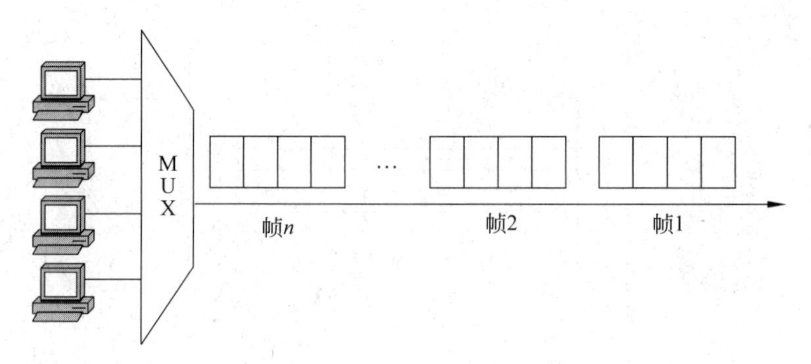

图2-26　静态(同步)时分多路复用

不论用户有无数据发送,其分配关系是固定的,即使某用户时隙没有发送数据,该时隙也会空着,其他用户不能占用。而且收发保持严格的同步,所以又称为同步时分复用。在图2-26中,每一个帧至少有 n 个时隙,每个时隙携带有每个固定输入线路的数据。时隙组合成一组成为帧。也就是说,帧是由一个完整的时隙循环组成的,包括提供给每个发送装置的一个或多个时隙。

采用这种方法,使多路复用器跳过空的缓冲区并空出帧的相应部分。这种方法的优点是使所有帧的大小保持一致,并简化协议。其缺点也很明显,无用的信息将占据传输媒体,从而导致带宽的浪费。

2. 动态时分复用(异步时分复用)

动态时分复用又称异步时分复用,就是让多路复用器扫描缓冲区,并根据缓冲区存储的数据量产生一个大小可变的帧,是一种按需分配媒体资源的方式。在同步时分多路复用系统中,如果有 n 条输入线,传送的帧中包含固定的至少 n 个时隙。然而,在异步时分多路复用系统中,当用户有数据要传输时才分配资源,用户暂停发送数据时,就不分配。如果有 n 条输入线,传送的帧中包含有不多于 m 个时隙,并且 $m<n$,在这种情况下,异步时分多路复用系统与同步时分多路复用系统相比,如果传输线路的数量相同,则异步时分多路复用系统能够比同步时分多路复用系统支持更多的设备,见图2-27。在图2-27中,有4台计算机使用异步时分多路复用技术共享一个数据信道,帧的大小是3个时隙。

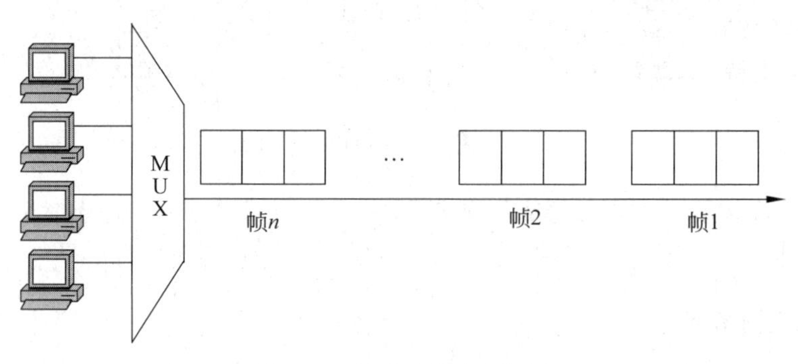

图2-27　异步时分多路复用

由此可知，动态时分复用方式可以提高线路传输的利用率，适合于计算机通信中突发性或断续性的数据传输。当采用动态时分复用时，在各个线路接口处应设置缓冲区，按需要存储已到达的且尚未发出的数据单元，而且还要设置流量控制，以利于缓和用户争用资源而引发的冲突。

在动态时分复用方式中，各个输入源在帧中所对应的位置不再是固定不变的，每个用户共享一条通信线路传输数据，为了便于接收端分别接收，必须在所传数据中附加用户识别标志，加上目标地址等额外信息，并对所传数据单元加以编号。接收端的多路复用器也必须增加额外的逻辑机制以找出帧的目标地址，从而把信息发送到正确的方向上去，实现数据的正确接收。

2.6.3　波分多路复用

波分复用的技术非常复杂，想法却非常简单。波分复用就是要经过多路复用器把多个光源复合成一个光信号，可在一根光纤上同时传输几个不同波长的光信号，每个波长的光载有不同的电信号。波分多路复用(Wave Division Multiplexing，WDM)利用了光辐射的高频特性及光纤宽频带、低损耗的特点，在发射端对每个信道的电信号进行光强调制，形成不同波长的光载波信号，然后将这些信号合成一路输出，用光缆传输到终端用户。在终端用光分波器把输入的多路光载波信号分成单一波长的光载波信号，送给相应波长的光接收机，经过光接收机的解调后，输出相应频道的电信号，见图 2-28。波分复用(WDM)是利用光纤线缆实现的大容量传输技术。第一代光纤使用 0.8 波长的激光器，传输速率可达 280Mb/s。目前使用了第四代掺饵光放大器(Erbium Dopped Fiber Amplifier，EDFA)的单模光纤，数据传输速率已达 10～20Gb/s。

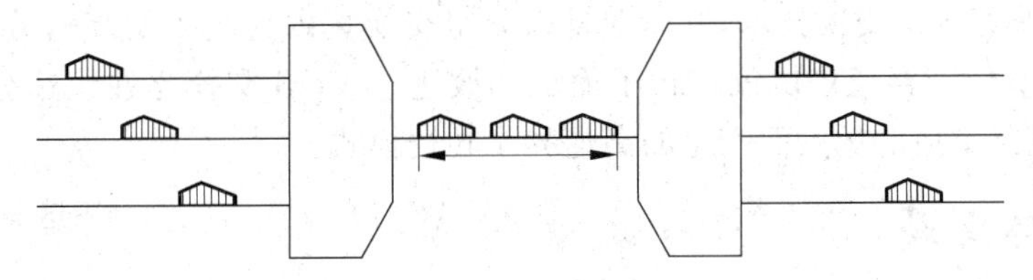

图 2-28　波分多路复用

此外，用来描述支持巨大数量信道的系统称为密集波分复用(DWDM)。DWDM 模块采用干涉滤波器技术，将满足 ITU 波长的光信号分开或将不同波长的光信号合成至一根光纤上，可支持 100 万个话音和 1500 个视频信道。

2.6.4　码分多址

码分多址(Code Division Multiple Access，CDMA)是移动通信中的一种信号处理方式，指每个用户在通信期间占有所有的频率和所有的时间，但是不同的用户具有不同的正交码，用以区分不同用户的信息，避免相互干扰。CDMA 结构基于扩频技术，最初被应用于军事系统，在 1978 年才首次提出把扩频技术应用于大容量的蜂窝移动通信系统中。由于无线传输环境复杂多变，如何有效地利用有限的频谱资源，空中无线电接入方式即如何选择在用户之间分享公共传输媒质的多址接入方式，成为移动通信技术中最重要的技术。

在第一代移动通信中,主要采用了频分多址技术(Frequency Division Multiple Access, FDMA),就是将给定频谱按一定的要求分成若干部分,在连接通信时每个用户占其中之一。在第二代移动通信中,GSM(全球通)采用了时分多址(Time Division Multiple Access,TDMA)技术,将连续时间分成若干个段(即时隙),每个用户在一个周期内占有所分配频率的部分时间。依据帧的属件分配信道,将整个信值按静态和动态方法分配给联网的各个站点。而CDMA则采用了扩频调制的技术,许多终端可以在同一个频带上同时发射。数据在发射之前和与之独立的扩频序列相加,而接收端必须与发射端同步工作,同时也利用这一扩频序列来接收信号,并恢复原始数据。

2.7 数据交换技术

数据在通信线路上进行传输,最简单形式是用传输线直接将两个终端相连,进行数据通信,即点对点通信。但是,用这种方法,要实现网络中所有设备之间的通信是不现实的。因为,对于 N 个终端,要有 $N(N-1)/N$ 条双工链路,而且每个终端还要有 $(N-1)$ 个I/O端口,系统的成本大大增加,效率也很低。通常要经过中间节点将数据逐点传送到信宿,从而实现两个互连终端之间的通信。这些中间节点提供一种交换功能,使数据从一个节点传到另一个节点,直至到达目的地。这些中间节点用传输链路相互连接起来构成具有某种交换能力的网络,每个终端连到这个网络上。数据交换方式基本上分为3种,即电路交换(Circuit Switch,CS)、报文交换(Message Switch,MS)和分组交换(Packet Switch,PS)。

从交换原理上看,电路交换是电路传输模式,又称同步传送模式;而报文交换、分组交换与电路交换方式完全不同,采用存储/转发模式,又称异步转移模式。由于通信技术的发展,出现了快速分组交换技术,帧中继是以分组交换技术为基础的高速分组交换技术,它是对X.25分组交换通信协议进行了简化和改进。ATM交换是在快速分组交换的基础上结合了电路交换的优点而产生的高速异步转送模式。

2.7.1 电路交换

电路交换是一种广泛应用的传统交换方式,电话交换网是使用电路交换技术的典型例子。

1. 电路交换过程

电路交换技术与电话交换机类似。其特点是进行数据传输前,首先由用户呼叫,在源端与目的端之间建立起一条适当的信息通道,用户进行信息传输,直到通信结束后才释放线路。

电路交换通信的基本过程可分为电路建立、数据传输、电路拆除3个阶段。

1) 电路建立阶段

如同打电话先要通过拨号在通话双方间建立起一条通路一样,该阶段是在数据传输之前,主叫用户发出呼叫请求,由交换装置沿途接通一条物理通路,即建立站到站的线路,见图2-29。

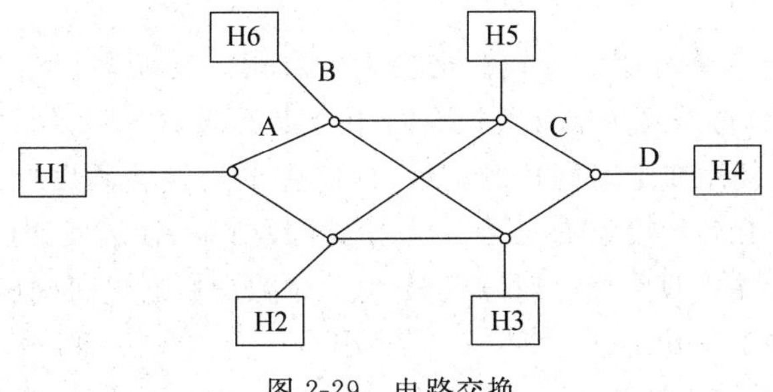

图 2-29　电路交换

例如，主机 H1 要与主机 H4 传输数据，那么首先要通过通信子网，在 H1 与 H4 之间建立一个连接。主机 H1 以“呼叫请求包”的形式，先向与之连接的 A 节点发出建立线路连接请求，然后 A 节点根据目的主机地址，利用路径选择算法在通向 D 节点的路径中选择下一个节点。比如，根据路径信息，A 节点选择经 B 节点的电路，在此电路上分配一个未用的通道，并把“呼叫请求包”发送给节点 B；节点 B 接到呼叫请求后，也用路径选择算法选择下一个节点 C，建立电路 BC，然后向节点 C 发送“呼叫请求包”；节点 C 接到呼叫请求后，也用路径选择算法选择下一个节点 D，建立电路 CD，也向节点 D 发送“呼叫请求包”；节点 D 接到呼叫请求后，向与其连接的主机 H4 发送“呼叫请求包”；H4 如果接受 H1 的呼叫连接请求，则通过已经建立的物理电路连接，向 H1 发送“呼叫应答包”。这样在 A 与 D 之间就建立了一条专用电路连接 ABCD，该连接用于主机 H1 与 H4 之间的数据传输。

2）数据传输阶段

在 H1 与 H4 通过通信子网的物理电路连接建立以后，数据就可以在主机 H1 与 H4 之间进行实时、双向的交换。在整个数据传输过程中，所建立的电路必须保持连接状态。

3）电路拆除阶段

数据传输结束后，要进行线路拆除即终止连接，以便释放电路。由某一方（H1 或 H4）发出“释放请求包”，另一方同意结束传输拆除线路时，发送“释放应答包”；然后逐点拆除到对方节点，结束此次通信。被拆除的线路空闲后，可被其他通信使用。

电路交换的特点是：

（1）在通信开始时要首先建立连接。

（2）一个连接在通信期间始终占用该电路，即使该连接在某个时刻没有数据传送，该电路也不能被其他连接使用，电路利用率低。

（3）交换机对传输的数据不作处理，对交换机的处理要求简单，但对传输中出现的错误不能纠正。

（4）一旦连接建立以后，数据在系统中的传输时延基本上是一个恒定值。

因此，电路交换适合传输信息量较大且传输速率恒定的业务，不适合突发业务和对差错敏感的数据业务。

2. 电路交换原理

电路交换按其交换原理可分为时分交换和空分交换两种。

1) 时分交换

时分交换是时分多路复用的方式在交换上的应用。交换系统通常包括若干条PCM复用线,用HW表示;每条复用线又可以有若干个串行通信时隙,用TS表示。时分交换是交换系统中PCM复用线上时间片的交换,即时隙的交换。假设主叫用户A发送的时隙为TS1,而到被叫用户B接收的已是TS5了;相反方向,B端发送时隙为TS5,经过交换网络交换后,在A端接收的已是时隙TS1了。时隙交换通过时间(T)接线器来实现。

(1) T接线器的基本功能。

T接线器的作用是完成在同一条复用线上的不同时隙之间的交换。即将T接线器中输入复用线上某个时隙的内容交换到输出复用线上的指定时隙。

(2) T接线器的基本组成。

T接线器的结构见图2-30。由图可见,T接线器主要由话音存储器(SM)、控制存储器(CM)以及必要的接口电路(如串-并、并-串转换等)组成。SM和CM都包含若干个存储器单元,存储器单元数量等于复用线的复用度。话音存储器存储用户的话音信号,也可以存放用户的数据信息。由于SM用来存放话音信号的PCM编码,所以每个单元的位元数至少为8位。控制存储器的作用是存储处理机控制命令字,控制命令字的主要内容用来指示写入或读出的话音存储器地址。设控制存储器的位元数为i,复用线的复用度为j,则应满足$2^i \geqslant j$条件。

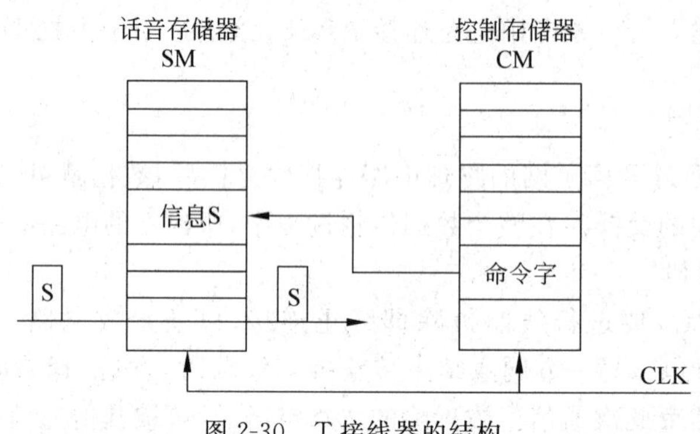

图2-30　T接线器的结构

(3) T接线器的工作方式。

T接线器有两种控制方式:输出控制方式和输入控制方式。

输出控制方式的工作原理见图2-31(a)。

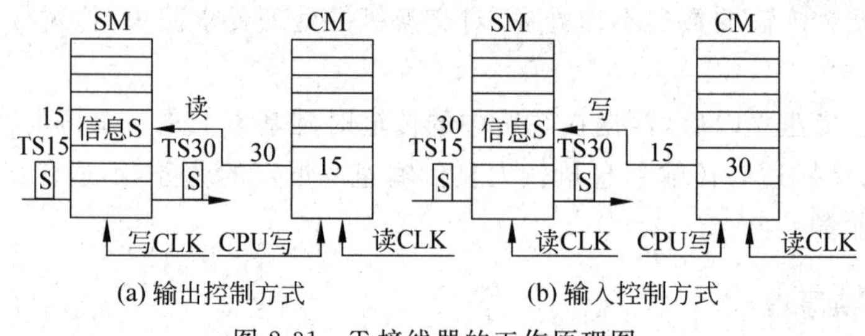

(a) 输出控制方式　(b) 输入控制方式

图2-31　T接线器的工作原理图

设输入信息 S 在 TS15 上，要求经过 T 接线器交换至 TS30 上去，计算机根据这一要求在控制存储器的 30 号单元写入 15。这个写入是由计算机控制进行的，因此叫做“控制写入”。控制存储器的读出是由定时脉冲控制，按照时隙号读出对应单元内容，即在第 i 个时隙，将控制存储器中第 i 个单元的内容读出。因此叫做“顺序读出”。

话音存储器的工作方式正好和控制存储器的方式相反，即是“顺序写入，控制读出”。T 接线器的输入线的输入信息按照顺序写入话音存储器(SM)的相应单元，即输入线上第 j 时隙的内容就写入 SM 的第 j 个单元。而话音存储器的读出则要根据控制存储器的控制信息(读出数据)来决定。因此，输出控制方式也叫顺序写入、控制输出方式。

在图 2-31(a)中，输入线 TS15 的内容按顺序写入话音存储器的第 15 单元，而在时隙 30 时，读出控制存储器 30 单元的内容，由于控制存储器的 30 单元的内容是 15，把它作为话音存储器的读出地址，就将话音存储器 15 单元的内容 S 输出到输出线的 TS30 上，从而把 TS15 的信息交换到 TS30 上，实现了时隙交换。

输入控制方式的工作原理见图 2-31(b)。

输入控制方式也叫控制写入、顺序读出方式。在输入控制方式中，话音存储器的写入是受控制存储器的控制，而读出则按定时脉冲控制顺序读出。即“控制写入，顺序读出”。控制存储器的工作方式依然是“控制写入，顺序读出”。

在图 2-31(b)中，要将 TS15 上输入信息 S，要求经过 T 接线器交换至 TS30 上去。计算机控制在控制存储器的 15 单元写入 30，然后控制存储器按顺序读出，在 TS15 时读出 30，作为话音存储器的写入地址，将输入线 TS15 的信息 S 写入 30 单元中。话音存储器按顺序读出，在 TS30 读出 30 单元的内容，这样就完成了时隙 TS15 到 TS30 的交换。

2) 空分交换

空分交换是指按空间划分的交换。即各次连接采用不同的物理线路连接，从信息交换开始直至结束，这条物理连接都是实际存在的，交换结束后，这条线路就拆除释放。空分交换可以通过空间(S)接线器实现。

(1) S 接线器的基本功能。

空间接线器的作用是完成在不同复用线之间同一时隙内容的交换，即将某条输入复用线上某个时隙的内容交换到指定的输出复用线的同一时隙。由于交换前后发生变化的是被交换内容所在的复用线，而其所在的时隙并不发生变化，因此称其为空间交换。

(2) S 接线器的基本组成。

图 2-32 为 S 接线器的基本组成。主要由一个连接 n 条输入线和 n 条输出线的 $n \times n$ 的电子接点矩阵、控制存储器组以及一些相关的接口逻辑电路组成。通常这些电子接点是触点开关或电子开关，只要控制这些节点的通与断，即可在任一路输入线和任一路输出线之间构成通路。控制存储器共有 n 组，每组控制存储器的存储单元数等于复用线的复用度。第 j 组控制存储器的第 I 个单元，用来存放在时隙 I 时第 j 条输入(输出)复用线应接通的输出(输入)线的线号。设控制存储器的位元数为 i，S 接线器的输入(输出)线的数目为 n，则控制存储器的位元数应满足以下关系：$2^i \geqslant n$。

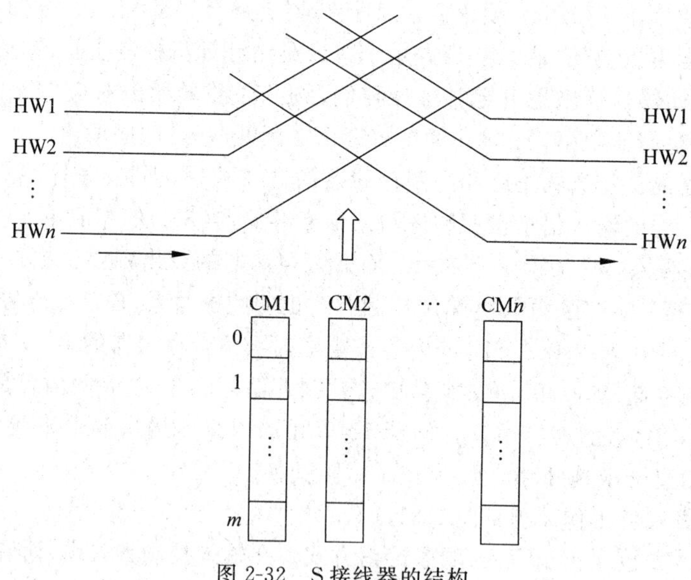

图 2-32 S接线器的结构

(3) S接线器的工作方式。

S接线器有输出和输入两种控制方式。在输出控制方式下,控制存储器对应于相应的输出线。对于有 n 条输出线的S接线器,配有 n 组控制存储器 CM1～CMn,设输出线的复用度为 m,则每组控制存储器都有 m 个存储单元。CM1 控制第1条输出线的连接,在 CM1 的第 I 个存储单元中,存放的内容是时隙 I 时第1条输出线应该接通的输入线的线号;CM2 控制第2条输出线的连接,依此类推,CMn 控制第n 条输出线的连接。控制存储器的内容是在连接建立时由计算机控制写入的。在输出控制方式下S接线器的工作原理见图 2-33。

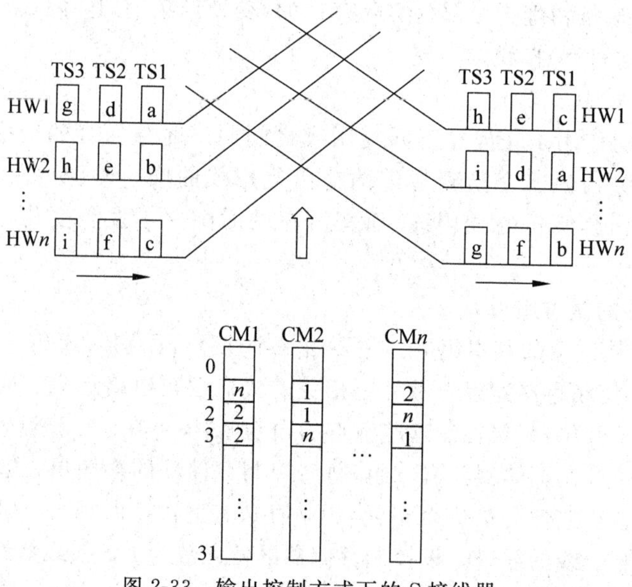

图 2-33 输出控制方式下的S接线器

由图2-33可见，由于控制存储器CM1的1号单元值为n，所以输出线HW1在时隙1时与输入线HWn接通，将输入线HWn的TS1上的内容c交换到输出线HW1的TS1上，CM2的1号单元的值为2，所以输出线HW1在时隙2时与输入线HW2接通，将输入线HW2的TS2的内容e交换到输出线HW1的TS2上，依此类推，可以推导出其他交换。

在输入控制方式时，控制存储器是对应于输入线的。在控制存储器CMn的第J个单元中存放的内容，是第n条输入线在时隙J时应接通的输出线的线号。

S接线器一般都采用输出控制方式。在采用这种方式时可实现广播发送，即将一条输入线上某个时隙的内容同时输出到多条输出线上。

2.7.2　报文交换

报文交换(message switching)方式是根据数据特点提出来的。报文交换方式的数据传输单位是报文，报文就是站点一次性要发送的数据块，其长度不限且可变。不同的网络可能采用的协议不同，因而报文信息格式也不尽相同，图2-34显示了报文的通用信息格式。

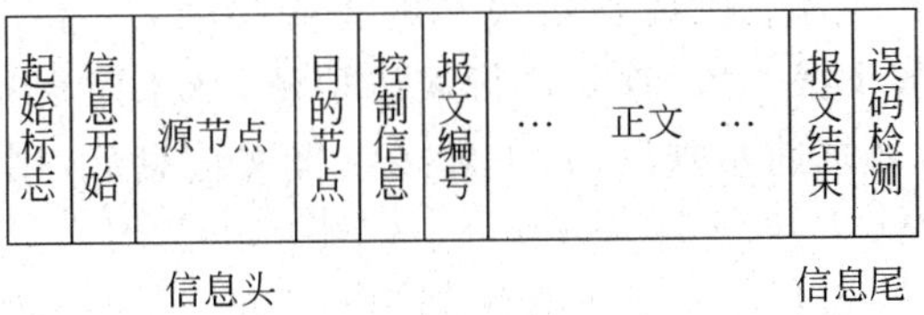

起始标志	信息开始	源节点	目的节点	控制信息	报文编号	… 正文 …	报文结束	误码检测

信息头　　　　　　信息尾

图2-34　报文交换的通用信息格式

从图2-34中可以看出，报文信息格式包括信息头、正文、信息尾。信息头部包括以下附加信息：

(1) 起始标志，它只是标志有信息输入；

(2) 信息开始标志；

(3) 信息源节点地址；

(4) 信息目的节点地址，可以包括传输路由的信息；

(5) 控制信息，包括所传报文的排队优先权标志，并指明本帧所传信息是报文或应答信息；

(6) 报文编号，这是由信息的发送方给定的，在接收节点收到报文经误码检验后，用这个编号向发送方回送应答信号。应答时只要指出某编号信息已正确收到(肯定应答)，或某编号信息有错误要求重发(否定应答)即可。

1. 报文交换原理

报文交换不需要在两个站之间建立专用通路，传送方式采用存储转发方式。当一个站要发送一个报文时，它把一个目的地址附加到报文上，网络节点根据报文上的目的地址信息，把报文发送到下一个节点，然后逐个节点地转送到目的节点。每个节点在接收到整个报文后，要对它进行误码检测，判断有无差错出现。若无错误，则再进一步判断所收信息是应答信号还是报文信号。如是报文信号则接收并暂存这个报文,同时向对方发送站发肯定应答信号,然后进入所选路径的转发队列等候,直到利用路由信息找出下一个节点的地址,再把整个报文传送给下一个节点,直至目的终点站。若有错误,则拒绝存储报文信息,并发送一个否定应答信号给前一节点要求重发。因此,端与端之间无须先通过呼叫建立连接。

在电路交换的网络中,每个节点是一个电子的或是机电结合的交换设备,这种设备发送二进制位同接收二进制位一样快。而报文交换节点通常是一台小型计算机,它具有足够的存储空间来缓存进入的报文。一个报文在每个节点的延迟时间等于接收报文所需时间加上向下一个节点转发所需的排队延迟时间。

2. 报文交换主要特征

报文交换与电路交换比较起来具有以下特点。

(1) 电路利用率高。由于许多报文可以分时共享两节点之间的通道,即使接收端被占用,也能开始信息的传输,所以对于同样的通信量来说,对电路的传输能力要求较低。

(2) 传输可靠性高。为了保证整条报文的正确接收,要求有一个应答响应机制。每个中间节点在接收整个报文后,都要进行误码检测,如果发现接收信号有错,可以向前站发否定应答信号,要求前站重发;若正确接收报文信息后,则向前站发一个肯定应答信号。

(3) 报文交换系统可以把一个报文发送到多个目的地,而电路交换网络很难做到这一点。

(4) 报文交换网络可以进行速度和代码的转换。因为每个站可以用它特有的数据传输率连接到其他节点,所以两个不同传输率的站也可以连接。报文交换网络还能转换数据的格式(例如从 ASCII 码转换成 EBCDIC 码),而在电路交换系统中很难做到。

(5) 可以截获发往未运行的终端的报文,然后存储或重新选择到另一台终端的路径。

(6) 如果由于某种原因,例如网络交换节点的故障是某一信息丢失,可以通过校验信息编码来发现这个信息丢失,要求重发该信息。

(7) 能够建立报文的优先权。

报文交换的主要缺点是,它不能满足实时或交互式的通信要求,报文经过网络的延迟时间长且不定。因此,这种方式不能用于语音连接,也不适合于交互式终端到计算机的连接。有时节点收到过多的数据而不得不丢弃报文,并阻止了其他报文的传送,而且发出的报文不能按顺序到达目的地。其计费一般是根据通信的流量和时间进行的。

2.7.3 分组交换

分组交换(packet switching)也是一种存储/转发的方式,以分组(packet)为单位在网内传输信息。网络发送节点首先对从终端设备送来的数据报文进行接收、存储,而后将报文划分成一定长度的分组,并以分组为单位进行传输和交换。每个分组的传送可以是独立的,互不相关的。接收节点接收来自网络的具有该节点地址的分组,并重新将这些分组组装成信息或报文。

每个分组头部都包含有分组的地址和控制信息(路由选择、流量控制和阻塞控制等)，并给出该分组在报文中的编号，且要标明报文中的最后一个分组，以便接收节点知道整条报文是否已经传输结束。分组具有固定的长度，故不需要分组结束的标志。典型的分组格式如图2-35所示。

分组头	信息源地址	目的站地址	控制信息	信息编号	分组编号	最末一个信息分组标志	正文	误码检测

图2-35　分组交换的通用信息格式

1. 分组交换原理

分组交换有两种方式：虚电路(Virtual Circuit，VC)方式和数据报(Datagram，DG)方式。下面分别加以介绍。

1) 虚电路方式

虚电路是指两个用户(数据终端设备)在进行通信之前通过网络建立的逻辑上的连接，虚电路交换是一种面向连接(Connection Oriented，CO)的网络服务方式。整个通信过程包括呼叫建立、数据传输和呼叫释放3个阶段，其工作过程类似于电路交换方式。虚电路不是电路交换中的物理连接，而是逻辑连接，是"虚拟"的连接。虚电路并不独占电路，在一条物理线路上可以同时建立多个虚电路，以达到资源共享。

(1) 呼叫建立阶段。

主叫用户发出"呼叫请求"分组。被叫用户如果同意建立虚电路，则发送"呼叫连接"分组到主叫用户。当主叫用户收到该分组时，表示主叫用户和被叫用户之间的虚电路已经建立起来，可进入数据传输阶段。

(2) 数据传输阶段。

虚电路建立起来后，主、被叫用户就可以在已建立的逻辑连接上交换数据分组了。在预先建立的路径上的中间节点都知道把这些分组传到哪里去，分组按顺序到达终点，不再需要复杂的路由选择。接收用户不需要对收到的分组重新排序，分组在网络内的传输时延小，且容易发现分组丢失。

(3) 连接释放阶段。传输结束后释放电路(见图2-36)。

2) 数据报方式

数据报是一种无连接(Connectionless，CL)的网络服务方式。在数据报方式中，每个分组是单独传送的，就像报文交换中的报文一样。每个分组称为一个数据报，每个数据报都包含源和目的节点的地址信息。当一个节点收到一个数据报后，根据数据报中的地址信息和当前网络的工作状态，为每个数据报选择传输路径。当某个站点要发送一个报文时，先把报文拆成若干个带有序号和地址信息的数据报，依次发送到网络节点上。因此，数据报经过网络可能会有不同的路由，不能保证按顺序到达接收端，接收端必须对已收到的且属于同一报文的数据报重新排序。

数据报服务方式的特征是：用户之间的通信没有呼叫建立和释放阶段，适宜于短报

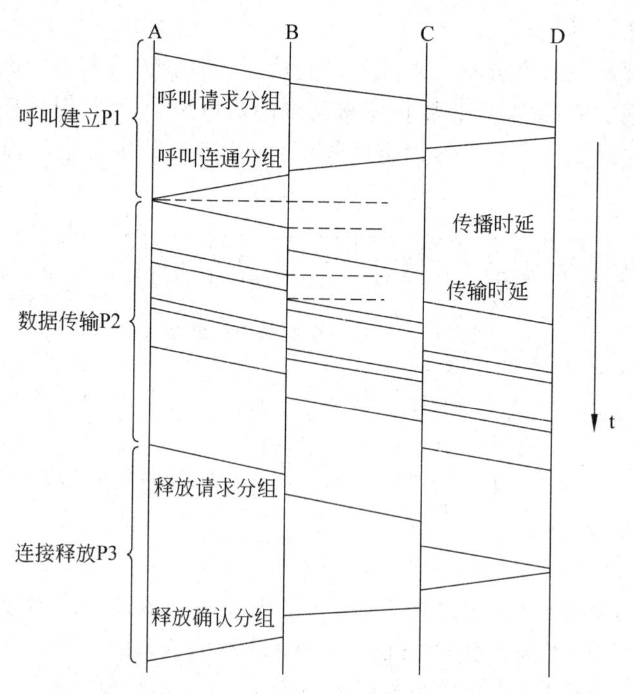

图 2-36 交换虚电路的处理过程

文通信;对网络故障的自适应能力强,但路由选择复杂;分组传输的时延较大,且各不相同。数据报的基本处理过程见图 2-37。

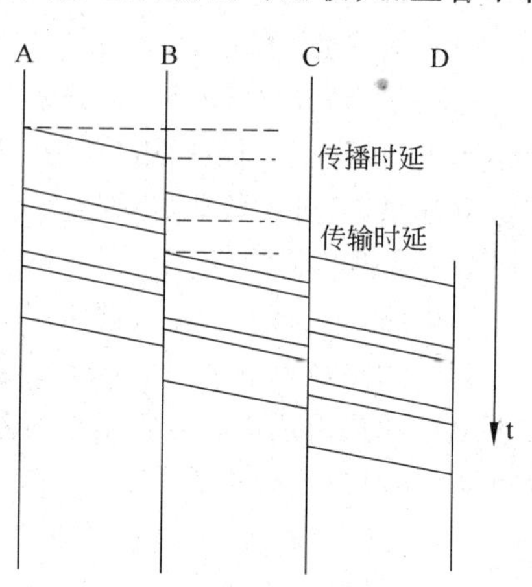

图 2-37 数据报的基本处理过程

2. 分组交换的特点

1) 传输质量高

分组交换具有差错控制功能,每个分组在网络内传输时可以分段(节点机之间)独立地进行差错流量控制,而不是全程(终端与终端之间)的差错控制。因而网内全程误码率可达到 10^{-10} 以下。

2) 对线路动态复用,传输效率高

由于提供线路的分组动态时分多路复用,包括用户线和中继线等信道都可实现多个用户的分组同时在信道上传送,实现多路复用。另外是动态复用,即有用户数据传输时才发送分组,占用一定的信道资源,无用户数据传输时不占用信道资源。从而,一条传输线路上可同时有多个用户终端通信,实现信道资源共享,提高信道的利用率。

3) 可在不同终端之间通信

由于分组交换采用存储/转发方式且具有统一的标准接口,因此,在分组交换网中,能够实现通信速率、编码方式、同步方式以及传输规程不同的终端之间的通信。

4）提供可靠的服务质量（QoS）

分组交换网提供的虚电路服务，具有近似无差错的传输质量。分组交换网内具有路由选择、拥塞控制等功能，当网络线路或设备产生故障后，网内可自动为分组选择迂回路由进行传送，保证提供可靠的服务质量。

5）经济性好

由于采用动态多路复用，线路的利用率高，相对的可降低用户的通信费用。另一方面分组交换方式可准确地计算用户的通信量，这就可以根据通信量来计费，而与通信距离无关。

6）为用户提供补助业务

分组交换网除提供交换虚电路（SVC）和永久虚电路（PVC）基本业务外，还提供一系列用户可选的补充业务，如闭合用户群、反向计费、快速选择等用户需要的业务。

分组交换方式的主要缺点是分组传送时延不固定，平均时延较长，可达数百毫秒。而且每个分组附加的头部都需要交换机处理，从而增加开销，因此分组交换不适宜传送实时性要求高的数据如传送语音、图像等。它主要适用于数据量较小、实时性要求不高等数据传送，适宜于传送突发性或断续性数据。

2.7.4　分组交换网

公用分组交换网的网络结构，根据网络的规模可采用二级或三级结构。我国公用分组网（CHINAPAC）采用三级结构，即国家骨干网、省内网和本地网三级。国家骨干网由设置在直辖市、省会和自治区首府等骨干节点所组成，省内网由设置省内或自治区内的各城市的省内节点组成，本地网可根据需要建立，它由城市或地区的本地节点所组成。

1. 分组交换网的构成

下面以二级结构为例，介绍公用分组交换网的组成，见图 2-38。

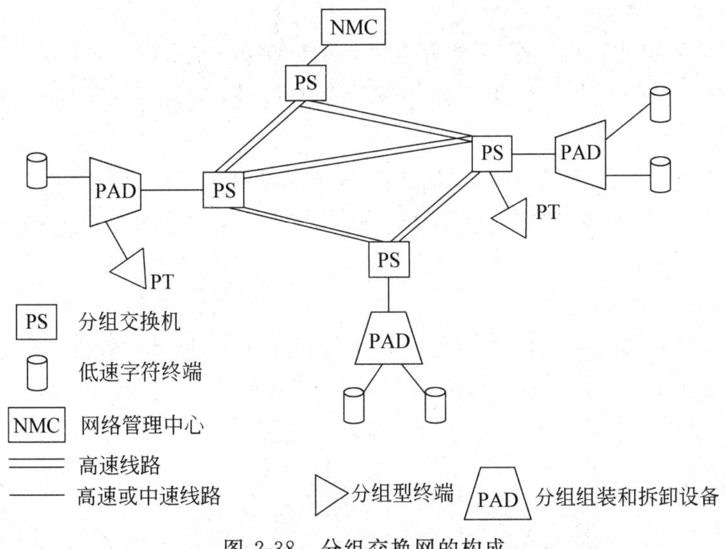

图 2-38　分组交换网的构成

分组交换网主要由分组交换节点机,网络管理中心(NMC),高速、中速传输线路,分组装拆设备(PAD),分组终端等设备构成。分组交换机主要是将用户的业务接入分组网。PAD分组装拆设备,通过它把低速的字符终端接入分组网。分组终端是具有X.25协议的终端,可以是PC终端也可以是主机。

2. 分组交换网各部分功能

1) 分组交换机

分组交换机是分组数据网的枢纽根据分组交换机在网络中所处地位不同,可分为中转(汇接)交换机和本地交换机。前者通信容量大,每秒能处理的分组数多,所有的线路端口都是用于交换机之间互连的中继端口,为此该机的路由选择功能强,能支持的线路速率高;后者通信容量小,每秒能处理的分组数少,绝大部分的线路端口为用户端口,主要接至用户数据终端,只允许一个或几个线路端口作为中继端口接至中转交换机。它具有本地交换的功能,所以无路由选择功能或仅有简单的路由选择功能。有时,为了网络组织更灵活,把上述两种交换机功能合一,称为本地与汇接合一的分组交换机,它既有汇接交换机的功能,负责到其他交换机的转接或汇接,也有用户端口。

当前的分组交换机都采用功能分担、负载分担的多微处理模块式结构实现的,所以它具有可靠性高,可扩充性强,服务性能好等特点。

2) 网络管理中心

网络管理中心(NMC)是对全网进行控制和管理的专门设备,可向全网发送控制命令,然后监视命令执行情况和获得结果信息。网络管理中心通常在物理上是独立的设备,一般由通用计算机和相应的外部设备等组成。网络管理通常包含配置管理、性能管理、计费管理、故障管理和安全管理等。

3) 分组装拆设备(PAD)

分组装拆设备(PAD)的功能主要体现在其对各种数据终端设备(DTE)的支持。PAD最主要有两个功能。

(1) 规程转换功能。把非分组终端的简单接口规程与X.25协议相互转换。非分组终端的字符通过PAD组装成分组以便于发至交换机;同时从交换机来的分组通过PAD拆卸成字符,以便非分组终端的接收。

(2) 数据集中功能。在PAD中,把各终端的字符数据流组成分组后,在PAD至交换机具有X.25协议的中、高速线路上交织复用,以利于有效利用线路并扩充非分组终端接入的端口数。

4) 分组终端

具有X.25协议接口的分组终端是能接入分组交换数据网的数据通信终端设备。分组终端负责数据的输入输出,同时还具有传输顺序控制、差错控制以及调制解调器的接口控制等功能。

3. 分组交换网的业务

(1) 闭合用户群。在合同期内,允许多个用户组成一个群,群内用户可以互相通信,组成自己的专用网，但不能与群外用户通信。

(2) 快速选择。如果用户需要传输的数据量小于 128 字节，则可在建立及释放虚电路时，把用户数据附上，从而省去了通信过程，加快了通信速度。

(3) 反向计费。即对方付费业务。

(4) 限制呼入/呼出。在合同期内，用户可以在某段时间内不接受呼叫，也不可以呼出。

(5) 呼叫转移。在合同期内，当用户忙或出现故障时，交换机自动把呼叫转移到用户预约的号码上。

2.8 差错控制

数据通信线路是数据通信系统和计算机网络的重要组成部分，它的基本任务是高效率而又无差错地传送数据。但实际上，无论是远程通信线路还是局部通信线路，都不可避免地要受到各种干扰的影响，使接收端接收到的信息与发送端发出的信息之间产生差异。因此必须进行差错控制。

2.8.1 概述

在数据通信系统中，数据传输的各个过程都可能产生差错，因此应该进行差错控制。所说的差错控制是指对于数据传输设备、数据通信线路和通信控制器等产生的差错进行控制。在实际系统中，当设备的可靠性和稳定性足够高时，数据传输设备和通信控制器本身所产生的误差很小，因此数据通信中差错主要来自于数据通信线路。

1. 错误类型

数据通信中产生的错误大致分为两类：一类是随机性错误，表现为在数据信息序列中，前后出错位之间没有关系，由正态分布的白噪声引起；另一类是突发性错误，这种错误反映了前后出错位的相关性。由于实际信道是复杂的，因此这两种错误总是同时存在。在数据通信系统中，不同信道的误码率是不同的，不同的数据通信业务对误码率的要求也不尽相同，通常要求误码率 $<10^{-7}$，有的业务要求高达 $10^{-9}\sim10^{-10}$，如计算机之间的通信要求误码率不应高于 10^{-9}，而在中速数传(600～4800b/s)时，电报线路的误码率在 $10^{-4}\sim10^{-6}$ 之间。

当实际信道的误码率不能满足用户的要求时，可采用多种措施来提高数据传输质量，如选择适当的数据传输信道，改进数据通信线路的传输特性，提高发送信号的功率，并且采用纠错编码等差错控制技术。

差错控制技术是指发送端根据协议，利用信道编码器在数字信息中增加监督信息，用这些附加的信息来检测传输中发生的错误，或纠正这些错误。

2. 差错控制的工作方式

差错控制的方式基本上有两类：一类是接收端检测到接收的数据有错后，接收端自动纠正错误;另一类是接收端检出错误后不是自动纠错,而是通过反馈信道发送一个表示错误的应答信号,要求重发,直到正确接收为止。在目前的数据通信系统中,有以下几种常用的差错控制方式:反馈纠错、前向纠错、混合纠错。

1) 反馈纠错(ARQ)

反馈纠错(ARQ)指发送端发送的码字具有检错能力,接收端根据协议对所接收的码字进行检测是否有错误,然后通过反馈信道把判决结果反馈给发端,要求发送端重传出错信息,直到正确接收为止。这种方式的优点是:检错码简单,易于实现,冗余编码少,可以适应各种不同的信道,特别是对突发差错更为有效。

2) 前向纠错(FEC)

所谓前向纠错指发送端将信息码元按一定规则附加上监督信息,构成纠错码,纠错码的纠错能力有限,当接收的码字中有差错且在该码字的纠错能力之内时,接收端会自动纠错。与反馈纠错方式相比,前向纠错特别适合于移动通信,不需要反馈信道,可进行单向通信,译码实时性好,控制电路简单;但所需的编译码设备复杂;冗余位多,编码效率低,当错误超过码字的纠错能力时无法纠错。

3) 混合纠错(HEC)

混合纠错是反馈纠错与前向纠错两种方式的结合。当接收端收到码字后首先检验有无差错,如果差错在编码的纠错能力之内,则自动纠错;如果超过编码的纠错能力,则通过反馈信道命令发送端重发以纠正错误。

3. 信道编码

1) 信道编码的基本原理

信错编码的基本思想是按照特定的规律对信息序列的码组附加冗余位,作为监督码元。要在发送端发送信息码元的同时增加冗余码元,使信息码元与冗余码元之间建立一定的数学关系(即编码过程);当这些信息码元和冗余码元一起被传送到接收端时,由接收端根据码元间的这些相关性来检测两种码元之间的数学关系(解码过程)是否正确,若不正确,就说明传输有错误,则确定哪一位出现错误,通常通过发送端的重传来校正错误,直至传送正确为止,或者通过数学方法做自动校正。当所收到的码组完全正确后,再将码组还原成信息码。那么将信息码组变换成信道码组的过程,称为信道编码或纠错编码;而在接收端,将信道码组还原成信息码组的过程,称为信道译码或纠错译码。

2) 信道编码的基本要求

对信道的编码要求纠错和检错能力要强,编码效率高,编码规律简单,易于实现。

3) 信道编码的纠错能力与最小码距的关系

纠错码的抗干扰能力取决于许用码组之间的距离。两个等长码之间对应位不同的数目称为这两个码组的汉明距离,简称码距。

设有任意分组码,如果要在码组内检测或纠正错误,需要保证码距的最小距离。

(1) 检测 e 个随机错误,则要求码的最小距离为

$$d_0 \geqslant e+1$$

(2) 纠正 t 个随机错误,则要求码的最小距离为

$$d_0 \geqslant 2t+1$$

(3) 纠正 t 个随机错误、同时检测 $e(>t)$ 个随机错误，则要求码的最小距离为

$$d_0 \geqslant t+e+1$$

通常使用编码效率来衡量码组的性能。设编码效率为 R，码组中所发送的信息元为 k，码组长度为 n，则编码效率 $R=k/n$，可以通过编码效率来表示码组中信息元所占的比例。

2.8.2　常用的差错检测方法

1. 奇偶校验码

奇偶校验码是一种最简单常用的检错码，通过增加冗余位来使得码字某些位中 1 的个数保持为偶数(或奇数)的编码方法。异步通信系统使用了两种奇偶校验方法，即偶校验和奇校验。二者原理相同，其编码规则是，将所要传送的信息分组，再在一组内诸信息元后面附加一个校验码元。使得该码组中码元 1 的数目为奇数或者偶数。具体可以分为垂直奇偶校验、水平奇偶校验和水平垂直奇偶校验。下面分别介绍一下。

1) 垂直奇偶校验

垂直奇偶校验是将整个发送的信息块分为定长 P 位的若干段(如 q 段)，每段后面按 1 的个数为奇数或偶数的规律加上一位奇偶位，如果是偶校验，则每段数据相加应该是偶数个 1，否则，应该是奇数个 1。

$$\begin{array}{ccccc} I_{11} & I_{12} & I_{13} & \cdots & I_{1q} \longleftarrow \text{信息位} \\ I_{21} & I_{22} & I_{23} & \cdots & I_{2q} \\ \vdots & \vdots & \vdots & \vdots & \vdots \\ I_{p1} & I_{p2} & I_{p3} & \cdots & I_{pq} \\ & & & & \longleftarrow \text{冗余位} \\ r_1 & r_2 & r_3 & \cdots & r_4 \end{array}$$

把要发送的信息分成段，每 P 位构成一段(一列)，共有 q 段(q 列)，传送顺序为 I_{11}、I_{12}、…、I_{p1}、r_1，即数据边发送，边产生冗余位，或者边接收边检验，然后去掉检验位。

如果是偶校验，则

$$r_i = I_{1i} + I_{2i} + \cdots + I_{pi}$$

如果是奇校验，则

$$r_i = I_{1i} + I_{2i} + \cdots + I_{pi} + 1, \quad i = 1,2,3,\cdots,q$$

其编码效率为：

$$R = \frac{p}{p+1} \times 100\%$$

此方法可以检测出每列中奇数位的错，检测不出偶数位的错。因为每列中错一位可查，错两位则查不出来。

2) 水平奇偶校验

水平奇偶校验是对各个信息段的相应位横向编码，产生一个奇偶校验冗余位。在每个信息段后面按 1 的个数为奇数或偶数的规律加上一位奇偶位，如果是偶校验，则每个信

息段数据相加应该是偶数个1,否则,应该是奇数个1。

$$\begin{array}{ccccc} I_{11} & I_{12} & \cdots & I_{1q} & r_1 \\ I_{21} & I_{22} & \cdots & I_{2q} & r_2 \\ I_{31} & I_{32} & \cdots & I_{3q} & r_3 \\ \vdots & \vdots & \vdots & \vdots & \vdots \\ I_{p1} & I_{p2} & \cdots & I_{pq} & r_p \\ & \uparrow & & & \uparrow \\ & \text{信息位} & & & \text{冗余位} \end{array}$$

如果是偶校验,则

$$r_i = I_{i1} + I_{i2} + \cdots + I_{iq}$$

如果是奇校验,则

$$r_i = I_{i1} + I_{i2} + \cdots + I_{iq} + 1, \quad i = 1,2,3,\cdots,p$$

其编码效率为:

$$R = \frac{q}{q+1} \times 100\%$$

该方法可以检测各段同一位上的奇数位错,并且可以检测出突发长度小于或等于 p 的所有突发错误,但不能在发送过程中,边发送边产生奇偶校验冗余位,而是要等待发送的完整信息块到齐后,才能产生冗余位。因此需要使用寄存器将数据存储起来。

3) 水平垂直奇偶校验

将水平奇偶校验和垂直奇偶校验结合起来,同时进行水平校验和垂直校验。如果是偶校验,则每段数据相加应该是偶数个1,并且每个信息段数据相加也应该是偶数个1,否则,应该是奇数个1。

$$\begin{array}{ccccc} I_{11} & I_{12} & \cdots & I_{1q} & r_{1,q+1} \\ I_{21} & I_{22} & \cdots & I_{2q} & r_{2,q+1} \\ \vdots & \vdots & \cdots & \vdots & \vdots \\ I_{p1} & I_{p2} & \cdots & I_{pq} & r_{p,q+1} \\ I_{p+1,1} & I_{p+1,2} & \cdots & r_{p+1,q} & r_{p+1,q+1} & \leftarrow \text{冗余位} \\ & & & & \uparrow \text{冗余位} \end{array}$$

如果是偶校验,则

$$r_{i,q+1} = I_{i1} + I_{i2} + \cdots + I_{iq}, \quad i = 1,2,3,\cdots,p$$

$$r_{p+1,j} = I_{1j} + I_{2j} + \cdots + I_{pj}, \quad j = 1,2,3,\cdots,q$$

$$\begin{aligned} r_{p+1,q+1} &= r_{p+1,1} + r_{p+1,2} + \cdots + r_{p+1,q} \\ &= r_{1,q+1} + r_{2,q+1} + \cdots + r_{p,q+1}, \quad i = 1,2,3,\cdots,p, j = 1,2,3,\cdots,q \end{aligned}$$

同理,如果是奇校验,则

$$r_{i,q+1} = I_{i1} + I_{i2} + \cdots + I_{iq} + 1, \quad i = 1,2,3,\cdots,p$$

$$r_{p+1,j} = I_{1j} + I_{2j} + \cdots + I_{pj} + 1, \quad j = 1,2,3,\cdots,q$$

$$\begin{aligned} r_{p+1,q+1} &= r_{p+1,1} + r_{p+1,2} + \cdots + r_{p+1,q} \\ &= r_{1,q+1} + r_{2,q+1} + \cdots + r_{p,q+1} + 1, \quad i = 1,2,3,\cdots,p, j = 1,2,3,\cdots,q \end{aligned}$$

其编码效率为：

$$R = \frac{pq}{(p+1)\times(q+1)} \times 100\%$$

该方法提高了编码效率，可以使误码率降至 1/100～1/10 000。

例如，用户要发送的信息序列为 110111100110100010100000010101111010110100000101001，现将该信息序列分为 10 段，每段 5 位，采用偶校验，现编成矩阵如下。

$$\begin{matrix} 1 & 1 & 1 & 0 & 0 & 1 & 1 & 0 & 0 & 0 & 1 \\ 1 & 1 & 0 & 1 & 0 & 0 & 1 & 1 & 0 & 1 & 0 \\ 0 & 0 & 1 & 0 & 0 & 1 & 1 & 1 & 0 & 0 & 0 \\ 1 & 0 & 0 & 1 & 0 & 0 & 0 & 0 & 0 & 0 & 0 \\ 1 & 1 & 0 & 0 & 0 & 1 & 1 & 1 & 1 & 1 & 1 \\ 0 & 1 & 0 & 0 & 0 & 1 & 0 & 1 & 1 & 0 & 0 \end{matrix}$$

校验位

经过水平垂直校验编码后进行传输，先传第一列 110110，然后传第二列 110011……最后传 100010。译码时，分别检查各行、各列的校验关系、判断是否有错。

这种编码能发现奇数个错误，也能发现大部分偶数个错误，但如果出现的错误分布在矩阵的 4 个顶点，而且又是偶数个错误时，则无法检测出错误。该校验码比较适合于检测突发差错。

2. 恒比码

恒比码编码的码组中，1 和 0 的位数保持恒定的比例。其检错能力较强，除 1 和 0 成对地产生错误不能发现外，其余各种错误都能发现，比较适用于电传机或其他键盘设备产生的字母和符号。

设码长为 n，码重为 ω，则恒比码的码组个数为 $\binom{n}{\omega}$，禁用码组个数为 $2^n-\binom{n}{\omega}$。目前我国电报通信常用五单位电码，即每一码组中 1 和 0 的个数保持恒定的比例 3∶2，称为 5 中取 3 数字保护码，共有 $C_5^3=\frac{5\times4\times3}{3\times2\times1}=10$ 个许用码组。国际上通用的 CCITT 标准的 ARQ 电报通信系统中，采用 3∶4 码，即 7 中取 3 码(码字长 7 位，规定总有 3 个 1)，这种码共有 $C_7^3=\frac{7\times6\times5}{3\times2\times1}=35$ 个许用码组，用来代表不同的字母和符号。

3. 汉明码

汉明码是一种线性分组码，它是汉明(Hamming)于 1949 年提出的可以纠正一位随机错误的差错检测纠错码。汉明码的特点是 $d_0=3$，码长 n 与校验元个数 r 满足关系式：

$n=2^r-1$。例如,7 位 ASCII 码需要 4 位冗余位,这些冗余位的位置分别是 1、2、4、8,即 2^n 的位置,因此将这些位称为冗余位 r_1、r_2、r_4、r_8,见图 2-39。

11	10	9	8	7	6	5	4	3	2	1
d	d	d	r	d	d	d	r	d	r	r

图 2-39 汉明码中冗余位的位置

在汉明码中,每个校验位 r 所校验的位是二进制数中每一列所有是 1 的位,如上例 r_1、r_2、r_4、r_8 校验的位分别是

r_1: 位 1,3,5,7,9,11

r_2: 位 2,3,6,7,10,11

r_4: 位 4,5,6,7

r_8: 位 8,9,10,11

每一个原始数据位至少在两个校验位中校验。并且校验位也可以通过数据位进行计算。例如,所传输的数据是 1011010,数据采用偶校验,计算其校验位,见图 2-40。所以,$r_1=0$、$r_2=0$、$r_4=0$、$r_8=1$,发送编码为 00100111010。

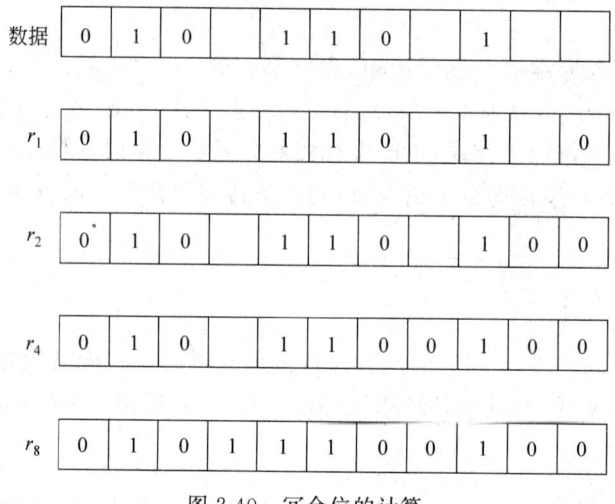

数据	0	1	0		1	1	0		1		
r_1	0	1	0		1	1	0		1		0
r_2	0	1	0		1	1	0		1	0	0
r_4	0	1	0		1	1	0	0	1	0	0
r_8	0	1	0	1	1	1	0	0	1	0	0

图 2-40 冗余位的计算

校验时,接收方使用同样的规则校验其所接收到的数据。例如,假设上例所传输的数据中某一位在接收时出现误码,见图 2-41。

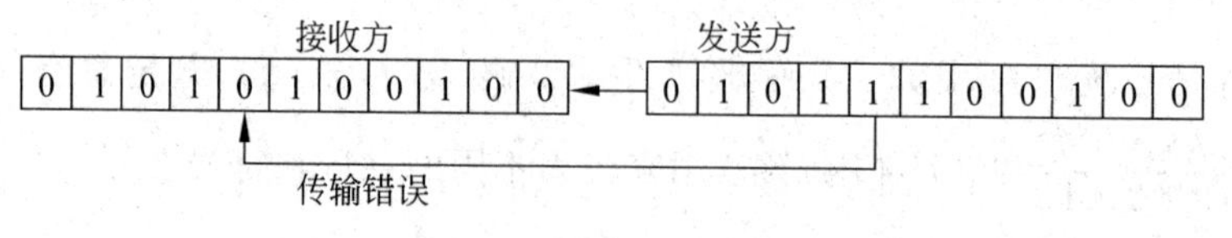

图 2-41 信号位错误检测

在接收方,按照校验位的规则,检查都有哪一位校验位出错,然后将其相加,其值即为出错位,便可以纠正了。在图 2-41 中可以计算并纠正一位错码,现假设校验为偶校验,接

收方通过校验可知，2^0、2^1 和 2^2 校验有误，2^4 校验正确，所以其产生错码的位在第 7 位($2^0+2^1+2^2=7$)，由此可以校验并纠正一位错码。

4. 循环码(Cyclic Redundancy Check，CRC)

另一种重要的冗余检验技术是循环冗余检验。在数据传输过程中，数据 $M(x)$一方面直接输出到通信线路上，另一方面在时钟脉冲的作用下，逐位进入 CRC 校验电路，并随着数据一同传输给接收方。

任何一个由二进制数位串组成的代码，都可以和一个只含有 0 和 1 的两个系数的多项式建立一一对应的关系。例如，如果要发送的信息 $M(x)$的二进制代码为 1010111，则

$$M_{(x)} = X^6 + X^4 + X^2 + X^1 + X^0$$

即

$$M_{(x)} = X^6 + X^4 + X^2 + X + 1$$

由此可见，k 位要发送的信息位，可对应于一个 $k-1$ 次多项式。如果传输的码字总长为 n 位，则 $n=k+r$，r 是冗余位的位数。在数据传输过程中，某一个生成多项式 $G(x)$，当 $G(x)$为 n 位时，其冗余位最多为 $n-1$ 位，对应一个$(n-1)$次多项式 $R(x)$。在校验时，发送方和接收方根据$\frac{M_{(x)}}{G_{(x)}}=Q_{(x)}\cdots R_{(x)}$的原理，在发送方将 $M(x)$与 $R(x)$一起发送，则接收端满足$\frac{M_{(x)}-R_{(x)}}{G_{(x)}}=Q_{(x)}\cdots 0$，所以接收端只要满足余数为零即可。

如设接收方接收到的数据位串是 100100001，其生成多项式所对应的位串是 1101，所以接收方进行如下校验：用 100100001 除以 1101，余数为零，说明该数据传输正确。

所以，接收端的校验过程，就是用 $G(x)$来除接收到的码字多项式的过程，若余数不为零，则传输有差错；若余数为零，则传输无差错，正确。

2.9 小　　结

数据是预先约定的具有某种含义的数字或字母(符号)以及它们的组合。数据是信息的载体；模拟数据指在某个区间产生连续的值；数字数据指产生离散的值。数字信号和模拟信号都用于数据通信，不同的网络使用不同类型的信号。并且模拟数据和数字数据都可以用模拟信号和数字信号表示。

数据传输速率指单位时间内传送的位数，单位是比特/秒。

调制速率(波特率)是每秒钟信号变化的次数，也叫做调制速率，单位为波特(Baud)。波特与比特是两个不同的概念，在数值上有一定联系。比特率为波特率的 $\log_2 M$ 倍，当数据信号为二元信号(二进制)时，二者在数值上相同。

传输信道是数据通信重要组成部分之一，它的特性直接影响数据通信质量。在传输介质上进行传输时，模拟信号和数字信号采用不同的信道(数字信道和模拟信道)和不同的信号变换技术，数字信道主要用于传输数字信号；模拟信道主要用于传输模拟信号。通过学习信道特性等内容，了解掌握影响传输质量的因素。

数字信号通过模拟信道必须要调制,调制是实现频带传输的重要手段。这里介绍了3种最基本调制方式的工作原理、特点、性能和实现方法,以及解调方法和常用的模数转换方法。可以通过调制解调器进行调制和解调,调制的基本方法主要有3种:振幅、频率和相移。

信息是怎样被编码成适合传输的格式是通信无法回避的基本问题。信道编码的基本要求是纠错和检错能力强,编码效率高,编码规律简单,易于实现。

介绍了数据通信中的多路复用技术。在网络中传输媒体的带宽往往超过传输单一信号的需要,为了提高传输媒介的利用率,降低成本,提高有效性,希望一个信道可以同时传输多路信号,这就是多路复用问题。所谓多路复用技术,是指在数据传输系统中,允许两个或两个以上的数据源共享一个公共传输媒介,把多个信号组合起来在一条物理信道上进行传输。

数据信息经过远距离的通信线路的传输,将受到各种干扰,使收到的数据信息产生差错,必须采用差错控制技术来提高传输的可靠性。所说的差错控制是指对于数据传输设备、数据通信线路和通信控制器等产生的差错进行控制。在目前的数据通信系统中,有以下几种常用的差错控制方式,像反馈纠错、前向纠错、混合纠错等。

练习思考题

2-1 什么是数据通信?

2-2 说明数据通信系统的基本构成和各部分功能。

2-3 数据通信有哪些特点?举出一个数据通信的应用例子。

2-4 区分比特率和波特率。

2-5 区分数字信号和模拟信号。

2-6 一个长 $n=15$ 的汉明码,校验位 r 是多少位?编码效率 R 是多少?

2-7 一个数字信号通过两种物理状态,经信噪比为30dB的4000Hz带宽信道传输,计算其数据传输速率?

第3章 传输介质及其应用

CHAPTER

传输媒体是通信网络传送数据时发送方和接收方之间的物理通路，如果没有介质传送信息，就不存在通信网络。计算机网络中采用的传输媒体可分为有线传输介质（硬介质）和无线传输介质（软介质）两大类。双绞线、同轴电缆和光纤是常用的3种有线传输媒体；无线电通信、微波通信、红外通信以及激光通信的信息载体等都属于无线传输媒体。传输媒体的分类见图3-1。

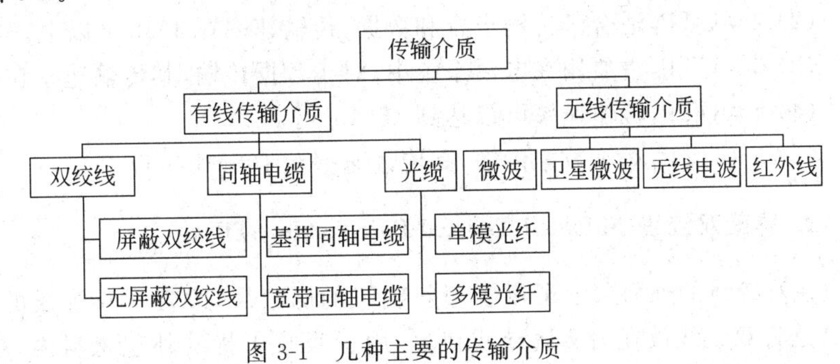

图3-1　几种主要的传输介质

不同的传输介质具有不同的传输特性，而传输介质的特性又影响着数据的传输质量。从传输系统的整体设计来看，数据传输速率越高，允许传输距离越远则为优选，因此要掌握各种传输介质的特性，正确选择传输介质。

3.1 有线传输介质及其特性

3.1.1 双绞线

双绞线（Twisted-Pair Cable）由螺旋状扭在一起的两根绝缘导线组成，线对扭在一起可以减少相互间的辐射电磁干扰。双绞线是最常用的传输媒体，早就用于电话通信中的模拟信号传输，也可用于数字信号的传输。双绞线又分为两种，屏蔽双绞线和无屏蔽双绞线。

1. 无屏蔽双绞线

无屏蔽双绞线(Unshielded Twisted-Pair Cable,UTP)是目前电信中最常使用的传输媒体。用于市区电话系统,它的频率范围对于传输数据和声音都很适合,一般在100Hz～5MHz之间。双绞线由两个导体(通常是铜线)组成,外面是不同颜色的绝缘层,两根导线扭在一起再包一层绝缘层,组成电话线缆。绝缘层保证两根铜导线不接触,并防止一条电话线的信号干扰其他电话线的信号。大多数家庭使用的电话线实际上有4根导线,即两条电话线与电话局相连。如果一条电话线有问题可以使用另一条电话线,见图3-2。

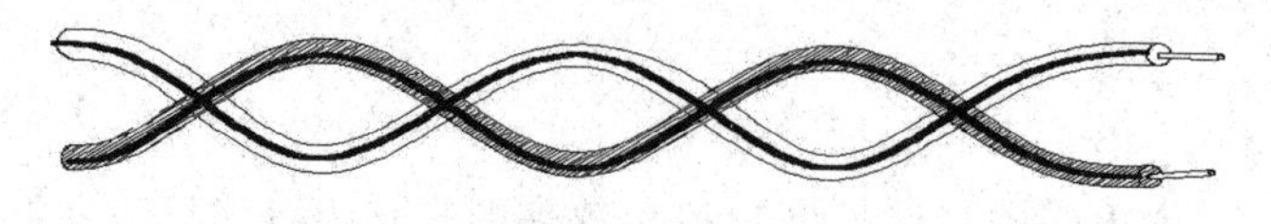

图3-2 双绞线

UTP的优点就是成本低,容易应用。UTP很便宜,柔软易弯曲,并且容易安装,被应用在许多局域网技术中,包括以太网、令牌环网等。

EIA标准将UTP分成了5种类型:

(1) 1＃UTP(基本双绞线),应用在电话系统,通话质量较好,但是通信的速率较低。

(2) 2＃UTP,适合于传输声音和数据,传输速率在4Mb/s以上。

(3) 3＃UTP,主要用在电话系统中,对于数据传输,其传输速率在10Mb/s以上。

(4) 4＃UTP,传输速率可以达到16Mb/s。

(5) 5＃UTP,对于数据传输,其传输速率在100Mb/s以上。

2. 屏蔽双绞线(Shielded Twisted-Pair Cable,STP)

在双绞线的外面包上了用金属丝编织的屏蔽层,改善了双绞线的抗电磁干扰性能。STP是将双绞线放在由金属导线包裹,用于吸收干扰的外包材料内,然后再将其包上橡胶外皮,比无屏蔽双绞线的抗干扰能力更强,传送数据更可靠,见图3-3。

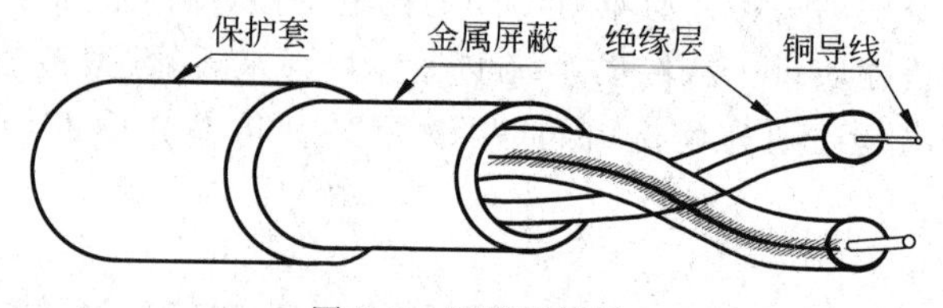

图3-3 屏蔽双绞线

3. 双绞线的主要特性

(1) 从物理特性上来看,双绞线芯一般是铜质的,能提供良好的传导率。

(2) 从传输特性上来看,双绞线既可以用于传输模拟信号,也可以用于传输数字信号,最常用于声音的模拟传输。双绞线带宽可达268kHz,而一条全双工语音通道的标准带宽是300Hz～4kHz,因而可以使用频分多路复用技术实现多个语音通道的复用。双绞线也可用于局域网，局域网中常用的 3 类双绞线和 5 类双绞线电缆均由 4 对双绞线组成，其中 3 类双绞线通常用于 10Base-T，5 类双绞线通常用于 100Base-T。

(3) 从连通性上来说，双绞线普遍用于点对点的连接，也可以用于多点的连接。

(4) 从地理范围来看，局域网的双绞线主要用于一个建筑物内或几个建筑物间的通信，在 100kb/s 速率下传输距离可达 1km，但在 10Mb/s 和 100Mb/s 传输速率下传输距离均不超过 100m。

(5) 抗干扰性。在低频传输时，双绞线的抗干扰性相当于或高于同轴电缆，但如果频率超过 10～100kHz 时，双绞线的抗干扰能力较低。

(6) 从价格上来讲，双绞线的价格是比较低的。

3.1.2　同轴电缆

1. 同轴电缆的结构

同轴电缆(coaxial cable)由一对导体组成，与双绞线相比，可以携带较高频率范围的载波信号，其频率范围在 100kHz～500MHz 之间，但两种媒体的结构却完全不同，同轴电缆是按“同轴”的形式构成线对，最里层是内芯，向外依次为绝缘层、屏蔽层，最外层则是起保护作用的塑料外套，内芯和屏蔽层构成一对导体，其结构见图 3-4。

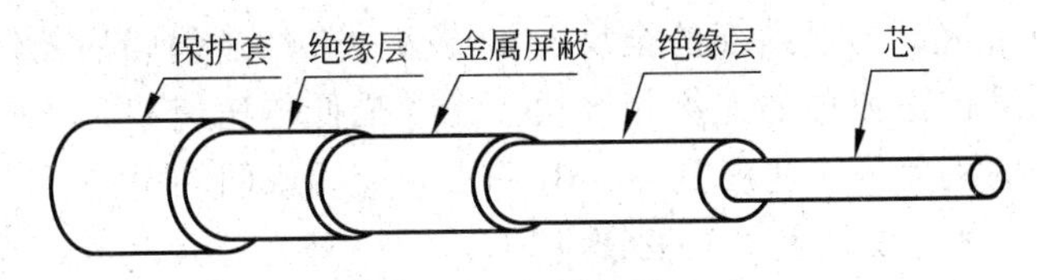

图 3-4　同轴电缆

同轴电缆分为基带同轴电缆(阻抗 50Ω)和宽带同轴电缆(阻抗 75Ω)。基带同轴电缆用于直接传输基带数字信号；在局域网中使用这种基带同轴电缆，可以在 2500m 内(需加 4 个中继器)，以 10Mb/s 的速率传送基带的数字信号。宽带同轴电缆用于频分多路复用的模拟信号传输，也可用于不使用频分多路复用的高速数字信号和模拟信号传输。闭路电视所使用的 CATV 电缆就是宽带同轴电缆。

2. 同轴电缆的主要特性

(1) 物理特性。同轴电缆可以工作在较宽的频率范围内。

(2) 传输特性。基带同轴电缆仅用于数字传输，并使用曼彻斯特编码，数据传输速率最高可达 10MIPS。宽带同轴电缆既可用于模拟信号传输又可用于数字信号传输。

(3) 连通性。同轴电缆适用于点对点和多点连接。

(4) 地理范围。传输距离取决于传输信号形式和传输的速率，如果传输速率相同，则粗缆的传输距离较细缆的传输距离要长。通常基带电缆的最大传输距离限制在几千米，宽带电缆的传输距离则可达几十千米。

(5) 抗干扰性。同轴电缆的抗干扰性能比双绞线强。

(6) 价格。同轴电缆的价格比双绞线贵，但比光纤低。

3.1.3 光缆

1. 光纤的结构

光纤是一种光传输介质,是光导纤维的简称,它由能传导光波的石英玻璃纤维(或塑料纤维)外加保护层构成。相对于金属导线来说具有重量轻、线径细的特点。用光纤传输电信号时,在发送端先要将其转换成光信号,在接收端又要由光检测器还原成电信号。由于可见光的频率高达 10^8 MHz,因此光纤传输系统具有足够的带宽。光缆(optical fiber)由一束光纤组装而成,用于传输调制到光载频上的信号,见图 3-5。

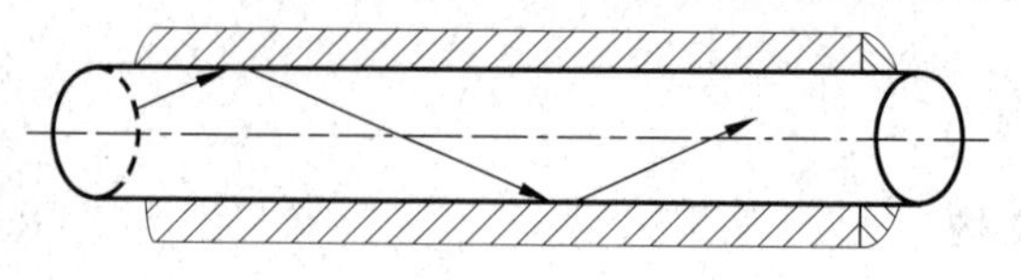

图 3-5 光波在纤芯中传播

2. 光纤的主要特性

(1) 物理特性。在计算机网络中均采用两根光纤组成传输系统。

(2) 传输特性。光纤通过内部的全反射来传输一束经过编码的光信号,与双绞线和同轴电线相比,光缆传送数据的速度相当快。光缆最低传送速率是 100Mb/s,一般可达 Gb/s,而同轴电缆的最大传送速度是 100Mb/s。双绞线或同轴电缆传送电信号,而光缆传送光信号,其中一种光源是发光二极管(LEO),另一种光源是激光。光缆频带很宽,传送速率极高,因此能够传送大量的数据。

(3) 连通性。光纤普遍用于点对点的链路。

(4) 地理范围。光缆可以在 6~8km 的距离内不用中继器传输,因此光纤适合于在几个建筑物之间通过点对点的链路连接局域网络。

(5) 抗干扰性。光信号不受电磁干扰或噪声影响,光波也不会互相干扰,因此光缆不存在信号衰减问题,可以在长距离内传输数据;光缆中光的匹配好,使人很难在光缆上窃取数据,所以安全性好。

(6) 价格。光纤的价格比双绞线和同轴电缆都要贵。

3.2 无线传输媒体及其特性

无线传输媒体通过空间传输,不需要架设或铺设电缆或光纤,目前常用的无线传输媒体有无线电波、微波、红外线和激光等。

3.2.1 无线电波

便携式计算机的出现,以及在军事、野外等特殊场合下移动式通信联网的需要,促进了数字化无线移动通信的发展,现在已开始出现无线局域网产品。

无线电波是全向传播，不同的频段可以用于不同的无线电通信。例如无线电广播，包括调频(FM)广播和调幅(AM)广播等，只要收音机能够接收当地广播电台的信号就能够收到电台的广播；而且电视天线无论指向哪里都能够接收电视信号，如果调整电视天线使其直接指向发送台的方向则可以接收更清晰的图像。

调幅广播(AM)比调频广播(FM)使用的频率低得多，频率低的信号更易受到大气的干扰，但传送的距离远；短波和民用波段无线电广播也都使用很低的频率，能够远距离传送信号；电视台则用较高的频率传送图像和声音的混合信号，电视频道不同就是传送信号的频率不同，电视机在每个频道以不同频率接收不同的信号。

(1) 频率范围在30～300kHz的是低频长波。

(2) 频率范围在300kHz～3MHz的是中频中波，通常用于中波通信。

(3) 频率范围在3～30MHz的是高频短波，用于短波通信。它是利用地面发射无线电波，通过电离层的多次反射到达接收端的一种通信方式。

(4) 频率范围在30～300MHz的是甚高频(VHF)。

(5) 频率范围在300～3000MHz的是特高频(UHF)，电磁波可穿过电离层，不会因反射而引起干扰，可用于数据通信。具体频段名称等见表3-1。

表3-1　无线电波频段和波段名称

频段名称	频率范围	波段名称	波长范围
极低频(ELF)	3～30Hz	极长波	10^8～10^7m
超低频(SLF)	30～300Hz	超长波	10^7～10^6m
特低频(ULF)	300～3000Hz	特长波	10^6～10^5m
甚低频(VLF)	3～30kHz	甚长波	10^5～10^4m
低频(LF)	30～300kHz	长波	10^4～10^3m
中频(MF)	300～3000kHz	中波	10^3～10^2m
高频(HF)	3～30MHz	短波	10^2～10m
甚高频(VHF)	30～300MHz	超短波	10～1m
特高频(UHF)	300～3000MHz	分米波	1～0.1m
超高频(SHF)	3～30GHz	厘米波	10^2～1cm
极高频(EHF)	30～300GHz	毫米波	10^2～10mm

3.2.2　微波

微波传送是单向的，并且信号沿直线传播。所以传送信号时一个微波站的天线必须指向另一个微波站，这样才能发送和接收信号。微波信号受天气环境(如雨雪等)和微波站之间障碍物的影响较大。微波传送有地面微波传送和卫星微波传送。

1. 地面微波

地球上两个微波站之间的微波传送方式叫地面微波传送。微波通信的载波频率很高，可同时传送大量信息，如一个带宽为2MHz的频段可容纳500条话音线路，用来传输数字数据,速率可达数兆比特率。微波通信的工作频率很高,与通常的无线电波不一样,它是利用无线电波在对流层的视距范围内沿直线传播的。由于地球表面是曲面,而微波沿直线传播,这就给传送微波的地面微波站带来了问题,使得微波在地面的传播距离有限。通常可以利用天线提高传输距离,天线越高传播距离越远,一般两个微波站之间的通信距离为30~50km,超过一定距离后就要用微波中继站来接力。每个中继站的主要功能是变频和放大,这种通信方式称为微波接力通信。

微波天线的通用类型是抛物型"碟",其直径为3m,两天线间直径距离l为

$$l = 7.14(kh)^{1/2} \tag{3-1}$$

式中,k为调整因子,考虑地球的曲面折射的因素,取经验值$k=4/3$;h为天线高度(m)。微波损耗L与波长λ和l的关系,可用式(3-2)表示:

$$L = 10\lg\,(4\pi l/\lambda)^2 \tag{3-2}$$

微波传送是当今远程通信最常用的形式,长途电话和数据通信都使用这种介质。微波通信可传输电话、电报、图像、数据等信息,其主要特点为:

(1) 微波波段频率高,信道容量大,传输质量比较平稳,但受天气影响较大。

(2) 与电缆通信相比,微波接力信道灵活性大,抗灾能力较强,特别适合不易架设线缆的地区;但通信隐蔽性和保密性不如电缆通信。

2. 卫星微波

卫星是天空中的大型微波发送器和接收器,因此说卫星通信是微波通信中的特殊形式。卫星通信利用地球同步卫星做中继来转发微波信号,克服了地面微波通信距离的限制,一个同步卫星可以覆盖地球的1/3以上表面,原则上3个这样的卫星就可以覆盖地球上全部通信区域,这样,地球上的各个地面站之间都可互相通信。由于卫星信道频带宽,也可采用频分多路复用技术分为若干子信道,有些用于由地面站向卫星发送(称为上行信道),有些用于由卫星向地面转发(称为下行信道)。地面站接收或发送数据与卫星配套使用。地面站与卫星之间的微波传送也用视线法则,只是传送距离不同而已。卫星在与地球相对静止的同步轨道上运行,固定在地球上方的某一位置,从卫星上发出的信号只能到达地面特定的区域,微波的视线传送到地球表面产生一个覆盖区,地面站只有在覆盖区内才能接收卫星传送的信号。卫星将地面上地对空通信的信号由转发器接收、放大,改变频率(因为向地球传送必须使用不同的频率,以防止发出信号与接收信号相互干扰)后再将信号传送回地面。

卫星通信的优点是容量大,传输距离远;缺点是传播延迟时间长,对于数万千米高度的卫星来说,以200m/μs的信号传播速度来计算,从发送站通过卫星转发到接收站的传播延迟时间约要花数百毫秒(ms),这相对于地面电缆的传播延迟时间来说,两者要相差几个数量级。

3.2.3 红外线技术

红外通信和激光通信也像微波通信一样,有很强的方向性,都是沿直线传播的。这3种技术都需要在发送方和接收方之间有一条视线(Lind of Sight)通路,故它们统称为视

线媒体。所不同的是，红外通信和激光通信把要传输的信号分别转换为红外光信号和激光信号直接在空间传播。这 3 种视线媒体由于都不需要铺设电缆，对于连接不同建筑物内的局域网特别有用。这 3 种技术对环境气候较为敏感，例如雨、雾和雷电。

3.3　传输介质的选择与应用

3.3.1　传输介质的选择

传输介质的选择是由许多因素决定的，它受局部网络拓扑结构的约束。其他因素也将起作用，例如，某一部门已经有了通信导线，要更换这些导线需要多少费用。如果要建立一个新网络，设计者必须考虑介质的费用、传送速度、使用这种介质的出错率和安全性。通常考虑：

1. 容量

支持所期望的局部网络通信量。

2. 可靠性

满足可用的要求。

3. 支持的数据类型

根据应用特定的。

4. 环境范围

在所要求的环境范围内提供服务。

5. 费用

同轴电线的费用介于双绞线和光缆之间，是应用最广的连接设备与网络的线缆。费用最高的通信导线是光缆。

6. 速度

双绞线的传送速度最低，其次是同轴电缆和微波，光缆的速度最快。

7. 出错率

双绞线和同轴电缆更容易受电磁和电流波动的影响，微波传送可以被恶劣的天气中断。微波传送还互相影响，必须避免微波传送的重叠。

8. 安全性

双绞线和同轴电缆是铜导线，因而容易被窃听。然而从光缆上窃取数据则很困难。

无线电或微波传送是不安全的,任何人使用视线传送天线或一根天线就能接收数据。

3.3.2 传输介质的制作与应用

1. 双绞线的制作与应用

将两根具有绝缘保护层的导线按一定的密度互相绞在一起形成一个线对,降低信号的干扰。常用的双绞线是由4个线对逆时针相互扭转在一起,铜导线的直径为0.4~1mm,扭绞方向为逆时针,绞距为3.81~14cm,这些线对被标示了不同的颜色,如表3-2所示。

表3-2 导线色彩编码

线对	1	2	3	4
色彩码	白/蓝、蓝	白/橙、橙	白/绿、绿	白/棕、棕

要使双绞线能够与网卡、hub、交换机等设备相连,还需要RJ-45接头,在制作接头时,必须符合国际标准,美国电子工业协会和美国电信工业协会TIA制定的双绞线制作标准,包括T568A和T568B,标准对线序排列有明确规定,如表3-3所示。

表3-3 线序标准

引针号	1	2	3	4	5	6	7	8
T568A标准	白/绿	绿	白/橙	蓝	白/蓝	橙	白/棕	棕
T568B标准	白/橙	橙	白/绿	蓝	白/蓝	绿	白/棕	棕

双绞线适用于10Base-T、Token Ring、100Base-T、155Mb/s ATM等网络。

2. 同轴电缆的制作与网络

首先根据需要剪裁一定长度的同轴电缆,使用剥线钳剥去适当长度的外皮、屏蔽层、绝缘层等部分,并将BNC连接器装在同轴电缆的端口,然后插在T形头上。设备连接完成后,在同轴电缆的两端一定要加上端接匹配器。

3. 光纤的制作

常用的光缆有8.3μm芯125μm外层单模、62.5μm芯125μm外层多模、50μm芯125μm外层多模、100μm芯140μm外层多模。在使用光缆互连多个设备时,必须考虑光纤的单向特性,如果要进行双向通信,那么就应该是用双股光纤。

安装光缆需特别注意,连接每条光缆时都要磨光端头,通过电烧烤或其他方法与光学接口连在一起,确保光通道不被阻塞,光纤不能拉得太紧,也不能形成直角。光纤的连接方法主要有永久性连接、应急连接和活动连接。

(1) 永久性连接(又叫热熔),使用放电的方法将两根光纤的连接点融化并连接在一起。其主要特点是连接衰减最低,但连接时需要专用设备(熔接机)和专业人员进行操作,而且连接点也需要专用容器保护起来。

(2) 应急连接(又叫冷溶),应急连接是将两根光纤固定并粘接在一起。主要特点是连接迅速可靠,但连接点长期使用会不稳定,衰减大幅度增加,所以只能短时间内应急使用。

(3) 活动连接,利用各种光纤连接器件(插头和插座),将站点与站点或站点与光缆连接起来的一种方法。这种方法灵活、简单、方便、可靠,在实际使用光纤连接设备时,应注意其连接器型号。

3.4 小结

本章主要介绍用于传输的各种介质、传输介质的分类以及数据如何在介质中传输等。不同的传输介质具有不同的传输特性,而传输介质的特性又影响着数据的传输质量。计算机网络中采用的传输媒体可分为有线传输介质(硬介质)和无线传输介质(软介质)两大类。双绞线、同轴电缆和光纤是常用的3种有线传输媒体;无线电通信、微波通信、红外通信以及激光通信的信息载体等都属于无线传输媒体。

传输介质的选择是由许多因素决定的,也受网络拓扑结构的约束。设计者在选择传输介质时必须考虑介质的费用、传送速度、使用这种介质的出错率和安全性等一些相关因素。

练习思考题

3-1 根据你所使用的网络环境,分析所选用的传输介质的类型。

3-2 比较一下不同传输介质的特性。

3-3 传输介质的特性对数据传输有什么影响?

3-4 在网络连接时,双绞线如何进行连接?其线序如何?

3-5 在网络连接时,如果只连接两台计算机,则其线序如何连接?

第4章 计算机局域网

CHAPTER

4.1 局域网概述

局域网是一个在一定区域内的数据通信网络，该区域内的各种通信设备互连在一起进行通信。一定区域可以是一个建筑物内、一个校园或者10千米范围的一个区域，其数据传输速率高(4～1000Mb/s)，短距离，误码率低(10^{-8}～10^{-11})。

在局域网中，常用的传输介质有同轴电缆、双绞线、光纤与无线通信信道。经常把传输介质作为各站点共享的资源，为了实现对多节点使用共享介质发送和接收数据的控制，国际标准的介质访问控制方法主要有以下3种：

(1) 载波监听多路访问冲突检测(CSMA/CD)方法；

(2) 令牌总线(Token Bus)方法；

(3) 令牌环(Token Ring)方法。

局域网的应用范围很广，主要用于办公自动化系统、企业管理系统、生产过程实时控制系统等。

局域网的拓扑结构是网络网点的一种物理配置，根据要求不同拓扑结构也不相同。常见的局域网拓扑结构有星状、总线型、环状和树状等。

4.2 IEEE 802标准及相关层

4.2.1 IEEE 802标准

1980年2月成立IEEE 802委员会，该委员会制定了一系列局域网标准，称为IEEE 802标准。

IEEE 802标准指由IEEE 802委员会(Institute of Electrical and Electronics Engineers，IEEE)，即电气和电子工程师协会制定的局域网标准。IEEE于1980年2月成立了局域网标准委员会(简称IEEE 802委员会)，专门从事局域网标准化工作，制定了一系列局域网标准，称为IEEE 802

标准。在IEEE 802标准中,定义了物理层和数据链路层,并把数据链路层分成逻辑链路控制(Logical Link Control,LLC)子层和介质访问控制(Medium Access Control,MAC)子层,覆盖了OSI模型的第1层、第2层的功能以及第3层的部分功能。IEEE 802标准与OSI模型层次间的关系,见图4-1。

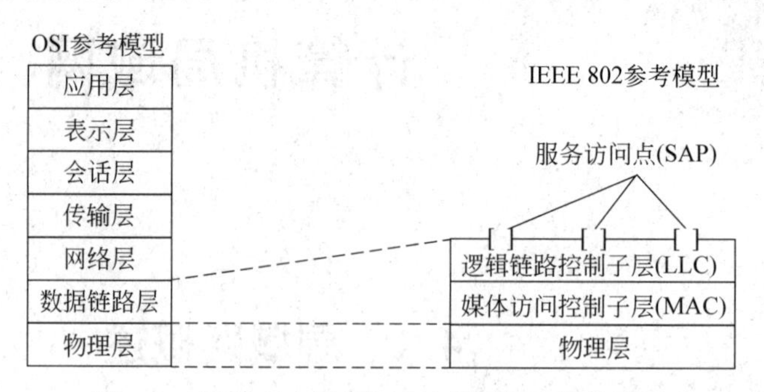

图4-1 IEEE 802标准与OSI模型层次间的关系

按IEEE 802标准,局域网体系结构由物理层、介质访问控制子层(Media Access Control,MAC)和逻辑链路子层(Logical Link Control,LLC)组成。逻辑链路控制子层LLC的主要功能是提供一个或多个相邻层之间的逻辑接口,称为服务访问点(Service Access Point,SAP)。介质访问控制子层(MAC)的主要功能是发送时将数据组成帧,接收时拆卸帧,同时管理链路上的通信。除了两个子层之外,802标准还部分包括了控制网络互联的功能,这部分保证了不同的LANs和MANs之间协议的兼容性,使得不同网络间可以进行数据的交换。

802标准具有较强的模块性,为了局域网的管理,细分出了许多具体的标准,802委员会制定的有关局域网协议标准有:

(1) IEEE 802.1——局域网概述、体系结构、网络管理和网络互联。

(2) IEEE 802.2——逻辑链路控制LLC。

(3) IEEE 802.3——CSMA/CD访问方法和物理层规范,主要包括如下几个标准:

- IEEE 802.3—— CSMA/CD介质访问控制标准和物理层规范:定义了10Base-2、10Base-5、10Base-T、10Base-F 4种不同介质10Mb/s以太网规范。
- IEEE 802.3u—— 100Mb/s快速以太网标准,现已合并到802.3中。
- IEEE 802.3z—— 光纤介质千兆以太网标准规范。
- IEEE802.3ab—— 传输距离为100m的5类无屏蔽双绞线介质千兆以太网标准规范。

(4) IEEE 802.4——Token Passing BUS(令牌总线)。

(5) IEEE 802.5——Token Ring(令牌环)访问方法和物理层规范。

(6) IEEE 802.6——城域网访问方法和物理层规范。

(7) IEEE 802.7——宽带技术咨询和物理层课题与建议实施。

(8) IEEE 802.8——光纤技术咨询和物理层课题。

(9) IEEE 802.9——综合声音/数据服务的访问方法和物理层规范。

(10) IEEE 802.10——安全与加密访问方法和物理层规范。

(11) IEEE 802.11——无线局域网访问方法和物理层规范。

(12) IEEE 802.12——100VG-AnyLAN 快速局域网访问方法和物理层规范。

(13) IEEE 802.15——无线个域网 Wireless Personal Area Network(蓝牙)。

(14) IEEE 802.16——宽带无线接入 Broadband Wireless Access (WiMAX)。

(15) IEEE 802.17——弹性分组环 Resilient Packet Ring。

(16) IEEE 802.18——无线管制 Radio Regulatory TAG。

(17) IEEE 802.19——共存 Coexistence TAG。

(18) IEEE 802.20——移动宽带无线接入 Mobile Broadband Wireless Access (MBWA)。

(19) IEEE 802.21——媒质无关切换 Media Independent Handoff。

IEEE 802 各个标准之间的关系如图 4-2 所示。

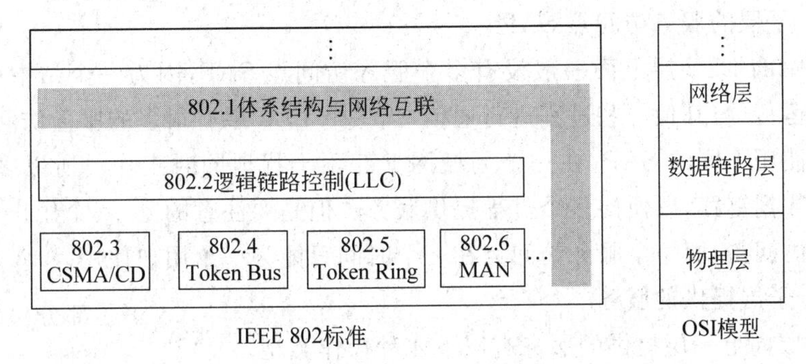

图 4-2 IEEE 802 各个标准之间的关系

其中,IEEE 802.1 是关于局域网互联的一个标准,主要是用来解决局域网及城域网的网络互联的协议,解决两个具有不同体系结构的网络之间的兼容性问题。

4.2.2 局域网物理层和数据链路层

1. IEEE 802 参考模型的物理层功能

IEEE 802 参考模型的物理层对应于 OSI 模型中的物理层,包括以下功能:

(1) 建立、维持和拆除物理链路。

(2) 信号的编码/解码;提供发送和接收信号的能力,包括对宽带的频道分配和对基带的信号调制。

(3) 前导码的生成/去除(前导码仅用于接收同步)。

(4) 比特的发送/接收。在物理层实体间发送和接收比特数据流。

2. LLC 子层

LLC 是逻辑链路层的上一个子层。IEEE 802.2 标准定义了 LLC 子层的服务与协议。

由 IEEE 802 标准局域网模型可知,局域网中数据链路层分为媒体访问控制子层和逻辑链路控制子层,与之相对应的帧是 MAC 帧和 LLC 帧。在 LLC 子层,当高层的协议数据单元PDU传到LLC子层时,LLC子层会把PDU加上头部构成LLC帧,再向下传递给MAC子层;同样,MAC子层把LLC帧作为MAC的数据字段,加上头部和尾部构成MAC帧。图4-3给出了LLC帧与MAC帧的关系示意图。

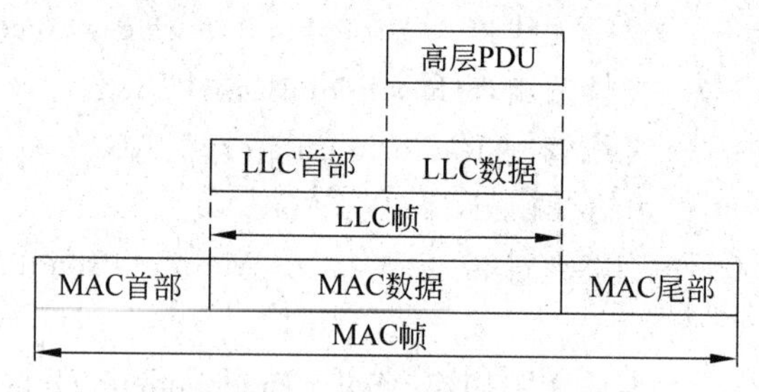

图4-3 LLC帧与MAC帧的关系

1) LLC子层的服务访问点SAP

在一个站的LLC层上面一般设有多个服务访问点SAP,因为一个站中可能同时有多个进程在运行,与其他一些进程进行通信,当一个LLC层有很多的服务访问点时,不同的用户可以使用不同的SAP,在一个局域网上互不干扰地同时工作。所以多个SAP可以复用一条数据链路,以便向多个过程提供服务。但是要注意的是,一个用户可以同时使用多个服务访问点,而一个服务访问点在一个时间只能为一个用户使用。

2) LLC子层提供的服务

LLC子层向上一层提供的服务有以下4种操作类型。

(1) 类型1(LLC1):不确认的无连接服务。

(2) 类型2(LLC2);面向连接服务。

(3) 类型3(LLC3):确认的无连接服务。

(4) 类型4(LLC4):高速传送服务(城域网专用)。

不确认无连接服务指的是数据报服务;面向连接服务相当于虚电路服务,每次连接都要首先建立连接、维护连接进行数据交换和释放连接3个阶段。确认的无连接服务是需要确认信息的无连接服务,如实时控制中的告警信号等,又称为可靠的数据报,适用于令牌总线局域网。

3) LLC的帧结构

LLC帧是在HDLC帧的结构基础上发展的,LLC帧分为信息帧、监控帧和无编号帧。由于LLC帧还要封装在MAC帧中,所以它没有标志字段和帧校验序列字段。LLC的帧结构共有4个字段,即目的服务访问点DSAP字段、源服务访问点SSAP字段、控制字段和数据字段。LLC的帧结构见图4-4。

(1) 地址字段。地址字段占2字节,即DSAP和SSAP各占1字节。

(2) 控制字段。LLC帧分为信息帧I、监控帧S和无编号帧U。可以用控制字段格式区分,由控制字段的最低两个比特来识别。如果控制字段的第1位是0,则此帧为信息帧;如果控制字段的前2位是1、0,则此帧为监控帧;如果控制字段的前两位是1、1,则此帧为无编号帧。

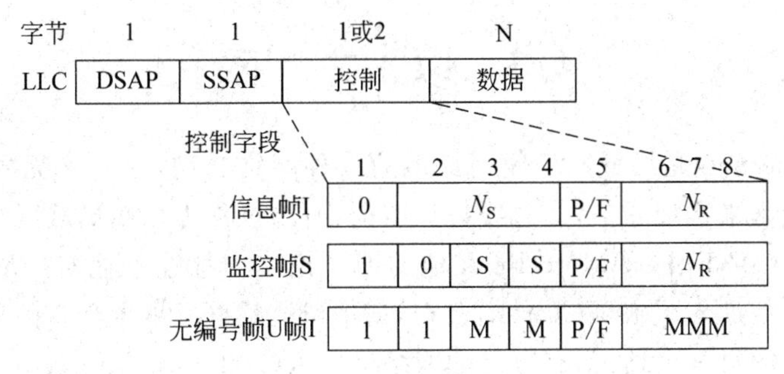

图 4-4 LLC 的帧结构

(3) 数据字段。数字字段的长度 M 没有限制，但应是整数个字节。不过，因为 MAC 帧的长度受限制，所以 LLC 帧的长度实际上也是受限制的。

4) LLC 子层完成的功能

(1) 为高层协议提供相应的通信接口，即一个或多个服务访问点(Service Access Point，SAP)。

(2) 端到端的差错控制和确认，保证无差错传输。

(3) 端到端的流量控制。

LLC 子层中主要规定了无确认无连接、有确认无连接和面向连接 3 种类型的链路服务。其中无确认、无连接服务是一组数据报服务，数据帧在 LLC 实体间交换时，无须事先建立逻辑连接，也没有任何流量控制或差错恢复功能。

而面向连接服务提供访问点之间的虚电路服务，在任何数据帧交换前，一对 LLC 实体之间必须建立逻辑链路，在数据传送过程中，数据帧依照次序发送，并且提供差错恢复和流量控制功能。需要注意的是，在局域网中采用了两级寻址，用 MAC 地址标识局域网中的一个站，LLC 提供了服务访问点(SAP)地址，SAP 指定了运行于一台计算机或网络设备上的一个或多个应用进程地址。

3. MAC 子层

IEEE 802 参考模型的 MAC 子层和 LLC 子层合起来对应 OSI 模型中的数据链路层。

MAC 子层主要是解决网上各节点争用共享介质的问题，MAC 子层完成的主要功能如下：

(1) MAC 对 LLC 子层提供多个可供选择的介质访问控制方法的功能服务，管理和控制对于局域网传输媒体的访问。

(2) 在发送时将要发送的数据组装成帧。

(3) 在接收时，将接收到的帧解包，进行地址识别和差错检测。

在 IEEE 802 系列标准中，对于不同的局域网，其 MAC 子层是不同的，也具有不同的 MAC 帧格式。因此，有关媒体访问控制 MAC 子层的内容将分别在各种局域网中讨论。

4.3 以太网

以太网(Ethernet)是局域网里使用最多的一种网络模型,用一条无源总线将局域网的所有用户连接起来实现通信,是总线拓扑结构,所以也称为总线局域网。以太网的历史可以追溯到1973年,Robert Metcalfe在他的博士论文中描述了他对局域网技术的许多研究,毕业之后,他加入了施乐(Xerox)公司,该项研究最终发展成现在的以太网。

在以太网中的每一个站,都有自己的网络接口卡(Network Interface Card,NIC)简称网卡。网卡通常安装在站内,并且提供该站的6位物理地址,这个号码是唯一的。以太网采用的媒体访问控制方法为IEEE 802.3标准的载波监听多路访问/冲突检测(CSMA/CD)技术。在IEEE 802.3标准中规定了总线网的CSMA/CD访问方法和物理层技术规范。其数据传输速率一般为1~100Mb/s,有的甚至可以达到1000Mb/s。

IEEE 802.3定义了两种类型:基带和宽带,见图4-5。

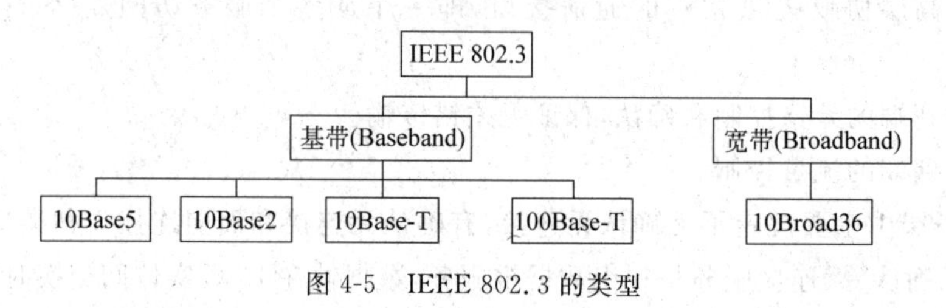

图4-5 IEEE 802.3的类型

在这里,Base规范的是数字信号,采用曼彻斯特编码;Broad规范的是模拟信号,采用PSK编码。IEEE 802.3将基带分成5类不同的标准,分别是10Base5、10Base2、10Base-T、1base5、100Base-T。其中,前面的数字(10、1、100)表示数据传输的速率,单位是Mb/s。最后的数字或字母(如5、2、1或T)表示最大电缆长度或电缆类型。IEEE 802.3仅仅规定了一种类型的宽带标准:10Broad36。同样,前面的数字(10)表示数据速率,最后的数字表示最大电缆长度。然而,最大线缆长度的限制通过使用像中继器、网桥等网络互联设备能够改变。

4.3.1 媒体访问控制方法CSMA/CD

为了减少线路资源的消耗,在数据传递时,尽量采用信道共享技术。信道在不进行复用的情况下,只允许一个用户使用。但是当两个或更多的用户在一个信道上无规则的发送信息时,就可能造成信号重叠,彼此的信号被破坏。这样的重叠,将信号变成了无用的噪音,称为冲突(collision),冲突又称为碰撞。在多路访问的链路上,随着通信量的增加,冲突也在增加。因此需要有一种机制可以调整通信量,可以最小的冲突发送最大量的帧,这种访问机制应用在以太网上被称作载波监听多路访问/冲突检测(Carrier Sense Multiple Access with Collision Detection,CSMA/CD)。CSMA/CD是从多路访问(Multiple Access,MA)到载波监听多路访问(Carrier Sense Multiple Access,CSMA),发展到最后载波监听多路访问/冲突检测(Carrier Sense Multiple Access with Collision

Detection,CSMA/CD),现在它们已成为总线局域网的标准。

CSMA 的特点是要求每个站都设置一硬件,用于在发送数据前监听同一信道上的载波信号,如果该站监听到别的站正在发送,就暂不发送数据,从而减少了发送冲突的可能性,也提高了整个系统的吞吐量和信道利用率。

1. CSMA/CD 工作原理

每站在发送数据前要先进行载波监听,监听信道是否空闲,若信道空闲,则发送数据,这样能够减少发生冲突的概率;但由于存在传播时延,冲突还有可能发生,为了及时发现冲突,采取边发送边监听的方式,一旦监听到冲突,便立即停止发送,并在短时间内连续向总线上发送一串阻塞信号强化冲突,通知总线上各站有冲突发生,使得冲突双方立即停止发送,随机退避一段时间后再发送,这种边发边听的功能称为冲突检测。因此这种 CSMA/CD 协议被形象地称为"先听后讲,边讲边听",见图 4-6。

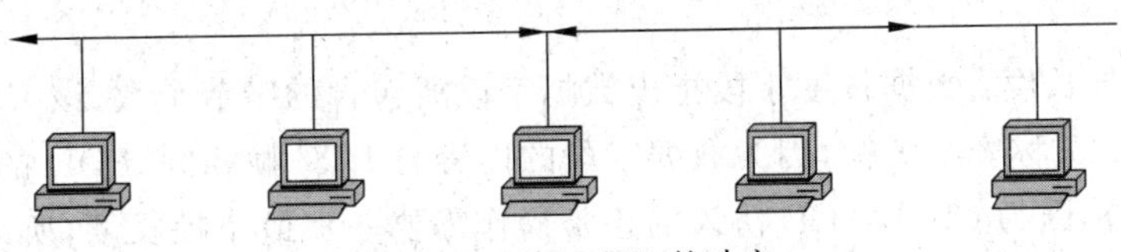

图 4-6 CSMA/CD 的冲突

2. 冲突退避算法

在 CSMA/CD 方式中,如果冲突检测电路检测出了冲突,就要退避等待一段时间然后重发原来的数据帧。如果网络负载比较重时,冲突过的数据帧的重发也可能再次引起冲突,甚至出现多次冲突。为了避免这种情况的发生,经常采用错开各站的重发时间的办法来解决,重发时间的控制就是冲突退避算法问题。

经常使用的计算重发时间间隙的算法是二进制指数退避算法,实质上就是根据冲突的状况,估计网上信息量而决定本次应等待的时间。当发生冲突时,控制器延迟一个随机长度时间隔时间,是两倍于前次的等待时间。二进制指数退避算法的公式为:

$$\tau = R \cdot A \cdot 2^N$$

式中,N 为冲突次数,R 为随机数,A 为计时单位(可选用总线循环一周时间),τ 为本次冲突后等待重发的间隔时间。

3. 802.3 MAC 帧格式

MAC 帧是 MAC 子层实体间交互的协议数据单元。MAC 帧包含 7 个字段:前导符、起始定界符(SFD)、目的地址字段、源地址字段、PDU 的长度、数据(802.2 帧)和校验序列。MAC 帧格式见图 4-7。

(1) 前导符(Preamble):802.3 帧的第 1 个字段是前导同步符,包含有 7 字节,交替的 56 位 1 和 0,提示接收系统有帧要发送过来,并且与输入端保持时钟同步。模式 10101010 仅仅是提示并使时钟脉冲保持同步。

(2) 帧起始定界符(Start Frame Delimiter,SFD):802.3 帧的第 2 字段是帧的起始标

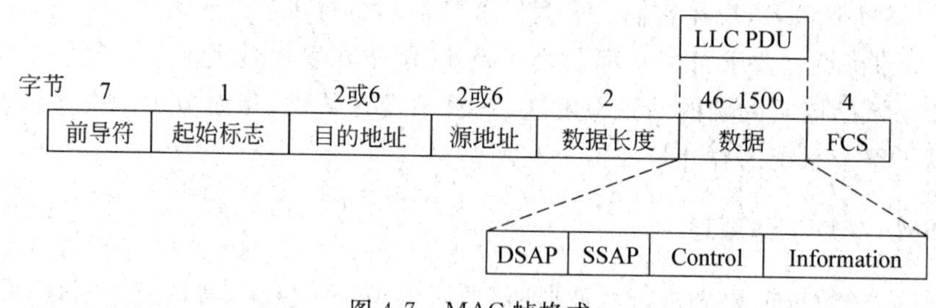

图 4-7 MAC 帧格式

志,只有 1 字节 10101011。

(3) 目的地址(destination address):目的地址字段有 2 或 6 字节,包括目的地的物理地址。

(4) 源地址(source address):源地址字段也是有 2 或 6 字节,包括发送方的物理地址。

(5) 数据的长度:数据长度字段指出数据字段所包含的字节个数,该字段为 2 字节。

(6) 数据:又称 802.2 帧,因为数据字段的内容与 LLC 帧相同,PDU 的长度从 46 字节到 1500 字节,因为 CSMA/CD 协议的正常操作需要一个最小帧长度,所以数据的最小长度为 46 字节,如数据长度不够 46 字节,则需要填充到 46 字节。

(7) MAC 帧的校验序列:FCS 字段为 4 字节,采用 CRC-32 校验。

从图 4-7 中可以知道,数据的上、下限分别是 1500 字节和 46 字节。上限用来防止一次传输独占传输媒体时间过长;下限用来确保冲突检测技术正常工作。一个 MAC 帧的大小必须大于一个最小帧长度,以使一个发送站点可以在发送帧结束之前检测到冲突。802.3 标准对不合格规范的 MAC 帧视为无效 MAC 帧,不上交 LLC 子层,只将故障情况通知网络管理。

4.3.2 以太网的类型

1. 10Mb/s 以太网

10Mb/s 以太网根据传输介质的不同,可以具体分成不同的标准,每个标准都采用 IEEE 802.3 帧结构和 MAC 子层媒体访问控制方法 CSMA/CD,物理层的编码译码方法均采用曼彻斯特编码,所不同的就是传输媒体和物理层的收发器以及媒体连接方式等。

1) 标准以太网(Thick Ethernet)

IEEE 802.3 第 1 个定义的标准就是标准以太网 10Base-5,也称粗缆以太网(Thick Ethernet)又称粗电缆网(Thicknet)。10Base-5 是总线拓扑结构的局域网,传输速率 10Mb/s,使用基带信号传输,一个网段的最大长度是 500m。如果利用网络互连设备(如中继器和网桥等),可以突破局域网的限制。局域网利用网络连接设备能够将粗缆以太网分成不同的网段,然而,由于冲突等原因,最多可连接 5 个网段,总的网段长度不超过 2500m。而且,相邻工作站之间的距离至少要 2.5m(每个网段最多 200 个工作站)。电缆的两端安置了防止电子信号回音的电子终端,因为往返的回响会产生错误信号并导致混乱,如图 4-8 所示。

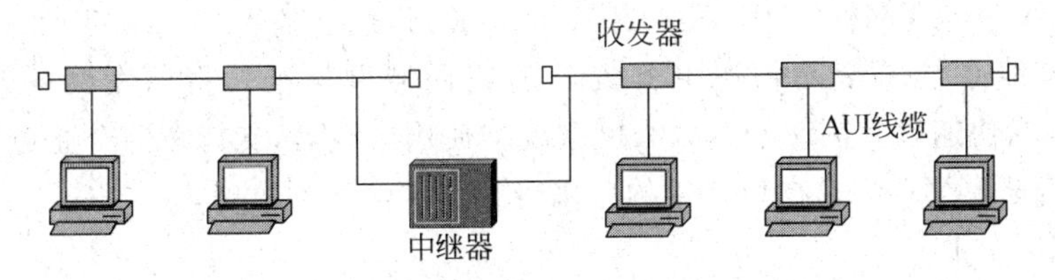

图 4-8　Ethernet 网段连接

每一个工作站通过附件单元接口(Attachment Unit Interface,AUI)线缆与媒体附件单元(Medium Attachment Uint,MAU)或称收发器(Transceiver)相连。收发器的主要功能是在 PC 和电缆之间建立一个接口,这个接口使用 CSMA/CD 竞争机制,将比特传到电缆上,完成 CSMA/CD 的冲突监测功能。收发器通过 AUI 与网络接口卡(NIC)连接,AUI 的作用是在工作站和收发器之间完成物理层的接口功能,它的最大长度是 50m,此外,它还有连接粗同轴电缆的作用。该电缆由 5 根双绞线组成,两根用来给 PC 发送数据和控制信息,另外两根用来接收数据的控制信息,第 5 根则可用来接电源或接地。

2) 细缆以太网(Thin Ethernet)

IEEE 802.3 第 2 个定义的标准就是 10Base-2,细缆以太网(Thin Ethernet)又称细电缆网(Thinnet)。10Base-2 是总线拓扑结构的局域网,传输速率 10Mb/s,使用基带信号传输,一个网段的最大长度是 185m。细缆以太网与粗缆以太网相比,细缆以太网的成本低,但网络的覆盖范围小。10Base-2 的拓扑结构见图 4-9。

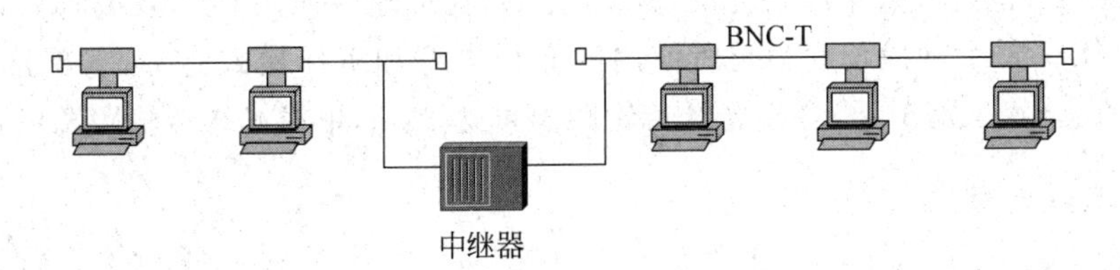

图 4-9　10Base-2 的拓扑结构

3) 双绞线以太网(Twisted-Pair Ethernet)

IEEE 802.3 系列里最流行的标准就是 10Base-T,又称双绞线以太网。双绞线以太网是一个星状拓扑结构的局域网,采用无屏蔽双绞线代替了同轴电缆。支持 10Mb/s 的数据速率,hub 到工作站的最远距离可以达到 100m。工作站与 hub 之间采用 8 线无屏蔽双绞线线缆连接,线缆的两端采用 RJ-45 连接器,见图 4-10。

每个工作站都要包含一个网卡(NIC),用不超过 100m 的 4 对无屏蔽双绞线(UTP),将工作站连接到 10Base-T hub 上。在 802.3 局域网中,10Base-T 的组网是最容易的。

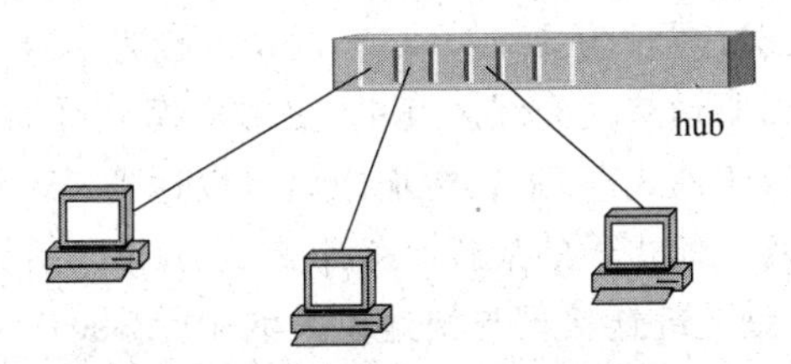

图 4-10　10Base-T 拓扑结构

2. 百兆以太网

IEEE 在 20 世纪 90 年代初专门成立

了快速以太网工作组,研究把以太网传输速率从10Mb/s提高到100Mb/s,1995年100Mb/s的快速以太网标准IEEE 802.3u正式颁布,这是基于10Base-T和10Base-F技术,在基本布线系统不变的情况下开发的高速局域网标准。将以太网的带宽扩大为100Mb/s,称为快速以太网。快速以太网系统均使用集线器,支持在两个通道上进行的双工通信,尤其是100Base-T在近几年的应用得到非常快速的发展。

1) 100Base-T4

100Base-T4需要4对双绞线,传输介质使用阻抗特性为100Ω的4对3类UTP,3对用于传送数据,1对用于检测冲突信号。采用的信号频率为25MHz,不使用曼彻斯特编码,而是3元信号,每个周期发送4比特,可以达到100Mb/s的传输速率,使用RJ-45连接器。最大网段长度为100m。

2) 100Base-TX

100Base-TX是一种使用5类无屏蔽双绞线或屏蔽双绞线的快速以太网技术。传输介质使用阻抗特性为100Ω的2对5类无屏蔽双绞线或阻抗特性为150Ω的2对屏蔽双绞线,其中1对用于发送数据,另一对用于接收数据。可以处理速率高达125MHz以上的时钟信号,采用了一种运行在125MHz下的4B/5B编码方案,获得100Mb/s的数据传输速率,信号频率为125MHz。使用RJ-45连接器。最大网段长度为100m。支持全双工的数据传输。

3) 100Base-FX

100Base-FX是一种使用光纤作为传输介质的快速以太网技术,既可以选用多模光纤(62.5/125μm),也可以选用单模光纤(8/125μm),在传输中使用4B/5B编码方式,信号频率为125MHz。最大网段长度为与所使用的光纤类型和工作模式有关,它支持全双工的数据传输,在全双工情况下,多模光纤传输距离可达2km,单模光纤传输距离可达40km。

3. 千兆以太网

千兆位以太网是在以太网技术的改进和提高的基础上,再次将100Mb/s的快速以太网的传输速率提高10倍,使其达到每秒千兆位比特的网络系统(1000Mb/s)。1996年7月,IEEE 802.3工作组成立了IEEE 802.3z千兆以太网任务组,研究和制订IEEE 802.3z千兆以太网标准,该标准要确保和以前的10Mb/s和100Mb/s的以太网相兼容,即允许在1000Mb/s速度下进行全双工和半双工通信;使用IEEE 802.3以太网的帧格式;使用CSMA/CD媒体访问控制方法;编址方式和10Base-T、100Base-T兼容。

1) 1000Base-LX

1000Base-LX是一种使用长波激光作为信号源的长波光纤网络介质技术,在收发器上配置波长为1270～1355nm(一般为1300nm)的激光传输器,既可以驱动多模光纤,也可以驱动单模光纤。其中,使用多模光纤时,通常为一对62.5μm或50μm多模光纤,在全双工模式下,最长传输距离可以达到550m;使用单模光纤时,通常为9μm的单模光纤,全双工模式下的最长有效距离为5km。系统采用8B/10B编码方案,连接光纤所使用的SC型光纤连接器与快速以太网100Base-FX所使用的连接器的型号相同。

2）1000Base-SX

1000Base-SX 是一种使用短波激光作为信号源的短波光纤网络介质技术，收发器上所配置的波长为 770～860nm（一般为 800nm）的激光传输器只能驱动多模光纤。其中，如果使用 62.5μm 多模光纤，全双工模式下的最长传输距离为 275m；如果使用 50μm 多模光纤，全双工模式下最长有效距离为 550m。系统采用 8B/10B 编码方案，1000BaseSX 所使用的光纤连接器与 1000Base-LX 一样使用的是 SC 型连接器。

3）1000Base-CX

1000Base-CX 使用铜缆作为网络传输介质，1000Base-CX 使用的是一种特殊规格的高质量平衡双绞线线对的屏蔽铜缆，最长有效距离为 25m，使用两对 STP 和 9 芯 D 型连接器连接电缆，系统采用 8B/10B 编码方案。1000Base-CX 适用于交换机之间的短距离连接，尤其适合于千兆主干交换机和主服务器之间的短距离连接。以上连接往往可以在机房配线架上以跨线方式实现，不需要再使用长距离的铜缆或光缆。

4）1000Base-T

1000Base-T 使用 5 类 UTP 作为网络传输介质，最长有效距离可以达到 100m。1000Base-T 不支持 8B/10B 编码方案，需要采用专门的更加先进的编码/译码方案，才能实现千兆的传输速率。用户可以在原有的快速以太网系统中平滑地从 100Mb/s 升级到 1000Mb/s。

4. 万兆以太网

以太网从 10Mb/s 到 100Mb/s 又到 1000Mb/s 的发展，使得以太网的应用不断的扩大。2002 年 6 月，IEEE 802.3ae 10Gb/s 以太网标准发布，万兆以太网标准的目的是将 IEEE 802.3 协议扩展到 10Gb/s 的工作速度，并扩展以太网的应用空间，使之能够包括 WAN 链接。IEEE 802.3ae 主要分为两类，一类是与传统以太网连接，速率为 10Gb/s 的 LAN PHY，另一类是连接 SDH/SONET，速率为 9.584 64Gb/s 的 WAN PHY。支持单模和多模光纤。其中，10Gbase-S（850nm 短波）最大传输距离为 300m，10Gbase-L（1310nm 长波）最大传输距离为 10km，10Gbase-E（1550nm 长波）最大传输距离 40km，此外，LAN PHY 还包括一种可以使用 DWDM 波分复用技术的 10Gbase-LX4 规格。WAN PHY 与 SONET OC-192 帧结构的融合，可与 OC-192 电路、SONET/SDH 设备一起运行，保护传统基础投资。

IEEE 802.3ae 继承了 IEEE 802.3 以太网的帧格式和最大/最小帧长度，支持多层星状连接、点对点连接及其组合，提供广域网物理层接口。但 IEEE 802.3ae 仅支持全双工方式，且不采用 CSMA/CD 机制。未来以太网最高数据传输速率将可望提高至 40Gb/s。

5. 交换型以太网

1）概述

交换型以太网（Switched Ethernet）与 10Base-T 的性能类似，10Base-T Ethernet 是一个共享媒体的网络，尽管它的逻辑拓扑是总线型的，但是它的物理拓扑是星状的。当一个站将帧到发送 hub 时，该帧是发送到所有的端口，任何一个节点都能接收到，这样，在任何时刻都只能是一个节点发送数据,如果有两个节点都试图要发送数据就会产生冲突。

然而,如果用交换机替代 hub,则可以将所发送的帧直接通过交换机发送到目的节点,这也意味着交换机可以在接收一个帧的同时,从另一个节点接收另一个帧,并将其发送到最终的目的节点。这样从理论上来说是不会有冲突的,见图 4-11。

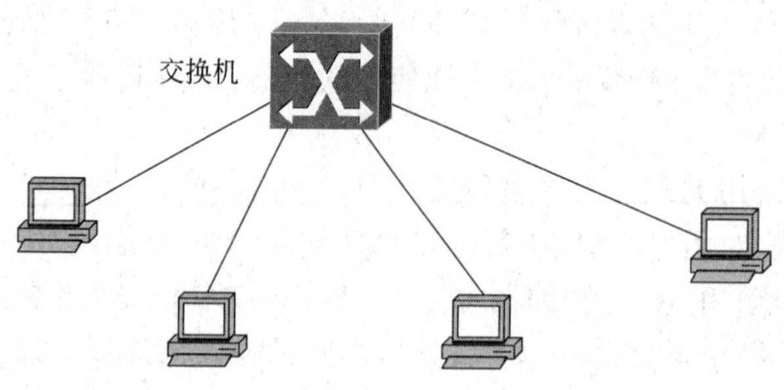

图 4-11 使用交换机的以太网

2) 交换式以太网的工作原理

以太网交换机的原理很简单,它检测从以太网端口送来的数据包的源和目的地的 MAC(介质访问层)地址,然后与系统内部的动态查找表进行比较,若数据包的 MAC 层地址不在查找表中,则将该地址加入查找表中,并将数据包发送给相应的目的端口。

就整个系统的带宽而言,就不再是只有 10Mb/s(10BaseT 环境)或 100Mb/s(100Base7 环境),而是与交换器所具有的端口数有关。例如,若每个端口为 10Mb/s,则整个系统带宽可达 10Mb/s×n,其中 n 为端口数,因此,拓宽整个系统带宽是交换型以太网系统的最明显的特点。

3) 交换型以太网系统特性

交换式以太网不需要改变网络其他硬件,包括电缆和用户的网卡,仅需要用交换式交换机改变共享式 hub。

(1) 每个端口上可以连接站点,也可以连接一个网段。且独占该端口的带宽。

(2) 有 n 个端口数,系统的最大带宽就可以达到端口带宽的 n 倍。可在高速与低速网络之间转换,实现不同网络的协同。

(3) 交换机采用存储转发的方式传输数据。

4.4 令牌环局域网 Token Ring

令牌环(Token Ring) 最初是由美国 IBM 公司于 1984 年推出的,是环状网中使用最为普遍的一种, IEEE 802.5 标准是在 IBM 公司令牌环网协议基础上发展形成的。

令牌环网是一种共享媒体的多点介质访问式网络。通过令牌(token)对网络各个站点的介质访问进行控制,因而不会产生任何冲突。所谓令牌,是一个非常小的、唯一的而且可以立即被识别的帧。令牌环网非常适合在重载下高效工作,因为在环网中每个站依次截获令牌发送数据,整个环网不会出现碰撞而降低效率,而且环网为固定路径传输,无须路由选择。令牌环网中的站点使用一个 NIC 连接,一个站点发送数据时,仅可直接发送给它的邻居,若想要给环中的另一个站点发送信息,必须经过两个站点间的所有接口,采用存储转发的方式。

4.4.1　令牌环的工作原理

环状网是由许多干线耦合器(也称转发器或环接口)用点对点链接成单向环路,然后每一个干线耦合器再和一个终端或计算机连在一起。令牌环是使用一种称为令牌的特殊帧沿着环网循环实现数据传输的。当令牌到达某个站点时,若该站点没有数据发送,则将令牌转给其邻居。当一个站要发送数据帧时,就申请令牌,等待空令牌通过本站,然后将空令牌改为忙令牌,紧跟着忙令牌之后,把数据帖发送到环网上。由于令牌是忙状态,其他站必须等待而不能发送帧,因此,也就不可能产生冲突。于是这个帧就在环中游历,每个站点检查该帧的目的地址,若目的地址与当前站点的地址不匹配,则该站点将帧转发给其邻居;如果地址符合,说明是发送给本站的,则将帧复制到本站的接收缓冲器中,在帧内设置一些状态位,同时将帧送回到环上,使帧继续沿环传送,直到它最终到达发送帧的站点。这个站点将该数据帧移去,重新放出令牌,该令牌在环网中循环传递。令牌环的工作过程见图 4-12。

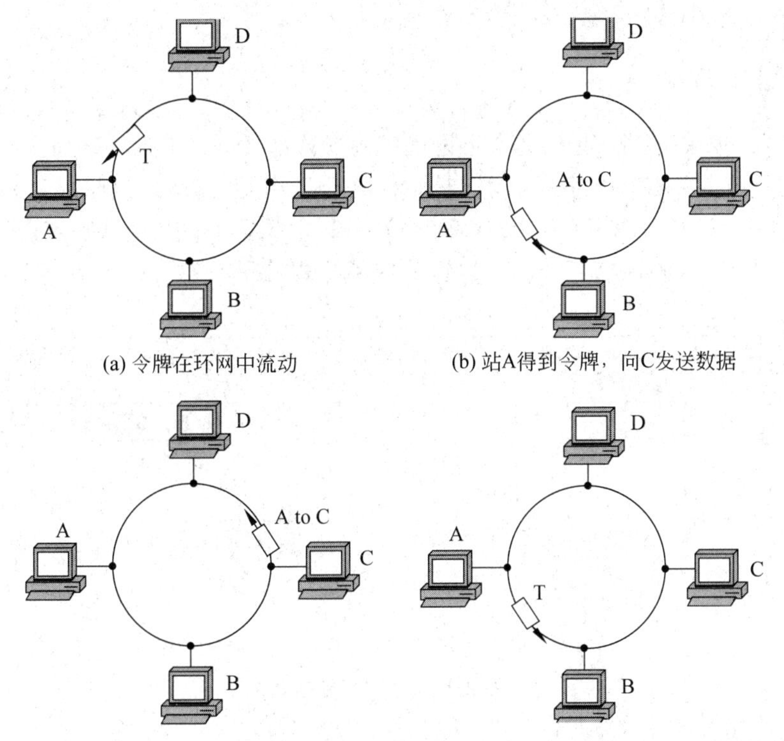

(a) 令牌在环网中流动　(b) 站A得到令牌，向C发送数据

(c) C站复制帧并继续将数据在环网中传输　(d) 站A收回所发数据重新发出令牌数据

图 4-12　令牌环网工作过程

从图 4-12 中可以看出,一是令牌环的数据传输比以太网的数据传输更有序。每个站点都知道它何时可以发送并且只可以发送给其邻居,因此不存在因冲突而导致的带宽浪

费;二是每个站点均参与了令牌或数据帧的行程安排,一个站点的失效会导致网络失效;三是因为一个工作站在发送前必须等待空令牌到来,所以在网络轻载时,效率很低,在重载时各站访问机会均等,因此效率较高。

4.4.2　优先权(Priority)和预约(Reservation)

通常,如果令牌已经被释放,那么在环网上的下一个站就可以得到令牌发送数据。然而,在IEEE 802.5模式中,另一种选择是可能的,就是忙令牌能够被等待传输的站预约,而不管那个站在环网上什么位置。这是因为每个站都有一个优先级编码,等待传输的站可以通过在上一个传输的令牌帧或数据帧的访问控制字段(AC)里,填入它自己的优先级编码的方法,预约得到下一个令牌。如果一个站的优先级较高,则它可以取下优先级编码较低的站的预约,而换上它自己的优先级编码,这样,优先级编码较高的站就可以先得到空闲的令牌,发送数据。

4.4.3　帧结构

令牌环协议规定了3种类型的帧:数据/命令帧、令牌帧和异常中断帧。实际上,令牌帧和异常中断帧都是被截断的数据/命令帧。

1. 数据/命令帧

数据/命令帧能够携带PDU,既可以携带用户数据又可以携带管理命令,因此将其称为数据/命令帧。共有9个字段,包括起始标志(SD)字段、访问控制(AC)字段、帧控制(FC)字段、目的地址(DA)字段、源地址(SA)字段、数据(802.2PDU帧)字段、CRC字段、结束标志(ED)字段和帧状态(FS)字段。具体帧格式见图4-13。

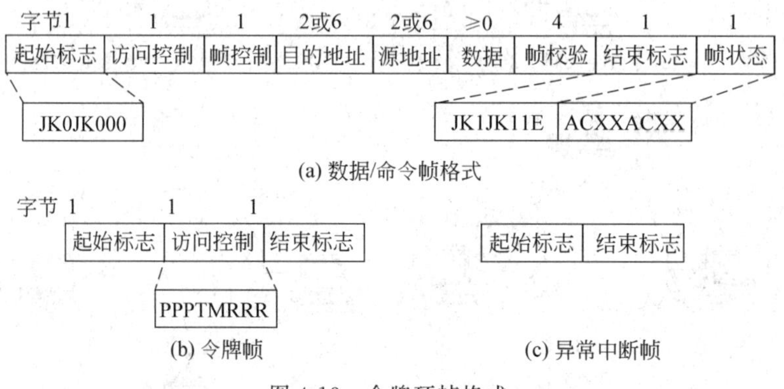

图4-13　令牌环帧格式

1) 起始标志(Start Delimiter,SD)

每个帧都有一个开始定界符(SD)以及一个结束定界符(ED)来指定一个令牌的边界。数据/命令帧的第1个字段SD,表示帧的开始,长度为1字节,该字节中有一个特殊模式JK0JK000,这些0是按差分曼彻斯特编码定义的二进制0,J和K信号称为无数据J(non-date-J)和无数据K(non-date-K)。因为这些信号不服从定义比特的曼彻斯特编码,采用了非曼彻斯特编码，IEEE 802.5标准中规定，信号编码采用曼彻斯特编码，这种编码的规律是在每一位比特的中间有一个正跳变或负跳变，用以表示二进制数的0或1，而在起始标志中的"特殊比特"却违反了这一规律，采用了违法曼彻斯特编码，在每个比特的中间没有跳变，所以它们便于区别，不会成为报文的一部分。

2）访问控制(Access Control,AC)

访问控制AC字段是数据/命令帧的第2个字段，长度为1字节，其不同的位表达不同的意义。首先是3比特的优先权位PPP，表示优先级别，3个P比特构成了8个优先级别，000为最低优先级，111为最高优先级，在无优先权的环网中，优先级PPP＝000。站点的优先级在本地定义，令牌的优先级由访问控制(AC)字段的3个优先级位定义。一个站点仅在其优先级高于或等于令牌的优先级时才可以申请令牌。这样只有优先级高于令牌优先级的站，才允许截获该令牌。这样可以保证高优先级的站有更多发送数据的机会。第4位是令牌位T，这是一个关键的比特。用来区分令牌帧和数据帧，若$T=0$，表示令牌帧；若$T=1$，表示非令牌帧。如果要发送数据的站截获令牌，则将T比特由0改为1，将令牌帧改为数据帧。第5位是监督比特M，又称监控位，用来防止帧在环上无限循环而设置的，通常为0，只有当帧经过环网上的监控站时，监控站将其置为1。也就是说，正常在环网上环行的帧，经过监控站时，M应该为0，由监控站将其改为1，如果一个帧经过监控站时$M=1$，则该帧将被清除。第6、7、8位是3个预约比特RRR：用来预约发送权的，当一个站要发送数据时，可以通过将本站的优先级写入经过本站的数据帧的预约比特RRR进行预约。在这之前，如果已经有一个优先级更高的站预约了，则本站就不能预约了、这样可以保证发送较高优先级帧的站申请令牌，及时得到发送权，实现快速发送。

3）帧控制字段(Frame Control,FC)

帧控制字段占一个字节，分成两部分，前两位FF为类型比特，表示帧的类型；后6位zzzzzz为控制比特，表示控制帧的种类。若FF＝0，表示该帧为MAC控制帧，控制帧中没有数据字段，环上的所有站都将接收控制帧，并根据其含义而执行相应的操作；若FF＝01，表示该帧为一般的信息帧，也就是说该帧的数据字段是LLC子层传下来的LLC帧，它只发给地址字段表示的目的站。

4）目的地址和源地址

其含义和IEEE 802.3标准相同，两者的位数必须相等，或占2字节或6字节。

5）数据字段Data

数据字长度要大于或等于0，其最大值受令牌循环一周的最大时间限制。

6）帧校验序列FCS

帧校验序列FCS占4字节，采用32位循环冗余校验CRC码，其校验范围是从帧控制字段到数据字段。

7）结束标志字段(End Delimiter,ED)

结束标志占1字节，与起始标志相类似，结束定界符有信号模式JK1JK1IE。J和K信号同开始定界符中的一样。1为二进制1。但所不同的是最后一位为E比特，即差错比特。发送站在发送完帧时，将E比特置为0，以后每经过一站。在转发时都通过FCS判断此帧是否出错，出错时将此比特置为1。这样，发送方在收回所发送的帧后，只要识别A、C和E比特,就能得出本次传送的有关信息。

8) 帧状态字段(Frame Status,FS)

帧状态字段(FS)占一个字节。在这一字段中设置了两个A比特和两个C比特,另外4个比特可为任意值。在发送站,当发完所有数据后,将A和C都设置为0,当此帧经过目的站时,若目的站发现目的地址与本站地址符合,就将A比特设置为1,若将此帧复制到站内了,就将C比特设置为1。所以当发送的数据帧又回到源站时,只要观察A比特和C比特就可以区分下列几种情况:

如果$A=0,C=0$,说明目的站不存在或未加入环路中;

如果$A=1,C=0$,说明目的站在环上但未将数据复制到站内;

如果$A=1,C=1$,说明目的站已经正确接收该数据帧。

2. 令牌帧

令牌帧由起始字段、访问控制字段和结束字段组成,共占3字节。其中访问控制字段指示该帧是令牌帧,并说明优先级和预约位。

4.4.4 监控站

在令牌环网中,有几个问题可能发生,一种情况是,某个站可能由于疏忽而重新发送了一个令牌,或者由于噪声的影响令牌被损坏,这样会使得在环网中没有了令牌,也没有站可以发送数据;另一种情况是,发送站可能没有从环网中取下它所发送的数据帧,或者取下数据帧后忘记释放令牌。对于这些可能出现的问题,IEEE 8025提供的令牌维护机制是采取集中方式控制,每个环都有一个监控站来管理全环路的运作,如果监控站出故障了,竞争协议将很快地选举另一个站为监控站(每个站都有作为监控站的能力,在未被选为监控站时,称为备用监控站)。

1. 竞争监控站

如果监控站出现故障,必须挑选一个新的监控站时,则具有最高地址的那一个将获得这个权利。关键是如何确定哪个站点具有最高地址,当环网中的各个站点发现没有监控站在正常工作,则每个站点都发送请求令牌帧来竞争监控站,当一个站点收到一个请求令牌帧时,它将这个帧的源地址和自己的地址比较,若该帧的源地址大,该站点停止发送自己的帧,并重复发送其接收到的帧;反之,则将此申请令牌帧从环上移去,继续发送自己的帧。因此唯一一个在环上的请求令牌帧是来自具有最高地址的站点。当这个站点收到自己的请求令牌帧时,便知道自己被选为监控站。

当一个站点被选为监控站后,要定期发送一个活动监控站存在帧(AMP),该帧的主要作用就是通知别的站点,环网中的活动监控站在正常工作。当别的站点在一段时间内没有检测到AMP时,其定时器超时,于是它们便通过发送请求令牌帧来竞争新的监控站。在一个监控站产生并发送一个新的令牌前,先发送一个清除帧,以确保在发送一个新的令牌或活动监控站存在帧之前环是空的。

2. 故障处理

信标帧用来通知站点网络出现故障。检测到问题的站点发送一个包含其上游邻居地址的信标帧连续流。若它们返回,站点就假定环上无断点(或已被改正),一切正常;若信标帧在一规定时间内未返回,站点推断某处有故障。若站点收到来自另一站点的信标帧,它就转发其收到的信标帧,最终,若存在一个断点,唯一发送信标帧的站点是断点下游的那个站点。

3. 监控站的主要任务

(1) 保证令牌不丢失。每个监控站都设有计时器,如果在一段时间内超时无令牌到来,则可认为令牌丢失,监控站清除环路,并且发送一个新令牌。

(2) 清除无效帧。若某站在发出数据帧后出现故障,使得发送站无法收回该数据帧,该帧就会在环路上不停地循环。这种情况可以使用帧中的“监控位 M”来检测,在源站发出数据帧时,监控位均为零 $M=0$,当帧经过监控站时,监控位 M 被置为1。当 $M=1$ 的帧再次经过监控站时,该帧即被认为是死循环而被监控站清除出环路。

4.5　令牌总线局域网 Token Bus

令牌总线网是一种把计算机从物理上连接为总线网,并按一定顺序构成一个逻辑环,使其逻辑上为环状网的局域网。IEEE 802.4 标准制定了令牌总线网的媒体访问方法与相应的物理规范。

4.5.1　令牌总线网的工作原理

令牌总线(Toke Bus)是一种在总线拓扑中利用令牌(Token)作为介质访问控制技术的局域网技术。在网络中的每一个工作站在环中均有一个指定的逻辑位置,各站根据地址连成逻辑环,在介质访问控制层中,保存有一个记录,记下逻辑环中的先趋站和后继站,末站的后继站就是首站,即首尾相连。与令牌环网相类似,令牌是站点可以发送数据的必要条件,令牌在逻辑环中按地址降序的顺序传送到下一站(首尾相连处除外),其结构见图 4-14。

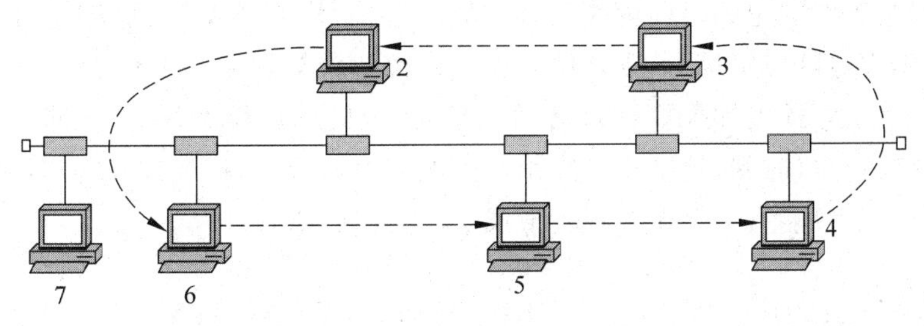

图 4-14　令牌总线网的结构

在逻辑环中,如果一个节点要发送数据必须获得令牌,持有令牌的节点可以直接向总线上任意节点发送信息。信息发送成功或达到规定时间后,源节点释放令牌并交给其下游节点。

4.5.2 令牌总线网 MAC 帧格式

IEEE 802.4 的 MAC 帧格式见图 4-15。

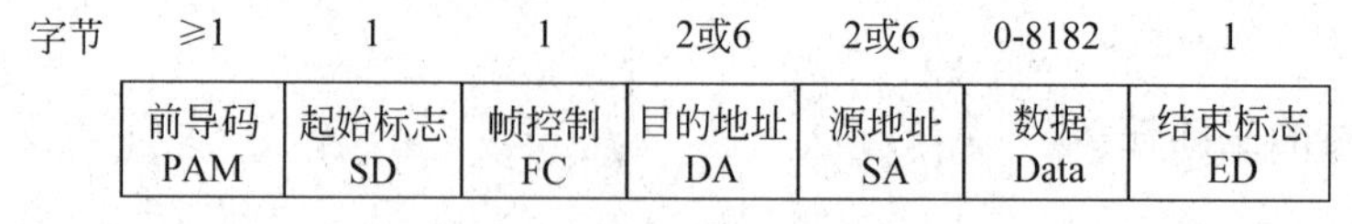

图 4-15 IEEE 802.4 的 MAC 帧格式

(1) 前导同步码,提示接收系统有帧要发送过来,实现收发两端的时钟同步,其长度最小可以等于 1 字节。

(2) 起始字段和结束字段,表示帧的开始与结束,用来确定帧的边界,其长度各占 1 字节。

(3) 帧控制字段,该字段可以表示帧的类型,长度为 1 字节,格式为 *FFMMMPPP*,其中,*FF* 表示帧的类型,若 *FF*=00,该帧为 MAC 控制帧;若 *FF*=01,该帧为 LLC 数据帧;若 *FF*=10,该帧为站管理数据帧;若 *FF*=11,该帧为特殊用途的数据帧。中间 3 位 *MMM* 表示 MAC 操作,若 *MMM*=000 ,表示无响应请求。后 3 位 *PPP* 表了优先级,优先级最低为 000,优先级最高为 111。

(4) 目的地址和源地址,目的地址字段有 2 或 6 字节,包括目的地的物理地址。源地址字段也是有 2 或 6 字节,包括发送方的物理地址。

(5) 数据字段是 LLC 子层传下来的 LLC 帧,最大可达 8182 字节。

(6) 帧校验序列,采用 32 位的循环冗余校验 CRC 码。

4.5.3 逻辑环的管理

1. 新站入环与环的初始化

网络启动时或逻辑环路发生故障后,都必须进行初始化,以形成逻辑环路。其主要过程是,首先由地址最大的站产生令牌并且向其后继站发送“征求后继站 1”帧,并等待一个响应窗口时间,若在规定的时间内收到肯定的应答信号,则该站连入环路;若在规定的时间内没有收到肯定的应答信号,则该站不连入环路,并继续向下一站询问,一直到令牌传到地址码最小的站,此处如果要征求新站入环时,应向其后继站发送“征求后继站 2”帧,并等待两个响应窗口时间,地址小的在第 1 个响应窗口应答,或地址大的在第 2 个响应窗口应答,但是一次只能有一个站入环。形成一个封闭的逻辑环路。

2. 退环

当有某站需要从环路中退出时,该站要发“设置后继站帧”,把该站的后继站连接到其前趋站,就可以退环,使环路中剩下的站仍是一个正常的工作环路。

4.6　光纤分布式数据接口

随着光纤通信技术、计算机技术、多媒体技术的不断发展，网络新技术不断涌现，光纤分布式数据接口(Fiber Distributed Data Interface，FDDI)就是以光纤为传输媒体的环状网络。

4.6.1　FDDI 概述

FDDI 是美国国家标准协会 ANSI 和 ITU-T 于 1982 年制定的一个使用光纤作为传输媒体的高速局域网协议标准。随后被通过为国际标准 ISO 9314。它支持 100Mb/s 的数据速率，环状网络距离可达 100km，整个环网的距离为 200km，连接多达 500 个设备。FDDI 与令牌环网和以太网有共性，是一个开放的网络结构。

1. FDDI 的特点

(1) 使用 IEEE 802.2 协议和 IEEE 802.5 的单环网介质访问控制协议；

(2) 使用双环结构，具有自适应能力和动态分配带宽的能力，支持同步和异步数据传输；

(3) 数据传输速率为 100Mb/s，联网的站点数≤1000，环路长度为 100km；

(4) 使用多模或单模光纤作为传输媒体。

2. FDDI 网络的组成

FDDI 是环状网络，为了提高环状网络的可靠性，防止因一段链路或一个站点出故障而影响整个网络，FDDI 采用了自恢复的双环连接措施，由两个不同方向的环路相连。这样，可以通过双连接站使 FDDI 网络由两个数据传输方向相反的环组成，分别称作主环和备用环，见图 4-16(a)。

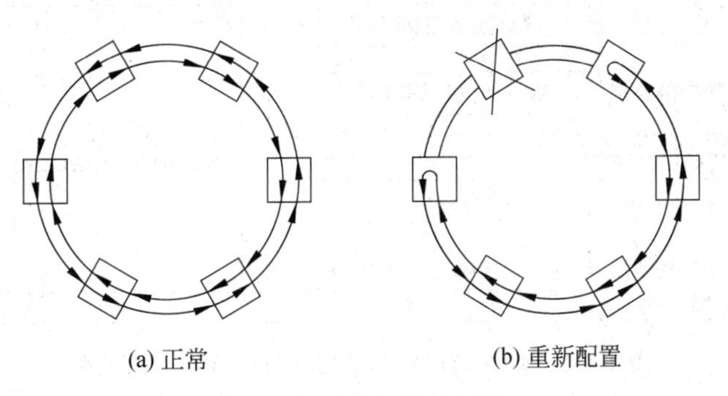

(a) 正常　　(b) 重新配置

图 4-16　FDDI 环状网络

在 FDDI 中，在正常情况下，只有一个环路工作，数据在主环上传输，如果一旦主环出现故障，FDDI 可以自动重新配置，利用备用环继续传输，从而使整个网络能够继续工作，见图 4-16(b)。

3. FDDI的结构

典型的FDDI作主干网互联多个局域网的结构如图4-17所示。

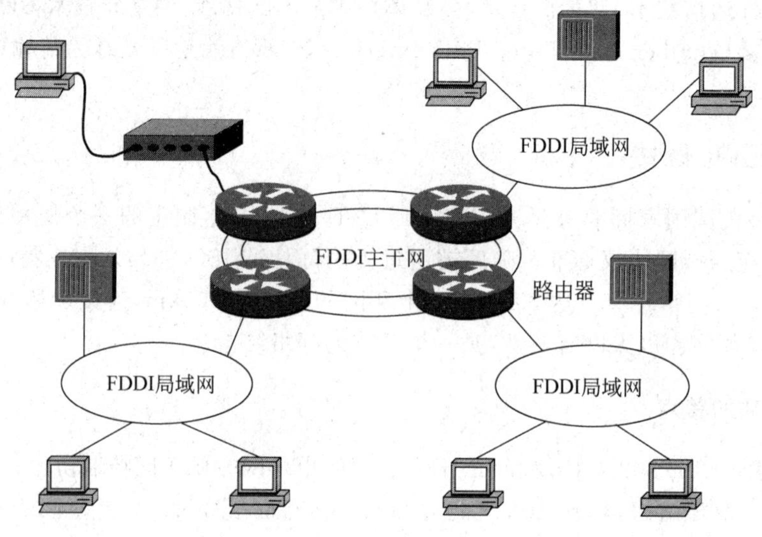

图4-17　FDDI主干网互联多个局域网

4.6.2　FDDI的协议结构

FDDI标准将传输功能分成4部分协议：物理媒体相关(Physical Medium Dependent,PMD)子层、物理层(Physical,PHY)、媒体访问控制(Medium Access Control,MAC)子层、逻辑链路控制(Logical Link Control,LLC)，这些协议相当于OSI模型的物理层和数据链路层。其协议体系结构与OSI的关系见图4-18。

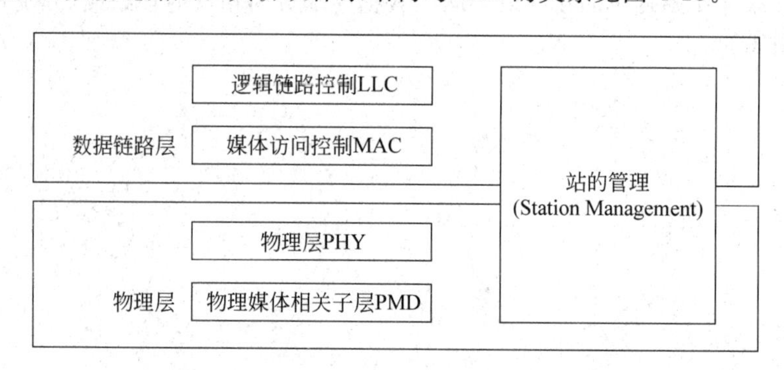

图4-18　FDDI协议体系结构及与OSI模型的关系

1. 逻辑链路控制子层LLC

LLC层类似于IEEE 802.2协议的定义。

2. 媒体访问控制子层 MAC

MAC是数据链路层的一个子层。它几乎与令牌环的定义是一样的，定义了访问媒体的方式，包括定义令牌协议、令牌和数据帧的格式、令牌和帧的操作方式、令牌管理、地址选择、差错检测和恢复等服务。然而，尽管它们的功能相类似，但是帧的结构不同，FDDI的帧结构见图4-19。

字节	≥8	1	1	2或6	2或6	$N \geq 0$	4	1	1
	前导码 PA	起始标志 SD	帧控制 FC	目的地址 DA	源地址 SA	数据 Data	帧校验 FCS	结束标志 ED	帧状态 FS

图4-19 FDDI的帧结构

3. 物理层协议子层 PHY

PHY子层规定了数据编码和解码的方法、时钟机制、帧的组装和分解以及其他一些功能。

4. 物理媒体相关子层 PMD

PMD子层规定了与传输媒体有关的物理特性，包括光纤的物理特性、光纤连接、光旁路中继、光收发器和电源等。

4.6.3 FDDI的信号编码

FDDI采用了一种新的编码技术——4b/5b编码。这种编码的特点是将要发送的数据流每4b作为一组进行编码，经编码后转化成相对应的5b码。编码规则保证无论4b码为何种组合(包括全0在内)，所转换成的5b码中，至少有2个1，即保证在光纤中传输的光信号码元至少发生两次跳变，从而保证了收端时钟的提取。这样，对于100Mb/s的数据率，在光纤媒体上传送的光信号码元速率相当于125Mb/s只比原数据率增大25%。5b码和4b码的对照关系如表4-1。

表4-1 4b/5b码的对照表

数据序列4b	编码序列5b	数据序列4b	编码序列5b
0000	11110	1000	10010
0001	01001	1001	10011
0010	10100	1010	10110
0011	10101	1011	10111
0100	01010	1100	11010
0101	01011	1101	11011
0110	01110	1110	11100
0111	01111	1111	11101

表4-2为4b/5b控制符号表。

表 4-2 4b/5b 控制符号表

控制符号	编码序列 5b	控制符号	编码序列 5b
Q(Quiet)	00000	K(Used in start delimiter)	10001
I(Idle)	11111	T(Used in end delimiter)	01101
H(Halt)	00100	S(Set)	11001
J(Used in start delimiter)	11000	R(Reset)	00111

4.7 分布队列双总线

分布式队列双总线(Distributed Queue Dual Bus,DQDB)是由 IEEE 802.6 分委员会制定的城域网标准。DQDB 是在一个较大的地理范围内提供综合服务,并提供电路交换和分组交换服务。DQDB 使用双总线结构,每条总线都可以独立运行;使用多种传输媒体,包括光纤、微波和同轴电缆等;数据速率为 34～155Mb/s 或更高;范围 160km。

4.7.1 DQDB 的组成及访问方法

正像它的名字一样,DQDB 采用双总线结构。系统中的每一个设备都连接到两个主干线上,由两个传输方向相反的单向总线和连接在双总线上共享总线带宽的多个节点组成,访问这些连接不用像 802.3 那样需要征得竞争双方的同意,也不需要得到令牌才能发送数据,因为 DQDB 采用了双总线结构。DQDB 允许任何节点间使用全双工通信,但是,一个给定的节点同另一个节点通信时,必须知道应使用哪条总线。否则,所有的信息必须同时向两条总线发送,以确保信息的传递,其拓扑结构见图 4-20。

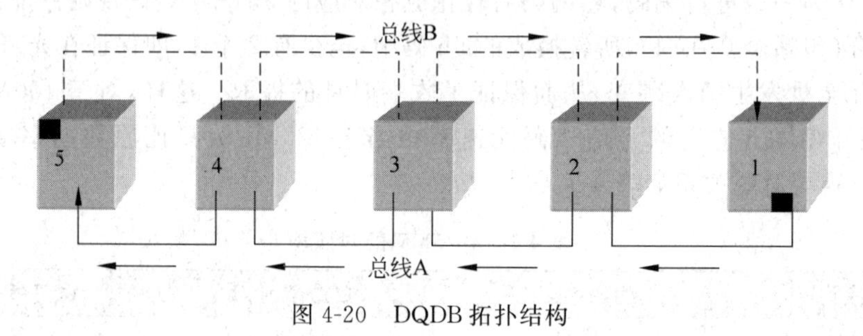

图 4-20 DQDB 拓扑结构

由图 4-20 可见,两个单向的总线 A 和总线 B,5 个节点连接到总线上,每个总线直接连接到设备输入和输出端的端口。

4.7.2 节点的接入控制

DQDB 子网中的每个节点由一个访问单元(Access Unit,AU)和与 AU 相连的两条总线构成,见图 4-21。

访问单元 AU 有两个主要的功能,一是它执行节点的接入控制,产生要放入时隙中的信息;二是对于每一根总线都具有单独的读连接和写连接。

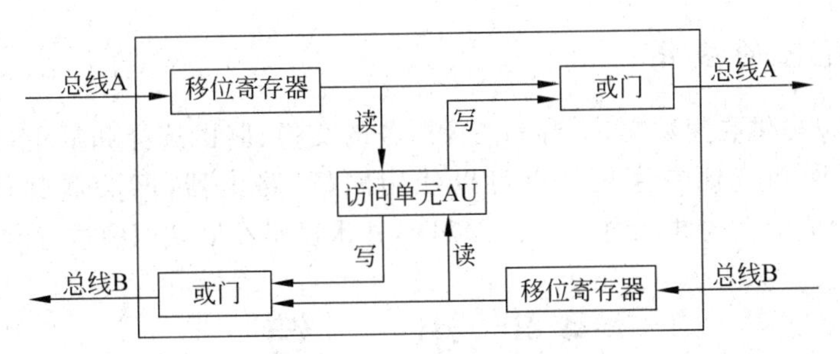

图 4-21 DQDB 的节点结构

总线通过连接在总线中的一个字节长的移位寄存器与 AU 连接，AU 可对其内容进行读取和判断处理，或写入信息。为了使一个节点读数据不受该节点写数据的影响，必须在逻辑上使读功能先于写功能，并且访问单元 AU 对总线进行写操作时，使用“OR 写”过程。

总线两端的 AU 称为头部 AU，分别在两条总线上连续发送 53 字节长的空信元(cell)，总线发送空信元的一端称上游，它的另一端称下游。只能从上游 AU 往下游 AU 发送数据或信息。例如，在图 4-20 中，AU3 通过 Bus A 向 AU5 发数据；AU5 通过 Bus B 向 AU2 发数据。在 AU 中的每个总线方向上都有 2 个计数器，申请计数器 RC 和递减计数器 DC。RC 中的值表示该 AU 的下游单元申请了多少个空信元，DC 中的值表示下游单元还有多少个申请空信元未得到服务。下游 AU 可以优先获得空信元、当网络处于高通信量时，它的性能类似于 Token Ring。因此，可以说 DQDB 网具备了 CSMA/CD 和 Token Ring 的优点。但 DQDB 还存在一个可靠性问题，即总线中断后网络不能工作。解决的办法是将双总线改为双环，见图 4-22。

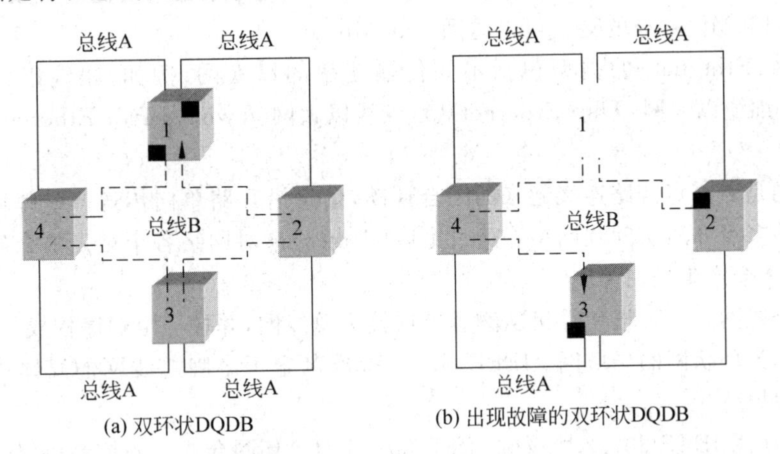

图 4-22 双环状 DQDB

网络中任何一个 AU 均可作为 2 条总线的头部，同时为两个方向的总线产生空信元，在图中当某 AU 中断后，在中断的两端的 AU 自动成为两条总线的头部，使网络还能正常工作。

4.7.3 DQDB的应用

DQDB可以提供高速数据、话音和图像服务的交换、路由选择和复用,也能互联其他专用DQDB子网和其他专用网。也可以使用网桥、路由器、网关和其他网络来互联DQDB子网,形成更大的城域网。目前,DQDB技术已经在城域网中进行实际的应用。

4.8 小结

局域网数据传输速率高,短距离,误码率低。在局域网中,常用的传输介质有同轴电缆、双绞线、光纤与无线通信信道。介质访问控制方法主要有载波监听多路访问冲突检测(CSMA/CD)方法,令牌总线(Token Bus)方法,令牌环(Token Ring)方法。

IEEE 802委员会制定了802标准,该标准覆盖了OSI模型的第1层、第2层的功能以及第3层的部分功能。在IEEE 802标准中,把数据链路层分成逻辑链路控制LLC子层和介质访问控制MAC子层。逻辑链路控制子层LLC的主要功能是提供一个或多个相邻层之间的逻辑接口,介质访问控制子层(MAC)的主要功能是发送时将数据组成帧,接收时拆卸帧,同时管理链路上的通信。LLC帧是在HDLC帧的结构基础上发展的,LLC帧分为信息帧、监控帧和无编号帧。LLC的帧结构共有4个字段,即目的服务访问点DSAP字段、源服务访问点SSAP字段、控制字段和数据字段。

以太网是局域网里使用最多的一种网络模型,用一条无源总线将局域网的所有用户连接起来实现通信,是总线拓扑结构,所以也称为总线局域网。以太网采用的媒体访问控制方法为IEEE 802.3标准的载波监听多路访问/冲突检测(CSMA/CD)技术。在IEEE 802.3标准中规定了总线网的CSMA/CD访问方法和物理层技术规范。其数据传输速率一般为1～100Mb/s,有的甚至可以达到1000Mb/s。

以太网(Ethernet)的类型包括不同传输速率的以太网,例如,粗缆以太网(Thick Ethernet)、细缆以太网(Thin Ethernet)、双绞线以太网(Twisted-Pair Ethernet)和其他以太网。

环状网是点对点链路连接起来的闭合环路,信息沿环路单向传送。令牌环网是一种共享媒体的多点介质访问式网络。通过令牌(Token)来对网络各个站点的介质访问进行控制,因而不会产生任何冲突。

令牌总线网是一种把计算机从物理上连接为总线网,并按一定顺序构成一个逻辑环,使其逻辑上为环状网的局域网。IEEE 802.4标准制定了令牌总线网的媒体访问方法与相应的物理规范。

FDDI使用IEEE 802.2协议和IEEE 802.5的单环网介质访问控制协议;双环结构,具有自适应能力和动态分配带宽的能力,支持同步和异步数据传输;数据传输速率为100Mb/s,联网的站点数≤1000,环路长度为100km;使用多模或单模光纤作为传输媒体。

分布式队列双总线(Distributed Queue Dual Bus,DQDB)是由IEEE 802.6分委员会制定的城域网标准。DQDB是在一个较大的地理范围内提供综合服务,并提供电路交换和分组交换服务。DQDB使用双总线结构,每条总线都可以独立运行;使用多种传输媒体,包括光纤、微波和同轴电缆等。

练习思考题

4-1　局域网中数据链路层的两个子层是什么？其主要功能是什么？

4-2　以太网中的帧为什么要有最大帧长度和最小帧长度的限制？

4-3　分析令牌环网中令牌的作用。

4-4　讨论令牌环网的网络管理。

4-5　分析一个令牌总线网如何进行初始化,如何使新站入环或如何退环？

4-6　解释 FDDI 和 DQDB 的工作原理。

第5章 网络互联设备及组网

CHAPTER

以太网是目前使用最广泛的、最具代表性的局域网，从20世纪70年代末期就有了正式的网络产品。在整个20世纪80年代以太网与PC同步发展，其传输率由10Mb/s发展到100Mb/s，目前已经出现了1Gb/s的以太网产品。以太网支持的传输媒体由最初的同轴电缆发展到双绞线和光缆。在拓扑结构上，星状拓扑的出现使以太网技术上了一个新台阶，获得更迅速的发展。从共享型的以太网发展到交换型以太网，并出现了全双工以太网技术，致使整个以太网系统的带宽成十倍、百倍地增长，并保持足够的系统覆盖范围，也带动了局域网技术的发展。因此，在这一章主要以以太网为例介绍局域网的组建技术和网络互联设备。

5.1 网络互联设备

5.1.1 网络互联设备综述

计算机连网和网络间互联都需要网络设备。网络互联设备一般可分为网内连接设备和网间连接设备。网内连接设备主要有网卡、集线器、中继器和交换机等；网间连接设备主要有网桥、路由器及网关等。

从理论上说，这些设备都与OSI协议层次有直接关系，见图5-1。

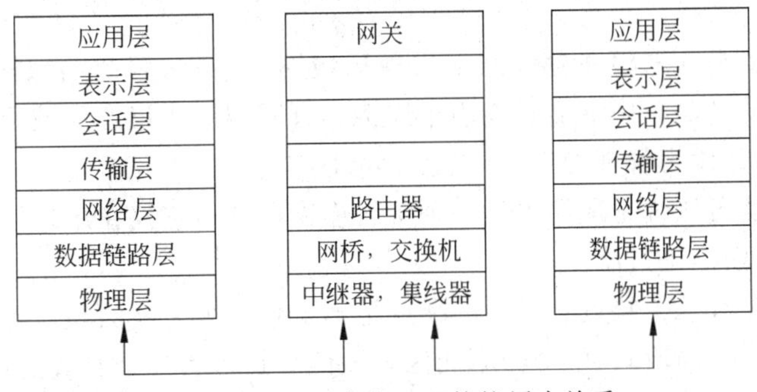

图5-1 网络互联设备与OSI协议层次关系

目前常用的网络互联设备主要有网卡、中继器、集线器、网桥、交换机、路由器和网关等。

5.1.2 网卡

网卡又叫网络接口卡(Network Interface Card,NIC)或网络适配器(network adapter card)。它一般插在计算机总线的扩展槽内,并有一根电缆将它与网络介质相连。网卡的基本功能包括数据转换(并行到串行)、包的生成和拆分、网络存取控制、数据缓存。网卡的功能像一种I/O设备:它为特定的网络技术而制造,并且不需要CPU就能处理帧传输与接收的细节。目前用户主要采用以太网网卡,如3COM系列、NE系列及其他兼容卡。

不同类型的网卡使用不同的传输媒体,采用不同的网络协议。网上互相通信的计算机的网卡应采用相同的协议。

按照不同的分类方法,网卡可以分为多种类型。

(1) 按总线类型分类,可以分为ISA、EISA、PCI、MCA、Sbus、PCMIC网卡等。

(2) 按照介质访问协议分类,可分为Ethernet、ARCnet、Token Ring、FDDI、Fast Ethernet、ATM网卡等。其中,按照不同的接口,Ethernet又可分为AUI、BNC、UTP网卡等;FDDI又可分为FDDI光纤和TP-DDI/CDDI双绞线网卡等;Fast Ethernet又可分为100Base-Tx、100Base-Fx、100Base-T4等。

5.1.3 中继器

限制局域网连接距离的一个因素是电子信号在传输时会衰减。为消除这个限制,一些局域网使用中继器来连接两根电缆。中继器是能持续检测电缆中的模拟信号的设备。当它检测到一根电缆中有信号传来时,便转发一个放大的信号到另一根电缆。图5-2说明了中继器能把一个以太网的有效连接距离扩大一倍。

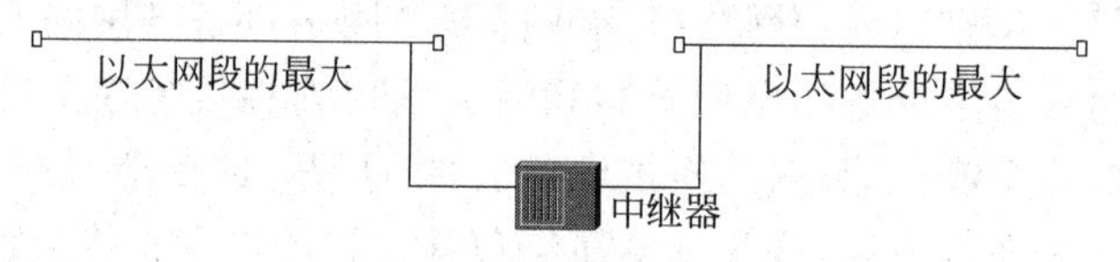

图5-2 中继器连接两个以太网段

中继器是在OSI的第一层上实现局域网的连接,因此,它是一种用于实现网络物理层级连接的产品。中继器只能用于连接具有同样层协议的局域网。通常它们既不能控制路由选择,又没有管理能力,只能放大电子信号。

中继器可以说是最简单的一种网络连接设备。它仅在所连接的网段间进行信息流的简单复制,而不是过滤。

中继器有几个缺点。最大的缺点是不了解一个完整的帧。当从一个网段接收信号并转发至另一个网段时,中继器不能区分该信号是否为一个有效的帧或其他信号。因此,当在一个网段内有冲突或电子干扰发生时,中继器会在其他网段中产生同样的问题。

5.1.4 集线器

集线器(hub)是双绞线以太网对网络进行集中管理的最小单元。集线器是共享设备,其实质是一个多端口的中继器。一般来说,当中继器用作星状拓扑结构的网络中心时,就称其为集线器而不是中继器,见图 5-3。

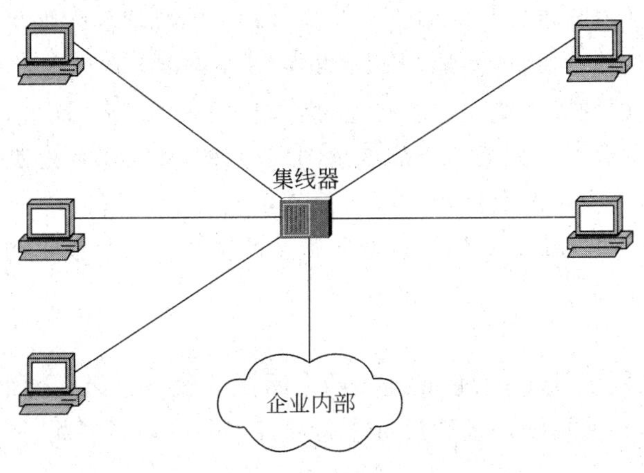

图 5-3 集线器用作网络中心

集线器在 OSI 体系结构模型中处于物理层,是 LAN 的接入层设备。hub 主要用于共享式以太网络的组建,是解决从服务器直接到桌面的最佳、最经济的方案。

1. 集线器类型

依据总线带宽的不同,集线器分为 10Mb/s、100Mb/s 和 10/100Mb/s 自适应 3 种;若按照配置形式的不同可分为独立型、模块型和可堆叠型集线器;根据管理方式不同可分为智能型(带有 CPU,支持简单网络管理协议)和非智能型 hub(不支持网络管理,容易形成数据堵塞)两种;按照安装时的场合,又可以分为机架式和桌面式的 hub。目前使用的基本上是以上 4 种分类的组合。集线器根据端口数目的不同,主要有 8 口、16 口和 24 口之分。

2. 集线器连接方式

10Base-T 集线器虽然可以借助层层级联的方式扩充网络,但是缺点是每级联一层,带宽会相对降低。为了解决这个问题,网络厂商设计了“堆叠式”的集线器,用 SCSI 电缆将集线器背部的堆叠模块连通,这样的做法使各台集线器均处在同一管理层次(即它们的带宽均一致)。堆叠式集线器的好处除了更适合网络的扩充之外,也相对降低了端口成本,另外,它放置的位置集中,非常方便管理。

3. 集线器的特性

集线器是用作网络中心的常用设备,它包含许多独立而又相互联系的网络设备模块。下面是集线器的主要特性:

(1) 放大信号;

(2) 通过网络传播信号;

(3) 无过滤功能;

(4) 无路径检测或交换;

(5) 被用作网络集中点。

使用集线器的缺点是不能过滤网络业务量。经过集线器的数据将发向网络上其他所有的局域网段,不论它是否需要去那儿。如果一个网络的所有设备都仅仅是由一根电缆连接而成,或者网络的网段由集线器之类无过滤能力的设备连接而成,可能会有不止一个用户同时向网络发送数据。如果多个节点试图同时发送数据,那么就会发生冲突。冲突发生时,从每个设备上发出的数据相互碰撞而遭到破坏。数据包产生及发生冲突的网络区域叫做冲突域。解决网络上出现过量业务量及冲突的办法是使用网桥。

5.1.5 网桥

同中继器一样,网桥(bridge)也是连接两个网段的设备。但和中继器不一样,网桥能处理一个完整的帧,并使用和一般计算机相同的接口的设备。因此,网桥是扩展局域网常用的设备。

网桥工作在数据链路层的 MAC 子层,它可以互联不同类型的局域网。见图 5-4,网桥将具有 3 种不同 MAC 子层的局域网连接成为一个更大的局域网。

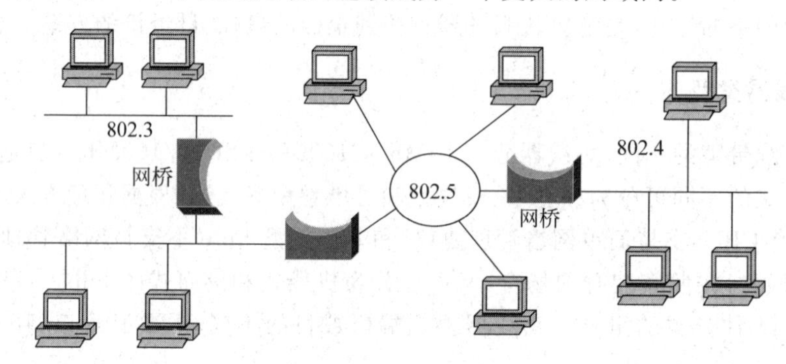

图 5-4 网桥将不同类型的局域网连接在一起

网桥以一种混合方式监听每个网段上的信号,当它从一个网段接收到一个帧时,网桥会检查并确认该帧是否已完整地到达,然后,如果需要的话就把该帧传输到其他网段。这样,两个局域网网段通过网桥连接后,就像一个局域网一样。网中任何一台计算机可发送帧到任何其他连接在这两个网段中的计算机。由于每个网段都支持标准的网络连接并使用标准的帧格式,计算机并不知道它们是连接在一个局域网中还是连接在一个桥接局域网中。

因为网桥能隔离一些故障,所以使用的比中继器更广泛。如果在通过网桥相连的网段中发生电磁干扰,网桥会接收到一个不正确的帧。这时,网桥就简单地丢弃掉该帧,不会把一个网段上的冲突信号传输到另一个网段。因此,网桥会把故障隔离在一个网段中而不会影响到另一个网段。

网桥有两种基本类型：本地网桥和远程网桥。

本地网桥直接连接两个距离很近的LAN，将网络分段，提高网络通信效率。

远程网桥用于连接距离较远的网络，通常需要使用调制解调器完成远程连接功能。

5.1.6 交换机

一般而言，如果网络硬件包括这样一种电子设备，它能连接一台或多台计算机并允许它们收发数据，那么这种网络技术被称为交换的(switched)。进一步地，一个交换局域网(switched LAN)包括单台电子设备，它能在多台计算机间传输帧。从物理上来看，交换机类似于集线器——由一个多端口的盒子组成，每个端口连接一台计算机。集线器和交换机的区别在于它们的工作方式：集线器类似于共享的介质，而交换机类似于每台计算机组成一个网段的桥接局域网。

交换机是数据链路层设备，与网桥相似，它可以使多个物理LAN网段互相连接成一个更大的网络。交换机是根据MAC地址对通信进行转发和接收的。

1. 交换机的交换模式

交换机有很多类型，从低端的交换式集线器到高端的可网管的多层交换机等各种系列，采用的交换技术包括直通交换、存储转发、碎片隔离等模式。

(1) 直通交换模式。工作在直通交换模式的交换机对接收的数据帧不进行错误检验，而是根据数据帧中的目的地址直接转发到相应的接口。直通交换模式具有转发速度快、延迟固定、转发错误帧和不同速率端口不能交换等特点。

(2) 存储转发模式。工作在存储转发模式的交换机对接收的完整数据帧要进行错误检验，没有错误的数据帧转发到相应的接口。检查出有错误的数据帧不能转发而要丢弃。存储转发模式具有转发速度慢、延迟可变、转发前校验和不同速率端口不能交换等特点。

(3) 碎片隔离模式。工作在碎片隔离模式的交换机结合了直通方式和存储转发方式的优点，既有一定的错误检错能力又能以较高的速率转发帧。其方法是先保存帧的前64B，如果是不健全的帧或有冲突的帧，就立即舍弃，因为从帧的头64B就可以判断出包的好坏，所以在交换的等待延迟和错误校验之间达到最好的折中选择。如果是坏包，大部分能在帧的头64B中检测出来。

使用交换机代替集线器构成局域网的主要优点类似于用交接网来代替单个网段，各个端口之间的通信是同时的、并行的，因此大大提高了信息吞吐量。为了实现交换机之间的互连或与高档服务器的连接，局域网交换机一般拥有一个或多个高速端口，如100Mb/s以太网端口、FDDI端口或155Mb/s ATM端口。

利用交换机的网络微分段技术，可以将一个大型的共享局域网分成许多独立的网段，减少竞争带宽的用户数量，从而缓解共享网络的拥挤状况。交换机的发展趋势是为每个用户提供专用的带宽。

2. 交换机的类型

在交换机的发展过程中,最早出现的是最简单的、基本的局域网交换机,然后出现了多层交换机,现在又出现了多协议局域网交换机。

1) 基本局域网交换机

基本局域网交换机符合开放系统互连的第二层协议。它对网络层协议来说是透明的。这种交换机应用专用集成电路(ASIC)技术,根据媒体访问控制(MAC)的终端地址传送分组数据。

基本局域网交换机可以将局域网分成更小的网段,也可以在工作站和交换机端口之间提供专用连接,这样便提高了性能。利用基本的局域网交换机,智能集中在核心网络中。工作组和部门局域网只是利用第二层交换的简单网。这就消除了给部门和工作组局域网增加智能的成本,同时也不必以牺牲这些层次上的灵活性为代价。

利用基本局域网交换机,用户可以建立广播域,并且可定义一个能控制访问的隔离器。它所支持的虚拟局域网(VLAN)可以互相交叠,因此一个用户可以分别属于两个不同的组。但是虚拟局域网只能通过路由选择进行连接,因此,如果没有第三层的支持,就必须利用外部路由器进行交换机与 VLAN 的互连。

基本交换机的优点是价格廉、速度快。

2) 多层交换机

多层交换机在第二层交换数据,在第三层进行路由选择,并支持某个协议。

利用多层交换机,智能可以从网络核心分布到台式设备上。这是因为它支持第二层交换和第三层路由。这种交换机虽然比基本局域网交换机昂贵,但提供了更大的配置灵活性。设计人员可以建造适用于桥接包和在必要时规定路由的网络。一般来讲,多层交换机使用专用集成电路并按媒体访问控制目的地址传送数据。

第二层交换机的优点在于速度和成本。由于交换是在硅片中进行的,性能就能达到极高的速度。

(1) 多层交换机的功能。

多层交换机一般具备以下功能:

- 在基本局域网的工作站之间进行快速交换的局域网(MAC 层)交换功能;
- 高速骨干网和广域网访问的 ATM 交换功能;
- 在虚拟工作组之间转移数据的高速路由功能。

在多层交换机中,帧和信元必须通过高速分段和重组处理连接在一起。

(2) 多层交换机的服务。

多层交换机应当支持多级服务:

- 恒定位速率 CBR;
- 实时可变位速率 Rt-VBR,如 MPEG 视频;
- 非实时可变位速率 nrt-VBR,如帧中继;
- 可用位速度 ABR,如 PC 和带 ATM 接口卡的其他工作站;
- 未指定位速率 UBR,如局域网交换机。

3）多协议交换机

多协议交换机扩展了其前身——多层交换机的功能。多协议交换机在 OSI 7 层模型第二层上交换数据，在第三层上规定一种协议的路由。

多协议交换机在配置智能网络方面提供了全面的灵活性。多层交换机和多协议交换机都能在网络上支持逻辑工作组或虚拟局域网，这就意味着网络管理可以按照独立于物理连接的逻辑分组建立网络。而基本局域网交换机只能在交换机端口或分组媒体接入控制地址的基础上支持虚拟局域网。

多协议交换机有许多优点，例如，具有较强的网络安全性，能够将网络分段，建立防火墙等。多协议交换机支持 AppleTalk、IP、IP 多点投送和 IPX 分组交换等协议。此外，它还可建立具有智能的虚拟局域网，可以通过修正软件来升级网络，因此具有投资保护性及更强的生命力。

5.1.7　路由器

路由器（router）是进行异构网络连接的关键设备，用于连接多个逻辑上分开的网络（逻辑网络是指一个单独的网络或子网）。数据通过路由器从一个子网传输到另一子网。路由器具有判断网络地址和选择路径的功能。它能在多网络互联环境中建立灵活的连接，可用完全不同的数据分组和介质访问方法连接各种子网。路由器是属于网络应用层的一种互联设备。它只接收源站或其他路由器的信息，而不关心各子网所使用的硬件设备，但要求运行与网络层协议一致的软件。图 5-5 显示用路由器连接的两个物理网络。对每个网络连接，路由器都有一个单独的接口。计算机可以连到两个网络之一。

路由器是一种主动的、智能型的网络节点设备，它可参与子网的管理以及网络资源的动态管理。

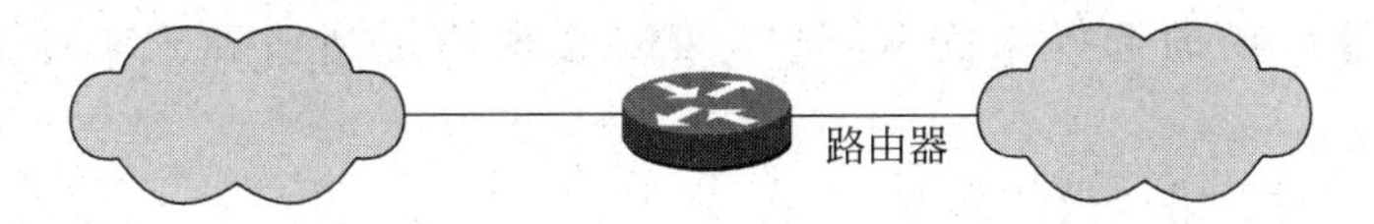

图 5-5　用路由器连接两个物理网络

对于不同规模的网络，路由器作用的侧重点有所不同。

在主干网中，路由器的主要作用是路由选择。主干网上的路由器必须知道有关所有下层网络的路径，因此需要维护庞大的路由表，并对连接状态的变化做出尽可能迅速的反应。路由器的故障会导致严重的信息传输问题。

在地区网中，路由器的主要作用是网络连接和路由选择。

在园区网内部，路由器的主要作用是分隔子网。早期的互联网基层单位是局域网，所有主机处于同一个逻辑网络中。随着网络规模的不断扩大，局域网演变成以高速主干和路由器连接的多个子网所组成的园区网。路由器是唯一能够分隔子网的设备，它负责子网间的报文转发和广播隔离，在边界上的路由器则负责与上层网络的连接。

5.2 局域网的组建技术

5.2.1 网络基础结构设计步骤

1. 需求分析

1) 收集原有网络基础结构信息

包括调查和发现当前广域网的拓扑结构,以及公司和分支机构的局域网拓扑结构;全面了解端到端的网络配置。另外,对带宽分配和经费的利用必须有一个完整的概念。

2) 考虑所要建设的网络的应用需求

通信协议、客户/服务器结构、电子邮件、分布式处理、Internet 或 intranet、声音和图像,每一种要求都有自己的特性,以及对网络的独特要求。不同的应用需求,决定了不同的网络组建方案。

3) 所要建设的网络的操作

网络操作不仅包括每日的故障检查,还包括其他重要的网络管理,比如用工作日志记录每天的网络变更、网络配置、安全防范、性能改善、费用等信息。了解这些有助于系统集成商估计服务的底线,以及确定那些需要适应各种变化而重新设计的区域。

2. 网络方案设计

1) 决定组网技术

选择合适的技术,以及如何用它们来适应当前和将来的需求,这完全依赖于网络设备厂商提供的产品和它们支持的结构。

2) 制定灵活的策略

对于当今快速变化的技术环境来说,策略应该是灵活的。因为一个成功的策略需要不断通过商业市场的选择来完善,这个策略必须体现当前和未来商业行为的网络需要。

3) 分析应用对网络建设的影响

对于影响网络特性的问题,在厂商开发、测试和生产以前,必须优先对其影响进行研究。对于重新设计一个网络来说,桌面的视频会议和声音通信以及数据传送需要优先考虑。

3. 开发和实现方案

1) 网络建设实施

在网络基础结构设计的各个步骤中,这一步的成果是最明显的。但它是建立在以前良好工作基础上的。当然,如果实施阶段不能满足用户的需求,不能保护用户的商业投资,或者不能显著改善用户的信息环境,以前的计划和分析就都等于零。网络建设的实施尤其需要系统集成商的经验、耐心和智慧。经验可以增强用户的信心,耐心可以化解用户与集成商之间的不一致,智慧可以处理分析和设计阶段未考虑到的问题。

2）试运行和测试

新的基础结构的实施是否成功要通过试运行和测试来确定。测试报告非常重视网络是否健全，是否达到策略计划所预期的效果。同时看实际的网络性能是否达到企业的工作目标。

3）培训和正常运行

网络在运行通过后交付用户正常使用。培训工作是系统集成商应该提供的服务之一。这其实是贯穿网络设计和实施的工作。在网络正常运行期间要做好工作日志，并根据需要适当调整网络结构，以适应变化了的需求。

5.2.2　计算机网络互联的主流技术

局域网和广域网技术是主要的两种计算机网络技术。这里先讨论局域网的主流技术，再讨论广域网的主流技术。

1. 局域网技术

在国内，局域网中主要使用如下技术：

- 以太网；
- 快速以太网；
- 吉以太网；
- 异步传输模式(ATM)；
- 光纤分布式数据接口(FDDI)。

在国际，尤其是美国，主要的局域网技术除上述几种外，还有：

- 令牌环；
- T1/T3网络(美国)；
- 帧中继。

2. 广域网技术

在广域网中，路由器是典型的连接点。由于处于核心的位置，路由器已经成为转发信号的关键点。随着交换机的发展，目前在广域网中除了路由器之外，还运行着3种主要的交换技术的交换机。

- 电路交换：电路交换可以提供足够的带宽。
- 报文交换：报文交换通过灵活的对多种请求提供服务从而有效地利用带宽。
- 信元交换：信元交换具有电路交换和报文交换的优点。ATM是当今WAN上最主要的利用信元交换的网络。

广域网连接从本地到其他地方的所有信息服务，它的带宽和性能的优化非常重要。之所以对这部分进行优化，是由于远距离站点的爆炸性增长、增强的应用结构，如客户机/服务器模型和Intranet，并且便于对最近发展起来的大量服务器的集中区域(服务器群或主机群)进行监督和管理。

信息流的分布发生了较大改变，从原来80%的流量来自LAN，20%的流量来自

WAN,转变为80%的流量来自WAN,20%的流量来自LAN。这种信息流的阵发性特性提高了对WAN技术的要求,也促进了WAN技术的发展。主要的WAN技术有以下几种。

(1) PSTN+MODEM:利用广泛应用的公众普通电话网(PSTN),再加上一个小小的modem,就可以实现远程接入。这是计算机网络利用电信网络的典型例子。主要用于家庭用户,或者在单位用户中作为备份或临时线路。其带宽一般从9.6kb/s到56kb/s不等。

(2) DDN专线:利用电信部门提供的数字数据网(DDN)可以获得比PSTN+MODEM质量高、速度快的线路。由于通常人们理解此类线路是建立在远程的点与点之间,所以常称为DDN专线,而不称DDN网。DDN专线的带宽一般在9.6kb/s到2Mb/s之间。

(3) 综合业务数字网ISDN:这里指窄带ISDN,中国电信部门推出的名字是"一线通"。意思是在一根线路上同时实现打电话和上网。当然,ISDN不止于此,它可以在同一个物理连接上支持语音、数据、图像和传真等功能。但在同一时刻,只支持两个信道。ISDN有不同的几种速率等级,如128kb/s、2Mb/s等。

(4) 帧中继:该技术是对距离不敏感的电信网络技术,在美国广泛使用。这种方式既能用于内部网也能用于提供远程网络接入。可将交换节点所完成的流量控制功能和差错控制功能交给用户完成,降低了处理复杂度。可以实现资源预留,保证了信息的快速传递。其带宽为34Mb/s左右。

(5) X.25:它提供了高可靠性的网络线路,在数据链路层实现完全的差错控制。但它不能提供主干技术需要的高带宽请求。

(6) WAN ATM:ATM技术不仅可以用于LAN,还可用于WAN。它可以用作支持多种服务的高带宽主干网,ATM体系结构可以提供多种QoS等级,从而适应不同的需求。ATM网的带宽通常是155Mb/s、622Mb/s,甚至2.6Gb/s。

(7) POS:它支持把IP分组直接封装在SONET或SDH帧中。我们知道,IP分组可通过ATM技术封装在SONET或SDH帧中,POS技术将直接提供对SONET或SDH的支持,可达到ATM的高带宽能力并通过厂商实现来支持QoS。

5.2.3 互联网层次体系的发展

1. 互联网层次结构

网络互联按层次划分可以分为核心层、分布层和接入层。

(1) 核心层:核心层是整个互联网中处于最高层次的汇集点,所有网段都通向核心。其主要任务是以尽可能快的速度交换分组,通常采用速度较快的路由器,而且这些路由器之间的连接具有足够的带宽。核心层路由器不应当从事访问列表过滤、网络地址转换、数据加密和压缩之类的工作,这些工作一般由分布层和接入层完成。

(2) 分布层:分布层处于核心层和访问接入层之间。所有的接入层都终止于分布层,经分布层汇集到核心层。分布层路由器把多条从访问层来的连接对应到一条到核心层的连接。可以在分布层作访问列表过滤、数据压缩和加密等工作，但最好由接入层路由器完成。在园区网中，分布层路由器必须作访问列表过滤、数据压缩和加密等工作，因为这些网络中接入层设备不是路由器而是集线器或LAN交换机。

(3) 接入层：接入层是本地网络进入互联网络的通道。在WAN中，接入层是本地用户网段的汇聚节点。在WAN中，接入层路由器应当做访问列表过滤、数据压缩和加密、网络地址转换等工作。但在园区网中，接入层设备通常是一个共享式集线器或LAN交换机，它们没有能力完成访问列表过滤、数据压缩和加密、网络地址转换等工作。

其实，在不同的历史时期，各个层次采用的设备和技术也有差异。这体现了网络技术的突飞猛进。

2. 不同层次的应用技术

在这里先介绍一下20世纪90年代初这3个层面的技术：

(1) 接入层主要是集线器构成的共享式以太网。集线器形成一个单独的冲突域，以太网，尤其是10BaseT，为桌面用户提供10Mb/s共享式带宽的低成本解决方案。

接入层采用划分VLAN的交换式10/100Mb/s以太网技术。以太网因为其以前和现有的安装基础、低费用和易维护等特点，将继续是桌面连接的主流数据链路层协议。但变化的是基于以太网的桌面设备不再通过集线器连接，而是连接到LAN交换机。为了平滑过渡到交换式以太网环境，旧的集线器以及它所连接的用户设备可以一起连接到一个交换端口。随着LAN交换机价格的降低，以及集线器的退役，在许多情况下，用户设备目前已经直接连接到LAN交换机。

在旧的环境中，路由器不仅要定义冲突域还要定义广播域。LAN交换机的每个端口是一个单独的冲突域。因此，就冲突域而言，不再需要路由器定义。通过定义VLAN，现在LAN交换机也可以定义广播域。属于一个特定VLAN的端口不需要在同一个物理交换机上，它们可以分散在LAN交换机组成的整个交换式网络上的任何物理位置。交换机间的trunking进程将把所有物理上分散的属于同一个VLAN的端口捆绑成一个逻辑实体。

(2) 分布层主要是路由器。路由器定义了广播域和冲突域的边界，而且提供智能路由选择。路由器上的每个接口定义了一个网络层子网，此子网是定点子网广播和点对点传送范围的终端点。如果在一个给定以太网上业务量太大，冲突就会增加。当一个网段上的冲突即将达到上限时，使用路由器把此网段分为两个网络层子网。这两个新子网将请求连接到路由器接口上，路由器为二者提供路由服务，并限制定点子网广播和点对点传送的范围。

分布层实现了路由进程的第三层交换。正如早期的共享式局域网一样，在交换式互联网层次体系的分布层中，路由将继续起关键作用。但路由进程将更专业化，而且路由进程将不仅可以由路由器实现，还可以由第三层交换机实现。路由进程将不再提供冲突域和广播域的边界。这些任务由LAN交换机完成。路由器被用于在广播域之间交换分组。

(3) 核心层主要由FDDI实现。在核心层应该提供高带宽主干网，以适应来自终端用户的聚合业务流。当时选用FDDI的原因是它能提供相对较高的带宽(100Mb/s),并且有成熟的冗余技术(双向旋转环结构)。

核心层是所有业务流的聚合点,必须具有优化分组交换或信元交换能力,实现高速交换。核心层通常采用带吉以太网或ATM(OC-12或更高)模块的多层交换机或ATM交换机。

5.3 典型局域网组建与配置

在这节将讨论几种典型的局域网组建与配置,包括10Mb/s以太网组建、100Mb/s快速以太网组建和FDDI环网组建等方案。

5.3.1 10Mb/s以太网组建

人们把工作速率在10Mb/s的以太网称传统以太网。在美国施乐(Xerox)公司于1975年研制成功的基础上,IEEE 802委员会的802工作组于1983年制定了第一个IEEE以太网标准,其编号为802.3,数据率为10Mb/s。

以太网属于一种基带总线型局域网。IEEE 802.3标准适用于采用载波监听多路访问/冲突检测(Carrier Sense Multiple Access/Collision Detect,CSMA/CD)技术的局域网。网络中的设备总数不能超过1024个。典型的以太网网络结构见图5-6。

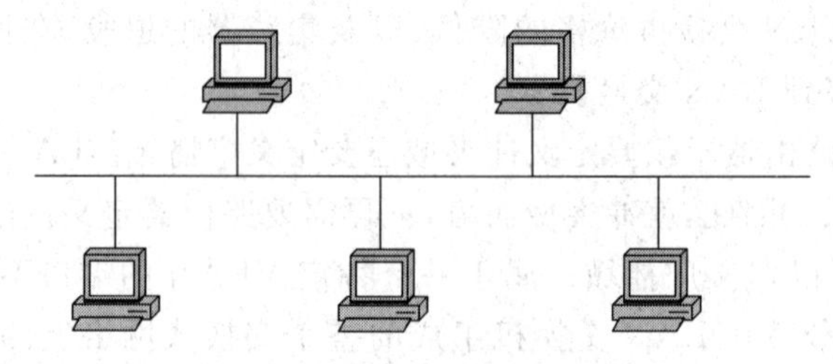

图5-6 典型的以太网网络结构

以太网技术采用CSMA/CD机制对网络进行探测,即当一个用户想要使用网络进行数据传输时,该用户主机会首先检测网络目前是否有可用资源。如果有可用资源,用户主机会直接将数据帧发送到网络上;如果没有,则主机需要一直等到网络资源被释放为止。如果在数据帧传输中发生了碰撞,该主机会随机产生一个延时间隔,之后再进行网络可用性检测,直到可以传输数据为止。CSMA/CD的随机传输过程见图5-7。

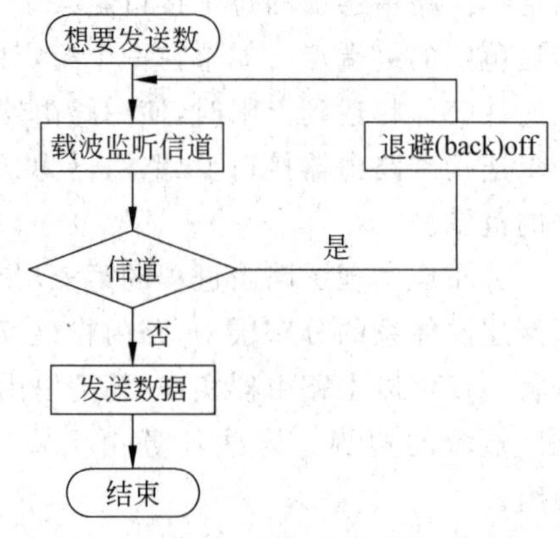

图5-7 CSMA/CD的随机传输过程

在图5-6网络里的所有用户均处在同一个冲突域与广播域里,用户越多,网络就越拥挤,碰撞发生的概率就越高,网络的效率就会越低。

解决此问题的方法是用以太网交换机来将原来的网络分割成多个冲突域。由于交换机能够动态分配 10Mb/s 带宽，并提供了双向接收与发送的总共 20Mb/s 带宽的全双工(full duplex)通信模式，因而减少了网络上数据帧碰撞的可能。

IEEE 802.3 标准描述了 10Mb/s 以太网的基本特性，见表 5-1。

表 5-1　IEEE 802.3 10Mb/s 以太网特性

特　性	10Base-5	10Base-2	10Base-T	10Base-F	10 Broad 36
速率/Mb/s	10	10	10	10	10
传输方法	基带	基带	基带	基带	宽带
最大网段长度/m	500	185	100	2000	1800
传输媒体	50Ω 粗缆	50Ω 粗缆	非屏蔽双绞线	多模光纤	70Ω 同轴电缆
网络拓扑	总线型	总线型	星状	星状	总线状

1. 10 Base-5 组建

10 Base-5 是最初的以太网 IEEE 802.3 标准，使用直径为 10mm 的粗同轴电缆，该电缆必须用 50Ω/W 的电缆进行端接，它允许每段有 100 个站点。

10Base-5 网络采用总线型拓扑结构，因此，在一个网段上所有站点都经过一根同轴电缆进行连接，一条电缆的最大长度为 500m，10Base-5 以太网的典型结构见图 5-8。

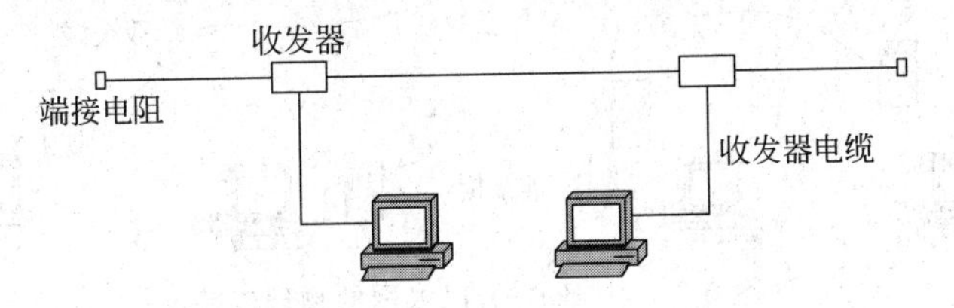

图 5-8　10Base-5 以太网典型结构

使用 10Base-5 以太网时，站点必须用收发器或使用媒体连接单元(MAU)连接到电缆上。

2. 10Base-2 组建

10Base-2 是细缆以太网。它采用的传输媒体是基带细同轴电缆，特征阻抗为 50Ω，数据传输速率为 10Mb/s。

10Base-2 以太网的基本硬件配置为网卡、BNC-T 型连接器、细缆和中继器。网卡上提供 BNC 连接插头，细同轴电缆通过 BNC-T 型连接器、网卡 BNC 连接插头直接与网卡连接。为了防止同轴电缆端头信号反射，在同轴电缆的两个端头需要连接两个阻抗为 50Ω 的终端匹配器。10Base-2 以太网结构见图 5-9。

细缆以太网的细缆长度不超过 185m。如果实际需要细缆超过 185m，可以使用支持 BNC 接口的中继器。每个以太网中最多允许使用 4 个中继器，连接 5 个细缆网段。

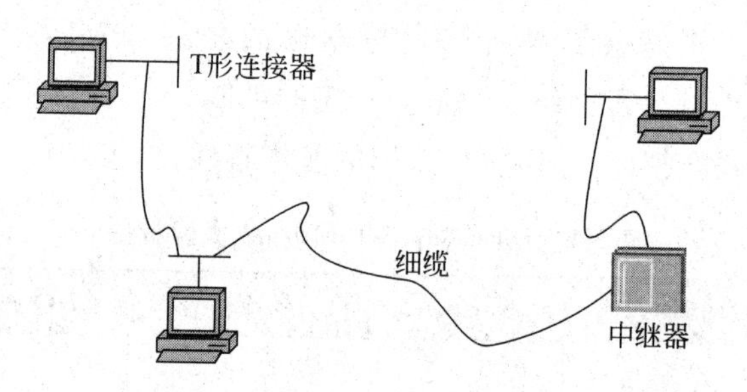

图 5-9 10Base-2 以太网结构

3. 10Base-T 组建

进入 20 世纪 90 年代后,基于 10Base-T 技术,以太网及其组网技术获得了空前的发展。10Base-T 以太网与传统的同轴电缆以太网不同,在网络拓扑结构上采用了总线和星状相结合的结构,这种设计方法使局域网的连接线变得与电话网的连接线相同。

10Base-T 以太网系统的硬件配置由集线器、网卡以及双绞线组成。10Base-T 以太网的物理连接见图 5-10。

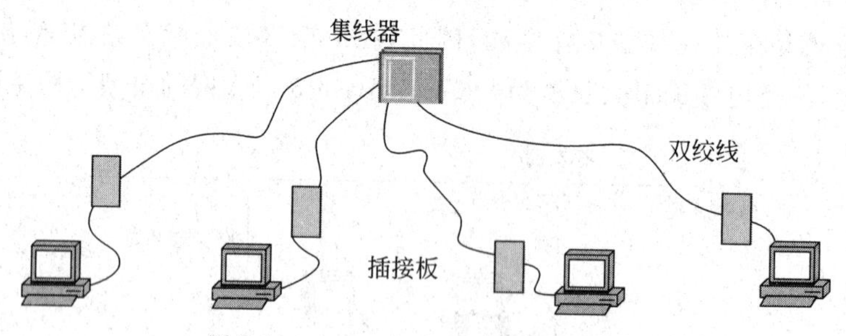

图 5-10 10Base-T 以太网的物理连接

连入双绞线以太网的每个节点需要有一块支持 RJ-45 接口的以太网卡。网卡与集线器、集线器于集线器之间通过 RJ-45 连接器连接双绞线,一个 RJ-45 连接器最多可连接 4 对双绞线。10Base-T 标准要求使用 3 类 4 芯的非屏蔽双绞线,一对线用于信号发送,一对线用于信号接收。对于整个 10Base-T 以太网系统,集线器与网卡之间和集线器之间的最长距离均为 100m,集线器数量最多为 4 个,即任意两站点之间的距离不会超过 500m。

5.3.2 100Mb/s 快速以太网组建

100Mb/s 快速以太网是从 10Base-T 以太网发展而来的,它保留了传统以太网的 MAC 帧格式、接口以及程序规则,只是将工作速率提高了 10 倍。这有利于与已经普遍使用的传统以太网构成的局域网 LAN 相兼容。

在物理层,100Mb/s 快速以太网抛弃了对粗缆和细缆的支持,而只支持应用前景广泛的双绞线和光纤。与之相应,100Mb/s 快速以太网也不再支持带 AUI 或 BNC 连接头的多点电缆,而是支持集线器或交换机等网络设备。

被普遍使用的 100Mb/s 快速以太网主要有 3 种：100Base-T4、100Base-TX、100Base-FX。它们的特性见表 5-2。

表 5-2　3 种百兆以太网的标准

类　别	传 输 介 质	最大区间长度/m
100Base-T4	3 类双绞线	100
100Base-TX	5 类双绞线	100
100Base-FX	光纤	2000

100Mb/s 快速以太网系统的硬件配置包括网卡、收发器(外置)与收发器电缆、集线器和双绞线及光纤。

100Base-TX 以太网系统中拥有网卡的站点与集线器的连接方式，见图 5-11。

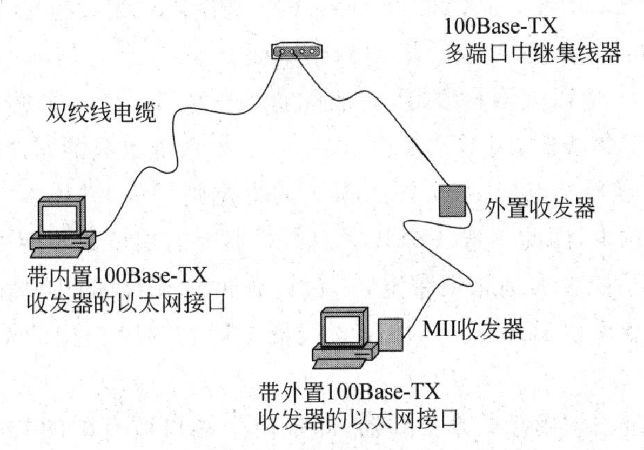

图 5-11　100Base-TX 以太网中网卡与集线器的连接

若网卡上内置收发器，则网卡与集线器均通过 RJ-45 连接器连接非屏蔽双绞线，RJ-45 上连接非屏蔽双绞线的方式与 10Base-T 相同；若是外置收发器，则在网卡上配置一个 40 芯 MII(媒体独立接口)连接器，通过 MII 连接器外接收发器。

100Base-FX 以太网系统中拥有网卡的站点与集线器的连接方式，见图 5-12。

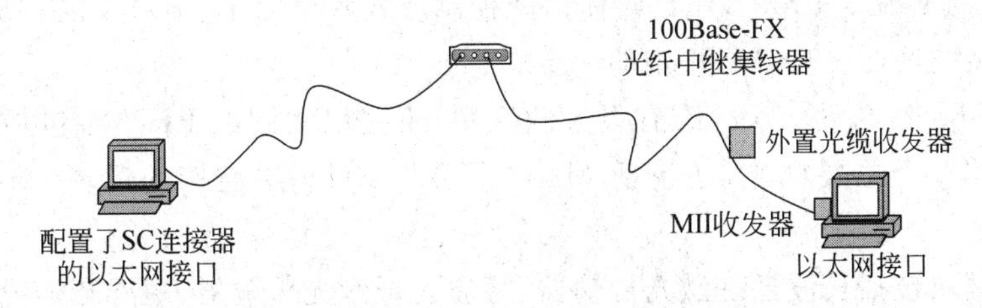

图 5-12　100Base-FX 以太网中网卡与集线器的连接

若网卡上内置收发器，则网卡配置 SC 连接器连接多模光缆集线器，若使用外置光缆收发器，与 100Base-TX 网卡一样，通过 40 芯 MII 连接器连接外置光缆收发器。

由于 100Base-TX 与 100Base-FX 的物理层中编码/译码模块的功能是一样的，因此，在配置外置收发器的情况下，安装在站点中的网卡是一样的。

在100Mb/s快速以太网中使用双绞线与光缆两种媒体。

对于100Base-TX,可以使用5类100Ω阻抗的非屏蔽双绞线,也可使用屏蔽双绞线。在使用屏蔽双绞线的环境中,网卡或者外置收发器需配置9芯连接器。屏蔽双绞线的阻抗为150Ω。两种双绞线的长度最长均为100m。

在100Base-FX环境中,一般选用62.5/125多模光缆,也可选用50/125、85/125以及100/125的光缆。但在一个完整的光缆端上必须选择同种型号的光缆,以免引起光信号不必要的损耗。对于多模光缆,在100Mb/s传输率,全双工情况下,系统中最长的光缆可达到2000m。100Base-FX也支持单模光缆,在全双工情况下,单模光缆长度可达到4000m,甚至更远,但价格要比多模光缆贵得多。

100Mb/s快速以太网系统的集线器是星状结构的核心。一般集线器有以下分类。

- 按结构分类:共享型和交换型。
- 按媒体分类:100Base-TX和100Base-FX,既使用双绞线也使用光缆的集线器。
- 按设备分类:单台扩展型、叠堆型和厢体型。

一台100Mb/s快速以太网集线器,一般配置8～24个端口,如是厢体型可达到近百个端口。若是共享型集线器,则不论多少个端口,整个系统也只能是100Mb/s带宽,设端口数为n,所有端口连接站点后,每个站点得到的带宽则是(100Mb/s)/n,端口数越多,每个站点获得的带宽越少,因此一般一个共享型集线器上的端口数不能超过24个。而交换型集线器能使整个系统大大地拓展带宽,一台具有12个端口的100Mb/s快速以太网交换集线器其背板带宽可达1Gb/s。厢体型集线器一般均为交换型的结构,其背板带宽可达5Gb/s以上。

叠堆型集线器过去均用于共享集线器,即把单个端口数有限的共享型集线器叠堆成一个端口数成倍增加的叠堆式集线器。

5.3.3 千兆以太网体系结构和功能模块

图5-13描述了千兆以太网的体系结构和功能模块,整个结构类似于IEEE 802.3标准所描述的体系结构,包含了数据链路层的MAC子层和物理PHY层两部分内容。

MAC子层实现了CSMA/CD媒体访问控制方式和全双工/半双工的处理方式,其帧格式和长度也与802.3标准所规定的一致。

在PHY层上,与802.3标准有很大的区别,千兆以太网的PHY层包括编码/译码、收发器及媒体3个主要模块,还包括MAC子层与PHY层连接的逻辑“与媒体无关的接口”。

收发器模块包括长波光纤激光传输器、短波光纤激光传输器、短屏蔽铜缆以及非屏蔽铜缆收发器4种类型。

不同类型的收发器模块分别对应于所驱动的传输媒体,传输媒体包括单模和多模光缆以及屏蔽和非屏蔽铜缆。

对应于不同的收发器模块,802.3z标准还规定了两类编码/译码器:8B/10B和专门用于5类UTP的编码/译码方案。对于光缆媒体的千兆以太网除支持半双工链路外,还

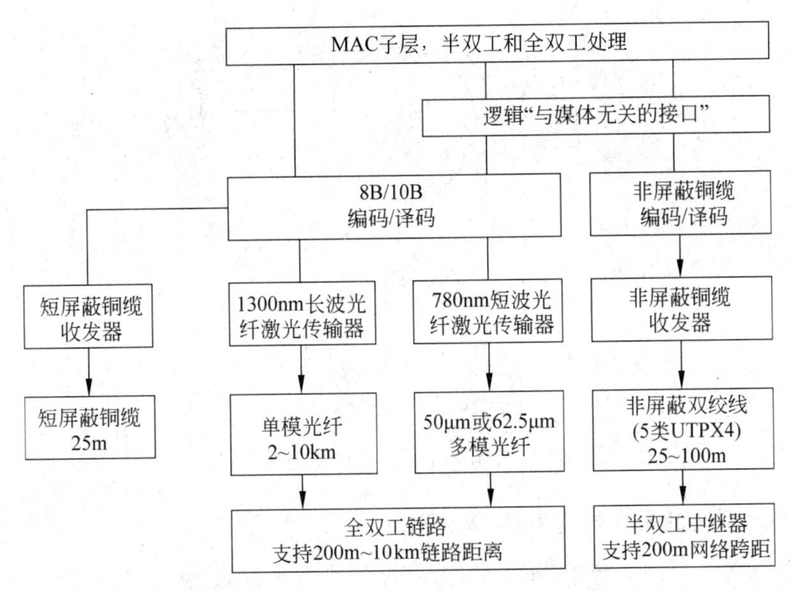

图 5-13　千兆以太网体系结构和功能模块

支持全双工链路；而铜缆媒体只支持半双工链路。

5.3.4　FDDI 组网技术

FDDI 是较早的技术，其产品出现在 20 世纪 80 年代末，具备 100Mb/s 传输率、域覆盖范围较大、使用双环增强系统可靠性、光纤作为通信媒体能获得很强的抗干扰性和数据传输的安全性等特点。

对于客户或服务器要连成 FDDI 环网，必须配置网卡。网卡产品包括单环连接和双环连接两种。配置单环网卡的站(或服务器)称为“单连接站(SAS)”，配置双环网卡的站(或服务器)称为双连接站(DAS)。一般情况下，重要的站和服务器均配置成双连接站，以获得较高的可靠性。

由于园区主干网覆盖范围达数千米，甚至数十千米，用 FDDI 光缆连接具有明显的优势。园区主干网要求的可靠性高，因此配置双环的 FDDI。见图 5-14，在主干网上可以直接连接配置双环网卡的服务器和重要工作站。显然，为了在园区中连接到各建筑物中诸多的站点，必须为每个建筑物配置一个以上的集中器。集中器的一个双环端口连接主干网，其他端口连接本建筑物内的站点或下级集中器。

由于 20 世纪 90 年代中期以来，ATM、快速以太网和千兆以太网交换技术的出现，用户为了保护原来 FDDI 组网的投资，选择了 FDDI 环网的升级产品——FDDI 交换器实现其网络的升级和改造。FDDI 交换器的设计思想在于构成的两个或更多的 100Mb/s 端口的主干网络来交换帧。

一个 FDDI 交换器把一个环路分成两个或更多的子环，显然增加了可用的带宽。

如图 5-15 所示，描述了一个 4 端口的 FDDI 交换器把一个 FDDI 环分成 4 个独立的网段。如果每个网段具有自己的服务器，当每个网段上都具有本地的客户/服务器数据流

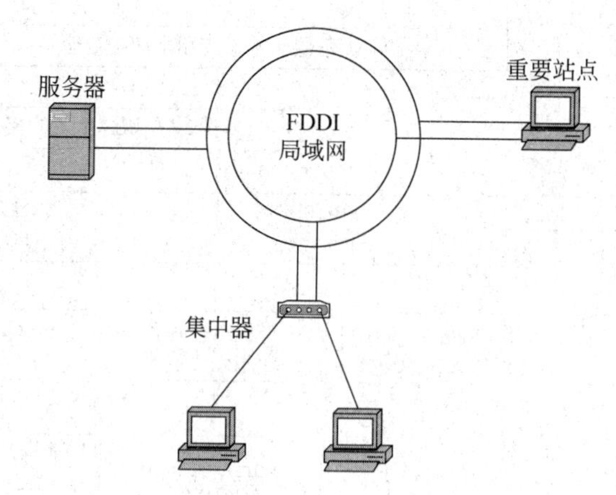

图 5-14 园区主干网 FDDI 组网方式

的话,那么整个系统的最大带宽可达 400Mb/s。

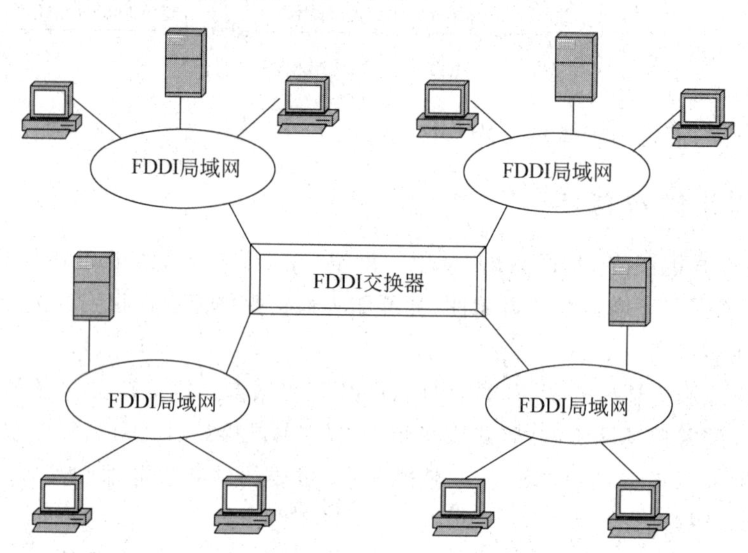

图 5-15 使用 FDDI 交换器将一个 FDDI 环分成 4 个独立网段

5.4 小 结

网络互联设备一般可分为网内连接设备和网间连接设备。网内连接设备主要有网卡、集线器、中继器和交换机等;网间连接设备主要有网桥、路由器和网关等。网络互联按层次划分可以分为核心层、分布层和接入层。

这一部分主要讨论了几种典型的局域网组建与配置,包括 10Mb/s 以太网组建、100Mb/s 快速以太网组建和 FDDI 环网组建等方案。

练习思考题

5-1　如果使用网桥组建局域网,每个网段上连接多少台计算机?是否将频繁通信的计算机放在同一个网段上?为什么?

5-2　有条件地组织组建局域网,通常选择交换机而不用集线器,为什么?

5-3　了解一下你所在单位的局域网的配置情况,属于哪类以太网?

第6章 网络互联和TCP/IP协议

CHAPTER

6.1 网络互联概述

6.1.1 网络互联

前面介绍了局域网技术，局域网可以在有限区域范围内为用户提供信息资源、通信资源以及其他服务资源的共享，这显然是不够的，要想获取更多的信息、通信、服务资源只有与其他网络相互连接，才可以给局域网用户更多的各种外部信息资源，同时也可以将某些局域网内部信息资源提供给互联网用户。网络互联就是为了实现更大程度上的资源共享，那么使用什么方式接入互联网，使用局域网技术直接互联是否可行？

我们先对局域网技术进行分析，局域网技术主要是802.3系列协议，对应OSI参考模型的下两层，802系列协议规定了传输介质、编码方式、帧格式、介质访问控制（MAC）和逻辑链路控制等机制。介质访问控制机制为每一台局域网主机分配一个物理地址（MAC），主机根据数据帧中的目标MAC地址确定是否接收传输介质上流动的数据帧，从而实现局域网主机之间的通信。

局域网中使用的主要设备是集线器、网桥和交换机等，这些设备除具备将主机接入局域网的功能外，还是数据帧转发器。集线器使用广播方式转发，网桥和交换机是根据数据帧中的目的MAC地址选择输出端口进行转发。局域网内可以使用这些设备互联，但是这些设备不能用在广域网上将各种类型的异构网络互联起来，主要有两个原因。

第一，局域网网桥或局域网交换机是与物理网络密切相关的连接设备，物理网络可以理解为是具有一些特定技术的网络，不同的物理网络对于网络的物理链路、数据链路以及分组交换和转发控制等都有完全不同的技术规范和要求，如以太网、令牌环网、ATM和帧中继等都可以理解为不同技术的物理网络。因此，很难利用某种与物理网络密切相关的互联设备来连接所有类型的物理网络，可扩展方面存在一定的局限性。

第二,局域网交换设备使用数据帧的MAC地址作为转发控制,MAC地址本身是局域网内部的主机标识,并不具有全局性。假设可以使用局域网交换设备互联,但随着互联规模的不断扩大,根本无法通过MAC地址确定某一台主机连接在哪台交换设备上,所以,无法通信。试想一下,互联网上数以亿计的主机,使用MAC地址这个唯一线索进行通信,就如大海捞针一样,根本不可能。在众多的局域网技术中,也不存在这样一种将主机MAC地址与所属局域网对应起来的机制。因此,MAC地址对互联网没有任何意义。

综上所述,要实现网络互联,必须解决以下两个问题。首先,能够互联各种异构网络的设备应该能够屏蔽掉不同的物理网络技术,是一种基于软件的设备;其次,要有一种满足全体互联主机通信的全局地址识别机制,无论物理网络采用什么技术,连接在物理网络中的每个主机都需要具备这种地址。路由器就是能够满足上述要求的互联网接入设备。

使用路由器实现局域网之间的互联,可以构建非常复杂的网络。路由器之间通过交换路由信息来动态维护路由表,以反映网络当前的拓扑结构。路由器在网络互联中起着关键作用。因此,对路由器的功能要有更加深入的了解。

路由器的主要功能有:

(1) 网络互联,路由器支持各种局域网和广域网接口,主要用于互联局域网和广域网,实现不同网络互相通信。

(2) 路由决策功能,选择一条最佳的路径,确定信息传输的线路。

此外,路由器还有数据处理功能,提供包括分组过滤、分组转发、优先级、复用、加密、压缩和防火墙等功能;具有网络管理功能,提供包括配置管理、性能管理、容错管理和流量控制等功能。

6.1.2 TCP/IP体系结构

TCP/IP协议集把整个网络分成4层,包括网络接口层、网际层、传输层和应用层。TCP/IP协议实际上就是在物理网上的一组完整的网络协议。其中TCP是提供传输层服务,而IP则是提供网络层服务。TCP/IP主要包括以下协议,如图6-1所示。

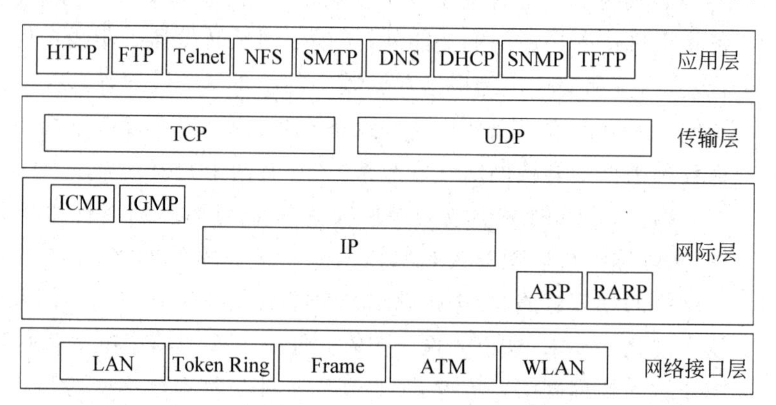

图6-1 TCP/IP协议集

1. 网络接口层

网络接口(Network Interface)和各种通信子网接口,屏蔽不同的物理网络细节。

(1) 地址解析协议(Address Resolution Protocol,ARP):实现 IP 地址向物理地址的映射,在网络接口层实现。

(2) 反向地址解析协议(Reverse Address Resolution Protocol,RARP):实现物理地址向 IP 地址的映射,在网络接口层实现。

(3) 串行线路网际协议(Serial Line Internet Protocol,SLIP):提供在串行通信线路上封装 IP 分组的简单方法,只支持固定 IP 地址。

(4) 点对点协议(PPP):利用电话线拨号上网的方式之一,支持动态 IP 地址。

2. 网际层

(1) 网际协议(Internet Protocol,IP)提供节点之间的分组投递服务。

(2) 网际报文控制协议(Internet Control Message Protocol,ICMP)传输差错控制信息,以及主机与路由器之间的控制信息。

(3) 网际组管理协议(Internet Group Management Protocol,IGMP)使物理网络上的所有系统知道主机当前所在的多播组。

(4) 路由选择协议:实现路由选择,IP 分组可实现直接或间接交付。

3. 传输层

为两台主机上的应用程序提供端到端的通信。

(1) 传输控制协议(Transmission Control Protocol,TCP)提供主机与主机之间的可靠数据流服务。

(2) 用户数据报协议(User Datagram Protocol,UPP)提供主机与主机之间的不可靠且无连接的数据报投递服务。

4. 应用层

负责处理特定的应用程序,包含较多的协议。

(1) Telnet 协议即远程登录服务,提供类似仿真终端的功能,支持用户通过终端共享其他主机的资源。

(2) 超文本传输协议(Hyper Text Transfer Protocol,HTTP)提供万维网浏览服务。

(3) 文件传输协议(File Transfer Protocol,FTP)提供应用级的文件传输服务。

(4) 简单邮件传输协议(Simple Mail Transfer Protocol,SMTP)提供简单的电子邮件交换服务。

(5)域名系统(Domain Name System,DNS)协议负责域名和 IP 地址的映射。

(6) 动态主机设置协议(Dynamic Host Configuration Protocol,DHCP),为主机分配 IP 地址等。

(7) 网络文件系统(Network File System,NFS)协议允许一个系统在网络上共享目录和文件。

(8) 简单网络管理协议(Simple Network Management Protocol,SNMP)用来对通信网络进行管理。

(9) 简单文件传输协议(Trivial File Transfer Protocol,TFTP):与FTP一样提供文件传输服务。

6.1.3 IP 协议

Internet 是通过 IP 协议和路由器设备实现大规模异构网络的互联。图 6-2 给出了一个通过路由器进行网络互联的例子。网际协议(Internet Protocol,IP)是用来建造大规模异构网络的关键协议。各种底层物理网络技术(如各种局域网和广域网)通过运行 IP 协议能够互联起来。因特网上的所有节点(主机和路由器)都必须运行 IP 协议。

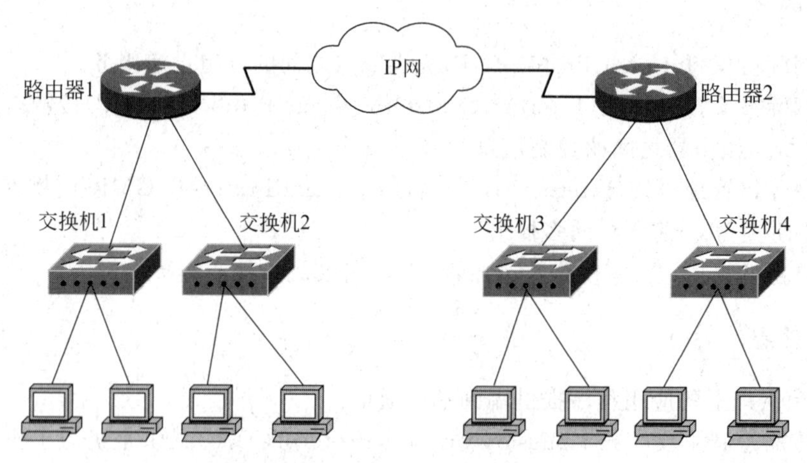

图 6-2 通过路由器实现网络互联示例

网际协议的任务是对数据包进行相应的寻址和路由,并从一个网络转发到另一个网络。IP 协议在每个发送的数据包前加入一个控制信息,其中包含源主机的 IP 地址(IP 地址相当于 OSI 参考模型中网络层的逻辑地址)、目的主机的 IP 地址和其他一些信息。IP 的另一项工作是分割和重编在传输层被分割的数据包。由于数据包要从一个网络转发到另一个网络,当两个网络所支持传输的数据包的大小不相同时,IP 就要在发送端将数据包分割,然后在分割的每一段前再加入控制信息进行传输。当接收端接收到数据包后,IP 将所有的片段重新组合形成原始的数据。

6.2 IP 报文

IP 协议的重要体现就是 IP 报文。IP 协议将所有的高层数据都封装成 IP 报文,然后通过各种物理网络和路由器进行转发,以完成不同物理网络的互联。

6.2.1 报文格式

IP 报文格式包括 IP 报头和数据区两部分,如图 6-3 所示。其中,IP 报头由固定报头和选项组成。报头中的字段通常是按 32 比特边界来对齐，32 比特数据在进行传输时都是高位在前(most significant bit first)。

版本(version)字段占 4 比特。IP 的当前版本是 IPv4。IP 协议的下一个重要版本为 IPv6，将在后面章节中讨论。所有的 IP 软件在处理 IP 报文之前都必须首先检查版本号，以确保版本正确。IP 软件拒绝处理协议版本不同的 IP 报文，以免错误解释其中的内容。

头部长度字段占 4 比特，它记录 IP 报头的长度(以 32 比特即 4 字节为计算单位)。IP 报头由 20 字节的固定字段和长度不定的选项字段组成。因此，当 IP 报头没有选项字段时，头部长度字段为最小值 5，意味着 IP 报头字段的长度是 20 字节。对于 4 比特的头部长度字段，其最大值是 15，这也就限制了 IP 报头的最大长度是 60 字节，由此可知选项字段最长不超过 40 字节。

<table>
<tr><td>版本号</td><td>首部长度</td><td>服务类型</td><td colspan="2">数据报长度</td></tr>
<tr><td colspan="3">16比特标示</td><td>标志</td><td>13比特片偏移</td></tr>
<tr><td colspan="2">寿命</td><td>上层协议</td><td colspan="2">首部校验和</td></tr>
<tr><td colspan="5">32比特源IP地址</td></tr>
<tr><td colspan="5">32比特目的IP地址</td></tr>
<tr><td colspan="5">选项</td></tr>
<tr><td colspan="5">数据</td></tr>
</table>

图 6-3　IP 报文格式

服务类型(Type of Service，ToS)字段用来定义 IP 报文的优先级(precedence)和所期望的路由类型。关于服务类型的详细情况将在 6.2.2 节讨论。

总长字段指明整个 IP 报文的长度，包括报头和数据。因为该字段长度为 16 比特，所以 IP 报文的总长度不超过 64KB，这个长度足够应付目前大多数的网络应用。但对于未来的高速网络，也许这个长度还不够。因为在高速网络中，一个物理帧的长度有可能超过 64KB。

标识符字段、MF 和 DF 标志位以及分段偏移字段用于 IP 报文分段和重组过程，将在后续章节详细介绍。

生存期(Time To Live，TTL)字段用来限制 IP 报文在网络中所经过的跳数。通过生存期字段，路由器就可以自动丢弃那些已在网络中存在了很长时间的报文，以避免 IP 报文在网络上不停地循环，浪费网络带宽。TTL 一般设置为 64，最大值为 255，每经过一个路由器或一段延迟后 TTL 值便减 1。一旦 TTL 减至 0，路由器便将该报文丢弃，同时向产生该 IP 报文的源端报告超时信息(通过 ICMP 协议)。正常情况下，IP 报文只会由于网络存在路径环而被丢弃。网络诊断命令 tracery 使用了 TTL 字段，将在讨论 ICMP 时再详细介绍如何使用生存期字段。

IP 软件还必须知道 IP 报文的数据区中的数据是由哪个高层协议创建的，以便 IP 协议软件能正确地将接收的 IP 报文交给适当的协议模块(如 TCP、UDP 或 ICMP 等)进行处理。该项功能由协议(protocol)字段完成，其值就是数据部分所属的协议的类型代码。协议类型代码由 IANA 负责分配，在整个因特网范围内保持一致。例如，TCP 的协议 ID

为6,UDP的协议ID为17,ICMP的协议ID为1,而OSPF的协议ID是89。协议字段提供了对IP协议多路复用的支持。

每个IP报头有16比特头部校验和字段。IP报头校验和的计算方法采用因特网校验和算法。

为了验证IP报文在传输过程中是否出错,路由器或主机每接收一个IP报文,必须对IP报头计算校验和(含IP报头中的校验和)。如果IP报头在传输过程中没有发生任何差错,那么接收方的计算结果应该为全1。如果IP报头的任何一位在传输过程中发生差错,则计算出的校验和不为全1,路由器或主机将丢弃该报文。

路由器在转发IP报文到下一个节点时,必须重新计算校验和,因为IP报头中至少生存期字段发生了变化。

IP报头校验和只保护IP报头,而IP数据区的差错检测由传输层协议完成。这样做虽然看似很危险,但却使IP报文的处理非常有效,因为路由器无须关心整个IP报文的完整性。实践证明,整个IP报文的完整性由传输层保证是一种很好的选择,这使网络设备可以更高效地转发报文。

源IP地址字段和目的IP地址字段指明了发送方和接收方。每个IP地址长度为32比特,包括网络号和主机号。

最后,IP报头中有一些选项。这些选项长度是可变的,主要用于控制和测试。作为IP协议的组成部分,在所有IP协议的实现中,选项处理都是不可或缺的,将在6.2.4节详细讨论选项字段。

6.2.2 服务类型

IP协议允许应用程序指定不同服务类型,即应用程序可以告诉网络该IP报文是高可靠性数据还是低延迟数据等。例如,对于数字话音通信,需要低延迟;而对于文件传输,则要求可靠性。而这些服务类型正是通过服务类型字段指示的。

服务类型字段用3比特指明优先顺序(precedence),用3比特指明标志位D、T和R,还有2比特未用。优先顺序指出IP报文的优先级,取值0~7,0为最低优先级,7为最高优先级。D、T、R 3位表示IP报文希望达到的传输效果,其中D(delay)表示低延迟,T(throughput)表示高吞吐率,R(reliability)表示高可靠性。需要注意的是,服务类型字段的值只是用户的要求,对网络并不具有强制性,路由器在进行路由选择时只把它们作为参考。

如果路由器知道有若干条路径可达到目的节点,则可以选择一条最能满足用户要求的路径。假设路由器知道有两条路径可以到达目的地,一条是低速但价格低廉的租用线路,一条是高速但价格昂贵的卫星线路,则对于D标志位置1的远程登录用户可选用租用线路,而对于T标志位置1的文件传输用户可选用卫星线路。目前,ToS字段主要用于因特网区分服务。

6.2.3　分段和重组

IP报文的实际传输最终要通过底层的物理网络实现，而不同的物理网络对帧的大小有规定，每种网络所允许的最大帧的大小叫做最大传输单元(Maximum Transfer Unit，MTU)。

物理网络的MTU由其硬件决定，通常情况是保持不变的。与MTU不同，IP报文大小由软件决定，IPv4规定IP报文的最大长度为64KB。为了能在各种物理网络上传输IP报文，IP协议提供了将IP报文分解成若干个分段进行传输的功能。在IP报头中有3个字段与IP报文分段有关，分别是标识符字段、标志位字段和分段偏移字段。

标识符字段用来让目标机器判断收到的分段报文属于哪个IP报文，属于同一IP报文的分段报文包含同样的标识符值。

DF标志位表示该报文不能分段，因为目的节点不能重组分段。MF标志位则表示数据的分段没有结束，除最后一个分段报文外，所有的分段都设置了该标志位。目的节点可以通过MF标志位判断IP报文的所有分段是否已全部到达。

分段偏移字段用于说明分段在IP报文中的位置。因为IP报头中分段偏移量是以8字节为计算单位，所以如果按字节数来计算，分段在IP报文中的实际位置应该是分段偏移再乘以8。通过标识符、标志位及分段偏移字段可以唯一识别出每个分段，使目的节点能够正确重组出原来的IP报文。

6.2.4　选项

IP报头中的每个选项字段由代码、长度和数据3部分组成。IPv4定义了5个选项，分别为安全(security)、严格路由(strict route)、松散路由(loose route)、记录路由(record route)以及时间戳(timestamp)。

安全选项用于说明IP报文的安全程度。严格路由选项要求IP报文必须严格按给定的路径传送。松散路由选项要求IP报文在传送过程中必须按次序经过给定的路由器，但报文还可以穿过其他路由器。也就是说，该选项可以指定一些特殊的路由器作为IP报文的必经之地。记录路由选项用于记录IP报文从源到目的所经过的所有路由器的IP地址，这样使得管理员可以跟踪路由。时间戳选项用于记录IP报文经过每一个路由器时的时间。

6.3　IP编址技术

网络互联的目的是提供一个无缝的通信系统，因此在互联网中，所有主机必须使用统一的编址模式，每个地址必须是唯一的。为了实现这一目的，协议软件定义了一种独立于物理层地址的编址模式，在IP协议层提供IP地址。IP地址在集中管理下进行分配，确保网络中的每台计算机对应一个IP地址。

6.3.1 IP 地址的分类

根据 TCP/IP 规定,IP 地址由 32 位组成,它包括 3 部分:地址类别、网络号和主机号,如图 6-4 所示。

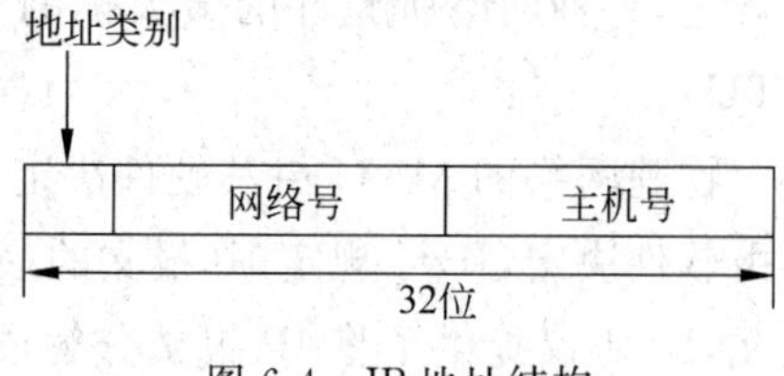

图 6-4 IP 地址结构

由于 IP 地址是以 32 位二进制数的形式表示的,这种形式非常不适合阅读和记忆,因此,为了便于用户阅读和理解 IP 地址,Internet 管理委员会采用了一种"点分十进制"表示方法来表示 IP 地址。也就是说,将 IP 地址分为 4 字节(每个字节为 8 位),且每个字节用十进制表示,并用点号. 隔开,如图 6-5 所示。例如,32 位二进制数为 10000001 00110100 00000110 00001010,对应的点分十进制数为 129.52.6.10。

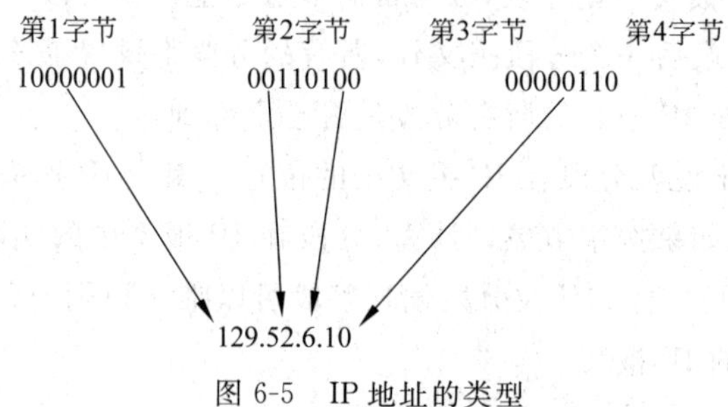

图 6-5 IP 地址的类型

根据网络规模,IP 地址分成 A 类、B 类、C 类、D 类和 E 类,如图 6-6 所示。

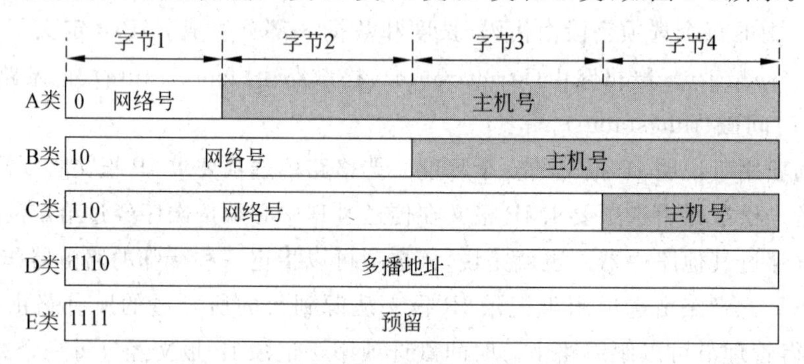

图 6-6 IP 地址分类

其中,A 类、B 类和 C 类为基本类地址,D 类用于组播传输,E 类地址暂时保留,也可以用于科学实验。

1. A 类地址

A 类地址的第 1 个字节的最高位是 0,该位是 A 类网识别符,其余 7 位表示网络号,允许 126 个不同的 A 类网络,起始地址为 1~126,0 和 127 两个地址用于特殊目的。主机号有 24 比特编址,每个网络的主机地址可达 2^{24} = 16 777 216 个,即主机地址范围为

1.0.0.0～126.255.255.255，适用于有大量主机的大型网络。

2. B 类地址

第 1 个字节的前两位是 10，构成 B 类网识别符，其余的 6 位和第 2 字节的 8 位，共 14 位用于表示网络号，允许 $2^{14}=16\ 384$ 个不同的 B 类网络，网络号范围是 128～191，第 3 字节和第 4 字节用于表示主机号，共有 16 位，每个网络能容纳 $2^{16}=65\ 536$ 台主机，一般分配给具有中等规模主机数的网络用户。

3. C 类地址

第 1 个字节的前 3 位是 110，剩余的 5 位和第 2 字节、第 3 字节共 21 位表示网络号，允许多达 $2^{21}=2\ 097\ 150$ 种不同的 C 类网络，网络号范围是 192～223，第 4 字节表示主机号仅有 8 位，每个 C 类网络能容纳 $2^8=256$ 台主机，特别适用于一些小公司或研究机构，是一个小型网络。

类	取值范围
A	0~127
B	128~191
C	192~223
D	224~239

图 6-7 对应于每类地址第一个字节的十进制取值范围

4. D 类地址

第 1 个字节的前 4 位是 1110，不标识网络。D 类地址用于多播，多播就是把数据发送给一组主机，而要接收多播数据包，网络主机必须预先登记。D 类地址范围为 224.0.0.0～239.255.255.255。

5. E 类地址

E 类地址的第 1 个字节(字节 1)的前 4 位是 1111，暂时保留，可用于科学实验和将来使用，但不能分配给主机，其地址范围为 240.0.0.0～255.255.255.255。

图 6-7 说明了对应每类的十进制取值范围。

6.3.2 特殊的 IP 地址

TCP/IP 网络中保留了一些 IP 地址，这些 IP 地址具有特殊的用途，表 6-1 给出了这些地址及其所代表的含义。表 6-2 给出了特殊 IP 地址示例。

表 6-1 特殊 IP 地址

前缀	后缀	地址类型	说明
127	任意值	环回	环回地址，仅用于测试目的，不在网上传输
全 0	全 0	主机	表示网络地址上的任意主机，地址待定
全 0	指定的主机	目的主机	系统启动时，用来指定当前网络上的目的主机
网络 ID	全 1	直接广播	向特定的网络中广播
网络 ID	全 0	网络	标识一个网络
全 1	全 1	受限广播	在本地网络上广播

表 6-2 特殊 IP 地址示例

特殊地址	示例	含义	使用情况
网络地址	201.161.132.0	网络号为 201.161.132	路由器路由时使用
32 位全 0 地址	0.0.0.0	网络上的任意主机	源地址
网络号全 0 地址	0.0.0.3	这个网络上的 3 号主机	源地址
直接广播地址	201.161.132.255	广播发给网络号是 201.161.132 中的所有主机	目的地址
受限广播地址	255.255.255.255	广播发给“本网络”的所有主机	目的地址
环回地址	127.0.0.1	用于环回接口	目的地址

6.3.3 私有地址和 NAT

1. 私有地址

为了解决 IP 地址短缺的问题,IETF 将 A 类、B 类和 C 类地址中的一部分指派为私有地址(private address),如表 6-3 所示。

表 6-3 IP 私有地址表

类	网络号	地址块数
A	10	1
B	172.16～172.31	16
C	192.168.0～192.168.255	256

每个单位或组织无须申请就可以使用上述私有地址,但是如果使用私有 IP 地址的节点要访问因特网,则必须通过网络地址转换将其转换成全球唯一地址。

2. NAT

网络地址转换(Network Address Translator,NAT)的基本思想是因特网上彼此通信的主机不需要全球唯一的 IP 地址。一个主机可以配置一个私有地址,它只要在一定的范围内唯一即可,例如,在公司内部唯一。如果使用私有地址的主机仅仅在公司内部通信,那么使用局部唯一的地址就足够了。但如果它希望与公司网络以外的主机(比如因特网上的主机)进行通信,就必须经过 NAT 设备(一般是带 NAT 功能的路由器)进行地址转换,将其使用的私有地址转换成全球唯一的地址。图 6-8 给出了 NAT 示意图。

最简单的 NAT 就是将一个私有地址转换为一个公网地址,这就是所谓的静态 NAT。在图 6-8 给出 NAT 的一个例子中 NAT 路由器接收来自内部主机的 IP 报文,并将其源地址从私有地址(如 192.168.0.1)转换为全球唯一地址(如 202.107.33.1),然后,将 IP 报文转发到互联网上。当来自互联网远程主机的目的地址为 202.107.33.1 的 IP

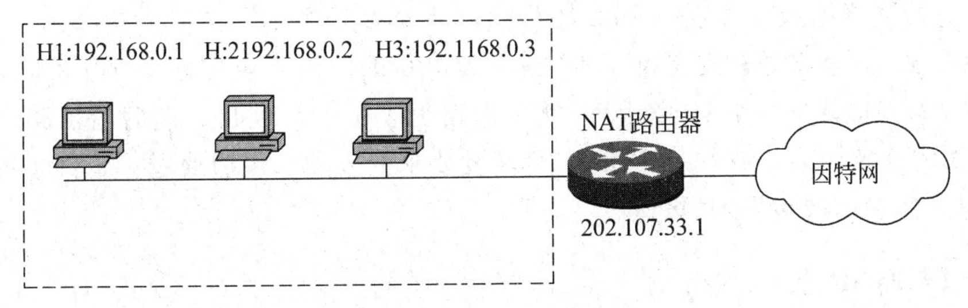

图 6-8　NAT 示意图

报文到达 NAT 路由器时，NAT 路由器将此目的地址转换为 192.168.0.1，并把报文转发给内部网相应的主机。

只使用一个全球地址的 NAT，只允许一台主机接入因特网。要突破这个限制，必须引入地址池(即多个公网地址)，采用动态 NAT。例如，NAT 路由器可以使用 4 个地址(如 202.107.33.1、202.107.33.2、202.107.33.3 和 202.107.33.4)。内部地址与外部地址的映射是动态的。在这种情况下，内部网络就可以有 4 台主机同时访问因特网。

6.4　IP　路　由

为了说明主机如何发送 IP 报文，特别是路由器是如何转发 IP 报文的，现给出一个互联网络的实例，如图 6-9 所示。

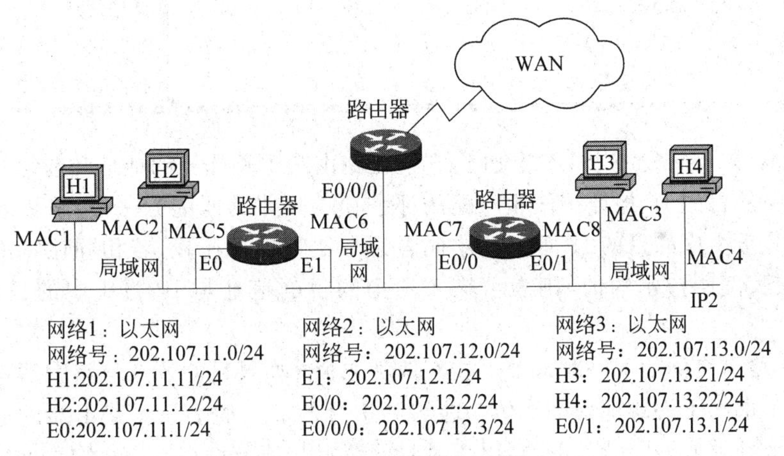

图 6-9　IP 互联网报文转发

在图 6-9 中，每个节点的网络接口(网卡)都有一个 IP 地址。由于主机节点一般只有一个网卡，所以主机只分配到一个 IP 地址；路由器通常至少有两个接口，所以路由器至少需要两个 IP 地址(路由器有几个物理接口就需要几个 IP 地址)。还要注意的是，同一个网络上各个接口的 IP 地址的网络地址是相同的，网络地址如图 6-9 所示。

在图 6-9 中，网络 1 的网络地址是 202.107.11.0，因此其前缀长度是 24 比特。IP 地址中的另外 8 比特则作为主机地址，这样网络中最多可以有 254 台主机(主机地址为全 0 和全 1 的两个地址具有特殊意义，不能作为主机地址)。网络 2 和网络 3 的前缀长度也为

24比特,它们的网络地址分别是202.107.12.0和202.197.13.0。

路由器对IP报文的转发是基于IP路由表进行的。为了更好地说明IP报文转发的工作原理,本节将首先介绍IP路由表,并讨论路由表中各个项目。然后给出路由匹配规则,确定如何在路由表中查找一个符合IP转发要求的表项。最后通过一个例子说明主机或路由器如何发送或转发IP报文。

6.4.1 IP路由表

前面已经提到,路由表描述了整个网络拓扑,是网络拓扑信息的集合,路由器通过路由表进行IP报文转发。那么IP路由表是如何组成的?路由器又是如何得到IP路由表的呢?

1. 路由表组成

IP路由表中的每一项就是一条路由。一个路由表项至少包括目的地址、下一跳地址(next hop)和接口(interface)。对于图6-9来说,路由器R1的路由表如表6-4所示。R2的路由表如表6-5所示。

表6-4 路由器R1的路由表

目的地址	下一跳地址	接口
202.107.11.0/24	直接传送	E0
202.107.12.0/24	直接传送	E1
202.107.13.0/24	202.107.12.2	E0/0
0.0.0.0/0	202.107.12.3	E0/0/0

表6-5 路由器R2的路由表

目的地址	下一跳地址	接口
202.107.13.0/24	直接传送	E1
202.107.12.0/24	直接传送	E0
202.107.11.0/24	202.107.12.1	E0/0
0.0.0.0/0	202.107.12.3	E0/0/0

当路由器需要转发一个IP报文时,它就在路由表中查找目的地址和前缀长度这两列与IP报头中的目的IP地址字段相匹配的那一项。具体的匹配方法是,将该表项中的目的地址与IP报文中的目的IP地址从左向右逐个比特进行比较,若相同比特的数目大于或等于前缀长度所指示的值,则表示该表项中的目的地址与IP报头中的目的IP地址匹配。

路由器路由表中的下一跳地址可能有两种取值:如果目的节点与路由器不在同一个物理网络上,那么下一跳地址的取值为能够到达目的节点的下一个路由器的IP地址;否则,下一跳地址就取一个特殊的值,以表示目的节点与该节点在同一个物理网络中。在上述例子中,将后一种下一跳地址记为"直接传送",也称为"直接路由"。当目的节点与源节点不在同一个物理网络时,都是要通过路由器进行转发,这就是"间接路由"。

2. 路由表表项的分类

路由器的路由表一般有以下3种表项。

(1) 特定主机路由:是前缀长度为32比特的路由表项,表明是按照32比特主机地址进行路由的。特定主机路由只能匹配一个特定的IP地址,也就是只能匹配某台特定主机(表6-4和表6-5没有列出特定主机路由表项)。

(2) 网络前缀路由：是按照网络地址进行路由的路由表项。目前只考虑分类地址路由问题，也就是说网络地址的长度(即网络前缀)分别为 8、16 和 24。事实上，网络前缀的长度可以为 1～31 比特之间的任意值。

(3) 默认路由：是前缀长度为 0 比特的路由表项。默认路由可以匹配任意的 IP 地址。根据“最长匹配前缀”原则，只有在特定主机路由和网络前缀路由与 IP 报文的目的地址都不匹配时才能采用默认路由。

3. 路由匹配规则

IP 报文转发过程的路由匹配规则归纳如下：

(1) 如果存在一条特定主机路由与 IP 报文的目的地址相匹配，那么首先选用这条路由。

(2) 如果存在一条网络前缀路由与 IP 报文中的目的地址相匹配，那么选用这条路由。

(3) 在没有相匹配的特定主机路由或网络前缀路由时，如果存在默认路由，那么可以采用默认路由转发 IP 报文。

(4) 如果前面几条都不成立(即路由表中根本没有任何匹配路由)，就宣告路由出错，并向 IP 报文的源端发送一条目的不可达 ICMP 差错报文(下面将会讨论 ICMP)。

路由器上的路由表可以通过人工配置或路由协议(routing protocol)来构造和维护。路由器之间通过路由协议互相交换路由信息并对路由表进行更新维护，以使路由表正确反映网络的拓扑变化，并由路由器来决定最佳路径。因特网上常用的路由协议有路由信息协议(RIP)、开放式最短路径优先协议(OSPF)和边界网关协议(BGP)等，将在后续详细阐述。

事实上，不只是路由器有路由表，主机上也有路由表，但一般情况下，主机上的路由表比较简单，而且都是人工配置的。图 6-9 中主机 H1 的路由表如表 6-6 所示。

表 6-6　H1 主机 路由表

目的地址	下一跳地址	接口
202.107.11.0/24	直接传送	MAC1
0.0.0.0/0	202.107.12.1	E0

主机的路由表中一般只有两条路由。如果要将 IP 报文发送到与主机位于同一个网络上的其他节点，主机通过“直接传送”即可；如果要将 IP 文发送到与主机不在同一个网络上的节点，则主机通过主机路由表中的“默认路由”，H1 主机路由表的第 2 条信息就是“默认路由”，其含义是：“经过 R1 的 E0 接口可以到达任何网络和目标主机”，对应的接口称为“默认网关”，因此，主机将 IP 报文发给“默认网关”。

6.4.2　IP 报文转发

下面以图 6-9 为例子，说明有了 IP 路由表之后，主机如何发送 IP 报文以及路由器如何转发IP报文。所有的路由解析过程都是按照先本地、后远程的顺序执行。

1. 本地网络的主机通信

当主机都在同一网络上时,如图6-9所示的主机H1和H2同在“网络1”上。主机H1向H2发送报文,IP报文的源IP地址是202. 107. 11.11,目的IP地址是202. 107. 11.12。由于H1主机与H2主机位于同一网络,属于局域网数据转发(二层数据交换)。

2. 不同网络上的主机

当H1主机向H4主机发送IP报文时,这两台主机在两个不同的网络中,则要进行三层数据转发,要通过一台或多台路由器对IP报文进行转发才能完成IP报文传送。在图6-9中,IP报文的源地址是202.107.11.11,目的地址是202.107.13.22。IP报文的传送过程如下:

(1) 主机H1首先查找本机默认路由,通过本地接口(MAC1),将IP报文发送到与之相连接R1路由器E0接口上(202.107.11.1)。

(2) 当R1收到该IP报文时,根据IP报文的目的地址,在路由表中寻找一条合适的通路,路由表查找结果,知道将IP报文通过E1接口(202.107.12.1),转发给R2的E0接口(202.107.12.2)可到达目的网络地址为202.107.13.0的网络。因此,R1通过网络2将IP报文转发给路由器R2。

(3) 当R2从E0/0接口收到该IP报文时,它也开始查找路由表,发现路由表中第2项的目的地址与之匹配。这条路由表明,所有发送到网络地址为202.107.13.0的目的地址的IP报文应从端口E0/1直接传送到目的节点(202.107.13.22)。最后,路由器R2将IP报文通过网络3发给主机H4。

在讨论IP报文转发时,只考虑了主机或路由器是如何根据路由表确定IP报文转发决策的,而没有考虑IP报文在主机之间、主机和路由器之间(如图6-9中的主机H1和路由器R1)、路由器和路由器之间(如图6-9中的R1和R2)的实际传送过程。

然而这些IP节点之间传送IP报文,必须首先将IP报文封装到数据帧中进行发送。但是发送方主机只知道目的主机的IP地址或者中间路由器的IP地址,并不知道目的主机或中间路由器的物理地址,将IP地址映射到物理地址的工作要由ARP协议完成。

6.5 IP子网技术

6.5.1 划分子网的原因

划分子网的原因有很多,主要包括的内容有以下几个方面。

1. 充分使用地址

由于A类网或B类网的地址空间太大,造成在不使用路由设备的单一网络中无法使用全部地址,例如,对于一个B类网络172.17.0.0,可以有2^{16}个主机,这么多的主机在单一的网络下是不能工作的。因此,为了能更有效地使用地址空间,有必要把可用地址分配给更多较小的网络。

2. 划分管理职责

划分子网还可以更易于管理网络。因为子网更易于控制。每个子网的用户、计算机及其子网资源可以让不同的管理员进行管理,减轻了由单人管理大型网络的管理职责。

3. 提高网络性能

在一个网络中,随着网络用户的增长、主机的增加,网络通信也变得非常繁忙。繁忙的网络通信很容易导致冲突、丢失数据包以及数据包重传,因而降低了主机之间的通信效率。如果将一个大型的网络划分为若干个子网,并通过路由器将其连接起来,就可以减少网络拥塞,这些路由器就像一堵墙把子网隔离开,使本地的通信不会转发到其他子网中。使同一子网中主机之间进行广播和通信,只能在各自的子网中进行。

另外,使用路由器的隔离作用还可以将网络分为内外两个子网,并限制外部网络用户对内部网络的访问,提高内部子网的安全性。

6.5.2 划分子网

1. 子网掩码

子网掩码(subnet mask)也是 32 位二进制数,和 IP 地址一样用“点分十进制”表示,子网掩码与 IP 地址一同使用,通过子网掩码可以指出 IP 地址中的哪些位对应网络地址(包括子网地址),哪些位对应主机号,是指定网络前缀和主机后缀之间界限的 32 位值,该 32 位值称为子网掩码。为了充分利用网络资源,可以将一个较大的网络划分成较小的网络,称为子网。如此可以将 IP 地址中主机号细分为子网号和主机号两部分,其子网编址模式见图 6-10。

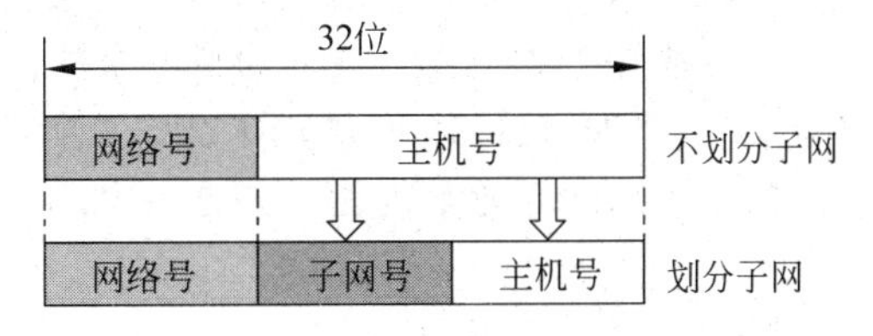

图 6-10　子网编址模式

IP 地址由网间网和本地网两部分组成,其中本地部分又分为物理子网和主机两部分,物理网络用来表示同一 IP 网络号下不同的子网,所以一个物理网络可以用“网络号+子网号”来唯一标识。含有 1 的几位标记了网络号,含有 0 的几位标记了主机号。原则上 0 与 1 可以任意分布,不过一般在设计掩码时,把掩码开始连续的几位设为 1。IP 地址与掩码中为 1 的位相对应的部分为子网地址,其他的位则是主机地址。与 A、B、C 类地址对应的有一个默认的子网掩码,见表 6-7。

表 6-7　默认子网掩码

类	默认子网掩码	对应子网掩码的二进制位			
A	255.0.0.0	11111111	00000000	00000000	00000000
B	255.255.0.0	11111111	11111111	00000000	00000000
C	255.255.255.0	11111111	11111111	11111111	00000000

为了识别网络地址，将IP地址与子网掩码进行“按位与”运算，若两个值均为1，则结果为1；若其中任何一个值为0，则结果为0。根据“按位与”运算结果是1的位对应网络地址，而为0的位则对应主机号，如图6-11所示的例子。

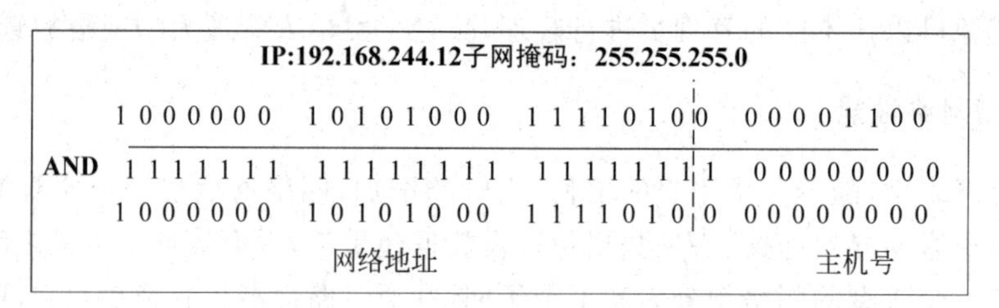

图6-11　IP地址按位与运算

在A、B、C类网中，都可以按照需要划分子网。但规定不能只有一位用于子网划分，同时至少需要两位用于定义主机。例如，在C类网中，只有8位可定义主机，所以其可以选择的子网掩码是：

11000000＝192

11100000＝224

11110000＝240

11111000＝248

11111100＝252

如果已知子网掩码，可以求出其子网数、有效主机和广播地址。

子网数等于2^x-2，x是划为子网号的位数，即1的个数，减2是指减去子网为全“1”或全“0”。例如，11111000能产生2^5-2个子网。

每个子网的有效主机数等于2^y-2，y是没有划为子网的位数，即0的个数。例如，11111000能产生2^3-2个主机。

2. 子网划分实例

为了将网络划分为不同的子网，必须为每个子网分配一个子网号。在划分子网之前，需要确定所需要的子网数和每个子网的最大主机数，有了这些信息后，就可以定义每个子网的子网掩码、网络地址(网络号＋子网号)的范围和主机号的范围。划分子网的步骤如下。

- 确定需要多少子网号来唯一标识网络上的每一个子网。
- 确定需要多少主机号来标识每个子网上的每台主机。
- 定义一个符合网络要求的子网掩码。
- 确定标识每一个子网的网络地址。
- 确定每一个子网上所使用的主机地址的范围。

下面，以一个具体的实例说明子网划分的过程。假设要将图6-12 (a)所示的一个C类的网络划分为图6-12 (b)所示的网络。

由于划分出了两个子网，则每个子网都需要一个唯一的子网号来标识，即需要两个子网号。

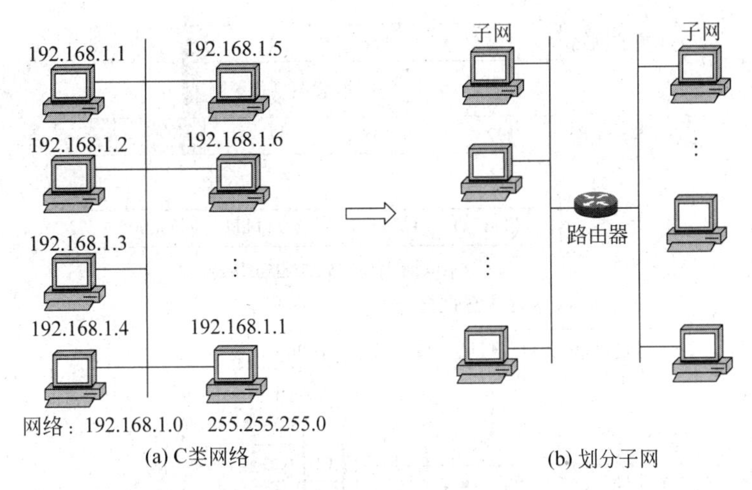

图 6-12　子网划分的过程

对于每个子网上的主机以及路由器的两个端口都需要分配一个唯一的主机号，因此，在计算需要多少主机号来标识主机时，要把所有需要 IP 地址的设备都考虑进去。根据图 6-12(a)，网络中有 100 台主机，如果再考虑路由器两个端口，则需要标识的主机数为 102 个。假定每个子网的主机数各占一半，即各有 51 个。

将一个 C 类的地址划分为两个子网，必然要从代表主机号的第 4 个字节中取出若干个位用于划分子网。若取出 1 位，根据子网划分规则，无法使用；若取出 3 位，可以划分 6 个子网，似乎可行，但子网的增多也表示了每个子网容纳的主机数减少，6 个子网中每个子网容纳的主机数为 30，而实际的要求是每个子网需要 51 个主机号，若取出 2 位，可以划分 2 个子网，每个子网可容纳 62 个主机号（全为 0 和全为 1 的主机号不能分配给主机），因此，取出 2 位划分子网是可行的，子网掩码为 255.255.255.192。

确定了子网掩码后，就可以确定可用的网络地址：使用子网号的位数列出可能的组合，在本例中，子网号的位数为 2，而可能的组合为 00、01、10、11。根据子网划分的规则，全为 0 和全为 1 的子网不能使用，因此将其删去，剩下 01 和 10 就是可用的子网号，再加上这个 C 类网络原有的网络号前缀 192.168.1，因此，划分出的两个子网的网络地址分别为 192.168.1.64 和 192.168.1.128。根据每个子网的网络地址就可以确定每个子网的主机地址的范围，参见图 6-13。

6.5.3　超网和无类域间路由

1. 网络前缀

划分子网在一定程度上缓解了因特网在发展中遇到的困难。但因特网仍面临地址枯竭的问题，为了充分利用地址资源，就在 RFC 1009 指明了在一个划分子网的网络中可同时使用几个不同的子网掩码。使用变长子网掩码(Variable Length Subnet Mask，VLSM)可进一步提高 IP 地址资源的利用率。在 VLSM 的基础上又进一步研究出无分类编址方法，它的正式名字是无分类域间路由选择(Classless Inter-Domain Routing，

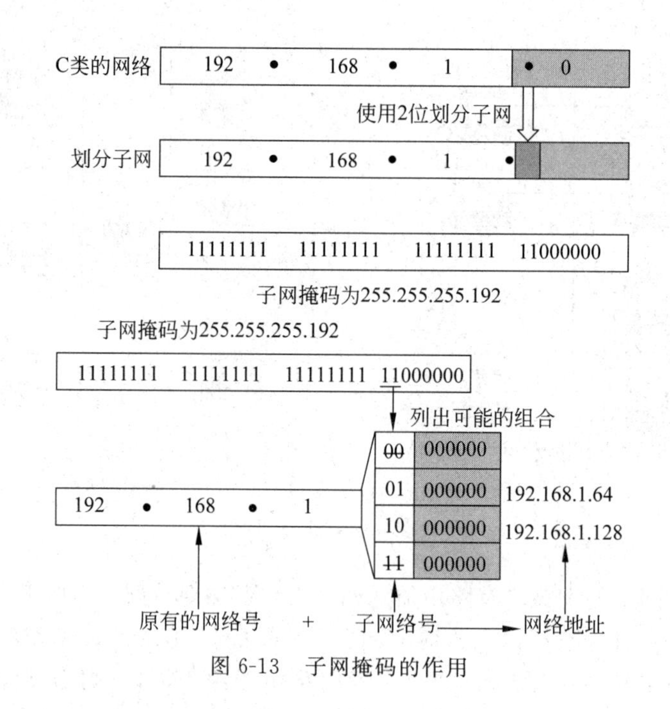

图 6-13 子网掩码的作用

CIDR 的读音是 sider)。在 1993 年形成了 CIDR 的 RFC 文档：RFC 1517～1519 和 RFC 1520。现在 CIDR 已成为因特网建议标准协议。

CIDR 最主要的特点有两个。

(1) CIDR 消除了传统的 A 类、B 类和 C 类地址以及划分子网的概念，因而可以更加有效地分配 IPv4 的地址空间，并且可以在新的 IPv6 使用之前容许因特网的规模继续增长。CIDR 使用各种长度的"网络前缀"(network-prefix)(或简称"前缀")代替分类地址中的网络号和子网号，而不是像分类地址中只能使用 1 字节、2 字节和 3 字节长的网络号。CIDR 不再使用"子网"的概念而使用网络前缀，使 IP 地址从三级编址(使用子网掩码)又回到了两级编址，但这已是无分类的两级编址。它的记法是：

IP 地址::={<网络前缀>,<主机号>}

CIDR 还使用"斜线记法"(slash notation)，或 CIDR 记法，即在 IP 地址后面加上斜线/，然后写上网络前缀所占的位数(对应子网掩码中 1 的个数)。

例如，使用 CIDR 记法的地址 128.14.46.34/20，表示这个 IP 地址的前 20 位是网络前缀，而后 12 位是主机号。有时需要把点分十进制的 IP 地址写成二进制的才能看清楚网络前缀和主机号。例如，上述地址的网络前缀是地址的前 20 位，即 10000000 00001110 0010，而后 12 位是主机号，即 1110 00100010。因为网络前缀经常要用到，用二进制表示就很不方便。但用十进制表示网络前缀应注意，不能把上面的网络前缀写为 128.14.2 (前缀中最后的 0010 好像是十进制的 2，但它后面还有 4 个 0。因此，必须把 00100000 转换为十进制(32)，还必须写上前缀长度。因此，用十进制表示的前缀是 128.14.32.0/20。

(2) CIDR 把网络前缀都相同的连续的 IP 地址组成"CIDR 地址块"。一个 CIDR 地址块是由地址块的起始地址(即地址块中地址数值最小的一个)和地址块中的地址数定义的。CIDR地址块也可用斜线记法表示。例如，128.14.32.0/20表示的地址块共有2^{12}个地址(因为斜线后面的20是网络前缀的位数，所以主机号的位数是12，因而这个地址块中的地址数就是2^{12})，而该地址块的起始地址是128.14.32.0。在不需要指出地址块的起始地址时，也可把这样的地址块简称"/20地址块"。上面的地址块的最小地址和最大地址是：

最小地址　128.14.32.0　10000000 00001110 00100000 00000000

最大地址　128.14.47.255　10000000 00001110 00101111 11111111

当然，两个主机号是全0和全1的地址一般并不使用，通常只使用在这两个地址之间的地址。

当我们见到斜线记法表示的地址时，一定要根据上下文弄清它是指一个单个的IP地址，还是指一个地址块。

由于一个CIDR地址块可以表示很多地址，所以在路由表中就利用CIDR地址块来查找目的网络。这种地址的聚合常称为路由聚合(route aggregation)，它使得路由表中的一个项目可以表示原来传统分类地址的很多个(例如上千个)路由。路由聚合也称为构成超网(super netting)。如果没有采用CIDR，在1994年和1995年，因特网的一个路由表就会超过7万个项目，而使用了CIDR后，在1996年一个路由表的项目数才只有3万多个。路由聚合有利于减少路由器之间的路由选择信息的交换，从而提高整个因特网的性能。

为了更方便地进行路由选择，CIDR使用32位的地址掩码(address mask)。地址掩码是由一串1和一串0组成，而1的个数就是网络前缀的长度。虽然CIDR不使用子网，但是，目前仍有一些网络还使用子网划分和子网掩码，因此，CIDR所使用的地址掩码也可以继续叫做子网掩码。对于/20地址块，其地址掩码是11111111 11111111 11110000 00000000 (20个连续的1)。斜线记法中的数字就是地址掩码中1的个数。

CIDR记法有几种等效的形式，例如，10.0.0.0/10可简写为10/10，也就是把点分十进制中低位连续的0省略。10.0.0.0/10相当于指出IP地址10.0.0.0的掩码是255.192.0.0。

比较清楚的表示方法是直接使用二进制。例如，10.0.0.0/10可写为：

00001010　00xxxxxx　xxxxxxxx　xxxxxxxx

这里的22个x可以是任意值的主机号(但全0和全1的主机号一般不使用)。因此，10/10可表示包含2^{22}个IP地址的地址块，这些地址块都具有相同的网络前缀00001010 00。

另一种简化表示方法是在网络前缀的后面加一个*，如：

00001010 00*

意思是：在*之前是网络前缀，而*表示IP地址中的主机号，可以是任意值。

当前缀位数不是8的整数倍时，需要比较小心地对待。

表6-8给出了最常用的CIDR地址块。表中的K表示2^{10}，即1024。网络前缀小于13或大于27都较少使用。在"包含的地址数"中，没有把全1和全0的主机号除外。

表 6-8 最常用的 CIDR 地址块

CIDR 前缀长度	点分十进制	包含的地址个数	相当于包含分类的网络数
/13	255.248.0.0	512×1024	8个B类或2048个C类
/14	255.252.0.0	256×1024	4个B类或1024个C类
/15	255.254.0.0	128×1024	2个B类或512个C类
/16	255.255.0.0	64×1024	1个B类或256个C类
/17	255.255.128.0	32×1024	128个C类
/18	255.255.192.0	16×1024	64个C类
/19	255.255.224.0	8×1024	32个C类
/20	255.255.240.0	4×1024	16个C类
/21	255.255.248.0	2×1024	8个C类
/22	255.255.252.0	1×1024	4个C类
/23	255.255.254.0	512	2个C类
/24	255.255.255.0	256	1个C类
/25	255.255.255.128	128	1/2个C类
/26	255.255.255.192	64	1/4个C类
/27	255.255.255.224	32	1/8个C类

从表 6-8 可看出,除最后几行外,CIDR 地址块都包含了多个 C 类地址(是一个 C 类地址的 $2n$ 倍,n 是整数),这就是“构成超网”这一名词的来源。

请注意,在配置基于 CIDR 的网络时,可能有一些主机本来是使用分类的 IP 地址。它们可能不允许把网络前缀设置成比原来分类地址的子网掩码的 1 的长度更短。例如,把网络配置成 200.25.16.0/20 时就可能不行,因为这原来是一个 C 类地址,其子网掩码的长度至少是 24 位。只有在主机的软件支持 CIDR 时,网络前缀才能比原来的掩码长度短。但是,若把 200.25.16.0/20 配置成 16 个/24 地址块就不会有问题,因为不支持 CIDR 的主机会把本地的/24 解释成 C 类网络。

使用 CIDR 的一个好处就是可以更加有效地分配 IPv4 的地址空间,因此现在的 ISP 都愿意使用 CIDR。在分类地址的环境中,ISP 向其客户分配 IP 地址时(这里指的是固定 IP 地址用户而不是拨号上网的用户),只能以/8、/16 或/24 为单位分配。但在 CIDR 环境,ISP 可根据每个客户的具体情况进行分配。例如,某 ISP 已拥有地址块 206.0.64.0/18(相当于有 64 个 C 类网络)。现在某大学需要 800 个 IP 地址,在不使用 CIDR 时,ISP 或者可以给大学分配一个 B 类地址(但这将浪费 64 734 个 IP 地址),或者分配 4 个 C 类地址(但这会在各个路由表中出现对应于该大学的 4 个相应的项目)。然而在 CIDR 环境下,ISP 可以给该大学分配一个地址块 206.0.68.0/22,它包括 1024(即 2^{10})个 IP 地址,相当于 4 个连续的 C 类/24 地址块,占该 ISP 拥有的地址空间的 1/16。这样,地址空间的利用率显然提高了。像这样的地址块有时也称为一个“编址域”或“域”(domain)。显然,用 CIDR 分配的地址块中的地址数一定是 2 的整数次幂。

这个大学可自由地对本校的各系分配地址块,而各系还可再划分本系的地址块,如

图 6-14 所示。CIDR 的地址块分配有时不易看清,这是因为网络前缀和主机号的界限不是恰好出现在整数字节处。只要写出地址的二进制表示(从图 6-14 中的地址块的二进制表示中可看出,实际上只需要将其中的一个关键字节转换为二进制的表示即可),弄清网络前缀的位数,就不会把地址块的范围弄错。

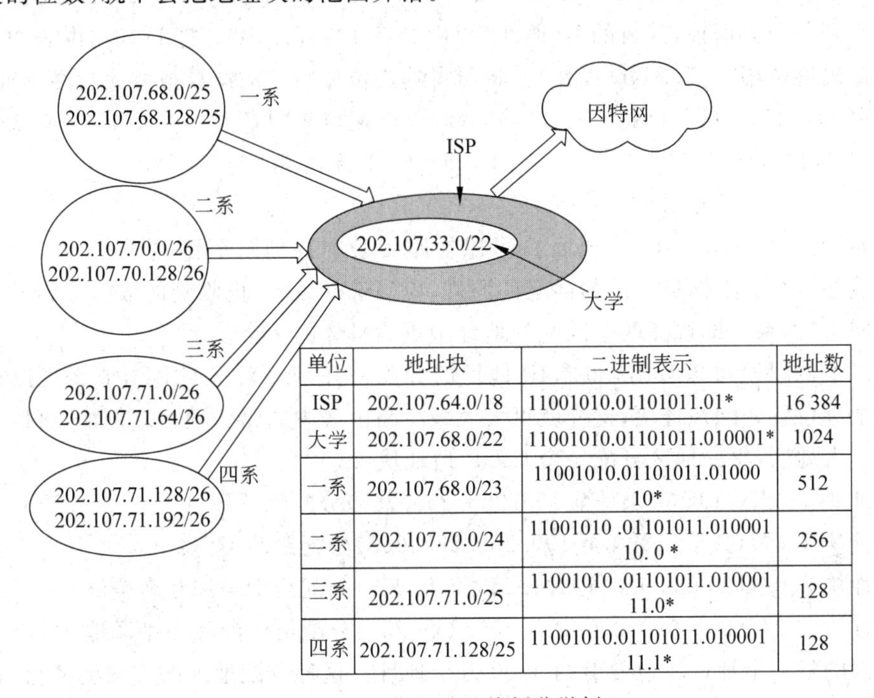

单位	地址块	二进制表示	地址数
ISP	202.107.64.0/18	11001010.01101011.01*	16 384
大学	202.107.68.0/22	11001010.01101011.010001*	1024
一系	202.107.68.0/23	11001010.01101011.01000 10*	512
二系	202.107.70.0/24	11001010 .01101011.010001 10. 0 *	256
三系	202.107.71.0/25	11001010 .01101011.010001 11.0*	128
四系	202.107.71.128/25	11001010.01101011.010001 11.1*	128

图 6-14　CIDR 地址块划分举例

从图 6-14 可以清楚地看出地址聚合的概念。这个 ISP 共拥有 64 个 C 类网络。如果不采用 CIDR 技术,则在与该 ISP 的路由器交换路由信息的每一个路由器的路由表中,就需要有 64 个项目。采用地址聚合后,只需用路由聚合后的一个项目 206.0.64.0/18 就能找到该 ISP。同理,这个大学共有 4 个系。在 ISP 内的路由器的路由表中,也需要使用 206.0.68.0/22 这一个项目。

路由聚合(即构成超网)是将网络前缀缩短。网络前缀越短,其地址块所包含的地址数就越多。而在三级结构的 IP 地址中,划分子网是使网络前缀变长。

2. 最长前缀匹配

在使用 CIDR 时,由于采用了网络前缀这种记法,IP 地址由网络前缀和主机号两部分组成,因此在路由表中的项目也要有相应的改变。这时,每个项目由"网络前缀"和"下一跳地址"组成。但是在查找路由表时可能会得到不止一个匹配结果。这样就带来一个问题:我们应当从这些匹配结果中选择哪一条路由呢?

正确的答案是:应当从匹配结果中选择具有最长网络前缀的路由。这叫做最长前缀匹配(longest-prefix matching),这是因为网络前缀越长,其地址块就越小,因而路由就越具体(more specific)。最长前缀匹配又称为最长匹配或最佳匹配。为了说明最长前缀匹配配的概念,这里仍以前面的例子来讨论。

假定大学下属的四系希望ISP把转发给四系的数据报直接发到四系而不要经过大学的路由器,但又不愿意改变自己使用的IP地址块。因此,在ISP的路由器的路由表中,至少要有以下两个项目,即202.107.68.0/22(大学)和202.107.71.128/25(四系)。现在假定ISP收到一个数据报,其目的IP地址为D=202.107.71.130。把D和路由表中这两个项目的掩码逐位相"与"(AND操作)。将所得的逐位相"与"的结果按顺序写在下面。

D和11111111 11111111 11111100 00000000逐位相"与"=202.107.68.0/22匹配。

D和11111111 11111111 11111111 10000000逐位相"与"=202.107.71.128/25匹配。

不难看出,现在同一个IP地址D可以在路由表中找到两个目的网络(大学和四系)和该地址相匹配。根据最长前缀匹配的原理,应当选择后者,把收到的数据报转发到后一个目的网络(四系),即选择两个匹配的地址中更为具体的一个。

从以上的讨论可以看出,如果IP地址的分配一开始就采用CIDR,那么可以按网络所在的地理位置分配地址块,这样就可大大减少路由表中的路由项目。例如,可以将世界划分为4大地区,每一地区分配一个CIDR地址块:

地址块194/7 (194.0.0.0至195.255.255.255)分配给欧洲;

地址块198/7(198.0.0.0至199.255.255.255)分配给北美洲:

地址块200/7(200.0.0.0至201.255.255.255)分配给中美洲和南美洲;

地址块202/7(202.0.0.0至203.255.255.255)分配给亚洲和太平洋地区。

上面的每一个地址块包含有约3200万个地址。这种分配地址的方法就使得IP地址与地理位置相关联。它的好处是可以大大压缩路由表中的项目数。例如,凡是从中国发往北美的数据报(不管它是地址块198/7中的哪一个地址)都先送交位于美国的一个路由器,因此在路由表中使用一个项目就行了。

但是,在使用CIDR之前因特网的地址管理机构没有按地理位置分配IP地址。现在要把已分配出的IP地址收回再重新分配是十分困难的事,因为这牵涉很多正在工作的主机必须改变其IP地址。尽管这样,CIDR的使用已经推迟了IP地址将要耗尽的日期。

6.6 网际层协议

6.6.1 ICMP协议

如前所述,IP协议只提供不可靠和无连接的数据报服务,它没有差错报告机制,也没有差错纠正机制。当网络或主机发生故障而导致IP报文没有最终发送到目的节点时,IP没有内在机制来通知发出该IP报文的源主机。并且IP协议还缺少一种用于主机和管理人员查询的机制。主机有时需要确认某个路由器或某台主机是否正常工作,还有就是网络管理人员需要了解主机或路由器的某些信息。

因特网控制报文协议(Internet Control Message Protocol,ICMP)就是为了弥补IP

协议的不足而设计的。ICMP 本身仍然是网络层协议，但是它的报文会被封装成 IP 报文，然后再封装到物理网络的数据区中，如图 6-15 所示。ICMP 协议是一种面向连接的协议，用于传输出错报告控制信息。它是一个非常重要的协议，对于网络安全具有极其重要的意义。

帧头	IP报头	ICMP报	ICMP数据

图 6-15　ICMP 报文结构

ICMP 报文通过 IP 协议进行传送。当主机或路由器要发送 ICMP 报文时，它会创建一个 IP 报文并将 ICMP 报文封装到 IP 报文的数据区中，封装后的 IP 报文可以像普通的 IP 报文一样通过因特网进行传输，而 IP 报文的实际传送是放在帧的数据区并通过物理网络进行的。

携带 ICMP 报文的 IP 报文与携带用户信息的 IP 报文在进行路由选择和报文转发时没有区别(但携带 ICMP 报文的 IP 报文头部的协议字段会指明此报文是 ICMP 协议创建的，该字段的值是 1 就表示 IP 报文数据是 ICMP 报文)，因此 ICMP 报文也可能会丢失。如果携带 ICMP 报文的 IP 报文出现差错，则产生一个异常事件，从而避免再产生 ICMP 差错报文。

ICMP 报头

ICMP 报头从 IP 报头的第 160 位开始(除非使用了 IP 报头的可选部分)，见图 6-16。

位	160~167	168~175	176~183	184~191
160	Type	Code	校验码(Checksum)	
192	ID		序号(Sequence)	

图 6-16　ICMP 报头

- Type——ICMP 的类型。
- Code——进一步划分 ICMP 的类型，例如，ICMP 的目标不可达类型可以把这个位设为 1～15 等表示不同的意思。
- Checksum——这个字段包含从 ICMP 报头和数据部分计算得来的，用于检查错误的数据，其中此校验码字段的值视为 0。
- ID——这个字段包含 ID 值，在 ECHO REPLY 类型的消息中要返回这个字段。
- Sequence——这个字段包含一个序号，同样要在 ECHO REPLY 类型的消息中返回这个字段。

1） 填充数据

填充的数据紧接在 ICMP 报头的后面(以 8 位为一组)：

Linux 的 ping 工具填充的 ICMP 除了 8 个 8 字节的报头以外，还另外填充数据使报头大小为 64 字节。

Windows 的 ping. exe 填充的 ICMP 除了 8 个 8 字节的报头以外，还另外填充数据使总大小为 40 字节。

2) 部分 ICMP 消息列表(见表 6-9)

表 6-9 部分 ICMP 消息列表

Type	Code	Description
0——Echo Reply	0	echo 响应(被程序 ping 使用)
1 和 2		保留
3——目的地不可到达	0	目标网络不可达
	1	目标主机不可达
	2	目标协议不可达
	3	目标端口不可达
	4	要求分段并设置 DF flag 标志
	5	源路由失败
	6	未知的目标网络
	7	未知的目标主机
	8	源主机隔离
	9	禁止访问的网络
	10	禁止访问的主机
	11	Network unreachable for TOS
	12	Host unreachable for TOS
	13	网络流量被禁止
4——Source Quench	0	Source quench (congestion control)
5——Redirect Message	0	重定向网络
	1	重定向主机
	2	Redirect Datagram for the TOS & network
	3	Redirect Datagram for the TOS & host
6		Alternate Host Address
7		保留
8——Echo Request	0	Echo 请求
9——Router Advertisement	0	路由建议
10——Router Solicitation	0	Router discovery/selection/solicitation
11——Time Exceeded	0	TTL 在传输中过期
	1	Fragment reassembly time exceeded

续表

Type	Code	Description
12——错误的 IP 头	0	Pointer indicates the error
	1	丢失选项
	2	不支持的长度
13——Timestamp	0	时间戳
14——Timestamp Reply	0	时间戳响应
15——Information Request	0	Information Request
16——Information Reply	0	Information Reply
17——Address Mask Request	0	Address Mask Request
18——Address Mask Reply	0	Address Mask Reply
19		因安全原因保留
20 through 29		Reserved for robustness experiment
30——Traceroute	0	信息请求
31		数据报转换出错
32		手机网络重定向
33		Where-Are-You (originally meant for IPv6)
34		Here-I-Am (originally meant for IPv6)
35		Mobile Registration Request
36		Mobile Registration Reply
37		Domain Name Request
38		Domain Name Reply
39		SKIP Algorithm Discovery Protocol, Simple Key-Management for Internet Protocol
40		Photuris,Security failures
41		ICMP for experimental mobility protocols such as Seamoby [RFC4065]
42～255		保留

6.6.2 ARP 协议

ARP 协议(Address Resolution Protocol),地址解析协议。ARP 协议的基本功能就是通过目标设备的 IP 地址,查询目标设备的 MAC 地址,以保证通信的顺利进行。它是 IPv4 中网络层必不可少的协议,不过在 IPv6 中已不再适用,并被 ICMPv6 所替代。

在以太网协议中规定,同一局域网中的一台主机要和另一台主机进行直接通信,必须要知道目标主机的MAC地址。而在TCP/IP协议中,网络层和传输层只关心目标主机的IP地址。这就导致在以太网中使用IP协议时,数据链路层的以太网协议收到上层IP协议提供的数据中,只包含目的主机的IP地址。于是需要一种方法,根据目的主机的IP地址,获得其MAC地址。这就是ARP协议要做的事情。所谓地址解析(address resolution)就是主机在发送帧前将目标IP地址转换成目标MAC地址。

另外,当发送主机和目的主机不在同一个局域网中时,即便知道目的主机的MAC地址,两者也不能直接通信,必须经过路由转发才可以。所以此时,发送主机通过ARP协议获得的将不是目的主机的真实MAC地址,而是一台可以通往局域网外的路由器的MAC地址。于是此后发送主机发往目的主机的所有帧都将发往该路由器,通过它向外发送。这种情况称为ARP代理(ARP Proxy)

在每台安装TCP/IP协议的计算机或路由器里都有一个ARP缓存表,表里的IP地址与MAC地址是一一对应的,如表6-10所示。

表6-10 主机地址ARP缓存表示例

主机名称	IP地址	MAC地址
A	192.168.38.10	00-AA-00-62-D2-02
B	192.168.38.11	00-BB-00-62-C2-02
C	192.168.38.12	00-CC-00-62-C2-02
D	192.168.38.13	00-DD-00-62-C2-02
E	192.168.38.14	00-EE-00-62-C2-02
⋮	⋮	⋮

以主机A(192.168.38.10)向主机B(192.168.38.11)发送数据为例。当发送数据时,主机A会在自己的ARP缓存表中寻找是否有目标IP地址。如果找到了,也就知道了目标MAC地址为(00-BB-00-62-C2-02),直接把目标MAC地址写入帧里发送就可以了;如果在ARP缓存表中没有找到相对应的IP地址,主机A就会在网络上发送一个广播(ARP request),目标MAC地址是FF.FF.FF.FF.FF.FF,这表示向同一网段内的所有主机发出这样的询问:“192.168.38.11的MAC地址是什么?”网络上其他主机并不响应ARP询问,只有主机B接收到这个帧时,才向主机A做出这样的回应(ARP response):“192.168.38.11的MAC地址是(00-BB-00-62-C2-02)”。这样,主机A就知道了主机B的MAC地址,它就可以向主机B发送信息了。同时它还更新了自己的ARP缓存表,下次再向主机B发送信息时,直接从ARP缓存表里查找就可以了。ARP缓存表采用了老化机制,在一段时间内如果表中的某一行没有使用,就会被删除,这样可以大大减少ARP缓存表的长度,加快查询速度。

6.6.3 DHCP协议

连接到因特网的上每一台计算机都必须配置以下信息:IP地址、子网掩码、默认网关IP地址以及DNS服务器IP地址。动态主机配置协议(Dynamic Host Configuration Protocol,DHCP)用于给主机动态分配IP地址等配置参数。

DHCP 由两部分构成：一部分用于将特定主机的配置参数从 DHCP 服务器传到 DHCP 客户，另一部分用于给主机分配 IP 地址。

DHCP 采用客户/服务器模型，指定的 DHCP 服务器负责分配 IP 地址并且将配置参数传送给 DHCP 客户。

DHCP 支持 3 种 IP 地址分配机制：第一种是自动分配(automatic allocation)，即 DHCP 服务器为 DHCP 客户分配一个永久 IP 地址，这种情形一般用于给各种服务器分配永久 IP 地址；第二种是动态分配(dynamic allocation)，即 DHCP 服务器为 DHCP 客户分配一个有租期的临时 IP 地址；第三种是人工分配(manual allocation)，即 DHCP 客户的 IP 地址由管理员分配好，DHCP 只是负责传达。在实际网络中，到底使用哪种分配机制取决于管理员的管理策略。

DHCP 是基于 BOOTP 协议(BOOT strap Protocol)的，与之兼容，但对它进行了扩充，增加了动态分配 IP 地址的功能。DHCP 报文结构如图 6-17 所示。

DHCP 使用 UDP 协议，DHCP 服务器使用 UDP 的 67 端口号，而 DHCP 客户使用 UDP 的 68 端口号。

操作码	硬件地址	硬件地址长度	跳数
事物标识			
秒数		标志	
客户IP地址			
你的IP地址			
服务器IP地址			
网关IP地址			
客户硬件地址			
服务器名称			
引导文件名			
选项			

图 6-17　DHCP 报文结构

1. 报文格式

DHCP 协议的报文格式与 BOOTP 协议的报文格式基本相同，图 6-17 给出了 DHCP 协议的报文格式。

DHCP 报文中各字段的含义如下。

- 操作码(1 字节)：该字段用于定义 BOOTP 报文的类型。请求报文值为 1，应答报文值为 2。
- 硬件类型(1 字节)：该字段用于定义物理网络的类型。每种类型的网络被分配一个整数。例如，对于 10Mb/s 以太网，这个字段值为 1。
- 硬件地址长度(1 字节)：该字段用于定义以字节为单位的物理地址长度。例如，对于以太网，这个字段值为 6。
- 跳数(1 字节)：该字段的初始值为 0，DHCP 中继代理负责填写这个字段值。
- 事务标识(4 字节)：该字段由 DHCP 客户随机选择，用来对 DHCP 请求/应答报文进行匹配，DHCP 服务器在应答报文中返回同样的值。
- 秒数(2 字节)：该字段由 DHCP 客户设置，给出 DHCP 从获得 IP 地址或更新租约所经历的时间，单位为秒。
- 标志(2 字节)：该字段的最高位是广播标志位，其余位必须设为 0。当 DHCP 客户不知道自己的 IP 地址时，要设置广播标志，通知服务器发送应答报文时采用 IP 广播方式。

- 客户IP地址(4字节):如果DHCP客户知道自己的IP地址,则在发送请求时,将自己的IP地址填入该字段,同时将前面的广播标志位设为0,通知服务器以单播方式发送应答报文;如果DHCP客户不知道自己的IP地址,则该字段填全0。
- 您的IP地址(4字节):这是DHCP服务器在应答报文中返回给DHCP客户的IP地址。
- 服务器IP地址(4字节):这是由DHCP服务器在DHCPOFFER和DHCPACK报文中提供的引导服务器IP地址。
- 网关IP地址(4字节):这是中继代理(relay agent)IP地址。客户硬件地址(16字节):这是客户的硬件地址。
- 服务器名字(64字节):这是可选字段,由DHCP服务器在应答报文中填入。它包含空字符结尾的字符串,其中包括服务器的域名。
- 引导文件名(128字节):这是可选字段,由服务器在应答报文中填入。它包含空字符结尾的字符串,其中包括引导文件的全路径名。客户可以使用这个路径读取其他引导信息。
- 选项(长度可变):在DHCP选项清单中再增加几个选项,增加的一部分选项用来定义DHCP客户和服务器之间交换的报文类型,其他一些选项用来定义租用时间等参数。该字段的最大长度为312字节。

2. 报文类型

DHCP报文类型是通过DHCP报文格式中的选项部分进行定义的,它包括:

(1) DHCPDISCOVER报文,用于DHCP客户查找可用的DHCP服务器。

(2) DHCPOFFER报文,用于DHCP服务器对DHCPDISCOVER的响应,并提供IP地址以及其他配置参数。

(3) DHCPREQUEST报文,用于DHCP客户请求租用某个DHCP服务器提供的IP地址或请求DHCP服务器续租IP地址。

(4) DHCPACK报文,用于DHCP服务器对客户发送的DHCPREQUEST报文的确认,例如,对DHCP客户请求的IP地址的确认。

(5) DHCPDECLINE报文,用于DHCP客户向DHCP服务器指示该IP地址已经被占用。

(6) DHCPNAK报文,用于DHCP服务器对客户的否定应答,指示DHCP客户租期已到,或者请求续租的IP地址已经分配给其他客户。

(7) DHCPRELEASE报文,用于DHCP客户向服务器指示不再租用IP地址。

(8) DHCPINFORM报文,用于DHCP客户向DHCP服务器请求本地配置参数。

3. 工作过程

DHCP工作过程包括请求IP地址、续租IP地址及释放IP地址,如图6-18所示。

1)请求IP地址

(1) 发现阶段,即DHCP客户寻找DHCP服务器的阶段。DHCP客户以广播方式发

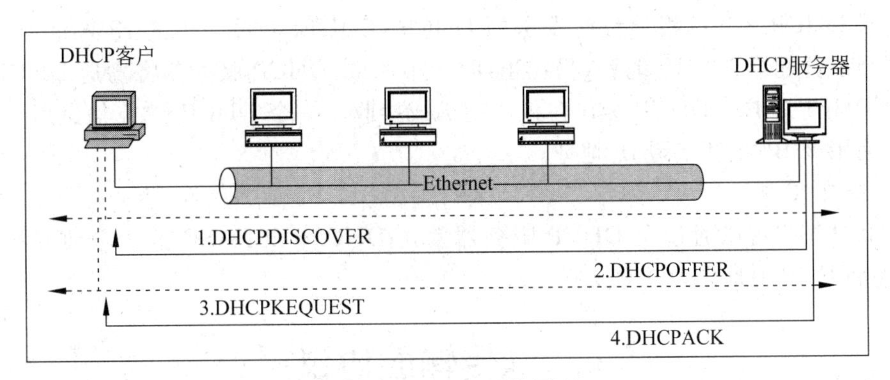

图 6-18　DHCP 工作原理

送 DHCPDISCOVER 报文,只有 DHCP 服务器才会响应。

(2) 提供阶段,即 DHCP 服务器提供 IP 地址的阶段。DHCP 服务器接收 DHCP 客户的 DHCPDISCOVER 报文后,从 IP 地址池中选择一个尚未分配的 IP 地址分配给 DHCP 客户,向该 DHCP 客户发送包含租借的 IP 地址和其他配置参数的 DHCPOFFER 报文。

(3) 选择阶段,即 DHCP 客户选择 IP 地址的阶段。如果有多台 DHCP 服务器向该 DHCP 客户发送 DHCPOFFER 报文,则 DHCP 客户从中随机挑选,然后以广播形式向各 DHCP 服务器回应 DHCPKEQUEST 报文,宣告使用它挑中的 DHCP 服务器提供的地址,并正式请求该 DHCP 服务器分配地址。其他所有发送 DHCPOFFER 报文的 DHCP 服务器接收到该数据报文后,将释放已经 OFFER(预分配)给 DHCP 客户的 IP 地址。

如果发送给 DHCP 客户的 DHCPOFFER 报文中包含无效的配置参数,DHCP 客户会向 DHCP 服务器发送 DHCPDECLINE 报文拒绝接收已经分配的配置信息。

(4) 确认阶段,即 DHCP 服务器确认所提供的 IP 地址的阶段。当 DHCP 服务器收到 DHCP 客户回答的 DHCPKEQUEST 报文后,便向 DHCP 客户发送包含它所提供的 IP 地址及其他配置信息的 DHCPACK 确认报文。然后,DHCP 客户将接收并使用 IP 地址及其他 TCP/IP 配置参数。

2) 续租 IP 地址

在 DHCP 中,每个 IP 地址都是有一定租期的,若租期已到,则 DHCP 服务器就可以将这个 IP 地址重新分配给其他计算机。因此,每个 DHCP 客户应该提前续租它已经租用的 IP 地址,服务器将回应 DHCP 客户的请求并更新租期。一旦服务器返回不能续租的信息,那么 DHCP 客户只能在租期到达时放弃原有的 IP 地址,重新申请一个新 IP 地址。为了避免发生问题,续租在租期达到 50%时就将启动,DHCP 客户通过发送 DHCPKEQUEST 报文请求续租 IP 地址,若 DHCP 服务器回应 DHCPACK 报文,通知 DHCP 客户已经更新租约,则续租成功。若此次续租不成功,则 DHCP 客户会在租期的 87.5%时再次续租。若 DHCP 服务器回应 DHCPACK 报文,通知 DHCP 客户已经更新租约,则续租成功,DHCP 客户继续使用原先分配的 IP 地址,否则租期一到就要释放该 IP 地址。

如果 DHCP 客户续租地址时发送的 DHCPKEQUEST 报文中的 IP 地址与 DHCP 服务器当前分配给它的 IP 地址(仍在租期内)不一致,DHCP 服务器将发送 DHCPNAK 消息给 DHCP 客户。DHCP 客户在租用期满或接收了一个 DHCPNAK 信息后,必须立即停止使用该 IP,重新申请 IP 地址。

3) 释放 IP 地址

DHCP 客户可以通过向 DHCP 服务器发送 DHCPRELEASE 报文主动释放 IP 地址,同时将其 IP 地址设为 0.0.0.0。

6.7 传输层协议

6.7.1 基本概念

传输层是网络层上的第1层,网络层负责数据在互联网中的传输,但它并不保证传输数据的可靠性,也不能说明在源端和目的端之间是哪两个进程在进行通信,这些工作是由传输层完成的。要理解传输层的功能,首先应该明白传输层端到端之间的通信和端口号的概念。

1. 端到端通信

在互联网中,任何两台通信的主机之间,从源端到目的端的信道都是由一段一段的点对点通信线路组成的(一个局域网中两台主机通信时只有一段点对点的线路)。如图 6-19 所示,该互联网由网络 1 和网络 2 组成。如果网络 1 中的主机 1 要向网络 2 中的主机 2 发送数据,则主机 1 的 IP 层把数据报先传输到本网络路由器的 IP 层,这是第一段点对点的线路;再由网络 1 的路由器把该数据报传输到网络 2 路由器的 IP 层,这是第二段点对点的线路;网络 2 的路由器把该数据报传输到本网络主机 2 的 IP 层,这是第三段点对点的线路。这种直接相连的节点之间对等实体(源节点的 IP 层和目的节点的 IP 层)的通信叫点对点通信。

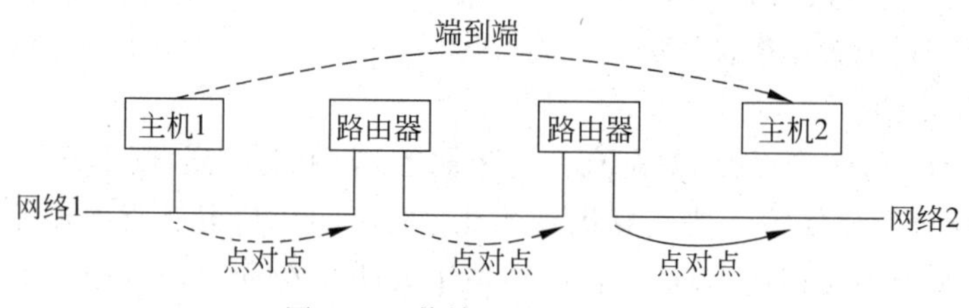

图 6-19 传输层端到端通信

点对点通信是由网络互联层实现的,网络互联层只屏蔽了不同网络之间的差异,构建了一个逻辑上的通信网络,因此它只解决数据通信问题。现在的问题是,在网络中传输的数据从源主机的何处而来,送到目的主机的何处去。回答这个问题很简单,因为源主机到目的主机之间的通信本质上是源主机上的应用程序与目的主机上的应用程序之间的通信,因此源主机上 IP 层要传输的数据来源于它的网络应用程序,最终要通过目的主机的

IP 层，送到目的主机上需要使用数据的某个特定网络应用程序中。这样，在源主机和目的主机之间，好像有一条直接的数据传输通路，它覆盖了低层点对点之间的传输过程，直接把源主机应用程序产生的数据传输到目的主机使用这些数据的应用程序中，这就是端到端(End to End)的通信。

端到端通信是建立在点对点通信基础之上的，它是比网络互联层通信更高一级的通信方式，完成应用程序(进程)之间的通信。端到端的通信是由传输层实现的。

2. 传输层端口

数据链路层接收数据帧之后，由数据帧中的协议类型字段(以太网)就可以知道要把数据送到高层的哪个协议。IP 层在收到低层送来的数据时，根据 IP 数据报头中的上层协议类型字段，就可以知道要把 IP 数据报送到高层的哪个协议。在 TCP/IP 协议的传输层上是应用层。现在用户使用的操作系统都是多任务操作系统，也就是说，在 IP 层上可能有多个网络应用程序(进程)在进行数据传输，那么传输层收到的数据究竟要送到哪个应用程序呢?

为了识别传输层之上不同的网络通信程序(进程)，传输层引入了端口的概念。在一台主机上，要进行网络通信的进程首先要向系统提出动态申请，由系统(操作系统内核)返回一个本地唯一的端口号，进程再通过系统调用把自己和这个特定的端口联系在一起，这个过程叫绑定(binding)。这样，每个要通信的进程都与一个端口号对应，传输层就可以使用其报文头中的端口号，把收到的数据送到不同的应用程序，如图 6-20 所示。

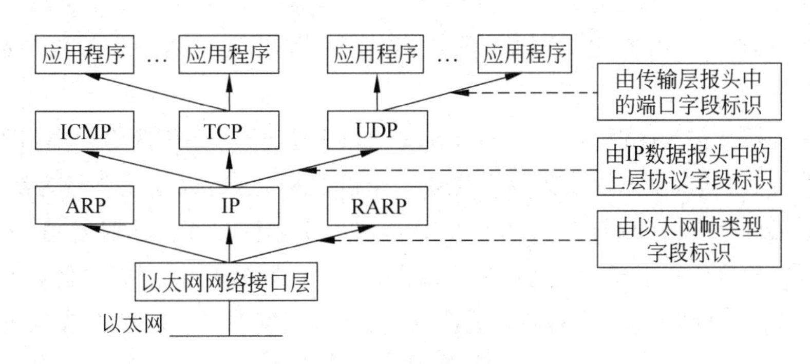

图 6-20　传输层端到端通信

在 TCP/IP 协议中，传输层使用的端口号用一个 16 位的二进制数表示。因此，在传输层如果使用 TCP 协议进行进程通信，则可用的端口号共有 2^{16} 个。由于 UDP 也是传输层一个独立于 TCP 的协议，因此使用 UDP 协议时也有 2^{16} 个不同的端口。

每个要通信的进程在通信之前都要先通过系统调用动态地申请一个端口号，TCP/IP 协议在进行设计时就把服务器上守候进程的端口号进行了静态分配。这些端口号由 Internet 号分配机构(Internet Assigned Numbers Authority，IANA)管理。一些常用服务的 TCP 和 UDP 的端口号见表 6-11 和表 6-12。

表 6-11 常用的 TCP 端口号

TCP 端口号	关 键 词	描 述
20	FTP-DATA	文件传输协议(数据连接)
21	FTP	文件传输协议(控制连接)
23	Telnet	远程登录协议
25	SMTP	简单邮件传输协议
53	Domain	域名服务器
80	HTTP	超文本传输协议
110	POP3	邮局协议 3
119	NNTP	网络新闻传递协议

表 6-12 常用的 UDP 端口号

TCP 端口号	关 键 词	描 述
53	Domain	域名服务器
67	BootPS	引导协议服务器
68	BootPC	引导协议客户机
69	TFTP	简单文件传输协议
161	SNMP	简单网络管理协议
162	SNMP-TRAP	简单网络管理协议陷阱

256～1023 的端口号通常都是由 UNIX 系统占用的,以提供一些特定的 UNIX 服务。现在 IANA 管理 1～1023 所有的端口号。任何 TCP/IP 实现所提供的服务都使用 1～1023 的端口号。

客户端口号又称为临时端口号(即存在时间很短暂)。这是因为客户端口号是在客户程序要进行通信之前,动态地从系统申请的一个端口号,然后以该端口号为源端口,使用某个常用的端口号为目的端口号(如在 TCP 协议上要进行文件传输时使用 21)进行客户端到服务器端的通信。通信完成后,客户端的端口号就被释放,而服务器则只要主机开着,其服务在运行,相应端口上的服务就存在。另外,当服务器要向客户端传输数据时,由于服务器可以从客户的请求报文中获得其端口号,因此也可以正常通信。大多数 TCP/IP 实现时,给临时端口分配 1024～5000 的端口号。大于 5000 的端口号是为其他服务预留的(Internet 上并不常用的服务)。

6.7.2 传输控制协议 TCP

在传输层,如果要保证端到端数据传输的可靠性,就要使用 TCP 协议。TCP 提供面向连接的、可靠的数据流服务。因为它的高可靠性,使 TCP 协议成为传输层最常用的协议,同时也是一个比较复杂的协议。TCP 和 IP 一样,是 TCP/IP 协议族中最重要的协议。

1. TCP 报文段格式

TCP 报文段(常称为段)与 UDP 数据报一样也是封装在 IP 中进行传输的,只是 IP 报文的数据区为 TCP 报文段。TCP 报文段的格式如图 6-21 所示。

<table>
<tr><td colspan="8">0　　　　　　　　15</td><td>16　　　　　　　　31</td></tr>
<tr><td colspan="8">TCP源端口号(16位)</td><td>TCP目的端口号(16位)</td></tr>
<tr><td colspan="9">序列号(32位)</td></tr>
<tr><td colspan="9">确认号(32位)</td></tr>
<tr><td>首部长度
(4位)</td><td>保留
(6位)</td><td>U
R
G</td><td>A
C
K</td><td>P
S
H</td><td>R
S
T</td><td>S
Y
N</td><td>F
I
N</td><td>窗口大小
(16位)</td></tr>
<tr><td colspan="8">校验和(16位)</td><td>紧急指针(16位)</td></tr>
<tr><td colspan="9">选项+填充</td></tr>
<tr><td colspan="9">数据区</td></tr>
</table>

图 6-21　TCP 报文段的格式

1) TCP 源端口号

TCP 源端口号长度为 16 位,用于标识发送方通信进程的端口。目的端在收到 TCP 报文段后,可以用源端口号和源 IP 地址标识报文的返回地址。

2) TCP 目的端口号

TCP 目的端口号长度为 16 位,用于标识接收方通信进程的端口。源端口号与 IP 头部中的源端 IP 地址,目的端口号与目的端 IP 地址,这 4 个数就可以唯一确定从源端到目的端的一对 TCP 连接。

3) 序列号

序列号长度为 32 位,用于标识 TCP 发送端向 TCP 接收端发送数据字节流的序号。序列号的实际值等于该主机选择的本次连接的初始序号(Initial Sequence Number,ISN)加上该报文段中第 1 个字节在整个数据流中的序号。由于 TCP 为应用层提供的是全双工通信服务,这意味着数据能在两个方向上独立地进行传输,因此,连接的每一端必须保持每个方向上传输数据的序列号到达 $2^{32}-1$ 后又从 0 开始。序列号保证了数据流发送的顺序性,是 TCP 提供的可靠性保证措施之一。

4) 确认号

确认号长度为 32 位。因为接收端收到的每个字节都被计数,所以确认号可用来标识接收端希望收到的下一个 TCP 报文段第 1 个字节的序号。确认号包含发送确认的一端希望收到的下一个字节的序列号,因此确认号应当是上次已成功收到数据字节的序列号加 1。确认号字段只有 ACK 标志(下面介绍)为 1 时才有效。

5) 头部长度

该字段用 4 位二进制数表示 TCP 头部的长短,它以 32 位二进制数为一个计数单位。TCP 头部长度一般为 20 字节,因此通常它的值为 5。但当头部包含选项时该长度是可变的。头部长度主要用来标识 TCP 数据区的开始位置,因此又称为数据偏移。

6) 保留

保留字段长度为6位,该域必须置0,准备为将来定义TCP新功能时使用。

7) 标志

标志域长度为6位,每一位标志可以打开或关闭一个控制功能,这些控制功能与连接的管理和数据传输控制有关,其内容如下所述。

- URG:紧急指针标志,置1时紧急指针有效。
- ACK:确认号标志,置1时确认号有效;为0时,TCP头部中包含的确认号字段应被忽略。
- PSH:push操作标志,当置1时表示要对数据进行push操作。push操作的功能是:在一般情况下,TCP要等待到缓冲区满时才把数据发送出去,而当TCP软件收到一个push操作时,则表明该数据要立即进行传输,因此TCP协议层首先把TCP头部中的标志域PSH置1,并不等缓冲区满就把数据立即发送出去;同样,接收端在收到PSH标志为1的数据时,也立即将收到的数据传输给应用程序。
- RST:连接复位标志,表示由于主机崩溃或其他原因而出现错误时的连接。可以用它来表示非法的数据段或拒绝连接请求。例如,当源端请求建立连接的目的端口上没有服务进程时,目的端产生一个RST置位的报文,或当连接的一端非正常终止时,它也要产生一个RST置位的报文。一般情况下,产生并发送一个RST置位的TCP报文段的一端总是发生了某种错误或操作无法正常进行。
- SYN:同步序列号标志,用来发起一个连接的建立,也就是说,只有在连接建立的过程中SYN才被置1。
- FIN:连接终止标志,当一端发送FIN标志置1的报文时,告诉另一端已无数据可发送,即已完成了数据发送任务,但它还可以继续接收数据。

8) 窗口大小

窗口大小字段长度为16位,它是接收端的流量控制措施,用来告诉另一端它的数据接收能力。连接的每一端把可以接收的最大数据长度(其本质为接收端TCP可用的缓冲区大小)通过TCP发送报文段中的窗口字段通知对方,对方发送数据的总长度不能超过窗口大小。窗口的大小用字节数表示,它起始于确认号字段指明的值,窗口最大长度为65 535字节。通过TCP报文段头部的窗口刻度选项,它的值可以按比例变化,以提供更大的窗口。

9) 校验和

校验和字段长度为16位,用于进行差错校验。校验和覆盖了整个TCP报文段的头部和数据区。

10) 紧急指针

紧急指针字段长度为16位,只有当URG标志置1时紧急指针才有效,它的值指向紧急数据最后一个字节的位置(如果把它的值与TCP头部中的序列号相加,则表示紧急数据最后一个字节的序号,在有些实现中指向最后一个字节的下一个字节)。如果URG标志没有被设置,紧急指针域用0填充。

11) 选项

选项的长度不固定,通过选项使TCP可以提供一些额外的功能。每个选项由选项类型(占 1 字节)、该选项的总长度(占 1 字节)和选项值组成,如图 6-22 所示。

选项类型(1字节)	总长度(1字节)	选项值(有些选项没有选项值)

图 6-22　TCP 选项格式

12) 填充

填充字段的长度不定,用于填充以保证 TCP 头部的长度为 32 位的整数倍,值全为 0。

2. TCP 连接的建立与关闭

TCP 是一个面向连接的协议,TCP 协议的高可靠性是通过发送数据前先建立连接,结束数据传输时关闭连接,在数据传输过程中进行超时重发、流量控制和数据确认,对乱序数据进行重排以及前面讲过的校验和等机制实现的。

下面讨论连接建立和关闭的问题。

TCP 在 IP 之上工作,IP 本身是一个无连接的协议,在无连接的协议之上要建立连接,对初学者来说,这是一个较难理解的一个问题。但读者一定要清楚,这里的连接是指在源端和目的端之间建立的一种逻辑连接,使源端和目的端在进行数据传输时彼此达成某种共识,相互可以识别对方及其传输的数据。连接的 TCP 协议层的内部表现为一些缓冲区和一组协议控制机制,外部表现为比无连接的数据传输具有更高的可靠性。

1) 建立连接

在互联网中两台要进行通信的主机,在一般情况下,总是其中的一台主动提出通信的请求(客户机),另一台被动地响应(服务器)。如果传输层使用 TCP 协议,则在通信之前要求通信的双方首先要建立一条连接。TCP 使用"3 次握手"(3-way Handshake)法建立一条连接。所谓 3 次握手,就是指在建立一条连接时通信双方要交换 3 次报文。具体过程如下。

第 1 次握手:由客户机的应用层进程向其传输层 TCP 协议发出建立连接的命令,则客户机 TCP 向服务器上提供某特定服务的端口发送一个请求建立连接的报文段,该报文段中 SYN 被置 1,同时包含一个初始序列号 x(系统保持着一个随时间变化的计数器,建立连接时该计数器的值即为初始序列号,因此不同的连接初始序列号不同)。

第 2 次握手:服务器收到建立连接的请求报文段后,发送一个包含服务器初始序号 y,SYN 被置 1,确认号置为 $x+1$ 的报文段作为应答。确认号加 1 是为了说明服务器已正确收到一个客户连接请求报文段,因此从逻辑上来说,一个连接请求占用了一个序号。

第 3 次握手:客户机收到服务器的应答报文段后,也必须向服务器发送确认号为 $y+1$ 的报文段进行确认。同时客户机的 TCP 协议层通知应用层进程,连接已建立,可以进行数据传输了。

通过以上 3 次握手,两台要通信的主机之间就建立了一条连接,相互知道对方的哪个进程在与自己进行通信,通信时对方传输数据的顺序号应该是多少。连接建立后通信的双方可以相互传输数据,并且双方的地位是平等的。如果在建立连接的过程中握手报文段丢失,则可以通过重发机制进行解决。如果服务器端关机,则客户端收不到服务器端的确认,客户端按某种机制重发建立连接的请求报文段若干次后,就通知应用进程,连接不能建立(超时)。还有一种情况是当客户请求的服务在服务器端没有对应的端口提供时,服务器端以一个复位报文应答(RST=1),连接也不能建立。最后要说明一点,建立连接的TCP报文段中只有报文头(无选项时长度为20字节),没有数据区。

2)关闭连接

由于TCP是一个全双工协议,因此在通信过程中两台主机都可以独立地发送数据,完成数据发送的任何一方可以提出关闭连接的请求。关闭连接时,由于在每个传输方向既要发送一个关闭连接的报文段,又要接收对方的确认报文段,因此关闭一个连接要经过4次握手。具体过程如下(下面设客户机首先提出关闭连接的请求)。

第1次握手:由客户机的应用进程向其TCP协议层发出终止连接的命令,则客户TCP协议层向服务器TCP协议层发送一个FIN被置1的关闭连接的TCP报文段。

第2次握手:服务器的TCP协议层收到关闭连接的报文段后,就发出确认,确认号为已收到的最后一个字节的序列号加1,同时把关闭的连接通知其应用进程,告诉它客户机已经终止了数据传送。在发送完确认后,服务器如果有数据要发送,则客户机仍然可以继续接收数据,因此把这种状态叫半关闭(Half-close)状态,因为服务器仍然可以发送数据,并且可以收到客户机的确认,只是客户方已无数据发向服务器了。

第3次握手:如果服务器应用进程也没有要发送给客户方的数据了,就通告其TCP协议层关闭连接。这时服务器的TCP协议层向客户机的TCP协议层发送一个FIN置1的报文段,要求关闭连接。

第4次握手:同样,客户机收到关闭连接的报文段后,向服务器发送一个确认,确认号为已收到数据的序列号加1。当服务器收到确认后,整个连接被完全关闭。

连接建立和关闭的过程如图6-23所示,该图是通信双方正常工作时的情况。关闭连接时,图中的u表示服务器已收到数据的序列号,v表示客户机已收到数据的序列号。

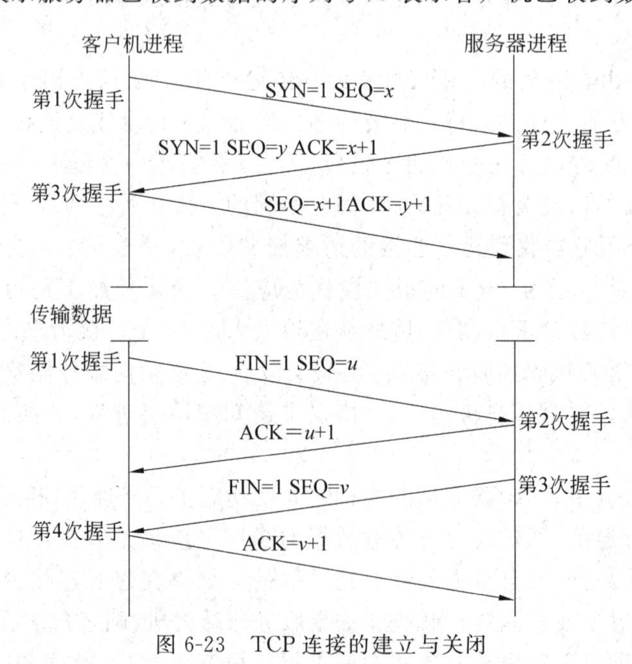

图6-23 TCP连接的建立与关闭

3. TCP的超时重发机制

TCP协议提供的是可靠的传输层。前面已经看到,接收方对收到的所有数据要进行确认,TCP的确认是对收到的字节流进行累计确认。发送TCP报文段时,头部的“确认号”就指出该端希望接收的下一个字节的序号,其含义是在此之前的所有数据都已经正确收到,请发送从确认号开始的数据。

TCP的确认方式有两种:一种是利用只有TCP头部,而没有数据区的专门确认报文段进行确认;另一种是当通信双方都有数据要传输时,把确认“捎带”在要传输的报文段中进行确认,因此TCP的确认报文段和普通数据报文段没有什么区别。数据和确认都有可能在传输过程中丢失,为此,TCP通过在发送数据时设置一个超时定时器来解决这个问题。在数据传送出去的同时定时器开始计数,如果当定时器到(溢出)时还没有收到接收方的确认,那么就重发该数据,定时器也开始重新计时,这就是超时重发。

4. UDP协议

UDP(User Datagram Protocol)是与网络层相邻的上一层常用的一个非常简单的协议,它的主要功能是在IP层之上提供协议端口功能,以标识源主机和目的主机上的通信进程。因此,UDP只能保证进程之间通信的最基本要求,而没有提供数据传输过程中的可靠性保证措施,通常把它称为无连接、不可靠的通信协议。

UDP协议具有如下特点:

(1) UDP是一种无连接、不可靠的数据报传输服务协议。UDP不与远端的UDP模块保持端到端的连接,它仅仅是把数据报发向网络,并从网络接收传来的数据报。关于连接的问题,学完TCP后可能更容易理解。

(2) UDP对数据传输过程中唯一的可靠保证措施是进行差错校验,如果发生差错,则只是简单地抛弃该数据报。

(3) 如果目的端收到的UDP数据报中的目的端口号不能与当前已使用的某端口号匹配,则将该数据报抛弃,并发送目的端口不可达的ICMP差错报文。

(4) UDP协议设计时简单性,是为了保证UDP在工作时的高效性和低延时性。因此,在服务质量较高的网络中(如局域网),UDP可以高效地工作。

(5) UDP常用于传输延时小,对可靠性要求不高,有少量数据要进行传输的情况,如DNS(域名服务)、TFTP(简单文件传输)等。

6.8 应用层协议

6.8.1 DNS

1. 域名系统概述

在Internet中,由于采取了统一的IP地址,使得网络上的任意两台主机都可以很方便地进行通信,但IP地址是一个32位的二进制数,即使使用4个点分十进制数来表示,也很抽象难以记忆,因此,使用一种助记法——“域名”,使用域名便于联想记忆。但域名不能直接在互联网上使用,必须将其转换成主机的IP地址,因此,要建立一个域名到主机IP地址的映射关系,这就是域名系统。只要用户输入一个主机名字,计算机就可以很快地将这个主机名字转换成机器能够识别的二进制IP地址。

虽然从理论上讲,可以只使用一台计算机,就可以回答所有对IP地址的查询。然而这种做法并不可取。因为随着因特网规模的扩大,这台计算机肯定会因超负荷而无法正常工作,而且这台计算机一旦出现故障,整个因特网就会瘫痪。1983年因特网开始采用层次结构的命名树作为主机的名字,并使用分布式的域名系统(Domain Name System, DNS),如图6-24所示。

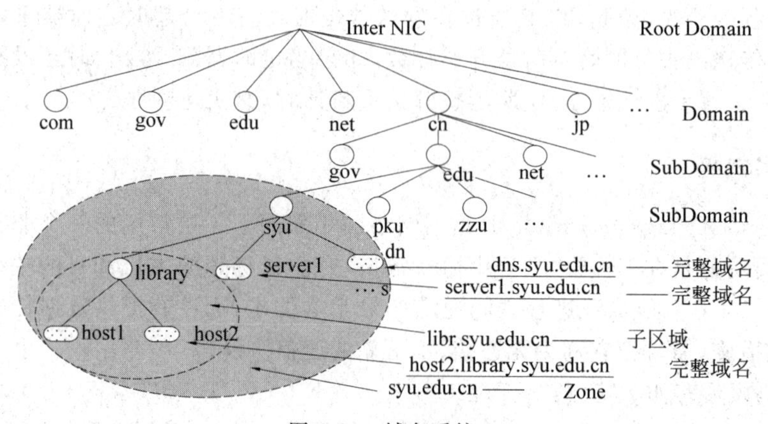

图6-24 域名系统

因特网的域名系统DNS是一个联机分布式数据库系统,域名到IP地址的映射是由一组域名服务器完成的(运行域名服务软件的计算机称为域名服务器)。并采用客户服务器方式。DNS使大多数名字都在本地解析,仅少量解析需要在因特网上通信,因此系统效率很高。由于DNS是分布式系统,即使单个计算机出了故障,也不会妨碍整个系统的正常运行。

域名的解析过程如下:当某一个应用进程需要将主机名解析为IP地址时,该应用进程就成为域名系统DNS的一个客户,并把待解析的域名放在DNS请求报文中,以UDP数据报方式发给本地域名服务器(使用UDP是为了减少开销)。本地的域名服务器在查找域名后,把对应的IP地址放在回答报文中返回。应用进程获得目的主机的IP地址后即可进行通信(见图6-25)。

若本地域名服务器不能回答该请求,则此域名服务器就暂时成为DNS中的另一个客户,并向其他域名服务器发出查询请求。这种过程直至找到能够回答该请求的域名服务器为止。

2. 因特网的域名结构

早期的因特网使用了非等级的名字空间,其优点是名字简短。但当因特网上的用户数急剧增加时,用非等级的名字空间来管理一个很大的而且是经常变化的名字集合是非

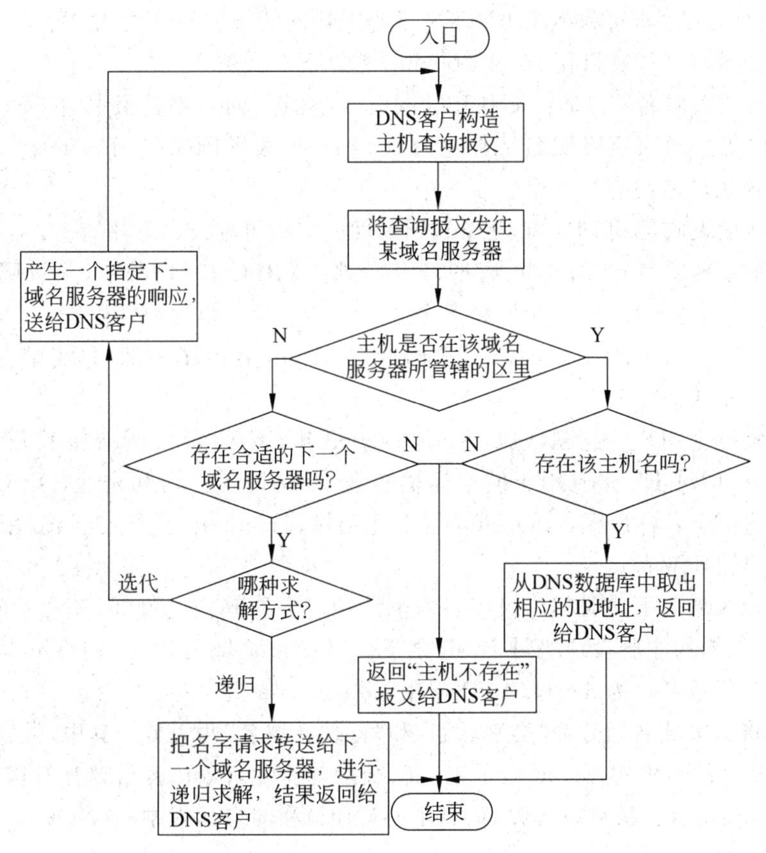

图 6-25　域名的解析过程

常困难的。因此因特网后来就采用了层次树状结构的命名方法，就像全球邮政系统和电话系统那样。采用这种命名方法，任何一个连接在因特网上的主机或路由器，都有一个唯一的层次结构的名字，即域名(domain name)。这里，“域”(domain)是名字空间中一个可被管理的划分。域还可以继续划分为子域，如二级域、三级域等见图 6-24 示例。

域名的结构由若干个分量组成，各分量之间用点(请读者注意，是英文小数点的点，这个点的位置在这个字符的正中央)隔开：.... 三级域名，二级域名・顶级域名

各分量分别代表不同级别的域名。每一级的域名都由英文字母和数字组成(不超过 63 个字符，并且不区分大小写字母)，级别最低的域名写在最左边，而级别最高的顶级域名则写在最右边。完整的域名不超过 255 个字符。域名系统既不规定一个域名需要包含多少个下级域名，也不规定每一级的域名代表什么意思。各级域名由其上一级的域名管理机构管理，而最高的顶级域名则由因特网的有关机构管理。用这种方法可使每一个名字都是唯一的，并且也容易设计出一种查找域名的机制。需要注意的是，域名只是一个逻辑概念，并不代表计算机所在的物理地点。总之，变长的域名和使用有助于记忆的字符串，是为了便于使用。而 IP 地址是定长的 32 位二进制数字，是为了便于机器进行处理。

这里需要注意，域名中的“点”和点分十进制 IP 地址中的“点”并无一一对应的关系。点分十进制 IP 地址中共有 3 个“点”，但域名中“点”的数目则不一定正好是 3 个。

在1998年以后,非营利组织ICANN成为因特网的域名管理机构[W-ICANN]。

现在顶级域名TLD(Top Level Domain)有以下3大类。

(1) 国家顶级域名nTLD:采用ISO 3166的规定。如.cn表示中国,.us表示美国,.uk表示英国等。国家顶级域名又常记为ccTLD(cc表示国家代码country-code),现在使用的国家顶级域名约有200个。

(2) 国际顶级域名iTLD:采用.int,国际性的组织可在.int下注册。

(3) 通用顶级域名gTLD:根据1994年公布的【RFC 1591】规定,顶级域名共7个,即.com表示公司企业,.net表示网络服务机构,.org表示非营利性组织,.edu表示教育机构(美国专用),.gov表示政府部门(美国专用),.mil表示军事部门(美国专用),.arpa用于反向域名解析。

由于因特网上用户的急剧增加,在2001/2002年,ICANN又新增加了7个通用顶级域名[W-NewTLD],即.aero用于航空运输企业,.biz用于公司和企业,.coop用于合作团体,.info适用于各种情况,.museum用于博物馆,.name用于个人,.pro用于会计、律师和医师等自由职业者。

在国家顶级域名下注册的二级域名均由该国家自行确定。例如,荷兰就不再设二级域名,其所有机构均注册在顶级域名.nl之下。又如顶级域名为.jp的日本,将其教育和企业机构的二级域名定为.ac和.co(而不用.edu和.com)。

我国则将二级域名划分为"类别域名"和"行政区域名"两大类。其中,类别域名6个,分别为.ac表示科研机构,.com表示工、商、金融等企业,.edu表示教育机构,.gov表示政府部门,.net表示互联网络,网络信息中心(NIC)和网络运行中心(NOC),.org表示各种非营利性的组织。

行政区域名34个,适用于我国的各省、自治区、直辖市。例如,.bj为北京市,.sh为上海市,js为江苏省等。

在我国,在二级域名.edu下申请注册三级域名则由中国教育和科研计算机网网络中心负责。在二级域名.edu之外的其他二级域名下申请注册三级域名的,则应向中国互联网网络信息中心CNNIC申请。关于我国的互联网络发展情况以及各种规定,均可在CNNIC的网址上找到[W-CNIC]。

图6-24是因特网名字空间的结构,它实际上是一个倒过来的树,树根在最上面而没有名字。树根下面一级的节点就是最高一级的顶级域节点。在顶级域节点下面的是二级域节点。最下面的叶节点就是单台计算机。

这里还要强调指出,因特网的名字空间是按照机构的组织划分的,与物理的网络无关,与IP地址中的"子网"也没有关系。

3. 用域名服务器进行域名解析

每一个域名服务器不但能够进行一些域名到IP地址的解析,而且还必须具有连向其他域名服务器的信息。当自己不能进行域名到IP地址的转换时,就能够知道到什么地方去找别的域名服务器。

因特网上的域名服务器系统也是按照域名的层次来安排的。每一个域名服务器都只对域名体系中的一部分进行管辖。现在共有以下3种不同类型的域名服务器。

(1) 本地域名服务器(local name server)：每一个因特网服务提供者ISP，或一个大学，甚至一个大学里的系，都可以拥有一个本地域名服务器，它有时也称为默认域名服务器。当一个主机发出DNS查询报文时，这个查询报文就首先被送往该主机的本地域名服务器(用户在上网之前利用Windows操作系统对DNS进行配置时，就必须输入本地ISP给出的本地DNS的IP地址)。本地域名服务器离用户较近，一般不超过几个路由器的距离。若所要查询的主机也处在本地ISP的管辖范围，那么本地域名服务器就立即能把所查询的主机名转换为IP地址，而不需要再去询问其他域名服务器。

(2) 根域名服务器(root name server)：目前在因特网上有十几个根域名服务器，大部分都在北美。当一个本地域名服务器不能立即回答某个主机的查询时(因为它没有保存被查询主机的信息)，该本地域名服务器就以DNS客户的身份向某一个根域名服务器查询。若根域名服务器有被查询主机的信息，就发送DNS回答报文给本地域名服务器，然后本地域名服务器再回答发起查询的主机。但当根域名服务器没有被查询主机的信息时，它一定知道某个保存有被查询主机名字映射的授权域名服务器的IP地址(见下一段)。通常根域名服务器用来管辖顶级域(如.com)。根域名服务器并不直接对顶级域下面所属的所有的域名进行转换，但它一定能够找到下面的所有二级域名的域名服务器。

(3) 授权域名服务器(authoritative name server)：每一个主机都必须在授权域名服务器处注册登记。通常，一个主机的授权域名服务器就是它的本地ISP的一个域名服务器。实际上，为了更加可靠地工作，一个主机最好有至少两个授权域名服务器。许多域名服务器同时充当本地域名服务器和授权域名服务器。授权域名服务器总是能够将其管辖的主机名转换为该主机的IP地址。

6.8.2 FTP和TFTP

FTP和TFTP都是为互联网提供文件传输的协议，它们的差别是：FTP协议是面向连接的，使用TCP传输机制，而TFTP是无连接的不可靠传输，使用UDP传输机制。

1. FTP的功能与工作原理

在因特网上进行文件传输的原理很简单。FTP是以客户机/服务器模式工作的。如图6-26所示，FTP文件传输过程是指用户通过客户机和服务器进行“请求-服务”的会话过程，会话采用的协议是FTP协议。

图6-26　FTP文件传输协议原理

1) FTP服务器主要功能

FTP服务器是指因特网上文件驻留和提供文件传输服务的计算机系统，其中运行着服务器程序，其主要功能包括：

(1) 对远程客户机发出的“连接”、“关闭”请求做出响应,建立客户机与服务器之间的连接以及释放连接;

(2) 支持开放性公用访问;

(3) 支持对FTP文件库的管理及应用;

(4) 支持以不同方式(比如,FTP命令方式、E-mail方式)对不同类型的文件(比如,ASCII文件、图形文件、图像文件、音频文件、其他二进制文件以及各种压缩文件)进行远程传输;

(5) 提供用户“求助(help)”信息;

(6) 支持文件打印;

(7) 支持出错处理。

2) FTP客户机主要功能

FTP客户机是指用户进行文件传输时面对的主机系统,其主要功能包括:

(1) 向远程FTP服务器提出服务请求;

(2) 支持FTP用户界面的操作管理;

(3) 支持FTP对各种文件的传输、复制、打印和管理。

当用户使用FTP访问作为服务器的一台远程计算机时,首先在本地计算机启动FTP的客户机程序,提交与指定服务器连接的请求。一旦远程计算机响应并且实现连接,就在这两台计算机之间建立起一条临时通路,以便执行会话命令和传输文件。当用户完成文件传输操作以后,对服务器发出释放连接的请求,结束整个FTP会话过程。

FTP客户机和FTP服务器凭借FTP协议进行的全部会话(即通信活动),主要依靠TCP/IP协议进行。对于不采用TCP/IP的系统,可以通过协议转换软件来解决信息传输问题。因此,在因特网上使用FTP传输文件时不受机器类型的限制。

为了支持FTP的应用,计算机厂家还开发了各种功能强大的专用FTP支持软件(即FTP工具),主要有IBM公司推出的用于VM/CMS和UNIX的FTP工具,Novell公司推出的用于MS-DOS的FTP工具,以及NCSA公司推出的Telnet/FTP工具等。

2. FTP连接的建立

用户在本地计算机上运行FTP客户机程序时,FTP需要指定将要交换文件的计算机。此时,可以利用下面的命令来完成:

```
%ftp<remote-machine-name>
```

其中,提示符%表示在UNIX系统下执行命令。远程主机名(remote machine name)是指用户想要连接的计算机名称。运行FTP程序,并且连接到远程主机上。当有些系统不能处理某些域名地址时,也可以使用远程主机的IP地址(比如,202.106.184.84)。远程计算机可以是因特网上的任何一台主机,不管其操作系统是UNIX、IBM/VM、Macintosh还是DOS系统。

当FTP准备好与远程计算机的连接以后,要求输入注册名和口令。远程主机如果是DOS和Macintosh操作系统,FTP只需要输入注册名,因为这类操作系统上没有口令安全保护功能。如果在 name 的光标处回车，FTP 将发送用户在本地系统使用的注册名。本地系统的名字和默认的注册名会显示在 name 后的括号中。作为捷径，也可以输入回车代替全名。与本地注册一样，用户使用的注册名确定了用户可以访问哪些远程文件。需要记住的是，用户必须使用符合远程系统所要求的注册名和口令。当远程系统接受用户的注册名和口令以后，用户就可以随时开始传输文件了。

当出现 ftp>提示符时，提示用户可以进一步执行相关的 FTP 命令。

6.8.3　SMTP

简单邮件传输协议（Simple Mail Transfer Protocol，SMTP）是事实上的在 Internet 传输 E-mail 标准。

SMTP 是一个相对简单的基于文本的协议。在其之上指定了一条消息的一个或多个接收者（在大多数情况下被确认是存在的），然后消息文本会被传输。可以很简单地通过 telnet 程序测试一个 SMTP 服务器。SMTP 使用 TCP 端口 25。要为一个给定的域名决定一个 SMTP 服务器，需要使用 MX（Mail eXchange）DNS。

在 20 世纪 80 年代早期 SMTP 开始被广泛使用。当时，它只是作为 UUCP 的补充，UUCP 更适合于处理在间歇连接的机器间传送邮件。相反，SMTP 在发送和接收的机器始终连接在网络的情况下工作得最好。

Sendmail 是最早实现 SMTP 的邮件传输代理之一。到 2001 年至少有 50 个程序将 SMTP 实现为一个客户端（消息的发送者）或一个服务器（消息的接收者）。一些其他流行的 SMTP 服务器程序包括 Philip Hazel 的 exim、IBM 的 Postfix、D. J. Bernstein 的 Qmail 以及 Microsoft Exchange Server。

由于这个协议开始是基于纯 ASCII 文本的，它在二进制文件上处理得并不好。诸如 MIME 的标准被开发来编码二进制文件以使其通过 SMTP 传输。今天，大多数 SMTP 服务器都支持 8 位 MIME 扩展，它使二进制文件的传输变得几乎和纯文本一样简单。

SMTP 是一个“推”的协议，它不允许根据需要从远程服务器上“拉”来消息。要做到这点，邮件客户端必须使用 POP3 或 IMAP。另一个 SMTP 服务器可以使用 ETRN 在 SMTP 上触发一个发送。

SMTP 通信举例：

在发送方（客户端）和接收方（服务器）间建立连接之后，接下来是一个合法的 SMTP 会话。在下面的对话中，所有客户端发送的都以 C：作为前缀，所有服务器发送的都以 S：作为前缀。在多数计算机系统上，可以在发送的机器上使用 telnet 命令建立连接，例如，telnet www. example. com 25。

它打开一个从发送的机器到主机 www. example. com 的 SMTP 连接。

```
S: 220 www.example.com ESMTP Postfix
C: HELO mydomain.com
S: 250 Hello mydomain.com
C: MAIL FROM: <sender@mydomain.com>
S: 250 Ok
```

```
C: RCPT TO: <friend@example.com>
S: 250 Ok
C: DATA
S: 354 End data with <CR><LF>.<CR><LF>
C: Subject: test message
C: From:""<sender@mydomain.com>
C: To:""<friend@example.com>
C:
C: Hello,
C: This is a test.
C: Goodbye.
C: .
```

虽然是可选的,但几乎所有的客户端都会使用 EHLO 问候消息(而不是上面所示的 HELO)来询问服务器支持何种 SMTP 扩展,邮件的文本体(接着 DATA)一般是典型的 MIME 格式。

6.8.4 Telnet

Telnet 协议是 TCP/IP 协议族的其中之一,是 Internet 远端登录服务的标准协议和主要方式,常用于网页服务器的远端控制,可供使用者在本地主机执行远端主机上的工作。

在分布式计算环境中,人们常常需要调用远程计算机的资源同本地计算机协同工作,这样就可以用多台计算机共同完成一个较大的任务。这种协同操作的工作方式就要求用户能够登录远程计算机中去启动某个进程,并使进程之间能够相互通信。为了达到这个目的,人们开发了远程终端协议,即 Telnet 协议。Telnet 协议是 TPC/IP 的一部分,它精确地定义了远程登录客户机与远程登录服务器之间的交互过程。

远程登录是 Internet 最早提供的基本服务功能之一。Internet 中的用户远程登录是指用户使用 Telnet 命令,使自己的计算机暂时成为远程计算机的一个仿真终端的过程。一旦用户成功地实现远程登录,用户使用的计算机就可以像一台与对方计算机直接连接的本地终端一样进行工作。

远程登录允许任意类型的计算机之间进行通信。远程登录之所以能提供这种功能,主要是因为所有的运行操作都是在远程计算机上完成的,用户的计算机仅仅是作为一台仿真终端向远程计算机传送击键信息和显示结果。

Internet 的远程登录服务的主要作用如下。

- 允许用户与在远程计算机上运行的程序进行交互。
- 当用户登录到远程计算机时,可以执行远程计算机上的任何应用程序,并且能屏蔽不同型号计算机之间的差异。
- 用户可以利用个人计算机去完成许多只有大型计算机才能完成的任务。

1. Telnet 协议与工作原理

协议族中有两个远程登录协议:Telnet 协议和 rlogin 协议。

系统的差异性是指不同厂家生产的计算机在硬件或软件方面的不同。系统的差异性给计算机系统的互操作性带来了很大的困难。Telnet 协议的主要优点之一是能够解决多种不同的计算机系统之间的互操作问题。

不同计算机系统的差异性首先表现在不同系统对终端键盘输入命令的解释上。例如,有的系统的行结束标志为 return 或 enter,有的系统使用 ASCII 字符的 CR,有的系统则用 ASCII 字符的 LF。键盘定义的差异性给远程登录带来了很多的问题。为了解决系统的差异性,Telnet 协议引入了网络虚拟终端(Network Virtual Terminal,NVT)的概念,它提供了一种专门的键盘定义,用来屏蔽不同计算机系统对键盘输入的差异性。

rlogin 协议是 Sun 公司专为 BSD UNIX 操作系统开发的远程登录协议,它只适用于 UNIX 操作系统,因此还不能很好地解决异质系统的互操作性。

Telnet 同样也是采用了客户机/服务器模式。在远程登录过程中,用户的实终端采用用户终端的格式与本地 Telnet 客户机程序通信;远程主机采用远程系统的格式与远程 Telnet 服务器进程通信。通过 TCP 连接,Telnet 客户机程序与 Telnet 服务器程序之间采用了网络虚拟终端(NVT)标准进行通信。NVT 格式将不同的用户本地终端格式统一起来,使得各个不同的用户终端格式只与标准的 NVT 格式打交道,而与各种不同的本地终端格式无关。Telnet 客户机程序与 Telnet 服务器程序一起完成用户终端格式、远程主机系统格式与标准 NVT 格式的转换,如图 6-27 所示。

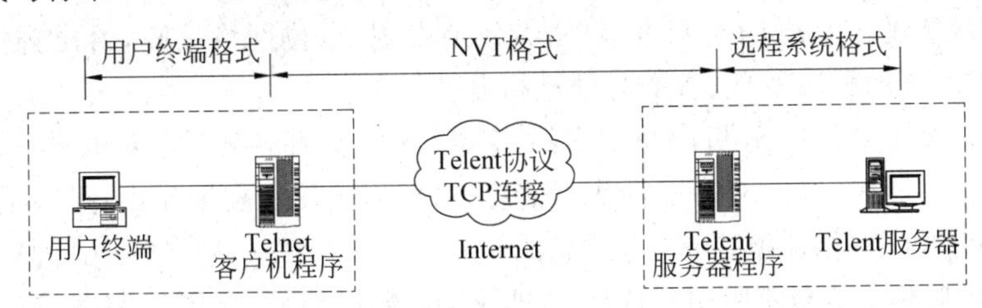

图 6-27 Telnet 的工作模式

2. Telnet 的使用

使用 Telnet 的条件是用户本身的计算机或向用户提供 Internet 访问的计算机是否支持 Internet 命令。用户进行远程登录时有两个条件。

- 用户在远程计算机上应该具有自己的用户账户,包括用户名与用户密码。
- 远程计算机提供公开的用户账户,供没有账户的用户使用。

用户在使用 Telnet 命令进行远程登录时,首先应在 Telnet 命令中给出对方计算机的主机名或 IP 地址,然后根据对方系统的询问正确输入自己的用户名与用户密码。有时还要根据对方的要求回答自己所使用的仿真终端的类型。

Internet 有很多信息服务机构提供开放式的远程登录服务,登录到这样的计算机时,不需要事先设置用户账户,使用公开的用户名就可以进入系统。这样,用户就可以使用 Telnet 命令,使自己的计算机暂时成为远程计算机的一个仿真终端。一旦用户成功地实现了远程登录,用户就可以像远程主机的本地终端一样进行工作,并可使用远程主机对外开放的全部资源,如硬件、程序、操作系统、应用软件及信息资源。

Telnet 也经常用于公共服务或商业目的。用户可以使用 Telnet 远程检索大型数据库、公众图书馆的信息资源库或其他信息。

6.8.5 SNMP

简单网络管理协议(Simple Network Management Protocol,SNMP)构成了互联网工程工作小组(Internet Engineering Task Force,IETF)定义的 Internet 协议族的一部分。该协议能够支持网络管理系统,用以监测连接到网络上的设备是否有任何引起管理上关注的情况。它由一组网络管理的标准组成,包含一个应用层协议(application layer protocol)、数据库模型(database schema)和一组数据对象。

1. 概论和基础观念

为了标准化网络管理,国际标准化组织(ISO)在 ISO/TEC 7498 文档中定义了网络管理的 5 大系统功能领域——配置管理、性能管理、故障管理、安全管理和计费管理,这 5 大功能是网络管理最基本的功能。

(1) 配置管理:自动发现网络拓扑结构,构造和维护网络系统的配置。监测网络被管对象的状态,完成网络关键设备配置的语法检查,配置自动生成和自动配置备份系统,对于配置的一致性进行严格的检验。

(2) 故障管理:过滤、归类网络事件,有效地发现、定位网络故障,给出排错建议与排错工具,形成整套的故障发现、告警与处理机制。

(3) 性能管理:采集、分析网络对象的性能数据,监测网络对象的性能,对网络线路质量进行分析。同时,统计网络运行状态信息,对网络的使用发展作出评测、估计,为网络进一步规划与调整提供依据。

(4) 安全管理:结合使用用户认证、访问控制、数据传输、存储的保密与完整性机制,以保障网络管理系统本身的安全。维护系统日志,使系统的使用和网络对象的修改有据可查。控制对网络资源的访问。

(5) 计费管理:对网际互联设备按 IP 地址的双向流量统计,产生多种信息统计报告及流量对比,并提供网络计费工具,以便用户根据自定义的要求实施网络计费。

在典型的网络管理协议 SNMP 用法中,有许多系统被管理,而且是有一或多个系统在管理它们。每一个被管理的系统上有运行一个叫做代理者(agent)的软件组件,且通过 SNMP 对管理系统报告信息。

基本上,SNMP 代理者以变量呈现管理数据。管理系统通过 GET、GETNEXT 和 GETBULK 协定指令取回信息,或是代理者在没有被询问的情况下,使用 TRAP 或 INFORM 传送数据。管理系统也可以传送配置更新或控制的请求,通过 SET 协定指令达到主动管理系统的目的。配置和控制指令只有当网络基本结构需要改变的时候使用,而监控指令则通常是常态性的工作。

可通过 SNMP 访问的变量以层次结构的方式结合。这些分层和其他元数据(例如变量的类型和描述)以管理信息库(MIBs)的方式描述。

2. SNMP 基本组件

一个 SNMP 管理的网络由下列 3 个关键组件组成，如图 6-28 所示。

- 网络管理系统（Network Management Systems，NMSs）；
- 被管理的设备（managed device）；
- 代理者（agent）。

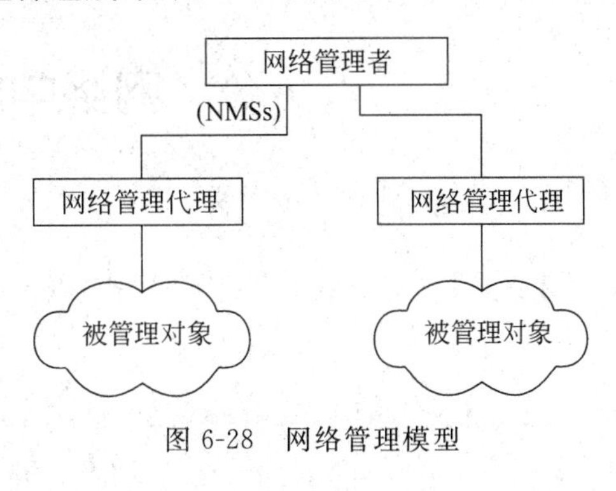

图 6-28　网络管理模型

一个网络管理系统运行应用程序，以该应用程序监视并控制被管理的设备。也称为管理实体（managing entity），网络管理员在这与网络设备进行交互。网络管理系统提供网络管理需要的大量运算和记忆资源。一个被管理的网络可能存在一个以上的网络管理系统。

一个被管理的设备是一个网络节点，它包含一个存在于被管理的网络中的 SNMP 代理者。被管理的设备通过管理信息库（MIB）收集并存储管理信息，并且让网络管理系统能够通过 SNMP 代理者取得这项信息。

代理者是一种存在于被管理的设备中的网络管理软件模块。代理者控制本地机器的管理信息，以和 SNMP 兼容的格式传送这项信息。

3. SNMP 架构

从体系结构上来讲，SNMP 框架由主代理、子代理和管理站组成。

(1) 主代理：主代理是一个在可运行 SNMP 的网络组件上运作的软件，可回应从管理站发出的 SNMP 要求。它的角色类似客户机/服务器结构（client/server）术语中的服务器。主代理依赖子代理提供有关特定功能的管理信息。

如果系统当前拥有多个可管理的子系统，主代理就会传递它从一个或多个子代理处收到的请求。这些子代理在一个子系统以及对那个子系统进行监测和管理操作的接口内为关心的对象建模。主代理和子代理的角色可以合并，在这种情况下可以简单地称为代理（agent）。

(2) 子代理：子代理是一个在可运行 SNMP 的网络组件上运作的软件，运行在特定子系统的特定管理信息库（Management Information Base，MIB）中定义的信息和管理功能。子代理的一些能力有：

- 搜集主代理的信息；
- 配置主代理的参数；
- 回应管理者的要求；
- 产生警告或陷阱。

对协定和管理信息结构的良好分离使得使用 SNMP 来监测和管理同一网络内上百的不同子系统非常简单。MIB 模型运行管理 OSI 参考模型的所有层，并可以扩展至诸如数据库、电子邮件以及 J2EE 参考模型之类的应用。

(3) 管理站:管理者或者管理站提供第三个组件。它和一个客户机/服务器结构下的客户端一样工作。它根据一个管理员或应用程序的行为发出管理操作的请求,也接收从代理处获得的TRAP。

6.9 网络中的常用管理命令

1. ipconfig

【功能】 用于显示TC/IP配置,以下是一些常见的命令选项。

【语法】

```
ipconfig [/allcompartments] [/? | /all |
                              /renew [adapter] | /release [adapter] |
                              /renew6 [adapter] | /release6 [adapter] |
                              /flushdns | /displaydns | /registerdns |
                              /showclassid adapter |
                              /setclassid adapter [classid] |
                              /showclassid6 adapter |
                              /setclassid6 adapter [classid] ]
```

参数说明:

ipconfig/all 显示所有配置信息。

ipconfig/release 释放IP地址。

ipconfig/renew 重新获得一个IP地址,会向DHCP服务器发出新请求。

ipconifg/flushdns 清空DNS解析器缓存。

ipconfig/registerdns 更新所有DHCP租约并重新注册DNS域名。

ipconfig/displaydns 显示DNS解析器缓存。

ipconfig/setclassid 设置DHCP类ID。

【示例】 如图6-29所示。

2. ping命令

【功能】 基于ICMP协议,用于把一个测试数据包发送到规定的地址,如果一切正常则返回成功响应。它常用于以下几个情形:

验证TCP/IP协议是否正常安装:ping 127.0.0.1,如果正常返回,说明安装成功。其中127.0.0.1是回送地址。

验证IP地址配置是否正常:ping本机IP地址。

查验远程主机:ping远端主机IP地址。

【语法】

```
ping [-t] [-a] [-n count] [-l length] [-f] [-i ttl] [-v tos] [-r count] [-s count]
[-j computer-list] | [-k computer-list] [-w timeout] destination-list
```

```
C:\Documents and Settings\Administrator>ipconfig /all

Windows IP Configuration

        Host Name . . . . . . . . . . . . : NGC20011QXRN9IX
        Primary Dns Suffix  . . . . . . . :
        Node Type . . . . . . . . . . . . : Peer-Peer
        IP Routing Enabled. . . . . . . . : No
        WINS Proxy Enabled. . . . . . . . : No

Ethernet adapter 本地连接:

        Connection-specific DNS Suffix  . :
        Description . . . . . . . . . . . : VIA Rhine II Fast Ethernet Adapter
        Physical Address. . . . . . . . . : 00-16-17-3E-F4-CD
        Dhcp Enabled. . . . . . . . . . . : Yes
        Autoconfiguration Enabled . . . . : Yes
        Autoconfiguration IP Address. . . : 169.254.240.206
        Subnet Mask . . . . . . . . . . . : 255.255.0.0
        Default Gateway . . . . . . . . . :

PPP adapter 宽带连接:

        Connection-specific DNS Suffix  . :
        Description . . . . . . . . . . . : WAN (PPP/SLIP) Interface
        Physical Address. . . . . . . . . : 00-53-45-00-00-00
        Dhcp Enabled. . . . . . . . . . . : No
        IP Address. . . . . . . . . . . . : 1.195.33.187
        Subnet Mask . . . . . . . . . . . : 255.255.255.255
        Default Gateway . . . . . . . . . : 1.195.33.187
        DNS Servers . . . . . . . . . . . : 222.85.85.85
                                            222.88.88.88
        NetBIOS over Tcpip. . . . . . . . : Disabled
```

图 6-29 ipconfig 命令运行状态

参数说明：

-t ping 指定的计算机直到中断，可使用 Ctrl+C 键终止命令执行。

-a 将地址解析为计算机名。

-n count 发送 count 指定的 echo 数据包数，默认值为 4。

-l length 发送包含由 length 指定的数据量的 echo 数据包。默认为 32 字节，最大值是 65 527。

-f 在数据包中发送“不要分段”标志。数据包就不会被路由上的网关分段。

-i ttl 将“生存时间”字段设置为 TTL 指定的值。

-v tos 将“服务类型”字段设置为 TOS(Type Of Service)指定的值。

-r count 在“记录路由”字段中记录传出和返回数据包的路由。

-s count 指定 count 指定的跃点数的时间戳。

-j computer-list 利用 computer-list 参数指定的计算机列表路由数据包。

-k computer-list 利用 computer-list 参数指定的计算机列表路由数据包。

-w timeout 指定超时间隔，单位为毫秒。

【示例】 如图 6-30 所示。

3. arp

【功能】 显示和修改地址解析协议(ARP)使用的“IP 到物理”地址转换表。

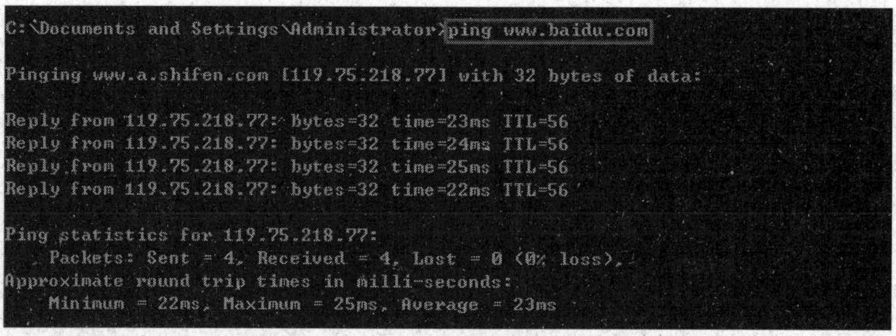

```
C:\Documents and Settings\Administrator>ping www.baidu.com

Pinging www.a.shifen.com [119.75.218.77] with 32 bytes of data:

Reply from 119.75.218.77: bytes=32 time=23ms TTL=56
Reply from 119.75.218.77: bytes=32 time=24ms TTL=56
Reply from 119.75.218.77: bytes=32 time=25ms TTL=56
Reply from 119.75.218.77: bytes=32 time=22ms TTL=56

Ping statistics for 119.75.218.77:
    Packets: Sent = 4, Received = 4, Lost = 0 (0% loss),
Approximate round trip times in milli-seconds:
    Minimum = 22ms, Maximum = 25ms, Average = 23ms
```

图 6-30 ping 命令运行状态

【语法】

```
ARP -s inet_addr eth_addr [if_addr]
ARP -d inet_addr [if_addr]
ARP -a [inet_addr] [-N if_addr] [-v]
```

参数说明:

-a 通过询问当前协议数据,显示当前 ARP 项。如果指定 inet_addr,则只显示指定计算机的 IP 地址和物理地址。如果不止一个网络接口使用 ARP,则显示每个 ARP 表的项。

-g 与-a 相同。

-v 在详细模式下显示当前 ARP 项。所有无效项和环回接口上的项都将显示。

inet_addr 指定 Internet 地址。

-N if_addr 显示 if_addr 指定的网络接口的 ARP 项。

-d 删除 inet_addr 指定的主机。inet_addr 可以是通配符 *,以删除所有主机。

-s 添加主机并且将 Internet 地址 inet_addr 与物理地址 eth_addr 相关联。物理地址是用连字符分隔的 6 个十六进制字节。该项是永久的。

eth_addr 指定物理地址。

if_addr 如果存在,此项指定地址转换表应修改的接口的 Internet 地址。如果不存在,则使用第一个适用的接口。

【示例】

```
>arp -s 157.55.85.212   00-aa-00-62-c6-09.... 添加静态项
>arp -a                                   .... 显示 ARP 表
```

4. route

【功能】 操作网络路由表。

【语法】

```
ROUTE [-f] [-p] [-4|-6] command [destination]
                    [MASK netmask]  [gateway] [METRIC metric]  [IF interface]
```

参数说明：

-f 清除所有网关项的路由表。如果与某个命令结合使用，在运行该命令前，应清除路由表。

-p 与ADD命令结合使用时，将路由设置为在系统引导期间保持不变。默认情况下，重新启动系统时，不保存路由。忽略所有其他命令，这始终会影响相应的永久路由。Windows 95不支持此选项。

-4 强制使用IPv4。

-6 强制使用IPv6。

command 其中之一：

PRINT 打印路由。

ADD 添加路由。

DELETE 删除路由。

CHANGE 修改现有路由。

destination 指定主机。

MASK 指定下一个参数为"网络掩码"值。

netmask 指定此路由项的子网掩码值。如果未指定，其默认设置为255.255.255.255。

gateway 指定网关。

interface 指定路由的接口号码。

METRIC 指定跃点数，例如目标的成本。

用于目标的所有符号名都可以在网络数据库文件NETWORKS中进行查找。用于网关的符号名称都可以在主机名称数据库文件HOSTS中进行查找。

如果命令为PRINT或DELETE。目标或网关可以为通配符(通配符指定为*)，否则可能会忽略网关参数。

如果Dest包含一个*或?，则会将其视为Shell模式，并且只打印匹配目标路由。*匹配任意字符串，而?匹配任意一个字符。示例：157.*.1、157.*、127.*、*224*。

只有在PRINT命令中才允许模式匹配。

诊断信息注释：

无效的MASK产生错误，即当(DEST & MASK)!=DEST时。

【示例】

```
>route ADD 157.0.0.0 MASK 155.0.0.0 157.55.80.1 IF 1
    路由添加失败：指定的掩码参数无效
    (Destination & Mask)!=Destination
>route PRINT
>route PRINT -4
>route PRINT -6
>route PRINT 157*                ....只打印那些匹配157*的项
>route ADD 157.0.0.0 MASK 255.0.0.0  157.55.80.1 METRIC 3 IF 2
       destination^      ^mask      ^gateway     metric^     ^
```

```
                                                    Interface^
```

如果未给出 IF,它将尝试查找给定网关的最佳接口。

```
>route ADD 3ffe::/32 3ffe::1
>route CHANGE 157.0.0.0 MASK 255.0.0.0 157.55.80.5 METRIC 2 IF 2
  CHANGE 只用于修改网关和/或跃点数
>route DELETE 157.0.0.0
>route DELETE 3ffe::/32
```

5. nslookup

【功能】 是一个用于查询 Internet 域名信息或诊断 DNS 服务器问题的工具。

【语法】

```
nslookup [-opt ...]                  #使用默认服务器的交互模式
nslookup [-opt ...] -server          #使用 server 的交互模式
nslookup [-opt ...] host             #仅查找使用默认服务器的 host
nslookup [-opt ...] host server      #仅查找使用 server 的 host
```

【示例】 如图 6-31 所示。

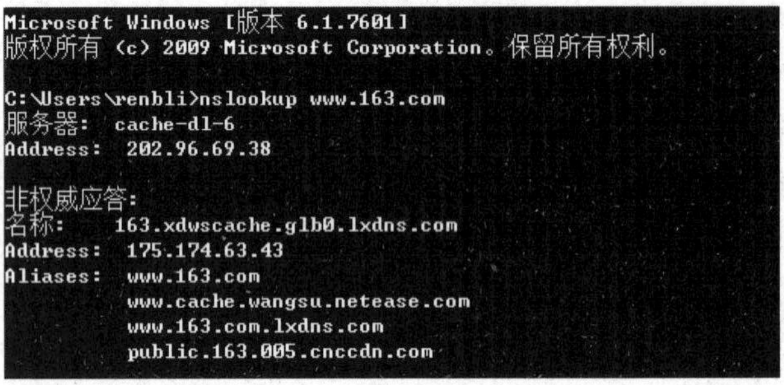

```
Microsoft Windows [版本 6.1.7601]
版权所有 (c) 2009 Microsoft Corporation。保留所有权利。

C:\Users\renbli>nslookup www.163.com
服务器:  cache-dl-6
Address:  202.96.69.38

非权威应答:
名称:    163.xdwscache.glb0.lxdns.com
Address:  175.174.63.43
Aliases:  www.163.com
          www.cache.wangsu.netease.com
          www.163.com.lxdns.com
          public.163.005.cnccdn.com
```

图 6-31 arp 命令运行状态

6. nbtstat

用于显示 NetBIOS 协议的统计及 NetBIOS 地址与 IP 地址的对应关系。

【功能】 显示协议统计和当前使用 NBI 的 TCP/IP 连接(在 TCP/IP 上的 NetBIOS)。

【语法】

```
NBTSTAT [ [-a RemoteName] [-A IP address] [-c] [-n]
        [-r] [-R] [-RR] [-s] [-S] [interval] ]
```

参数说明:

-a(适配器状态) 列出指定名称的远程机器的名称表。

-A(适配器状态) 列出指定 IP 地址的远程机器的名称表。

-c(缓存) 列出远程[计算机]名称及其 IP 地址的 NBT 缓存。

-n(名称)　列出本地 NetBIOS 名称。

-r(已解析)　列出通过广播和经由 WINS 解析的名称。

-R(重新加载)　清除和重新加载远程缓存名称表。

-S(会话)　列出具有目标 IP 地址的会话表。

-s(会话)　列出将目标 IP 地址转换成计算机 NETBIOS 名称的会话表。

-RR(释放刷新)　将名称释放包发送到 WINS,然后启动刷新。

RemoteName　远程主机计算机名。

IP address　用点分隔的十进制表示的 IP 地址。

interval　重新显示选定的统计、每次显示之间暂停的间隔秒数。按 Ctrl+C 键停止重新显示统计。

【示例】　如图 6-32 所示。

图 6-32　nbtstat 命令运行状态

7. netstat

【功能】　显示协议统计和当前 TCP/IP 网络连接。

【语法】

```
NETSTAT [-a] [-b] [-e] [-f] [-n] [-o] [-p proto] [-r] [-s] [-t] [interval]
```

参数说明:

-a　显示所有连接和侦听端口。

-b　显示在创建每个连接或侦听端口时涉及的可执行程序。在某些情况下,已知可执行程序承载多个独立的组件,这些情况下,显示创建连接或侦听端口时涉及的组件序列。此种情况下,可执行程序的名称位于底部[]中,它调用的组件位于顶部,直至达到 TCP/IP。注意,此选项可能很耗时,并且在用户没有足够权限时可能失败。

-e　显示以太网统计。此选项可以与-s 选项结合使用。

-f　显示外部地址的完全限定域名(FQDN)。

-n　以数字形式显示地址和端口号。

-o　显示拥有的与每个连接关联的进程 ID。

-p proto　显示 proto 指定的协议的连接,proto 可以是下列任何一个 TCP、UDP、TCPv6 或 UDPv6。如果与-s 选项一起用来显示每个协议的统计,proto 可以是下列任何一个 IP、IPv6、ICMP、ICMPv6、TCP、TCPv6、UDP 或 UDPv6。

-r　显示路由表。

-s　显示每个协议的统计。默认情况下,显示 IP、IPv6、ICMP、ICMPv6、TCP、TCPv6、UDP 和 UDPv6 的统计;-p 选项可用于指定默认的子网。

-t　显示当前连接卸载状态。

interval　重新显示选定的统计,各个显示间暂停的间隔秒数。按 Ctrl+C 键停止重新显示统计。如果省略,则 netstat 将打印当前的配置信息一次。

【示例】 如图 6-33 所示。

```
C:\Users\renbli>netstat -a

活动连接

  协议  本地地址              外部地址              状态
  TCP    0.0.0.0:135            renbli-PC:0            LISTENING
  TCP    0.0.0.0:445            renbli-PC:0            LISTENING
  TCP    0.0.0.0:843            renbli-PC:0            LISTENING
  TCP    0.0.0.0:843            renbli-PC:0            LISTENING
  TCP    0.0.0.0:4466           renbli-PC:0            LISTENING
  TCP    0.0.0.0:5357           renbli-PC:0            LISTENING
  TCP    0.0.0.0:7300           renbli-PC:0            LISTENING
  TCP    0.0.0.0:8908           renbli-PC:0            LISTENING
  TCP    0.0.0.0:8909           renbli-PC:0            LISTENING
  TCP    0.0.0.0:49152          renbli-PC:0            LISTENING
  TCP    0.0.0.0:49153          renbli-PC:0            LISTENING
  TCP    0.0.0.0:49154          renbli-PC:0            LISTENING
  TCP    0.0.0.0:49155          renbli-PC:0            LISTENING
  TCP    0.0.0.0:49156          renbli-PC:0            LISTENING
  TCP    0.0.0.0:49157          renbli-PC:0            LISTENING
  TCP    127.0.0.1:49826        renbli-PC:49827        ESTABLISHED
  TCP    127.0.0.1:49827        renbli-PC:49826        ESTABLISHED
  TCP    127.0.0.1:49914        renbli-PC:49915        ESTABLISHED
  TCP    127.0.0.1:49915        renbli-PC:49914        ESTABLISHED
  TCP    127.0.0.1:49934        renbli-PC:49936        ESTABLISHED
  TCP    127.0.0.1:49936        renbli-PC:49934        ESTABLISHED
  TCP    192.168.0.199:139      renbli-PC:0            LISTENING
  TCP    192.168.0.199:49940    119.12.117.158:4466    ESTABLISHED
  TCP    192.168.0.199:50006    60.19.93.248:8365      ESTABLISHED
  TCP    192.168.0.199:50044    27.217.41.245:1056     ESTABLISHED
  TCP    192.168.0.199:50765    121.20.231.50:4466     ESTABLISHED
```

图 6-33 netstat 命令运行状态

8. tracert

【功能】 用于查看分组传送链路路径。trcert 将包含不同生存时间(TTL)值的 Internet 控制消息协议(ICMP)回显数据包发送到目标,以决定到达目标采用的路由,而 TTL 是有效的跃点计数。

数据包上的 TTL 为 0 时,路由器应该将"ICMP 已超时"的消息发送回源系统。tracert 先发送 TTL 为 1 的回显数据包,并在随后的每次发送过程将 TTL 递增 1,直到目标响应或 TTL 达到最大值,从而确定路由。路由通过检查中级路由器发送回的"ICMP 已超时"的消息来确定路由。不过,有些路由器悄悄地下传包含过期 TIL 值的数据包,而 tracert 看不到。

【语法】

```
tracert [-d] [-h maximum_hops] [-j host-list] [-w timeout]
            [-R] [-S srcaddr] [-4] [-6] target_name
```

参数说明:

-d 不将地址解析成主机名。

-h maximum_hops 搜索目标的最大跃点数。

-j host-list 与主机列表一起的松散源路由(仅适用于 IPv4)。

-w timeout 等待每个回复的超时时间(以毫秒为单位)。

-R 跟踪往返行程路径(仅适用于 IPv6)。

-S srcaddr 要使用的源地址(仅适用于 IPv6)。

-4 强制使用 IPv4。

-6 强制使用IPv6。

【示例】 如图6-34所示。

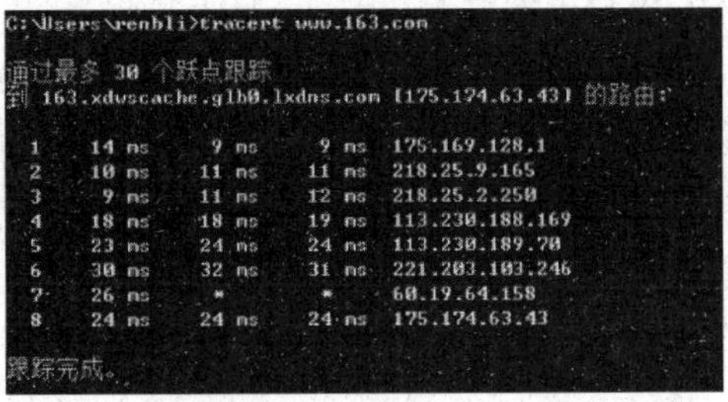

```
C:\Users\renbli>tracert www.163.com

通过最多 30 个跃点跟踪
到 163.xdwscache.glb0.lxdns.com [175.174.63.43] 的路由:

  1    14 ms     9 ms     9 ms  175.169.128.1
  2    10 ms    11 ms    11 ms  218.25.9.165
  3     9 ms    11 ms    12 ms  218.25.2.250
  4    18 ms    18 ms    19 ms  113.230.188.169
  5    23 ms    24 ms    24 ms  113.230.189.70
  6    30 ms    32 ms    31 ms  221.203.103.246
  7    26 ms     *        *     60.19.64.158
  8    24 ms    24 ms    24 ms  175.174.63.43

跟踪完成。
```

图6-34 tracert命令运行状态

6.10 小 结

本章主要介绍网络互联技术和网络互联协议。TCP/IP协议是目前应用最广泛的网络互联协议，已成为互联网事实标准。TCP/IP协议是一组协议的简称，要重点掌握TCP(传输控制协议)、IP(网际协议)两个重要协议的基本原理。其次，要掌握路由协议和IP路由协议的原理，了解一些应用层协议，如HTTP、DNS、FTP、HTTP、SMTP、Telnet、SNMP等协议。

练习思考题

6-1 简述TCP/IP分层协议各层的主要功能和主要协议。

6-2 比较分析TCP/IP协议与ISO/OSI参考模型的异同。

6-3 简述IP报文的基本数据格式和功能。

6-4 说明IP地址分类、子网掩码、广播地址、组播地址。

6-5 什么是路由？IP报文如何转发？IP路由协议有哪些？

6-6 某公司分配一段C类地址——202.107.33.0/24，该公司共有6个部门，每个部门人数不超过30人，该公司的网络应如何让规划？计算并完善下表。

	子网地址/子网掩码	广播地址
子网0		
子网1		
子网2		
子网3		
子网4		
子网5		
子网6		
子网7		

6-7 什么是超网、无类路由?

6-8 说明 TCP 端口和 TCP 报文段格式。

6-9 举例说明 TCP 连接与三次握手协议。

6-10 HTTP、DNS、FTP、DHCP、Telnet、SNMP 的主要功能。

6-11 ping 命令的主要功能和参数。

6-12 ipconfig 命令的主要功能和参数。

6-13 tracert 命令的主要功能和参数。

第7章 交换机与虚拟局域网

CHAPTER

将一台交换机部署到网络中,无须做任何配置即可满足网络互联的要求,这时使用的是交换机的默认配置。但对于交换机的高级应用,默认配置就不能满足实际需求,需要对交换机进行配置,如对交换机进行远程管理,划分 VLAN 等。

通过本章的学习要掌握命令行方式和 Web 方式配置交换机的方法,要求通过实际应用实例的操作,熟练掌握配置交换机的常用命令。

VLAN 是网络组建的重要组成部分。通过 VLAN 的合理设置,网络内部的用户可以方便地在网络中移动而不需要改变硬件连接,并且可以控制网络的广播风暴。要求掌握 VLAN 的概念、VLAN 的特性、VLAN 的划分方法及 VLAN 的配置过程。

7.1 交换机的基本配置

配置交换机有以下几类方式:第一,通过设备的 console(控制台)端口接终端或运行终端仿真软件的计算机;第二,用主机的以太网口与交换机或路由器的以太网口用直通线连接;第三,用远程控制的方法。通常使用第一种方法配置。

对交换机的基本配置主要包括配置 enable 口令和主机名,配置交换机 IP 地址、默认网关、域名、域名服务器,配置交换机的端口属性,配置和查看 MAC 地址表。

7.1.1 访问交换机的方法

一台交换机部署到网络中,无须做任何配置即可满足网络互联的要求,这时使用的是交换机的默认配置。交换机的默认配置包括以下内容:

```
IP address: 0.0.0.0
CDP: enabled
```

```
Switching mode: fragment-free
100baseT port: autonegotiate duplex mode
10baseT port: half duplex
Spanning tree: enabled
Console password: none
```

如果应用中需要交换机的高级应用,默认配置不能满足实际需求,就需要对交换机进行配置,如对交换机进行远程管理,使用交换机划分 VLAN 等。可以用以下几种方法访问交换机和路由器,如图 7-1 所示。

(1) 通过设备的 console(控制台)端口接终端或运行终端仿真软件的计算机。

(2) 通过设备的 AUX 端口接 modem,通过电话线与远方的终端或运行终端仿真软件的计算机相连。

(3) 通过 Telnet 程序。

(4) 通过浏览器访问。

(5) 通过网管软件。

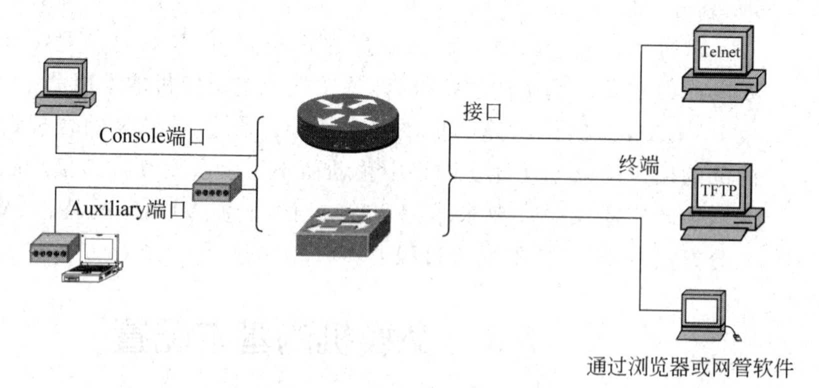

图 7-1 访问交换机和路由器方式

第(1)种方法是最常用配置方法,需要注意的是一台新的交换机和路由器的初始配置必须采用这种方式,其他配置方式先要按照第(1)种配置方式给交换机和路由器配置了 IP 地址后才能使用。

7.1.2 命令行接口访问交换机

对于第 1 次配置交换机,是通过 console 端口连接的超级终端进入。交换机的进入方法和配置过程步骤如下:

第 1 步,将交换机与计算机正确连接,打开交换机与计算机的电源。

第 2 步,进入计算机系统,单击"开始"→"程序"→"附件"→"通信"→"超级终端"选项,如果在"通信"中没有发现"超级终端"组件,可通过"添加/删除程序"(Add/Remove Program)的方式添加该组件。

打开"超级终端"程序,弹出如图 7-2 所示的窗口。在使用超级终端建立与交换机的通信之前,必须先对超级终端进行必要的设置。

第 3 步，单击“文件”菜单下的“新建连接”选项，弹出如图 7-3 所示的对话框。这个对话框是用来建立一个新的超级终端连接项的。

第 4 步，在“名称”文本框中输入需新建超级终端连接项的名称，在这里输入 aaa，然后单击“确定”按钮，弹出如图 7-4 所示的对话框。

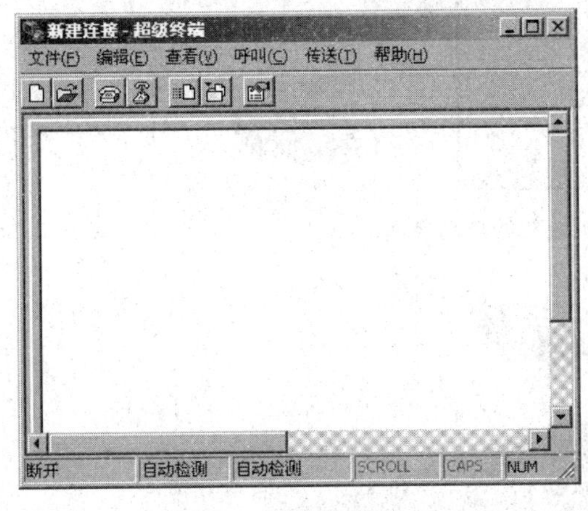

图 7-2 超级终端窗口

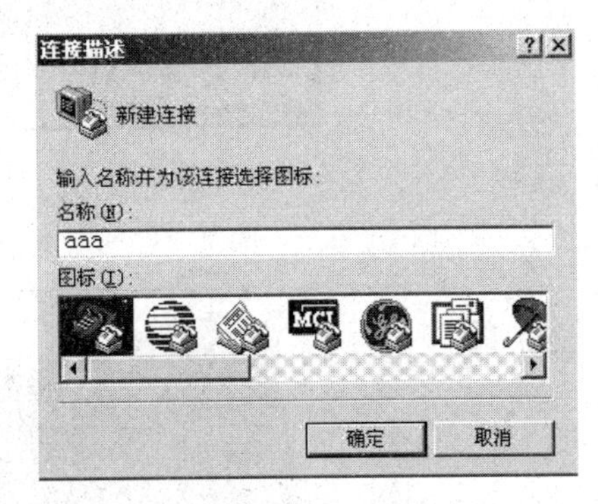

图 7-3 新建连接

第 5 步，在“连接时使用”下拉列表框中选择与交换机相连的计算机的串口，单击“确定”按钮，弹出如图 7-5 所示的端口属性对话框。

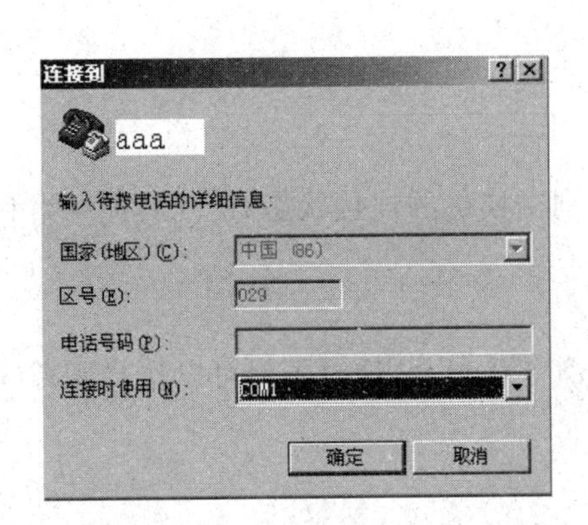

图 7-4 选择连接时的端口

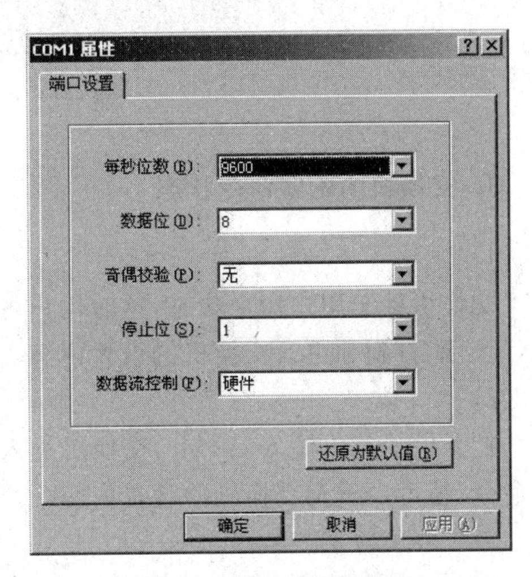

图 7-5 端口属性对话框

第 6 步，在“每秒位数”下拉列表框中选择 9600，这是串口的最高通信速率，其他各选项均采用默认值。单击“确定”按钮，如果通信正常的话就会弹出主配置界面。交换机的初始启动界面如图 7-6 所示。

在用户接口菜单中有 3 个选项，包括菜单项[M]、命令行[K]、IP 配置选项[I]，选择[K]进入命令行配置界面，如图 7-7 所示。

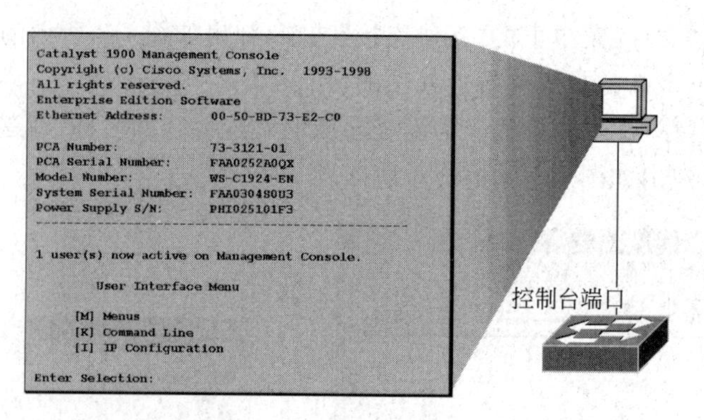

图 7-6 交换机的初始启动界面

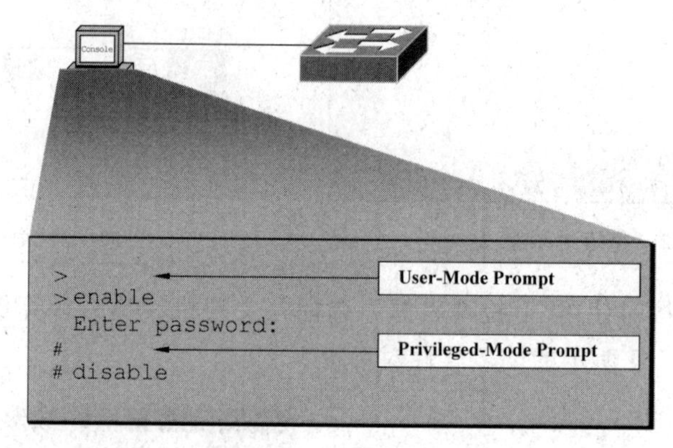

图 7-7 命令行配置界面

1. 交换机的配置命令状态

1) ＞

交换机处于用户命令状态,这时用户可以看到交换机的连接状态,访问其他网络和主机,但不能看到和更改交换机的设置内容。

2) ＃

在＞提示符下输入 enable,交换机进入特权命令状态＃,这时不但可以执行所有的用户命令,还可以看到交换机的设置内容。

3) (config)＃

在＃提示符下输入 configure terminal,出现提示符(config)＃,此时交换机处于全局配置状态,这时可以设置交换机的全局参数。

4) (config-if)＃

交换机处于接口配置状态,这时可以设置交换机某个端口的参数。

2. 交换机的基本配置

1) 配置 enable 口令和主机名

(1) 配置交换机名:

```
(config)# hostname 主机名
```

(2) 配置进入特权状态的密文(secret),此密文在配置以后不会以明文方式显示:

```
(config)# enable secret Set-Password
```

(3) 配置进入特权状态的密码(password),此密码只在没有密文时起作用,并且在配置以后会以明文方式显示:

```
(config)# enable password Set-Password
```

具体的配置过程如下:

```
switch>                                           //用户模式
switch>enable
switch#                                           //特权模式
switch#configure terminal
switch(config)#                                   //进入全局配置模式
switch(config)#enable password Set-Password       //配置不加密的密码、明码
switch(config)#enable secret Set-Password         //经过加密的密码
switch(config)#hostname C1900                     //配置主机名
C1900(config)#^z                                  //退出
C1900#
```

2) 配置交换机 IP 地址、默认网关、域名、域名服务器

在全局参数配置模式下进行配置,具体配置如下:

```
C1900(config)#ip address 192.168.1.1 255.255.255.0   //配置 IP 地址、子网掩码
C1900(config)#ip default-geteway 192.168.1.254       //配置默认网关
C1900(config)#ip domain-name cisco.com               //配置域名
C1900(config)#ip name-server 200.0.0.1               //配置域名服务器
C1900(config)#end
```

3) 配置交换机的端口属性

交换机的端口属性默认地支持一般网络环境下的正常工作,一般情况下是不需要对其端口进行配置的。需要配置时,配置的主要对象为速率、双工和端口描述等信息。

4) 配置和查看 MAC 地址表

MAC 地址表的配置有 3 个方面:超时时间、永久地址和限制性地址。

动态 MAC 地址的超时时间默认为 300s,可以通过命令修改这个值。静态 MAC 地址永久存在于 MAC 地址表中,不会超时;限制性静态地址是在永久地址基础上,同时限制了源端口,其安全性更高。

```
C1900(config)#mac-address-table aging-time 100  //设置超时时间为 100s
C1900(config)#mac-address-table permanent 0000.0c01.bbcc f0/3
                    //设置端口 f0/3 为永久地址
C1900(config)#mac-address-table restricted static 0000.0c02.bbcc f0/6 f0/7
                    //设置 f0/6 端口为限制性静态地址,并限制源端口 f0/7 访问 f0/6
```

```
C1900(config)#end
```

5) 显示命令

交换机配置结束后可以通过显示命令查看配置结果。基本的显示命令如下：

(1) 查看版本及引导信息 show version。

```
C1900#show version

Cisco Catalyst 1900/2820 Enterprise Edition Software
Version V8.01.01      written from 171.068.229.225
Copyright (c) Cisco Systems, Inc.  1993-1998
C1900 uptime is 15day(s) 21hour(s) 53minute(s) 11second(s)
cisco Catalyst 1900 (486sxl) processor with 2048K/1024K bytes of memory
Hardware board revision is 5
Upgrade Status: No upgrade currently in progress.
Config File Status: No configuration upload/download is in progress
27 Fixed Ethernet/IEEE 802.3 interface(s)
Base Ethernet Address: 00-50-BD-73-E2-C0
```

(2) 查看运行设置 show running-config。

```
C1900#show run

Building configuration...
Current configuration:
!
hostname "C1900"
!
ip address 192.168.1.1 255.255.255.0
ip default-gateway 192.168.1.254
!
interface Ethernet 0/1
< text omitted>
interface Ethernet 0/12
!
Interface Ethernet 0/25
!
interface FastEthernet 0/26
!
interface FastEthernet 0/27
```

(3) 显示端口信息 show interface type slot/number。

```
C1900#show interfaces ethernet 0/1

Ethernet 0/1 is Enabled
```

```
Hardware is Built-in 10Base-T
Address is 0050.BD73.E2C1
MTU 1500 bytes, BW 10000 Kbits
802.1d STP State:  Forwarding     Forward Transitions:  1
Port monitoring: Disabled
Unknown unicast flooding: Enabled
Unregistered multicast flooding: Enabled
Description:
Duplex setting: Half duplex
Back pressure: Disabled
--More--
```

(4) 查看交换机的 IP 地址 show ip。

```
C1900#show ip

IP Address: 192.168.1.1
Subnet Mask: 255.255.255.0
Default Gateway: 192.168.1.254
Management VLAN:  1
Domain name: cisco.com
Name server 1: 200.0.0.1
Name server 2: 0.0.0.0
HTTP server : Enabled
HTTP port :  80
RIP : Enabled
```

7.1.3 Web 方式访问交换机

用 console 口为交换机设置好 IP 地址信息并启用 HTTP 服务后，即可通过 Web 浏览器的方式访问交换机，并可通过 Web 浏览器修改交换机的各种参数并对交换机进行管理。通过 Web 浏览器的方式进行配置的方法如下：

第 1 步，把计算机连接在交换机的一个普通端口上，在计算机上运行 Web 浏览器。

第 2 步，分别在“用户名”和“密码”文本框中输入拥有管理权限的用户名和密码，用户名和密码是通过 console 端口配置的，如图 7-8 所示。

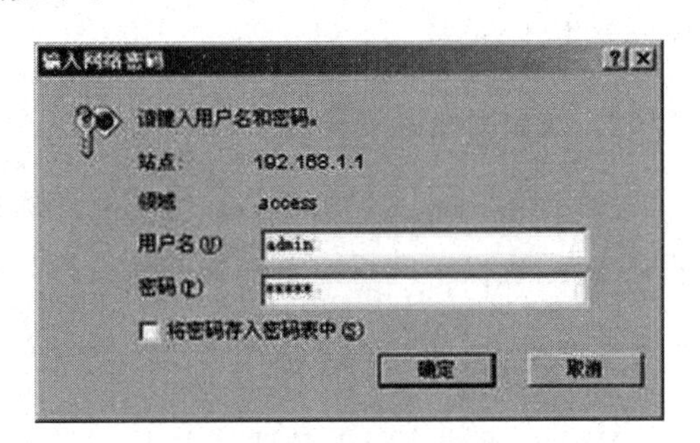

图 7-8　验证对话框

第 3 步，单击“确定”按钮，即可建立与被管理交换机的连接，在 Web 浏览器中显示交换机的管理界面。通过 Web 界面中的提示，可以对交换机的许多重要参数进行修改和设置，并可实时查看交换机的运行状态。

7.2 虚拟局域网

7.2.1 VLAN概述

VLAN(Virtual Local Area Network)的中文名为“虚拟局域网”,是为解决以太网的广播问题和安全性而提出的一种协议,它在以太网帧的基础上增加了VLAN头,用VLAN ID把用户划分为更小的工作组,限制不同工作组间的用户互访,每个工作组就是一个虚拟局域网。

管理员可以根据实际应用需求,把同一物理局域网内的不同用户逻辑地划分成不同的广播域,即形成一个VLAN。每一个VLAN都包含一组有着相同需求的计算机工作站,与物理上形成的LAN有着相同的属性。由于它是从逻辑上划分,而不是从物理上划分,所以同一个VLAN内的各个工作站没有限制在同一个物理范围中,即这些工作站可以在不同物理LAN网段。

VLAN技术的优势主要体现在以下几个方面。

1. 增加了网络连接的灵活性

借助VLAN技术,能将不同地点、不同网络、不同用户组合在一起,形成一个虚拟的网络环境,就像使用本地LAN一样方便、灵活、有效。VLAN可以降低移动或变更工作站地理位置的管理费用,特别是一些业务情况有经常性变动的公司使用了VLAN后,这部分管理费用大大降低。

2. 控制网络上的广播

VLAN可以提供建立防火墙的机制,防止交换网络的过量广播。使用VLAN,可以将某个交换端口或用户赋予某一个特定的VLAN组,该VLAN组可以在一个交换网中或跨接多个交换机,在一个VLAN中的广播不会送到VLAN之外。同样,相邻的端口不会收到其他VLAN产生的广播。这样可以减少广播流量,释放带宽给用户应用,减少广播的产生。

3. 增加网络的安全性

因为一个VLAN就是一个单独的广播域,VLAN之间相互隔离,这大大提高了网络的利用率,确保了网络的安全保密性。

7.2.2 VLAN的划分

VLAN在交换机上的划分方法,可以大致划分为4类。

1. 基于端口划分的VLAN

这是最常应用的一种VLAN划分方法,是静态配置方式,应用也最为广泛、最有效,目前绝大多数 VLAN 协议的交换机都提供这种 VLAN 配置方法。网络管理员将交换机端口划分到某个 VLAN 中。

这种划分方法的优点是定义 VLAN 成员时非常简单，只要将所有的端口都定义为相应的 VLAN 组即可，是基于端口的划分方法，适合于任何大小的网络。它的缺点是如果某用户离开了原来的端口，到了一个新的交换机的某个端口，VLAN 的从属性就发生了变化，必须重新定义。

2. 基于 MAC 地址划分 VLAN

这种划分 VLAN 的方法是根据每个主机的 MAC 地址来划分，即对每个 MAC 地址的主机都配置它属于哪个组，它实现的机制就是每一块网卡都对应唯一的 MAC 地址，VLAN 交换机跟踪属于 VLAN MAC 的地址。这种方式的 VLAN 允许网络用户从一个物理位置移动到另一个物理位置时，自动保留其所属 VLAN 的成员身份。

这种 VLAN 的划分方法的最大优点就是当用户物理位置移动时，即从一个交换机换到其他交换机时，VLAN 不用重新配置，因为它是基于用户，而不是基于交换机的端口。这种方法的缺点是初始化时，所有的用户都必须进行配置，如果有几百个甚至上千个用户的话，配置是非常累的，所以这种划分方法通常适用于小型局域网。而且这种划分的方法也导致了交换机执行效率的降低，因为在每一个交换机的端口都可能存在很多个 VLAN 组的成员，保存了许多用户的 MAC 地址，查询起来相当不容易。另外，对于使用笔记本电脑的用户来说，他们的网卡可能经常更换，这样 VLAN 就必须经常配置。

3. 基于网络层协议划分 VLAN

按网络层协议划分，可分为 IP、IPX、DECnet、AppleTalk、Banyan 等 VLAN 网络。这种按网络层协议来组成的 VLAN，可使广播域跨越多个 VLAN 交换机。这对于希望针对具体应用和服务来组织用户的网络管理员来说是非常具有吸引力的。而且，用户可以在网络内部自由移动，但其 VLAN 成员身份仍然保留不变。

这种方法的优点是用户的物理位置改变了，不需要重新配置所属的 VLAN，而且可以根据协议类型划分 VLAN，这对网络管理者来说很重要，另外，这种方法不需要附加的帧标签来识别 VLAN，这样可以减少网络的通信量。这种方法的缺点是效率低，因为检查每一个数据包的网络层地址是需要消耗处理时间的(相对于前面两种方法)，一般的交换机芯片都可以自动检查网络上数据包的以太网帧头，但要让芯片能检查 IP 帧头，需要更高的技术，同时也更费时。当然，这与各个厂商的实现方法有关。

4. 按策略划分 VLAN

基于策略组成的 VLAN 能实现多种分配方法，包括 VLAN 交换机端口、MAC 地址、IP 地址、网络层协议等。网络管理人员可根据自己的管理模式和本单位的需求来决定选择哪种类型的 VLAN。

基于 MAC 地址划分 VLAN、基于网络层协议划分 VLAN 和按策略划分 VLAN 都属于动态划分方式，其特点是当用户物理位置移动时，VLAN 不用重新配置。

管理员可以根据实际应用需求把用户划分为更小的工作组，限制不同工作组间的用户互访，每个工作组就是一个虚拟局域网。VLAN之间的数据传送需要通过三层交换技术实现。

广播域和冲突域是两个比较容易混淆的概念，要注意区分这两个概念：连接在一个hub上的所有设备构成一个冲突域，同时也构成一个广播域；连接在交换机上的每个设备都分别属于不同的冲突域，交换机每个端口构成一个冲突域，而属于同一个VLAN中的主机都属于同一个广播域。

冲突域：用同轴电缆构建或以集线器(hub)为核心构建的共享式以太网，其上所有节点同处于一个共同的冲突域，一个冲突域内的不同设备同时发出的以太帧会互相冲突；同时，由冲突域内的一台主机发送的数据，同处于这个冲突域的其他主机都可以接收到。可见，一个冲突域内的主机太多会导致每台主机得到的可用带宽降低，网上冲突可能成倍增加，信息安全得不到保证。

广播域：广播域是网上一组设备的集合，当这些设备中的一个发出一个广播帧时，所有其他设备都能接收到该帧。

常用网络设备对冲突域和广播域的划分如图7-9所示。

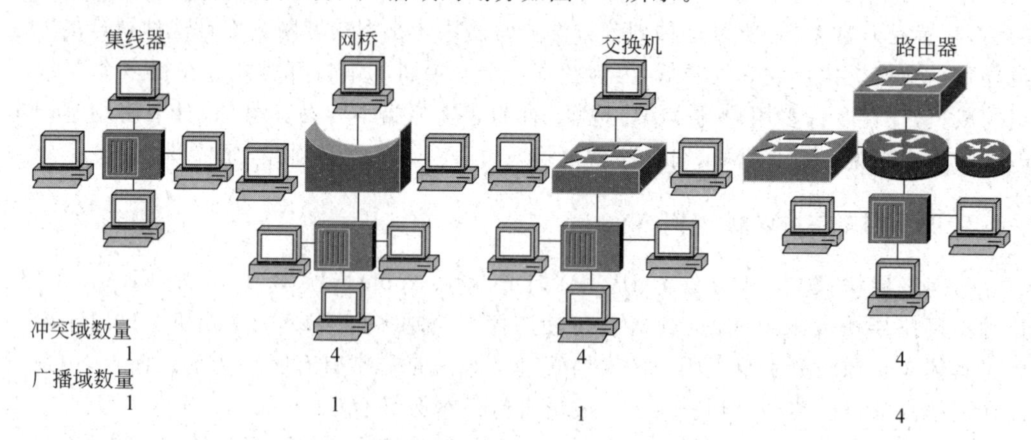

图7-9 常用网络设备对冲突域和广播域的划分

7.2.3 VTP协议

在不同的交换机上配置VLAN时，需要使用VLAN中继协议(VLAN Trunking Protocol,VTP)。VTP是用来通告VLAN信息的，VTP的任务是在一个公共的网络管理域中维持VLAN配置的一致性。VTP可以减少配置的工作量，减少配置错误的概率，减少配置的不一致性。

在交换机上创建VLAN之前，必须先建立一个VTP管理域，同一个管理域中的所有交换机彼此共享VLAN的配置信息，一台交换机只能参加一个VTP管理域，VTP的作用仅仅是在一个管理域内。

VTP是一种消息协议，当向网络中其他交换机传输VTP消息时，VTP消息被封装在一个中继协议帧中。VTP只在trunk端口上传播，普通的access端口上是不会传播

VTP信息的。

VTP交换机有3种工作模式,包括服务器模式、客户机模式和透明模式。

(1) 服务器模式。在服务器模式下可以创建、修改和删除VLAN信息,可以发出和传输VTP通告,可以与同一个VTP域中的其他交换机同步VLAN配置,并且可以在NVRAM里面保存配置。

(2) 客户机模式。在客户机模式下不可以创建、改变或者删除VLAN信息,可以传输VTP通告,可以与同一个VTP域中的其他交换机同步VLAN的配置,但不会将配置保存到NVRAM中。

(3) 透明模式。在透明模式下只可以创建、修改和删除自己交换机上面的VLAN信息,可以传输通告但不与同一个VTP域中的其他交换机同步VLAN的配置信息,可以在NVRAM里面保存配置。

VTP传递VLAN信息的过程如图7-10所示。

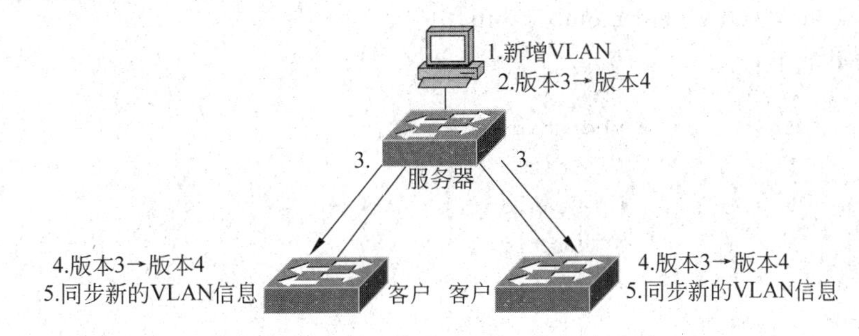

图7-10 VTP传递VLAN信息的过程

(1) VTP信息公告以多点传送的方式进行。

(2) VTP服务器和客户模式下会同步最新版本的公告信息。

(3) VTP信息公告每隔5分钟或者有变化时发生。

7.2.4 VLAN的配置

1. 在同一个交换机上配置VLAN

静态VLAN是在交换机上手动地分配给某个VLAN一些端口,利用VLAN管理应用程序或直接在交换机上面配置进行分配。配置后这些端口就保持它们已经指定的VLAN配置。静态VLAN配置安全、易于配置和易于监控。后面介绍的VLAN配置过程都是静态VLAN的配置。

在特权EXEC模式下输入命令vlan database进入VLAN配置模式。具体的在同一个交换机上配置VLAN所必须的步骤如下:

1) 创建一个vlan

```
Switch#vlan database              //进入VLAN配置子模式
Switch(vlan)#vlan2 name vlan02    //创建一个VLAN并命名
Switch(vlan)#exit                 //退出
```

2）为 VLAN 分配接口

```
Switch(config)#interface f0/8                  //进入端口 8 的配置模式
Switch(config-if)#switchport mode access       //设置端口为静态 VLAN 访问模式
Switch(config-if)#switchport access vlan 2     //把端口 8 分配给相信的 VLAN2
Switch(config-if)#exit
```

3）验证 VLAN 的配置

配置结束后可以使用 show vlan、show vlan-membership 命令验证配置结果。

(1) Switch #show vlan 2。

输出结果如下：

```
VLAN  Name          Status      Ports
2     vlan02        Enabled
```

(2) Switch #show vlan-membership。

输出结果如下：

```
Port    VLAN      Membership Type
  1      5            Static
  2      1            Static
  3      1            Static
  4      1            Static
  5      1            Static
  6      1            Static
  7      1            Static
  8      2            Static
```

4）删除 VLAN 的配置

使用 no vlan 命令可以删除一个 vlan。需要注意的是，必须在 VTP 服务器模式或透明模式下才可以删除 VLAN。

```
Switch(config)#vtp transparent 或 Switch(config)#vtp server
Switch(config)#no vlan 2
```

2. 跨越交换机的 VLAN 配置

VLAN 可以跨越多个交换机，如图 7-11 所示。在多个交换机上的 VLAN 内通信需在交换机间建立主干(Trunk)，Trunk 是一条支持多个 VLAN 的点对点的链路。Trunk 为多个 VLAN 传输信息，并完成网络中交换机之间的通信。只有定义为主干的交换机间链路才能携带多个 VLAN 的数据帧，主干不属于任何 VLAN。交换机依靠 VLAN 标记识别不同 VLAN 的信息，VLAN 标记由交换机添加，对用户端是透明的。

跨越交换机的 VLAN 运行原理如图 7-12 所示。交换机上 VLAN 间的流量彼此隔离，VLAN 间的通信需要通过路由器或三层交换机。

同一 VLAN 跨越任意物理位置的多个交换机在进行通信时，数据帧在发送到交换机

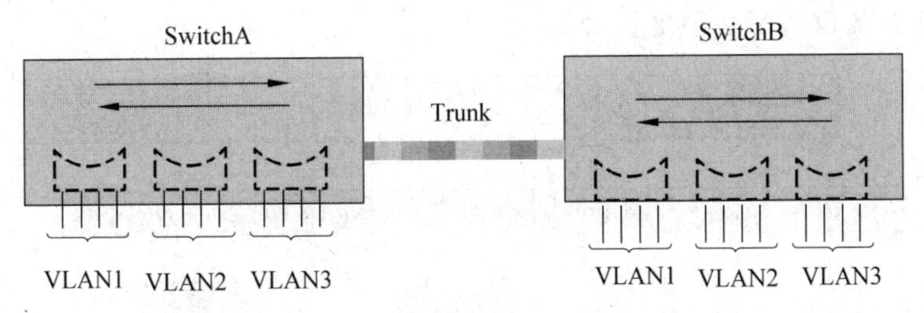

图 7-11 跨越交换机的 VLAN

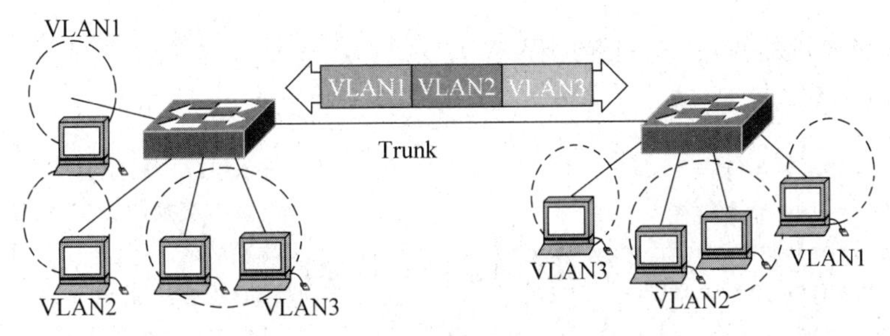

图 7-12 跨越交换机的 VLAN 运行原理

间的链路上之前，帧头会被封装 VLAN 标识来标记其属于哪个 VLAN。目前存在着多种中继标准，包括 IEEE 802.1Q、交换机间链路(ISL)等。

1) IEEE 802.1Q 标准

IEEE 802.1Q 是 IEEE 用来标识 VLAN 的一种标准方法，国产交换机多采用此标准。Cisco 交换机也支持该标准，对应的协议是 dot1q。Cisco 交换机与其他厂商的交换机相连时，只能采用 IEEE 802.1Q 标准。IEEE 802.1Q 通过在数据帧头插入 VLAN 标识符来标记 VLAN。这个过程称为帧标记。封装了 VLAN ID 的以太网帧结构如图 7-13 所示。

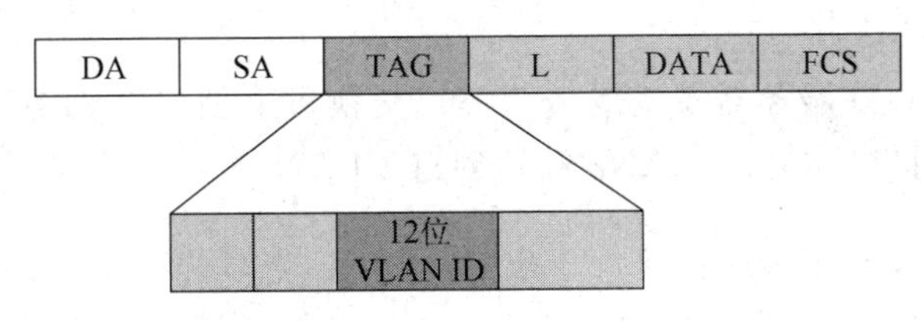

图 7-13 封装 VLAN ID 的以太网帧结构

连接两个交换机的端口称为“标记端口”，它属于所有的 VLAN。在某一交换机上接收的广播帧将向该 VLAN 的所有成员转发，其中包括交换机之间的端口。当广播帧在交换机间的端口上传输时，被标注上 VLAN 标记，另一个交换机接收到之后将去除标记，并依据其所带的关联，向该 VLAN 所连接的其他端口转发。

2) ISL 协议

ISL 是一种 Cisco 专有的封装协议，用来互连多台交换机。ISL 的帧格式如图 7-14 所示。它把来自于多个 VLAN 的流量复用到一条单独的物理路径上，应用于交换机、路由器以及使用在诸如服务器之类的节点上的网络接口卡之间的连接。为了支持 ISL 特性,每一台连接的设备都必须配置ISL。

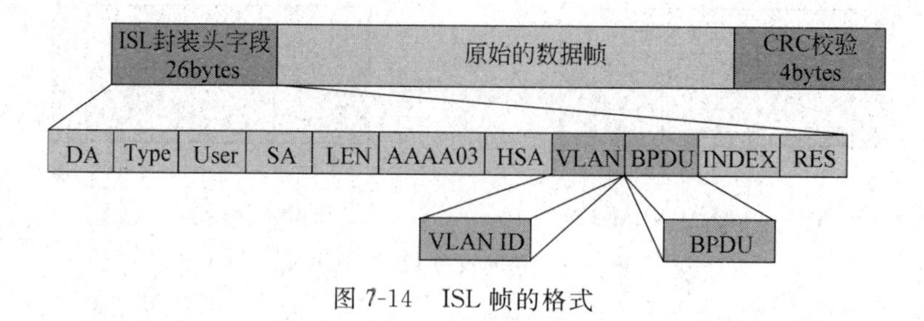

图7-14 ISL帧的格式

3) 跨越交换机的VLAN配置过程

(1) 启用VTP。

```
Switch#vlan database                        //进入VLAN配置子模式
Switch(vlan)#vtp server                     //设置本交换机为server模式
Switch(vlan)#vtp domain vtpserver           //设置域名
Switch(vlan)#vtp pruning                    //启动修剪功能
Switch(vlan)#exit                           //退出VLAN配置模式
```

(2) 启用主干功能,以支持VLAN间的路由功能。

```
Switch#config  t
Switch(config)#interface f0/24
Switch(config-if)#switchport mode trunk     //设置当前端口为trunk模式
Switch(config-if)#switchport trunk allowed vlan all
                                            //设置允许从该端口交换数据的VLAN
Switch(config-if)#exit
Switch(config)#exit
Switch#
```

(3) 创建VLAN。

VLAN信息可以在服务器模式或透明模式交换机上创建。VLAN1是系统默认的,不需要用户创建,用户只能从VLAN2开始创建VLAN。

```
Switch#vlan database
Switch(vlan)#vlan 2                         //创建一个VLAN2
Switch(vlan)#exit
```

(4) 将端口加入VLAN。

```
Switch(config)#interface f0/9               //进入端口9的配置模式
Switch(config-if)#switchport mode access    //设置端口为静态VLAN访问模式
Switch(config-if)#switchport access vlan 2  //把端口9分配给VLAN2
Switch(config-if)#exit
```

7.3　生成树协议

7.3.1　生成树协议概述

生成树协议(Spanning Tree Protocol,STP)是由 DEC 公司开发,经 IEEE 组织进行修改,制定的 IEEE 802.1d 标准。其主要功能是解决备份连接所产生的环路问题。当网络中存在备份链路时,只允许主链路被激活,如果主链路因故障而被断开,备用链路自动打开。

生成树协议的目的是在实现交换机之间的冗余连接的同时,避免网络环路的出现,实现网络的高可靠性。

在实际网络连接中,为了提高网络的可靠性,通常采用冗余连接的方式,如图 7-15 所示。

冗余连接可以防止网络中的单点失效的问题,同时也导致了交换环路的出现。

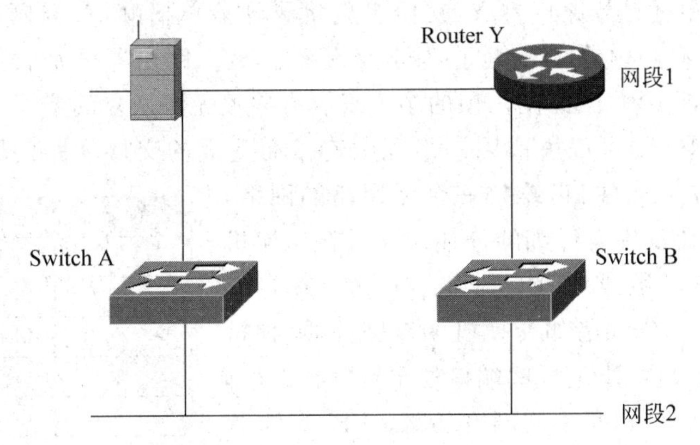

图 7-15　网络的冗余连接

交换环路导致出现广播风暴,如图 7-16 所示。

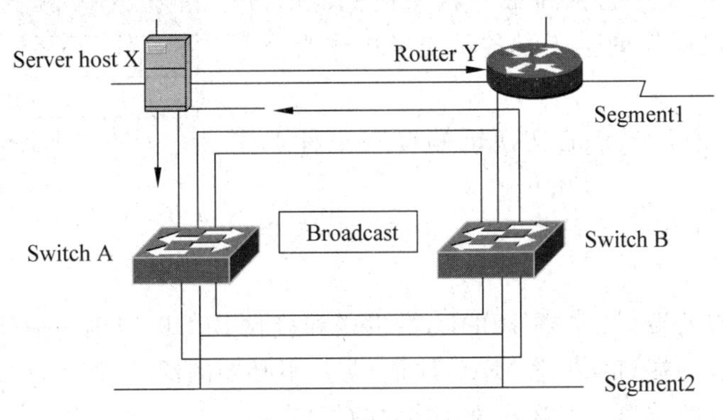

图 7-16　广播风暴的产生

主机 X 发送一个广播,该广播将由交换机 A 扩散到网段 2,交换机 B 从网段 2 收到交换机 A 发出的广播帧后又扩散到网段 1,交换机不断循环扩散广播导致风暴形成,从而浪费带宽,影响网络和主机性能。

交换环路也可以导致出现同一帧多拷贝,如图 7-17 所示。

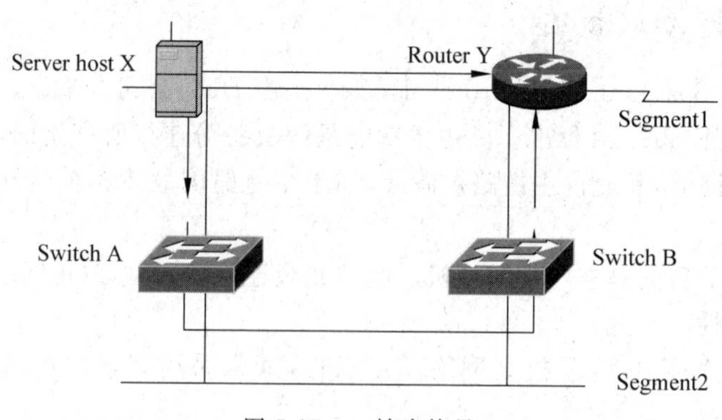

图 7-17 一帧多拷贝

主机 X 发送单播帧给路由器 Y,交换机也将收到该单播帧(广播网络),若交换机的 MAC 地址表中没有路由器 Y 的地址,则该帧将被扩散。路由器分别收到来自主机 X 和交换机 B 发送的同一帧,因此同一帧的多个复制将导致无法恢复的错误。

生成树协议(STP)可以解决因网络冗余连接而造成的交换环路问题。STP 协议通过阻塞一个或多个冗余端口,维护一个无回路的网络,在 IEEE 802.1D 协议中有详细的描述。通过在交换机之间传递桥接协议数据单元(Bridge Protocol Data Unit,BPDU)来互相告知诸如交换机的链路性质、根桥信息等,以便确定根桥,决定哪些端口处于转发状态,哪些端口处于阻止状态,以免引起网络环路。BPDU 包含的各字段如图 7-18 所示。

Bytes	Field
2	Protocol ID
1	Version
1	Message Type
1	Flags
8	Root ID
4	Cost of Path
8	Bridge ID
2	Port ID
2	Message Age
2	Maximum Time
2	Hello Time
2	Forward Delay

图 7-18 BPDU 字段

根据 STP,在环状结构中,只存在一个唯一的树根(root),这个根可以是一台网桥或一台交换机,由它作为核心基础来构成网络的主干。备份交换机作为分支结构,处于阻塞状态。

配置生成树协议 STP 的交换机端口有 4 种工作状态。

(1) 阻塞状态的端口:能够接收 BPDU,但不发送 BPDU。

(2) 侦听状态的端口:查看 BPDU,并发送和接收 BPDU 以确定最佳拓扑。

(3) 学习状态的端口:获悉 MAC 地址,防止不必要的泛洪,但不转发帧。

(4) 转发状态的端口:能够发送和接收数据。

生成树协议的工作过程:运行生成树算法的交换机定期发送 BPDU,只选取一台网桥为根网桥(root bridge),每个非根网桥只有一个根端口(root port),每网段只有一个指定端口(designated port),如图 7-19 所示。

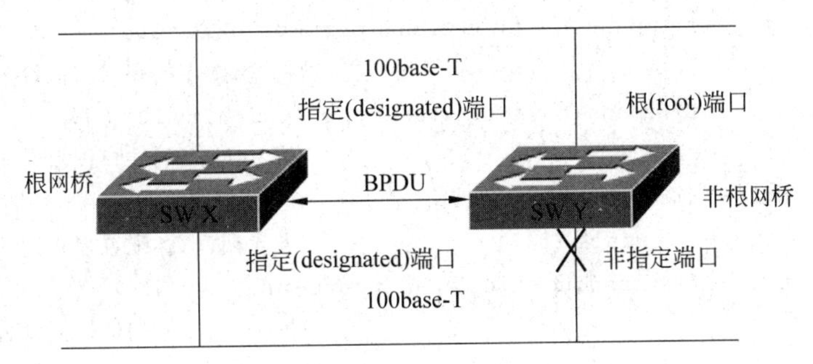

图 7-19　生成树协议的工作过程

阶段一：选取唯一一个根网桥(root bridge)。

Bridge ID 值最小的成为根网桥。

BPDU 中包含 Bridge ID,Bridge ID(8B)＝优先级(2B)＋交换机 MAC 地址(6B),优先级值最小的成为根网桥,优先级值相同,MAC 地址最小的成为根网桥。根网桥默认每 2 秒发送一次 BPDU。

阶段二：在每个非根网桥选取唯一一个根端口(root port)。

端口代价最小的成为根端口(到根网桥的路径成本最低);端口代价相同,Port ID 最小端口的成为根端口(Port ID 通常为端口的 MAC 地址);MAC 地址最小的端口成为根端口。

阶段三：在每网段选取唯一一个指定端口 (designated port)。

端口代价最小的成为指定端口,根网桥端口到各网段的代价最小,通常只有根网桥端口成为指定端口,被选定为根端口和指定端口的处于转发状态,落选端口进入阻塞状态,只侦听不发送 BPDU。

7.3.2　配置 STP

实现 STP 端口负载均衡的配置有两种方法：使用 STP 端口权值和配置 STP 路径值。

1. 使用 STP 端口权值实现负载均衡

当同一台交换机的两个端口形成环路时,STP 端口权值用来决定哪个口是交换状态的,哪个口是阻断的。有较高权值的端口(数字较小的)VLAN 处于转发状态,同一个 VLAN 在另一个 Trunk 有较低的权值(数字较大),将处于阻断状态。

如果两个交换机之间设置多条 Trunk,则需要用不同的端口权值进行负载均衡。默认情况下,端口的权值是 128。在如图 7-20 所示的配置中,使用 STP 端口权值实现负载均衡,配置如下：

```
Switch1#Config Terminal
Switch1(config)#: interface f0/23                (进入端口 23 配置模式,Trank1)
```

```
Switch1(config-if)#spanning-tree vlan 1 port-priority 10
                                        (将 VLAN 1 的端口权值设为 10)
Switch1(config-if)#spanning-tree vlan 2 port-priority 10
                                        (将 VLAN 2 的端口权值设为 10)
Switch1(config-if)#exit
switch1(config)#interface f0/24         (进入端口 24 配置模式,Trank2)
Switch1(config-if)#spanning-tree vlan 3 port-priority 10
                                        (将 VLAN 3 的端口权值设为 10)
Switch1(config-if)#spanning-tree vlan 4 port-priority 10
                                        (将 VLAN 4 的端口权值设为 10)
Switch1(config-if)#spanning-tree vlan 5 port-priority 10
                                        (将 VLAN 5 的端口权值设为 10)
Switch1(config-if)#exit
```

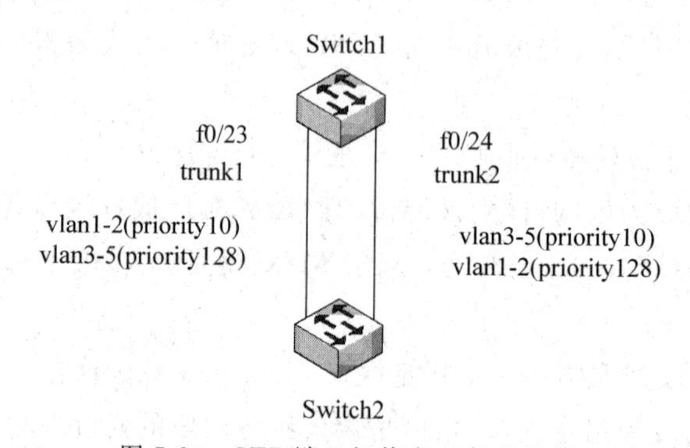

图 7-20 STP 端口权值实现负载均衡

2. 配置 STP 路径值的负载均衡

将希望阻断的 VLAN 生成树路径值设大,STP 协议就会阻断该 VLAN 从该 Trunk 上通过,从而可以把负载均衡到多个 Trunk 端口上。在如图 7-21 所示的配置中,要实现 STP 路径值的负载均衡,配置如下:

```
Switch1#config Terminal
switch1(config)#interface f0/23
Switch1(config-if)#spanning-tree vlan3 cost 30
Switch1(config-if)#spanning-tree vlan4 cost 30
Switch1(config-if)#exit
Switch1(config)#interface f0/24
switch1(config-if)#spanning-tree vlan 1 cost 30
switch1(config-if)#spanning-tree vlan 2 cost 30
Switch1(config-if)#end
Switch1#
```

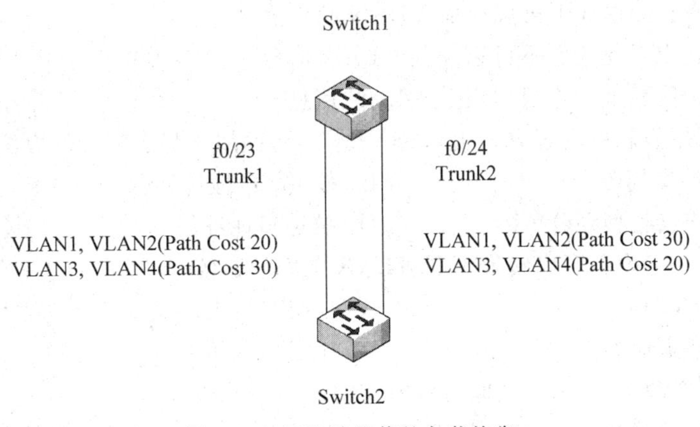

图 7-21　STP 路径值的负载均衡

7.4 小　　结

交换机具有数据包的接收与转发、自动学习并记录所有设备的 MAC 地址、利用 STP 协议来防止由环路引起的重复数据包、增加冲突域、划分虚拟局域网等功能。

本章着重强调了交换机的配置与管理，随着交换技术的发展，交换机的性能越来越强，正确配置和使用交换机，能使交换机在网络中起越来越重要的作用。在交换机的配置中应注意在用户模式、特权模式、全局配置模式以及接口配置模式下各自的命令、特点及改变交换机模式的方法。

交换机的配置检测是解决交换网络中存在问题的重要方法，必须掌握常用的显示配置的命令，包括显示接口配置、显示操作系统版本、显示当前配置及查看 MAC 地址表等命令。

能灵活配置静态 VLAN，配置虚拟局域网的主干道协议。在不同的模式下创建 VLAN、确认 VLAN、删除 VLAN。配置 VTP 协议、定义交换机的主干道连接、分配接口。

练习思考题

1. 在下面关于 VLAN 的描述中，不正确的是(　　)。

   A. VLAN 把交换机划分成多个逻辑上独立的交换机

   B. 主干链路(Trunk)可以提供多个 VLAN 之间通信的公共通道

   C. 由于包含了多个交换机，所以 VLAN 扩大了冲突域

   D. 一个 VLAN 可以跨越多个交换机

2. 虚拟局域网中继协议(VTP)有 3 种工作模式，即服务器模式、客户机模式和透明模式，以下关于这 3 种工作模式的叙述中，不正确的是(　　)。

   A. 在服务器模式可以设置 VLAN 信息

B. 在服务器模式下可以广播 VLAN 配置信息

C. 在客户机模式下不可以设置 VLAN 信息

D. 在透明模式下不可以设置 VLAN 信息

3. 可以采用静态或动态方式来划分 VLAN,下面属于静态划分的方法是(　　)。

A. 按端口划分　　B. 按 MAC 地址划分

C. 按协议类型划分　　D. 按逻辑地址划分

4. 下面(　　)设备可以转发不同 VLAN 之间的通信。

A. 二层交换机　　B. 三层交换机

C. 网络集线器　　D. 生成树网桥

5. 当数据在两个 VLAN 之间传输时需要(　　)设备。

A. 二层交换机　　B. 网桥　　C. 路由器　　D. 中继器

6. 在校园网设计过程中,划分了很多 VLAN,采用了 VTP 来简化管理。将(1)~(4)空缺处填写上相应内容。

VTP 信息只能在__(1)__端口上传播。

运行 VTP 的交换机可以工作在 3 种模式:__(2)__、__(3)__、__(4)__。

7. 两个交换机相连如图 7-22 所示,把 6 台计算机配置成两个 LAN。

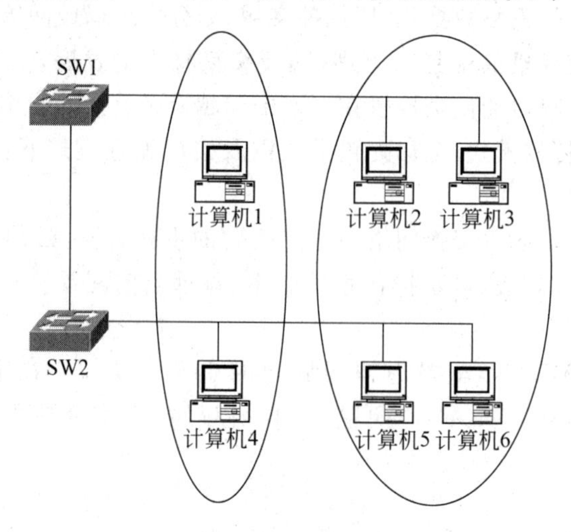

图 7-22　交换机连接图

【问题 1】

阅读下面的配置信息,填写(1)~(3)处空缺的内容。

```
SW1>enable                          //进入特权模式
SW1#vlan database                   //进入 VLAN 配置子模式
SW1(vlan)#vtp server                //设置本交换机为 server 模式
SW1(vlan)#vtp domain  __(1)__       //设置域名
SW1(vlan)#  __(2)__                 //启动修剪功能
SW1(vlan)#exit                      //退出 VLAN 配置模式
SW1#show  __(3)__                   //查看 VTP 设置信息
```

【问题 2】

阅读下面的配置信息，解释(4)处的命令。

```
Switch#
Switch#config
Switch(config)#interface 0/1                  //进入接口 1 配置模式
Switch(config-if)#switchport mode trunk       ___(4)___
Switch(config-if)#switchport trunk allowed vlan all
                                              //设置允许从该接口交换数据的 VLAN
Switch(config-if)#exit
Switch(config)#exit
Switch#
```

【问题 3】

阅读下面的配置信息，解释(5)处的命令。

```
Switch#vlan d
Switch(vlan)#vlan 2                           //创建一个 VLAN2
VLAN 2 added:
    Name: VLAN0002                            //系统自动命名
Switch(vlan)#vlan3 name vlan3                 ___(5)___
VLAN 3 added:
    Name: vlan3
Switch(vlan)#exit
```

【问题 4】

阅读下面的配置信息，解释(6)处的命令。

```
Switch#config t
Switch(config)#interface f0/5                 //进入端口 5 的配置模式
Switch(config-if)#switchport mode access      ___(6)___
Switch(config-if)#switchport access vlan 2    //把端口 5 分配给相信的 VLAN2
Switch(config-if)#exit
Switch(config)#interface f0/6
Switch(config-if)#t switch port mode access
Switch(config-if)#switchport access vlan 3
Switch(config-if)#exit
Switch(config)#exit
```

8. 在生成树协议(STP)中，根交换机是根据什么来选择的？(　　)

A. 最小的 MAC 地址　　B. 最大的 MAC 地址

C. 最小的交换机 ID　　D. 最大的交换机 ID

第8章 路由选择和路由器基本配置与管理

CHAPTER

8.1 路由器基础

8.1.1 路由器的功能

路由器用于连接多个逻辑上分开的网络。所谓逻辑网络是代表一个单独的网络或者一个子网,当数据从一个子网传输到另一个子网时,可通过路由器完成。因此,路由器具有判断网络地址和选择路径的功能,它能在多网络互联环境中建立灵活的连接,可用完全不同的数据分组和介质访问方法连接各种子网。

路由器最基本的功能是包交换和路由选择,在实现包交换和路由选择的基础上路由器已经实现了许多增值功能。支持多协议堆栈,每个路由器都须用它自己的路由选择协议,允许这些不同的环境并行运行;合并网桥功能,并可作为一定形式的网络集线器使用;基于优先级的业务排序和业务过滤。

路由的根本问题是要解决路由选择(routing)问题。路由选择是指在一个路由的网络环境中如何选择一条从源地址到目的地址的最佳路径,以便低层设备进行数据包投递。

路由器工作在OSI参考模型的第三层,应用路由协议与IP地址完成路径选择,而交换机和网桥工作在数据链路层上,使用MAC地址以及其对应的MAC地址表完成路径的选择。

8.1.2 路由器的基本配置

1. 路由器的配置模式

Cisco IOS用户接口分为几个模式,用户能够使用的命令是由当时所处的模式决定的。每一种模式下,只要在系统提示符下输入问号,系统就会显示当前可用的命令。

1) 用户 EXEC 模式

```
router>
```

路由器处于用户命令状态,这时用户可以看路由器的连接状态,访问其他网络和主机,但不能看到和更改路由器的设置内容。

2) 特权 EXEC 模式

```
router#
```

在 router>提示符下输入 enable,路由器进入特权命令状态 router#,这时不但可以执行所有的用户命令,还可以看到和更改路由器的设置内容。

3) 全局配置模式

```
router(config)#
```

在 router#提示符下输入 configure terminal,出现提示符 router(config)#,此时路由器处于全局设置状态,这时可以设置路由器的全局参数。

4) 其他局部配置模式

```
router(config-if)#; router(config-line)#; router(config-router)#;…
```

路由器处于局部设置状态,这时可以设置路由器某个局部的参数。

5) RXBOOT 状态

```
>
```

路由器处于 RXBOOT 状态,在开机后 60s 内按 Ctrl+break 键可进入此状态,这时路由器不能完成正常的功能,只能进行软件升级和手工引导。

6) 设置对话状态

这是一台新路由器开机时自动进入的状态,在特权命令状态使用 SETUP 命令也可进入此状态,这时可通过对话方式对路由器进行设置。

2. 路由器的常用配置命令

对路由器的一般配置方法,是使用 IOS 的命令行接口 CLI(Command Line Interface),通过输入 IOS 命令进行配置。常用的配置命令如下。

1) 帮助

在 IOS 操作中,无论任何状态和位置,都可以输入?得到系统的帮助。

2) 改变命令状态

进入特权命令状态 enable

退出特权命令状态 disable

进入设置对话状态 setup

进入全局设置状态 config terminal

退出全局设置状态 end

进入端口设置状态 interface type slot/number

进入子端口设置状态 interface type number. subinterface [point-to-point|multipoint]

进入线路设置状态 line type slot/number

进入路由设置状态 router protocol

退出局部设置状态 exit

3）显示命令

查看版本及引导信息 show version

查看运行设置 show running-config

查看开机设置 show startup-config

显示端口信息 show interface type slot/number

显示路由信息 show ip router

4）复制命令

用于 IOS 及 CONFIG 的备份和升级

保存当前配置 copy running-config startup-config

5）网络命令

登录远程主机 telnet hostname|IP address

网络侦测 ping hostname|IP address

路由跟踪 trace hostname|IP address

6）基本设置命令

全局设置 config terminal

设置访问用户及密码 username username password password

设置特权密码 enable secret password

设置路由器名 hostname name

设置静态路由 ip route destination subnet-mask next-hop

启动 IP 路由 ip routing

启动 IPX 路由 ipx routing

端口设置 interface type slot/number

设置 IP 地址 ip address address subnet-mask

设置 IPX 网络 ipx network network

激活端口 no shutdown

物理线路设置 line type number

启动登录进程 login

设置登录密码 password password

下面以一个应用实例说明路由器的基本配置过程。两个以太网通过两个路由器互连，拓扑结构和地址分配如图 8-1 所示。现在要完成路由器 Router1 的基本配置。

具体配置过程如下：

```
Router>en
Router#conf term
Router(config)#hostnameR1
```

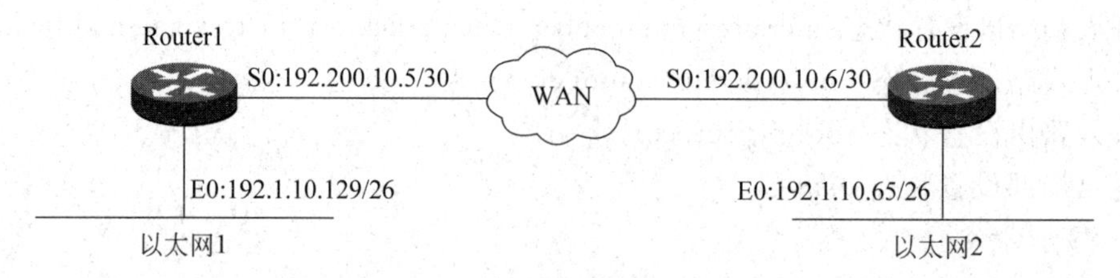

图 8-1 拓扑结构和地址分配

```
R1 (config)#int e0
R1(config-if)#ip address 192.1.10.129 255.255.255.192
R1(config-if)#noshutdown
R1(config-if)#int s0
R1(config-if)#ip address 192.200.10.5 255.255.255.252
R1(config-if)#no shutdown
R1(config-if)#clockrate 56000
R1(config-if)#exit
R1(config)#exit
```

配置串口时,要在DCE端设置时钟频率。需要注意的是,IP地址配置的基本原则:

(1) 路由器的物理网络端口需要有一个IP地址;

(2) 相邻路由器的相邻端口IP地址在同一网段;

(3) 同一路由器不同端口在不同网段上。

8.2 路由选择基础

路由是指在网络中,选择一条从源地址到目的地址的最佳路径的方式。路由器通过路由决定数据包的转发地址,每个路由器根据网络的拓扑结构和对线路的了解来决定路由。路由器选择路由的方式分为静态路由和动态路由。

要完成路由选择,首先需要确定:

(1) 信息源地址。

(2) 信息所要到达的目标地址。

(3) 到达的目的地址的所有可能路径。

(4) 路由选择,选择一条到达的目的地址的最佳路径。

在完成路由选择的同时,路由器应能维护路由表。应用路由协议进行路由学习,以便进行最佳路径选择。

静态路由是由网络管理员在路由器上手工添加路由信息以实现路由目的;而动态路由是根据网络结构或流量的变化,路由协议自动调整路由信息以实现路由。

路由选择协议(routing protocol)。通过运行不同的路由算法完成路由的选择工作,并尽可能地确保路由表的精确与高效。路由协议不仅需要能够准确地在网络中传递路由信息,而且还需要及时地学习新路由以及变更的路由以进行路由表的更新与维护。路由选择协议的TCP/IP例子有路由选择信息协议(RIP)、内部网关路由选择协议(IGRP)、增强的内部网关路由选择协议(EIGRP)和开放的最短路径优先(OSPF)协议。

被动路由协议(routed protocols)。指的是任何在网络层地址中提供了足够信息的网络协议,该网络协议允许将数据包从一个主机转发到以寻址方案为基础的另一个主机。被动路由协议定义了数据包内各字段的格式和用途。数据包一般都从一个端系统传送到另一个端系统。IP 协议就是被动路由协议的一个例子。

8.3　静态路由选择

8.3.1　静态路由概述

静态路由由网络管理员在路由器上手工添加路由信息以实现路由目的。静态路由的应用场合一般是一个小型到中型的网络,而且没有或只有较小的扩充计划时。

静态路由要手工输入,手工管理;管理开销对于动态路由来说是一个大大的负担。静态路由的优点是带宽优良,安全性好。

8.3.2　配置静态路由

静态路由的配置命令如下:

```
Router (config) # ip route network   [mask] {address | interface}[distance]
[permanent]
```

其中:

network　目的网络的网络地址;

mask　目的网络子网掩码;

address | interface　下一跳地址或接口。

静态路由的删除:

在一条静态路由前加上 no,即可删除该条静态路由。例如

```
2501(config)#no  ip route 172.16.1.0 255.255.255.0 172.16.2.1
```

静态路由配置的举例:

网络结构拓扑如图 8-2 所示,在路由器 A 上配置到达网络 1 的路由。

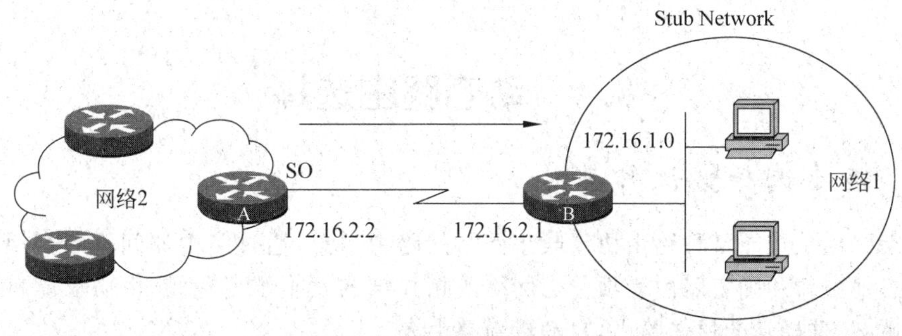

图 8-2　网络结构拓扑

路由器A转发的目的网络是172.16.1.0的分组需要经过路由器B才能到达网络1，因此配置静态路由的下一跳地址应该是172.16.2.1。

在完成路由器A的基本配置后，配置静态路由如下：

```
RouterA(config)#ip route 172.16.1.0 255.255.255.0 172.16.2.1
```

这是一条单方向的路径，必须在路由器B上配置一条相反的路径，路由器A和路由器B才能互相通信。

```
RouterB(config)#ip route 172.16.2.0 255.255.255.0 172.16.2.2
```

8.3.3 默认路由

默认路由是当分组在路由表中没有找到到达目的网络的路由时，列在路由表中直接指向下一跳的路由选择项。可以将默认路由设置为静态配置的一部分。

默认路由的配置命令如下：

```
Router(config)#ip route 0.0.0.0  0.0.0.0 [next-hop-address | outing interface]
```

默认路由一般用在Stub Network网络中，即该网络到达所有其他非直连的网络只有一个出口。例如图8-3中的网络1，可以在路由器B上配置默认路由时期可以到达所有其他非直连的网络：

```
Router(config)#iip route 0.0.0.0 0.0.0.0 172.16.2.2
```

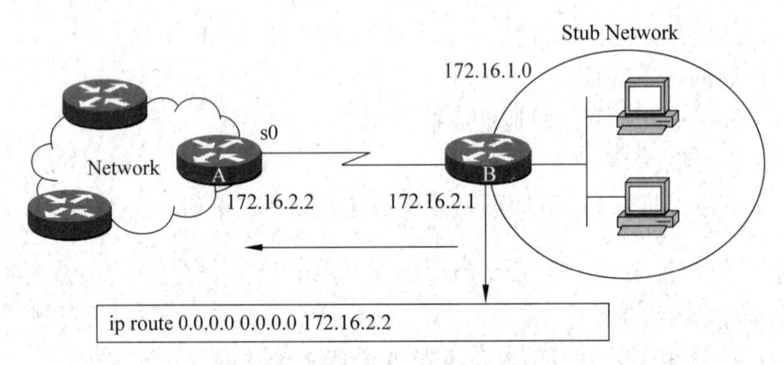

图8-3　默认路由配置的过程

8.4 动态路由选择

8.4.1 路由选择协议种类

动态路由是按照某种路由协议收集网络的路由信息，通过路由器间不断交换的路由信息动态地更新和确定路由表项。当网络的拓扑结构发生了变化，路由协议能自动对路由进行更新，选择新的最佳路由，自动更新路由表。

路由选择协议分为距离矢量、链路状态和平衡混合3种。

1. 距离矢量(Distance Vector)路由协议

距离矢量路由协议计算网络中所有链路的矢量和距离并以此为依据确认最佳路径。定期向其相邻的路由器发送全部或部分路由表。常用的距离矢量路由协议有 RIP 和 IGRP 协议。

2. 链路状态(Link State)路由协议

链路状态路由协议使用为每个路由器根据 LSA 数据包创建的拓扑数据库创建路由表,每个路由器通过此数据库建立一个整个网络拓扑图。在拓扑图的基础上通过相应的路由算法计算出通往各目标网段的最佳路径,并最终形成路由表。OSPF(开放系统最短路径优先)是常用的链路状态协议。OSPF 协议根据用户指定的链路费用标准(延迟、带宽或收费率等)计算最短路径。

3. 平衡混合(Balanced Hybird)路由协议

结合了链路状态和距离矢量两种协议的优点。典型代表是 EIGRP,增强型内部网关协议。

8.4.2 距离矢量路由选择

距离矢量路由协议计算网络中所有链路的矢量和距离并以此为依据确认最佳路径。定期向其相邻的路由器发送全部或部分路由表,如图 8-4 所示。常用的距离矢量路由协议有 RIP 和 IGRP 协议。

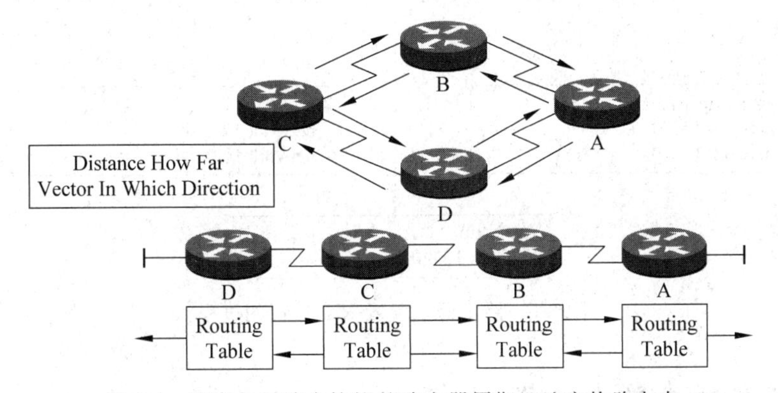

图 8-4　距离矢量路由协议的路由器周期性地交换路由表

由于配置距离矢量路由协议的路由器周期性地交换路由表,因此每个路由器从邻居路由器获得和决定最佳路径。并且路由的更新是逐个周期、逐个路由器进行的,距离矢量路由协议的这个特点使得网络拓扑更新不能及时收敛,从而导致路由环路问题的出现。解决的方法包括设置距离最大值、水平分割等。

8.4.3 配置 RIP 路由协议

路由信息协议 RIP 是一种分布式的基于距离矢量的路由选择协议。RIP 使用跳数衡量距离的长短,跳数是一个数据包到达目标所需经过的路由器的数量,跳数最少的路径,就认为是最佳路径。它允许的最大跳数为15,任何超过15跳的站点的目的地均被标记为不可达。

RIP协议采用周期性更新路由表,更新周期为30s,路由器收集所有可到达目的地的不同路径,并保存有关到达每个目的地的最少站点数的路径信息,除到达目的地的最佳路径外,任何其他信息均予以丢弃。同时路由器也把所收集的路由信息用RIP协议通知相邻的其他路由器。

RIP版本2支持无类域间路由CIDR和可变长子网掩码VLSM和不连续的子网,并且使用组播地址发送路由信息。

RIP协议配置过程如下:

(1) 选择RIP协议。

```
Router(config)#router rip
```

(2) 公告直连的网络。

```
Router(config-router)#network network-number
```

(3) RIP配置实例。

在3个路由器上配置RIP协议的过程如图8-5所示。

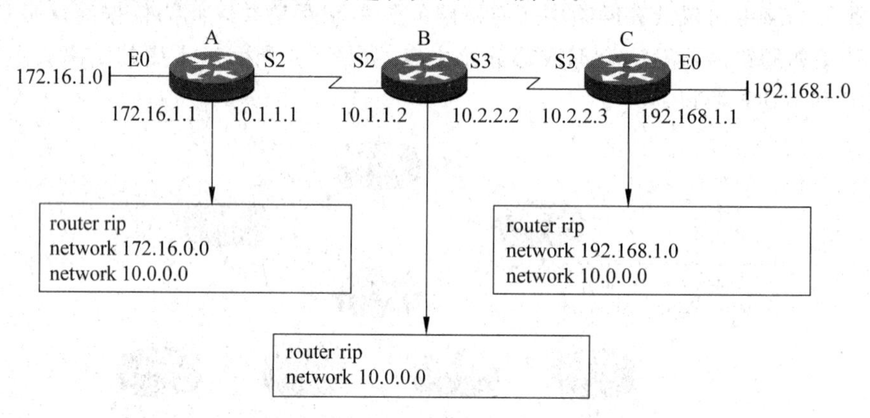

图8-5 路由器上配置RIP协议的过程

8.4.4 链路状态路由协议

OSPF是一种应用广泛的链路状态路由选择协议。所谓链路状态是指路由器接口的状态,如UP、DOWN、IP及网络类型等。链路状态信息通过链路状态公告(LSA)发布到网上的每台路由器。每台路由器通过LSA信息建立一个关于网络的拓扑数据库,这个数据库实际上就是全网的拓扑结构图,它在全网范围内是一致的(这称为链路状态数据库的同步)。OSPF的链路状态数据库能较快地进行更新,使各个路由器能及时更新其路由表。OSPF的更新过程收敛得快是其重要优点。OSPF支持可变长度的子网划分和无分类编址CIDR。

为了使 OSPF 能够用于规模很大的网络，OSPF 将一个自治系统再划分为若干个更小的范围，叫做区域。每一个区域都有一个 32 位的区域标识符（用点分十进制表示），划分区域的好处就是将利用洪泛法交换链路状态信息的范围局限于每一个区域而不是整个的自治系统，这就减少了整个网络上的通信量。

在一个区域内部的路由器只知道本区域的完整网络拓扑，而不知道其他区域的网络拓扑的情况。

OSPF 使用层次结构的区域划分，在上层的区域叫做主干区域（backbone area）。主干区域的标识符规定为 0，主干区域的作用是用来连通其他在下层的区域。OSPF 的区域划分如图 8-6 所示。

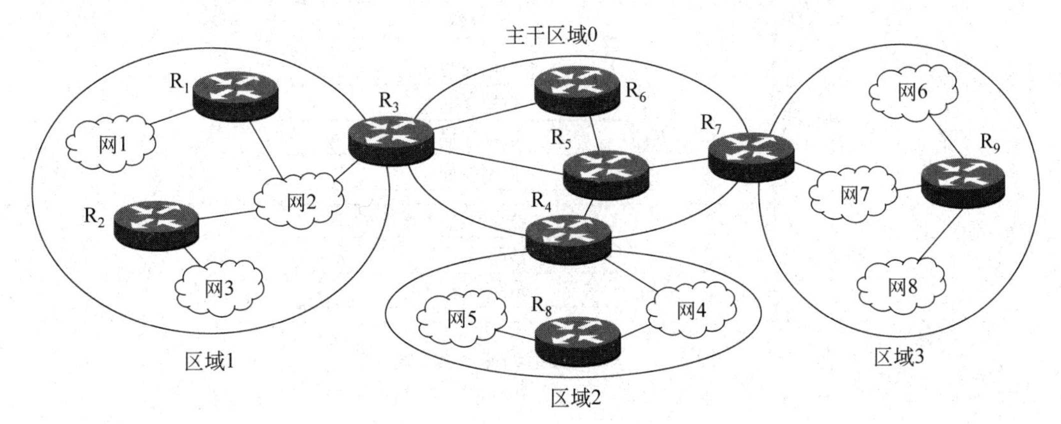

图 8-6　OSPF 的区域划分

主干区域内的路由器叫做主干路由器，如图 8-6 中的 R_3、R_4、R_5、R_6、R_7 路由器；用来把不同区域互联起来的路由器是区域边界路由器，如图 8-6 中的 R_3、R_4、R_7。

OSPF 有 5 种类型的分组，OSPF 分组是直接用 IP 数据报传送，OSPF 构成的数据报很短，这样做可减少路由信息的通信量，如图 8-7 所示。

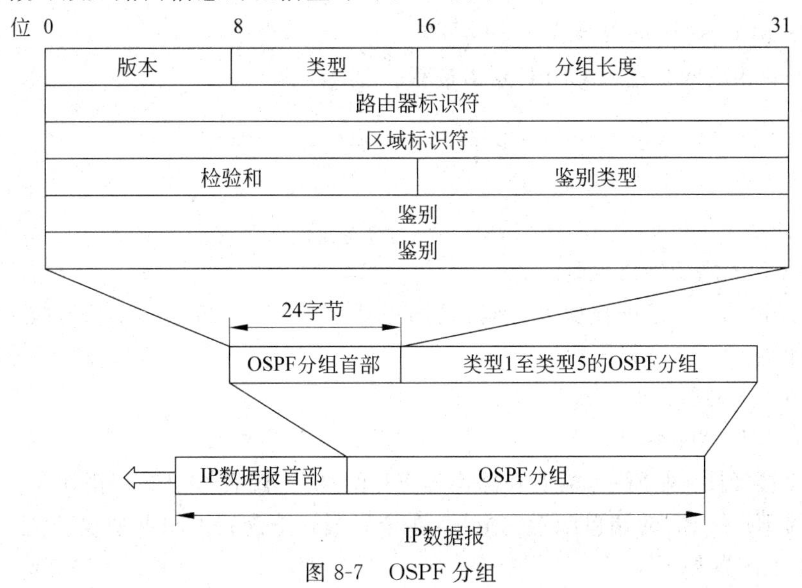

图 8-7　OSPF 分组

类型1,问候(Hello)分组。

类型2,数据库描述(Database Description)分组。

类型3,链路状态请求(Link State Request)分组。

类型4,链路状态更新(Link State Update)分组,用洪泛法对全网更新链路状态。

类型5,链路状态确认(Link State Acknowledgment)分组。

OSPF分组的基本操作过程如图8-8所示。

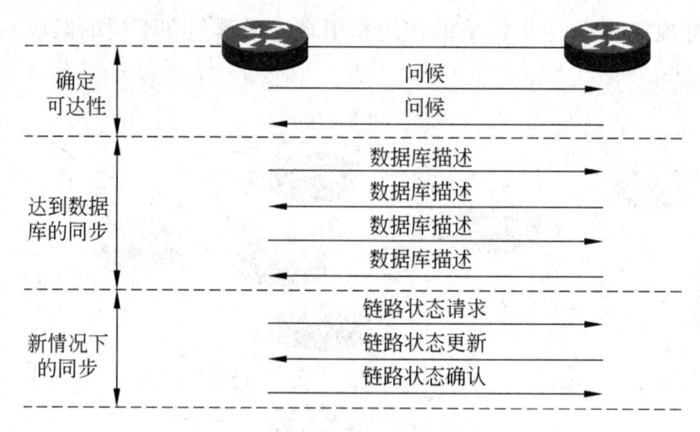

图8-8 OSPF分组的基本操作过程

8.4.5 配置OSPF路由协议

OSPF路由协议配置过程如下:

(1) 在路由器上启动OSPF协议。

```
router(config)#router ospf process-id
```

进程号process-id的范围为1～65 535。

(2) 声明相应网络进入OSPF路由进程。

```
router(config-if)#network address wildcard-mask  area-id
router(config-if)#^z
```

其中:

address 子网的网络地址。

wildcard-mask 子网掩码的反码,是用广播地址(255.255.255.255)减去掩码地址所得到的地址。

area-id 子网所在的区域号。

配置OSPF协议举例:

网络连接如图8-9所示,需要在路由器R1和R2上配置OSPF路由协议。

路由器R1和R2的端口配置完成后,在全局模式下配置OSPF协议。

在R1上配置如下:

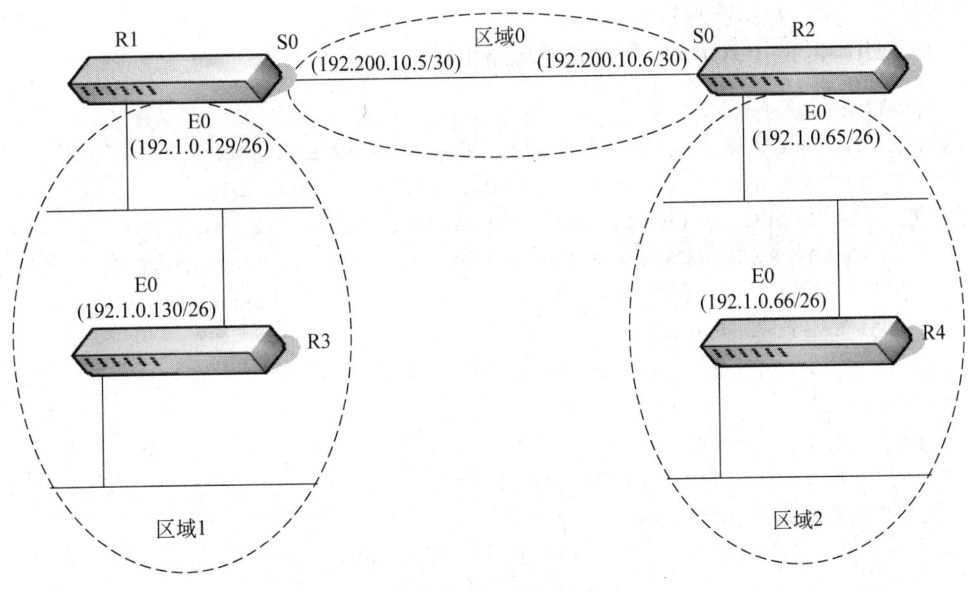

图 8-9　网络连接图

```
R1(config)#router ospf 100
R1(config-router)#network 192.200.10.4 0.0.0.3 area0
R1(config-router)#network 192.1.0.128 0.0.0.63 area1
```

在 R2 上配置如下：

```
R2(config)#router ospf 200
R2(config-router)#network 192.200.10.4 0.0.0.3 area0
R2(config-router)#network 192.1.0.64 0.0.0.63 area2
```

8.4.6　检测路由配置

在网络中，从源地址到目的地址通常会有多条路径，这时源路由器就需要在众多路线中通过路由算法计算出一条到目的地址的最佳路径。此时面对各种路由协议，源路由器的管理距离参数将会对路由的选择起到重要的参考作用。管理距离值是由 0～255 的整数表示的，管理距离值低的路由通常会被选为最佳路线，加入源路由器的路由表中。表 8-1 给出了一些常见路由协议的默认管理距离值。

表 8-1　常见路由协议的默认管理距离值

路由协议	默认管理距离	路由协议	默认管理距离
直接连接的接口	0	OSPF	110
静态路由	1	RIP	120
EIGRP	90	未知网络或源路不可信	255
IGRP	100		

路由协议配置完成后可以使用 show ip route 命令查看网络路由配置情况，使用 ping

命令可以测试路由器的连通性。

(1) 使用 show ip route 命令查看静态路由的配置信息:

```
RouterA#sh ip route
Codes: C-connected, S-static, I-IGRP, R-RIP, M-mobile, B-BGP
       D-EIGRP, EX-EIGRP external, O-OSPF, IA-OSPF inter area
       N1-OSPF NSSA external type 1, N2-OSPF NSSA external type 2
       E1-OSPF external type 1, E2-OSPF external type 2, E-EGP
       i-IS-IS, L1-IS-IS level-1, L2-IS-IS level-2, * -candidate default
       U-per-user static route, o-ODR
       T-traffic engineered route
Gateway of last resort is not set
172.16.1.0 /24 is subnetted, 1 subnets
S       172.16.1.0 [1/0] via 172.16.2.1
172.16.2.0 /24 is subnetted, 1 subnets
C       172.16.2.0 is directly connected, Ethernet0
```

其中,以S开头路径表示是静态路由;以C开头的路径表示是和路由器直连的路径;[1/0]表示静态路由管理距离为1,到达目的地的跳数为0。

以上路由信息表示,路由器A有一条静态路由信息:到达网络172.16.2.0的下一跳地址是172.16.2.1。

(2) 使用 show ip route 命令查看动态路由配置情况。

```
RouterA#sh ip route
Codes: C-connected, S-static, I-IGRP, R-RIP, M-mobile, B-BGP
       D-EIGRP, EX-EIGRP external, O-OSPF, IA-OSPF inter area
       N1-OSPF NSSA external type 1, N2-OSPF NSSA external type 2
       E1-OSPF external type 1, E2-OSPF external type 2, E-EGP
       i-IS-IS, L1-IS-IS level-1, L2-IS-IS level-2, * -candidate default
       U-per-user static route, o-ODR
       T-traffic engineered route

Gateway of last resort is not set


     172.16.0.0/24 is subnetted, 1 subnets
C       172.16.1.0 is directly connected, Ethernet0
     10.0.0.0/24 is subnetted, 2 subnets
R       10.2.2.0 [120/1] via 10.1.1.2, 00:00:07, Serial2
C       10.1.1.0 is directly connected, Serial2
R    192.168.1.0/24 [120/2] via 10.1.1.2, 00:00:07, Serial2
```

其中,以R开头的路径是RIP协议计算出的路由信息;[120/1]表示RIP路由协议管理距离为120,到达目的地的跳数为1。

以上路由信息表示,路由器A有两条RIP路由信息:到达网络10.2.2.0的下一跳地址是 10.1.1.2；到达网络 192.168.1.0 的下一跳地址是 10.1.1.2。

8.4.7　外部网关协议

因特网把路由选择协议分为以下两大类。

1. 内部网关协议(Interior Gateway Protocol，IGP)

在一个自治系统内部使用的路由选择协议。目前这类路由选择协议使用得最多，如 RIP 和 OSPF 协议。

2. 外部网关协议(External Gateway Protocol，EGP)

若源站和目的站处在不同的自治系统中，当数据报传到一个自治系统的边界时，就需要使用一种协议将路由选择信息传递到另一个自治系统中。这样的协议就是外部网关协议 EGP。

自治系统(Autonomous System，AS)是由同构型的网关连接的互联网，这样的系统往往是由一个网络管理中心控制的。这些路由器使用一种 AS 内部的路由选择协议和共同的度量以确定分组在该 AS 内的路由，如 RIP 和 OSPF 协议，同时还使用一种 AS 之间的路由选择协议用以确定分组在 AS 之间的路由，如 BGP-4 协议。

每个自治系统都有一个系统号标识不同的自治系统，自治系统号是 $0 \sim 2^{16}$ 的二进制数，一般用十进制数表示。自治系统和内部网关协议、外部网关协议之间的关系如图 8-10 所示。

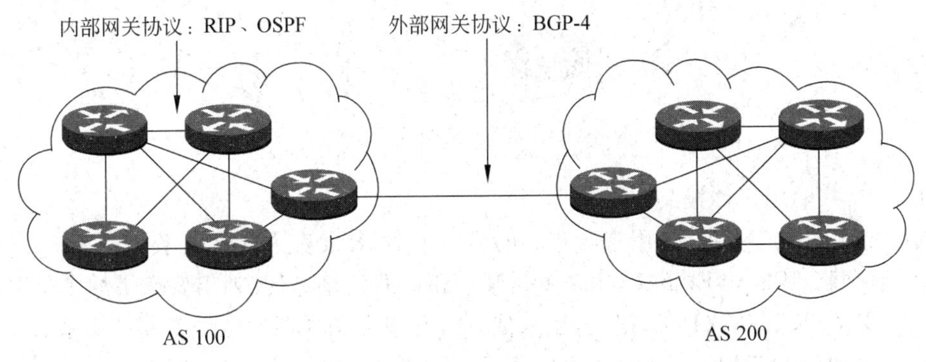

图 8-10　自治系统和内部网关协议、外部网关协议之间的关系

在外部网关协议中目前使用最多的是 BGP-4。BGP 是不同自治系统的路由器之间交换路由信息的协议。BGP 较新版本是 2006 年 1 月发表的 BGP-4(BGP 第 4 个版本)，即 RFC 4271～4278。可以将 BGP-4 简写为 BGP。

因特网的规模太大，使得自治系统之间路由选择非常困难，对于自治系统之间的路由选择，要寻找最佳路由是很不现实的。当一条路径通过几个不同 AS 时，要想对这样的路径计算出有意义的代价是不太可能的，比较合理的做法是在 AS 之间交换“可达性”信息。因此，边界网关协议 BGP 只能是力求寻找一条能够到达目的网络且比较好的路由(不能兜圈子)，而并非要寻找一条最佳路由。

每一个自治系统的管理员要选择至少一个路由器作为该自治系统的“BGP 发言人”。一般来说,两个 BGP 发言人都是通过一个共享网络连接在一起的,而 BGP 发言人往往就是 BGP 边界路由器,但也可以不是 BGP 边界路由器。

一个 BGP 发言人与其他自治系统中的 BGP 发言人要交换路由信息,就要先建立 TCP 连接,然后在此连接上交换 BGP 报文以建立 BGP 会话(session),利用 BGP 会话交换路由信息。使用 TCP 连接能提供可靠的服务,也简化了路由选择协议。使用 TCP 连接交换路由信息的两个 BGP 发言人,彼此成为对方的邻站或对等站,如图 8-11 所示。BGP 所交换的网络可达性的信息就是要到达某个网络所要经过的一系列 AS。当 BGP 发言人互相交换了网络可达性的信息后,各 BGP 发言人就根据所采用的策略从收到的路由信息中找出到达各 AS 的较好路由。

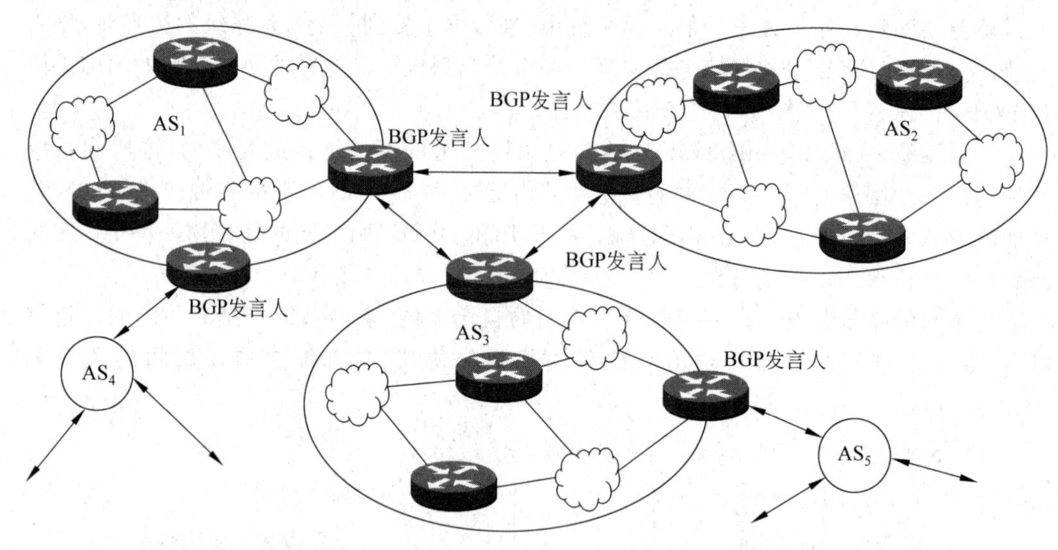

图 8-11 BGP 会话交换路由信息

BGP-4 共使用 4 种报文:

(1) 打开(OPEN)报文,用来与相邻的另一个 BGP 发言人建立关系。

(2) 更新(UPDATE)报文,用来发送某一路由的信息,以及列出要撤销的多条路由。

(3) 保活(KEEPALIVE)报文,用来确认打开报文和周期性地证实邻站关系。

(4) 通知(NOTIFICATION)报文,用来发送检测到的差错。

在 RFC 2918 中增加了 ROUTE-REFRESH 报文,用来请求对等端重新通告。

BGP 协议的特点:

BGP 协议交换路由信息的节点数量级是自治系统数的量级,这要比这些自治系统中的网络数少很多。

每一个自治系统中 BGP 发言人(或边界路由器)的数目是很少的。这样就使得自治系统之间的路由选择不致过分复杂。

BGP 支持 CIDR,因此 BGP 的路由表也就应当包括目的网络前缀、下一跳路由器,以及到达该目的网络所要经过的各个自治系统序列。

在 BGP 刚刚运行时，BGP 的邻站是交换整个的 BGP 路由表，但以后只需要在发生变化时更新有变化的部分，这样做对节省网络带宽和减少路由器的处理开销方面都有好处。

8.5　小　结

路由器最基本的功能是包交换和路由选择。它支持多协议堆栈、具有合并网桥功能、基于优先级的业务排序和业务过滤，是不可少的网络设备。

路由器通过路由协议进行包交换和路由选择，路由协议由静态路由协议和动态路由协议组成。动态路由协议又包括 RIP 路由协议、IGRP 协议、链路状态协议、平衡混合路由选择协议等。

应认识各种不同协议的管理距离，在不同条件下选择不同的路由协议。

路由器配置的任务是选择路由协议，确认路由器所在网络和接口地址及接口子网掩码等。认识路由器的配置模式、帮助功能。其基本配置包括配置接口、配置时钟与带宽、配置主机名、配置协议及保存配置等。

练习思考题

1. 下面列出了路由器的各种命令状态，可以配置路由器全局参数的是(　　)。

   A. router>　　B. router#

   C. router(config)#　　D. router(config-if)#

2. 配置路由器端口，应该在(　　)提示符下进行。

   A. R1(config)#　　B. R1(config-in)#

   C. R1(config-intf)#　　D. R1(config-if)#

3. 在路由器的特权模式下输入命令 setup，则路由器进入(　　)模式。

   A. 用户命令状态　　B. 局部配置状态

   C. 特权命令状态　　D. 设置对话状态

4. 要进入以太端口配置模式，下面的路由器中命令，(　　)是正确的。

   A. R1(config)#interface e0　　B. R1>interface e0

   C. R1>line e0　　D. R1(config)#line s0

5. 要显示路由器的运行配置，下面的路由器命令中，(　　)是正确的。

   A. R1#show running-config　　B. R1#show startup-config

   C. R1>show startup-config　　D. R1>show running-config

6. 内部网关协议 RIP 是一种广泛使用的基于__(1)__的协议。RIP 规定一条通路上最多可包含的路由器数量是__(2)__。

   (1) A. 链路状态算法　　B. 距离矢量算法

   C. 集中式路由算法　　D. 固定路由算法

   (2) A. 1 个　　B. 16 个　　C. 15 个　　D. 无数个

7. 在RIP协议中,默认的路由更新周期是(　　)秒。

A. 30　　B. 60　　C. 90　　D. 100

8. 在路由表中设置一条默认路由,目标地址应为__(1)__,子网掩码应为__(2)__。

(1) A. 127.0.0.0　　B. 127.0.0.1　　C. 1.0.0.0　　D. 0.0.0.0

(2) A. 0.0.0.0　　B. 255.0.0.0

C. 0.0.0.255　　D. 255.255.255.255

9. 以下关于OSPF协议的描述中,最准确的是(　　)。

A. OSPF协议根据链路状态法计算最佳路由

B. OSPF协议是用于自治系统之间的外部网关协议

C. OSPF协议不能根据网络通信情况动态地改变路由

D. OSPF协议只能适用于小型网络

10. 3台路由器的连接与IP地址分配如图8-12所示,在R2中配置到达子网192.168.1.0/24的静态路由的命令是(　　)。

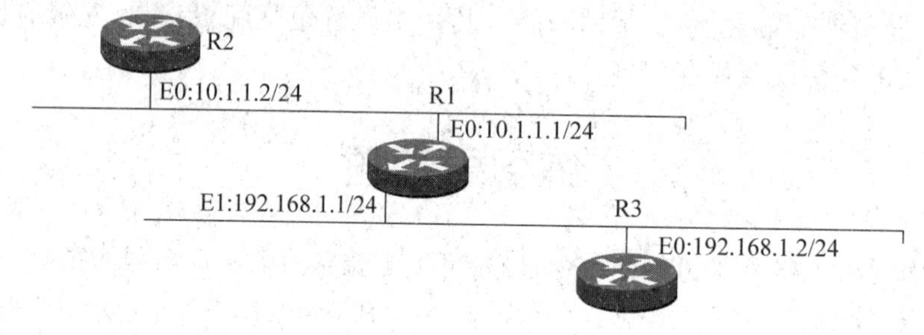

图8-12　路由器连接图

A. R2(config)# ip route 192.168.1.0 255.255.255.0 10.1.1.1

B. R2(config)# ip route 192.168.1.1 255.255.255.0 10.1.1.2

C. R2(config)# ip route 192.168.1.2 255.255.255.0 10.1.1.1

D. R2(config)# ip route 192.168.1.2 255.255.255.0 10.1.1.2

11. 网络配置如图8-13所示,为路由器Router1配置访问以太网2的命令是(　　)。

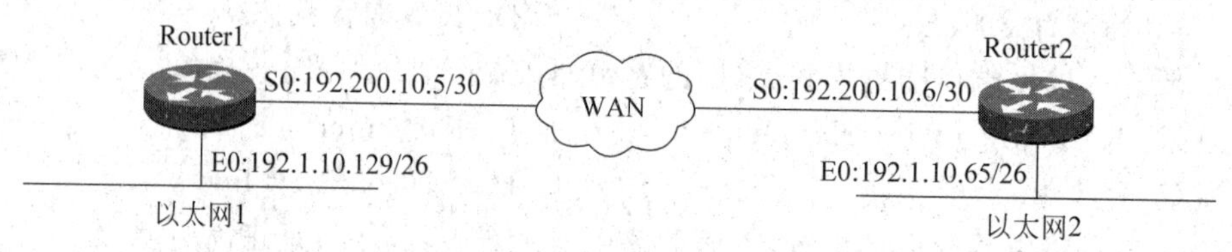

图8-13　网络配置图

A. ip route 192.1.10.60 255.255.255.192 192.200.10.6

B. ip route 192.1.10.65 255.255.255.26 192.200.10.6

C. ip route 192.1.10.64 255.255.255.26 192.200.10.65

D. ip route 192.1.10.64 255.255.255.192 192.200.10.6

12. 关于自治系统,以下说法错误的是(　　)。

A. AS是由某一管理部门统一控制的一组网络

B. AS 的标识是唯一的 16 位编号

C. 在 AS 内部采用相同的路由技术，实现统一的路由策略

D. 如果一个网络要从 Internet 获取路由信息，可以使用自定义的 AS 编号

13. 某局域网通过两个路由器划分为 3 个子网，拓扑结构和地址分配如图 8-14 所示。

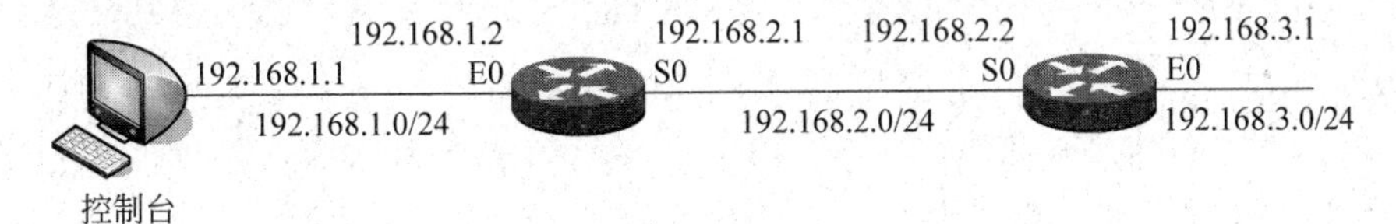

图 8-14 局域网拓扑结构和地址分配

【问题 1】

下面是路由器 R1 的配置命令列表，在空白处填写合适的命令或参数，实现 R1 的正确配置。

```
Router>en
Router>confterm
Router(config)#hostnameR1
   (1)
R1(config-if)#ip address192.168.1.2 255.255.255.0
R1(config-if)#noshutdown
R1(config-if)#int s0
R1(config-if)#ip address   (2)
R1(config-if)#no shutdown
R1(config-if)#clockrate 56000
R1(config-if)#exit
R1(config)#ip routing
R1(config)#ip route0.0.0.0  0.0.0.0   (3)
R1(config)#ip classless
R1(config)#exit
R1#copyrunstart
```

【问题 2】

下面是路由器 R2 的配置命令列表，在空白处填写合适的命令参数，实现 R2 的正确配置。

```
Router>en
Router#confterm
Router(config)#hostnameR2
R2(config)#inte0
R2(config-if)#ip address192. 168. 3. 1 255. 255. 255. 0
R2(config-i0#noshutdown
R2(config-if)#ints0
R2(config-if)#ipaddress 192. 168. 2. 2  255. 255. 255. 0
```

```
R2(config-if)#noshutdown
R2(config-if)#__(4)__
R2(config)#ip  routing
R2(config)#ip route 0.0.0.0 0.0.0.0 __(5)__
R2(config)#ip classless
R2(config)#exit
R2#copy run start
```

第9章 接入网技术

CHAPTER

计算机通信网包含传输骨干网、城域交换网和接入网(Access Network)3部分。传输骨干网是连接各个城域网的信息高速公路,是网络技术的关键,它提供远距离、高带宽、大容量的数据传输业务;城域交换网将各个单位、社区的局域网相连接,实现数据的高速传输和信息资源共享;社区接入网解决的是从市区到小区、直至到每个家庭用户的终端接入问题,即最后一千米(last kilometer)的问题。

9.1 接入网概述

9.1.1 接入网的基本概念

接入网指从骨干网络到用户终端之间的所有机线设备。包括主干系统、配线系统和引入线。其中主干系统通常为传统的电缆和光缆等,长度可以达到数千米;配线系统主要是指从交换箱到分线盒之间的系统,也可能是电缆和光缆,长度一般约几百米;而引入线是指从用户终端到分线盒之间的系统,通常约长几米到几十米不等。

9.1.2 接入网的接入方式

从骨干网络到用户终端之间的所有设备。其长度一般为几百米到几千米,由于骨干网一般采用光纤结构,传输速度快,因此,接入网对整个网络系统的运行影响较大。在接入时也应该根据需要选择适当的接入方式。接入网的接入方式可根据使用的媒体分为铜线(普通电话线)接入、光纤接入、光纤同轴电缆(有线电视电缆)混合接入、无线接入和以太网接入等几种方式。

1. 基于普通电话线的ADSL接入

ADSL非对称数字用户环路接入方式,采用的是点对点拓扑结构。

2. 同轴电缆上的 HFC/SDV 接入系统

HFC/SDV 都是基于混合光纤同轴电缆接入系统,HFC 是双向接入传输系统,可以是树状或总线型结构,SDV 是可交换的数字视频接入系统。

3. 光纤接入系统

光纤接入系统可分为有源系统和无源系统,根据具体情况接入。

4. 无线接入系统

无线接入系统通常指固定无线接入(FWA),其技术来自无绳电话、集群电话、蜂窝移动通信、微波通信或卫星通信等。

5. 以太网接入

在企业、校园或某园区内通过高速局域网接入。

9.2 常用的接入网技术

9.2.1 ADSL 接入

数字用户线路(Digital Subscriber Line,DSL)技术是基于普通电话线的宽带接入技术。它可以在一根铜线上分别传送数据和语音信号,其中数据信号并不通过电话交换设备,并且不需要拨号,属于一直在线的专线上网方式,通常把所有的 DSL 技术统称为 xDSL。它包括对称 DSL 技术和非对称(Asymmetrical)DSL 技术。其中对称 DSL 技术中上下行双向传输速率相同,如 HDSL(高比特率用户数字线)、SDSL(单线路用户数字线)等,主要用于替代传统的 T1/E1 接入技术,与 T1/E1 技术相比,对称 DSL 技术具有对线路质量要求低,安装调试简单等特点。非对称 DSL 技术的上下行传输速率不同,主要有 ADSL、RADSL、VDSL 等。适用于对双向带宽要求不一样的应用,如 Web 浏览、多媒体点播、信息发布等,因此适用于 Internet 接入、VOD 视频点播系统等。

ADSL 是非对称数字用户线路(Asymmetrical Digital Subscriber Line)的简称,ADSL 方案的最大特点是不需要改造信号传输线路,完全可以利用普通铜质电话线作为传输介质,配上专用的 modem 即可实现数据高速传输。ADSL 支持上行速率 640kb/s~1Mb/s,下行速率 1~8Mb/s,其有效的传输距离在 3~5km 范围以内。ADSL 支持的主要业务是高速数据互连,提供宽带业务。同时,ADSL 采用频分复用技术,可将电话语音和数据流一起传输,无须对入户线缆进行改造。用户只需加装一个用户端设备(ADSL modem),通过分流器(话音与数据分离器)与电话并联,便可在一条普通电话线上同时通话和上网,并且互不干扰。每个用户都是单独的一条线路与 ADSL 局端相连,它的结构可以看作是星状结构,数据传输带宽是由每一个用户独享的。

ADSL 的接入模型主要有中央交换局端模块和远端模块组成,如图 9-1 所示。

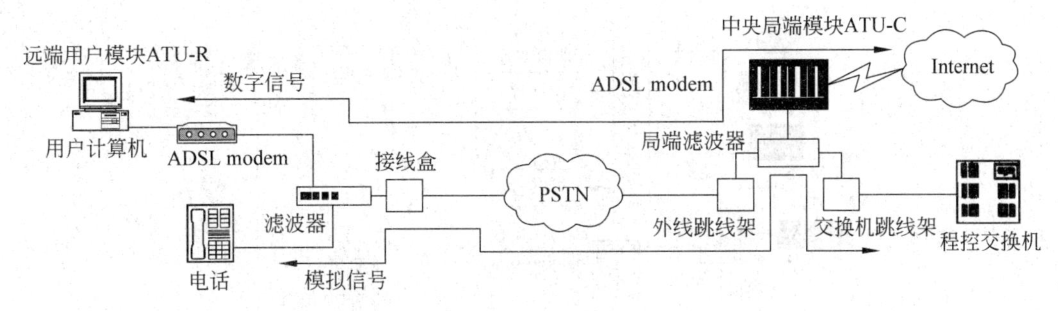

图 9-1　ADSL 接入因特网模型

ADSL 的接入方式主要有以下两种。

(1) 专线入网方式：用户拥有固定的静态 IP 地址，24 小时在线。

(2) 虚拟拨号入网方式：并非是真正的电话拨号，而是用户输入账号、密码，通过身份验证，获得一个动态的 IP 地址，可以掌握上网的主动性。

ADSL 具有下行速率高、频带宽、性能优、安装方便、无须交纳电话费等特点而深受广大用户喜爱，随着标准和技术的成熟及成本的不断降低，ADSL 日益受到电信运营商和用户的欢迎，成为接入 Internet 的主要方式之一。

9.2.2　HFC 接入

HFC(Hybrid Fiber-Coax)混合光纤-同轴电缆是指利用混合光纤同轴电缆进行宽带数字通信的网络。

HFC 将光纤干线网和同轴电缆分配网通过光电转换节点结合在一起，把光缆敷设到小区，然后通过光电转换节点，利用有线电视 CATV 的总线式同轴电缆网连结到用户，提供综合电信业务的技术。

HFC 采用模拟和数字传输技术综合接入网络，可以实现的主要业务有电话模拟和数字广播电视、数字交互业务等，构成一个整体的宽带数据通信系统。其系统结构如图 9-2 所示，一般包括终端系统 CMTS、用户终端系统和 HFC 传输网络。通常光纤干线网采用星状拓扑结构，同轴电缆分配网采用树状结构。采用的复用技术是 FDM(频分复用技术)，使用的编码格式是 64QAM 调制。

用户端系统中一个重要的设备就是电缆调制解调器(Cable Modem，CM)，cable modem 是一种可以通过有线电视网络进行高速数据接入的装置。是放在用户家中的终端设备，用来连接用户的 PC 和 HFC 网络，由于有线电视网采用的是模拟传输协议，因此网络需要用一个 modem 协助完成数字数据的转化。它提供用户数据的接入并与 CMTS 一起组成完整的数据通信系统。需要特别强调的是，CM 不单纯是一个调制解调器，还集成了调谐器、加/解密设备、桥接器、网络接口卡、虚拟专网代理和以太网集线器的功能于一身。一个 cable modem 要在两个不同的方向上接收和发送数据，把上下行数字信号用不同的调制方式调制在双向传输的某一个带宽的电视频道上。它把上行的数字信号转换成模拟射频信号，类似电视信号，所以能在有线电视网上传送。接收下行信号时，cable modem 把它转换为数字信号，以便计算机处理。它无须拨号，可提供随时在线的永远连

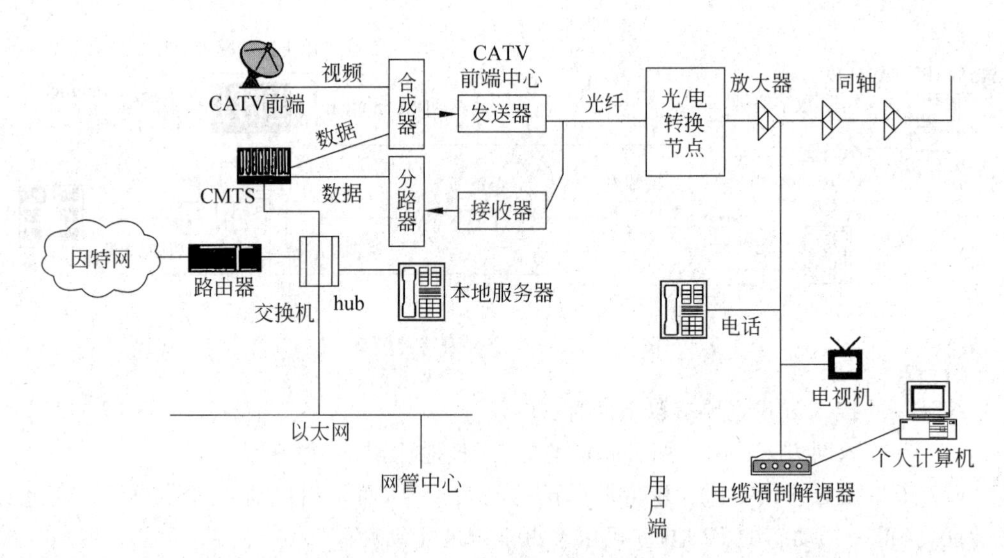

图 9-2 HFC 系统接入因特网模型

接。cable modem 与以往的 modem 在原理上都是将数据进行调制后在 cable(电缆)的一个频率范围内传输,接收时进行解调,传输机理与普通 modem 相同,不同之处在于它是通过有线电视 CATV 的某个传输频带进行调制解调的。

HFC 网是综合应用模拟和数字传输技术、同轴电缆和光缆技术的宽带接入网络,不仅可以提供原有的有线电视业务,而且可以提供话音、数据以及其他交互业务。

9.2.3 FTTx+ LAN 接入

1. 光纤接入网

FTTx+LAN 接入是指把光纤网络和高速以太网相结合接入网络的方式。

实现高速以太网宽带接入的常用方法是:FTTx+LAN,即光纤和局域网结合起来,实现高速以太网宽带接入。通常利用光纤加5类双绞线方式实现宽带接入,实现千兆光纤到小区(大楼)中心交换机,中心交换机和楼道交换机以百兆光纤或5类网络线相连,楼道内采用综合布线,网络可扩展性强,投资规模小。

根据光纤深入用户的程度可以分为以下5种。

(1) FTTC(Fiber To The Curb):光纤到路边。

(2) FTTZ(Fiber To The Zone):光纤到小区。

(3) FTTB(Fiber To The Building):光纤到楼。

(4) FTTF(Fiber To The Floor):光纤到楼层。

(5) FTTH(Fiber To The Home):光纤至户。

FTTx+LAN 方式采用星状网络拓扑,用户共享带宽。FTTx+LAN 用户接入方式如图 9-3 所示。

FTTx+LAN 接入,以两种技术为基础,即光纤网技术和以太网技术。

以太网接入技术通常采用网速为 100Mb/s 的快速以太网和网速为 1000Mb/s 的高

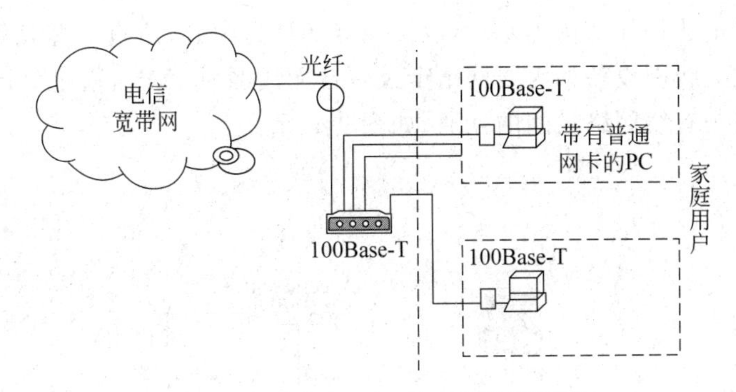

图9-3 FTTx+LAN接入因特网模型

速千兆以太网作为其主干接入网络，实现高速以太网的宽带接入。

光纤接入技术就是在接入网中全部或部分采用光纤传输介质，构成光纤用户环路或称光纤接入网(OAN)。光纤接入网一般由局端的光线路终端(OLT)、用户端的光网络单元(ONU)以及光配线网(ODN)和光纤组成，实现用户高性能宽带接入的一种方案。

2. FTTx+LAN技术特点

(1) 高速传输。用户上网速率为10～100Mb/s，还可根据用户需要升级。

(2) 网络稳定性高、可靠性强。楼道交换机和小区中心交换机、小区中心交换机和局端交换机之间通过光纤相连。

(3) 用户投资少、价格便宜。用户只需要一台带有网卡(NIC)的PC即可上网。

(4) 安装方便。小区、楼内采用综合布线，用户端采用5类双绞线方式接入，即插即用。

(5) 应用广泛。通过FTTx+LAN方式可以实现高速上网、远程办公、VOD点播、VPN等多种业务。

9.2.4 WLAN接入

无线接入技术是指在终端用户和交换局端之间的接入网全部或部分采用无线传输方式，为用户提供固定或移动的接入服务的技术。和有线宽带接入方式相比，无线接入技术无须铺设线路、初期投资少、建设速度快、受环境制约小、安装灵活、维护方便等。

无线局域网接入技术具有传统局域网无法比拟的灵活性。在有线局域网中，两个站点的距离在使用铜缆时被限制在500m，一般的光纤也只能达到2000m，而无线局域网中两个站点间的距离目前可达到50km，距离数千米的建筑物中的网络可以集成为同一个局域网。因此说无线局域网的通信范围不受环境条件的限制，网络的传输范围大大拓宽。

无线局域网主要技术就是IEEE 802.11标准体系，网络采用无连接的协议。

IEEE 802.11标准定义了两种无线网络的接入，对等网络和结构化网络。结构化网络也称为基础设施网络(Infrastructure Networking)，对等网络也称为特殊网络(Ad Hoc Networking)。

在基础设施网络中，无线终端通过接入点(Access Point，AP)访问骨干网上的设备，或者互相访问。接入点如同一个网桥，它负责在802.11和802.3 MAC协议之间进行转换。这种方式以星状拓扑结构为基础,以接入点AP为中心,所有的基站通信要通过AP接转。需要使用无线网设备如无线网络卡及一台无线网桥(AP),通过AP实现无线网络内部及无线网络与有线网络之间的互通,如图9-4所示。

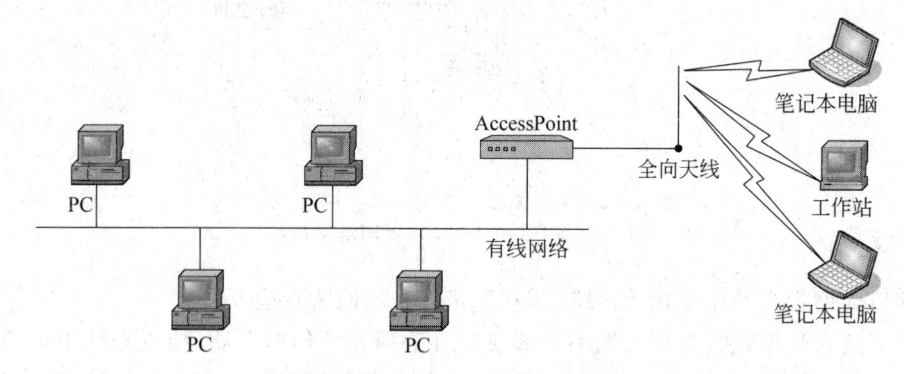

图9-4 IEEE 802.11定义的基础设施网络拓扑结构

Ad Hoc网络是一种点对点的连接,以无线网卡连接的终端设备之间可以直接通信,不需要有线网络和接入点的支持,适合在移动或固定情况下快速部署网络,主要用在军事领域。需要使用无线网设备如无线网络卡即可以自成网络,无须AP,组成一种临时性的松散的网络组织方式,实现点对点和点对多点连接,不过这种方式不能连接外部网络,如图9-5所示。

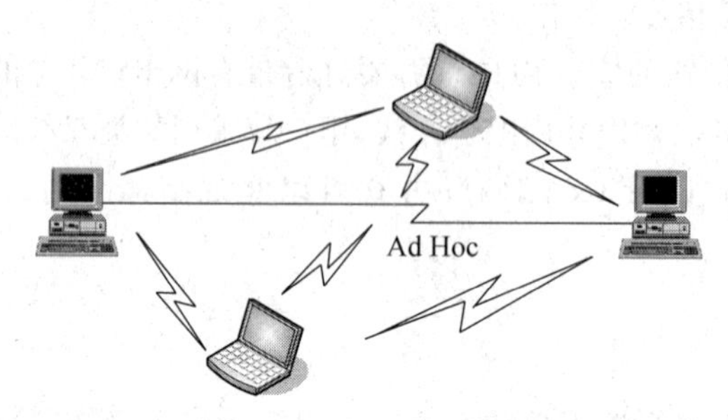

图9-5 Ad Hoc网络拓扑结构

9.3 小　结

本章主要介绍接入网的基本概念,接入网的接入方式和常用的几种接入方式,包括ADSL接入、HFC接入、FTTx+LAN接入和无线接入模式。

练习思考题

9-1 理解接入网的基本概念。

9-2 掌握接入网的常见接入方式。

9-3 结合实际网络,熟悉并掌握ADSL接入。

第10章 帧中继

CHAPTER

帧中继是以分组交换技术为基础的快速分组交换技术，它是对目前广泛使用的X.25分组协议进行了简化和改进。在链路上没有差错控制和流量控制，而采用端到端的检错、重发控制方式，采用虚电路为面向连接的服务建立连接，并采用固定的分组长度，便于协议处理。连接用户设备和网络设备的线路，可以在一个很广的范围之内选择数据传输率。一般来说，帧中继支持的数据传输率在56kb/s和2Mb/s之间，当然帧中继还可以提供比这更高的或者更低的传输速率。

帧中继工作在OSI参考模型的物理层和数据链路层，但依赖于诸如TCP的上层协议进行纠错控制。帧中继已经成了一种交换式数据链路层协议的工业标准，它使用高级数据链路控制封装协议（HDLC）在被连接设备之间管理虚电路。帧中继用虚电路为面向连接的服务建立连接。

10.1 帧中继技术

提供帧中继接口的网络可以是一个服务商提供的公用载波网络，或者是服务于一个企业的专有企业网络。帧中继在用户设备（路由器、网桥和主机）和网络设备（如交换节点）之间提供数据包交换能力，见图10-1。用户

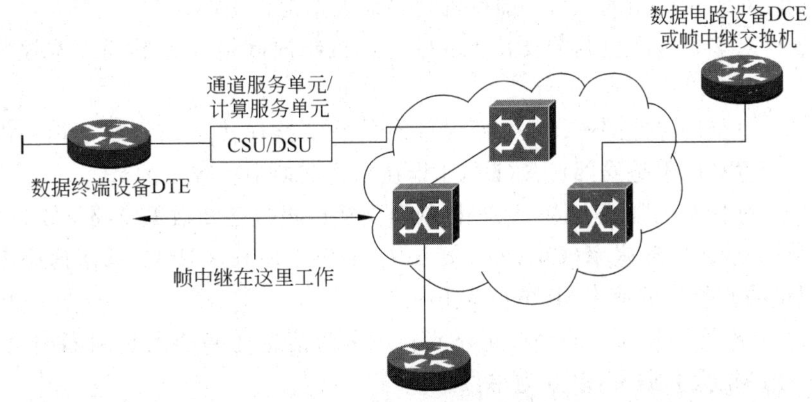

图10-1 帧中继在DTE和DCE之间提供数据包交换能力

设备通常称为数据终端设备(DTE),而与DTE接口相连的网络设备通常是指数据电路终端设备(DCE)。

10.1.1 帧中继术语

下面是讨论帧中继过程中需要用到的一些术语。

(1) 本地访问速率(local access rate):连接(自环)到帧中继的时钟速度(端口速度),是数据流入或流出网络的速率。

(2) 数据链路连接标识符(Data-Link Connection Identifier,DLCI):用于标识永久虚电路在用户与网络接口或网络与网络接口处的呼叫控制或管理信息。它的值在永久虚电路的预约阶段和交换虚电路的呼叫建立阶段确定。见图10-2,一个DLCI是在源和目的设备之间标识逻辑电路的一个数值。帧中继交换机通过在一对路由器之间映射DLCI来创建永久虚电路。

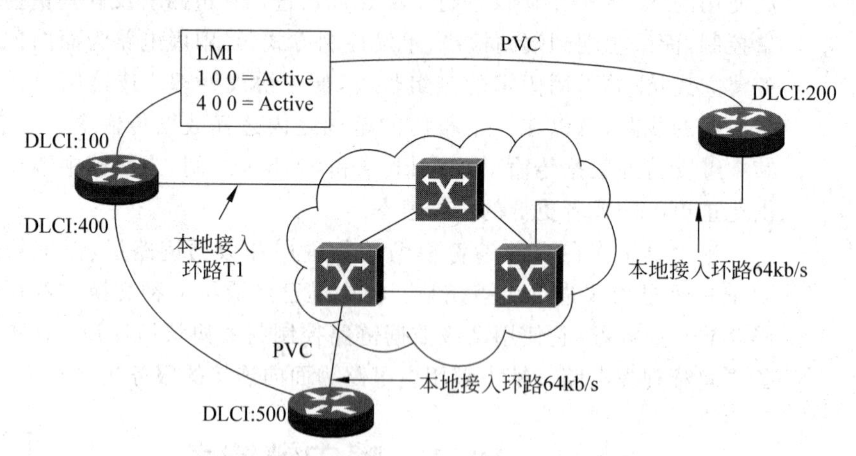

图10-2 DLCI标识了物理信道中的逻辑连接

(3) 本地管理接口(Local Management Interface,LMI):是用户站设备(CPE)和帧中继交换机之间的信令标准,它负责管理设备之间的连接、维护设备之间的连接状态。LMI包括:

- 对维持机制的支持:维持机制验证数据是否正在传输。
- 对多目传送机制的支持:多目传送机制向网络服务器提供本地数据链路标识符(DLCI)。
- 对全局寻址的支持:全局寻址对数据链路连接标识符赋予帧中继网络中的全局意义而不是局部意义(DLCI指在本地交换中是唯一的)。
- 对状态机制的支持:状态机制向交换机报告已知数据链路标识符的现行状态。

(4) 承诺信息速率(Committed Information Rate,CIR):承诺速率是服务提供商承诺提供的有保证的速率,其单位为b/s。

(5) 准许突发(committed burst):在承诺信息速率的测量间隔内,交换机准许接收和发送的最大数据量,以b为单位。

(6) 超量突发(excess burst):帧中继交换机在承诺信息速率之外,试图发送的未被准许的最大额外数据量(以 b 为单位)。超量突发依赖于厂商提供的正常服务,但是一般来说它要受到本地接入环路端口速率的限制。

(7) 前向显式拥塞通知(Forward Explicit Congestion Notification,FECN):当一个帧中继交换机意识到网络上发生拥塞的时候,它便发送一个 FECN 数据包到目的设备,告知该目的设备网络上发生了网络拥塞。

(8) 后向显式拥塞通知(Backward Explicit Congestion Notification,BECN):当一个帧中继交换机意识到网络上发生拥塞的时候,它向源路由器发送一个 BECN 数据包,指示路由器降低数据包的发送速率。如果路由器在当前时间内接收到任何 BECN,它会按照 25%的比例降低数据包发送速率。

(9) 允许丢弃(Discard Eligibility,DE)指示器:当路由器监测到网络拥塞时,帧中继交换机将丢弃那些 DE 位设置为 1 的数据包。对于那些超额通信流量(也就是在 CIR 之后所接收到的通信流量),其 DE 位才设置为 1。

10.1.2　帧中继的数据链路连接标识符 DLCI

作为用户和网络设备之间的接口,帧中继提供了一种多路复用的手段。这种多路复用是通过为每对数据终端设备(DTE)分配不同的 DLCI、共享物理介质、建立许多逻辑数据会话过程(虚电路)实现的。帧中继的多路复用提供了更强的灵活性,可以更加有效地利用现有的网络带宽。因此,帧中继允许用户以低廉的价格共享网络带宽。

帧中继的有关标准,为帧中继网络中可以配置和管理的永久虚电路(PVC)进行编址。见图 10-3,帧中继永久虚电路由数据链路连接标识符(DLCI)标识。帧中继的 DLCI 的意义只限于本地,即它们的值在整个帧中继广域网上并不是唯一的。由虚电路连接的两个数据终端设备可能使用不同的 DLCI 值来指定同一个连接。

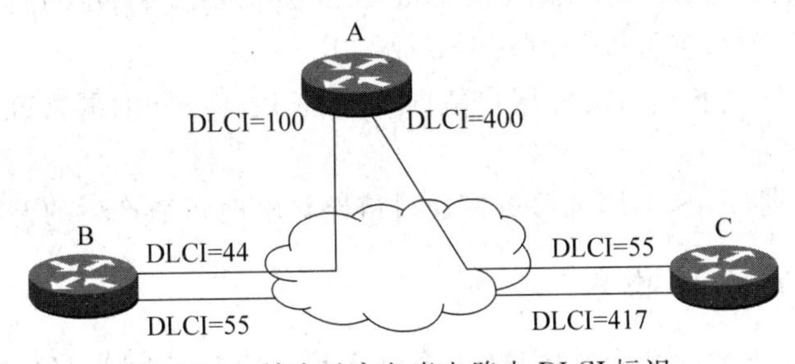

图 10-3　帧中继永久虚电路由 DLCI 标识

当帧中继为许多逻辑数据会话提供多路复用的手段时,第一步,服务提供商的交换设备将建立一个表,用来把不同的 DLCI 值映射到出站端口;第二步,当接收到一个帧时,交换设备将分析这个连接标识并将该帧传递到相应的出站端口。最后,在第一个帧发送之前,将建好一条通往目的地的完整路径。

10.1.3　帧中继的帧格式

帧中继的帧格式见图 10-4。

(1) 标志域:指示帧的开始和结束。

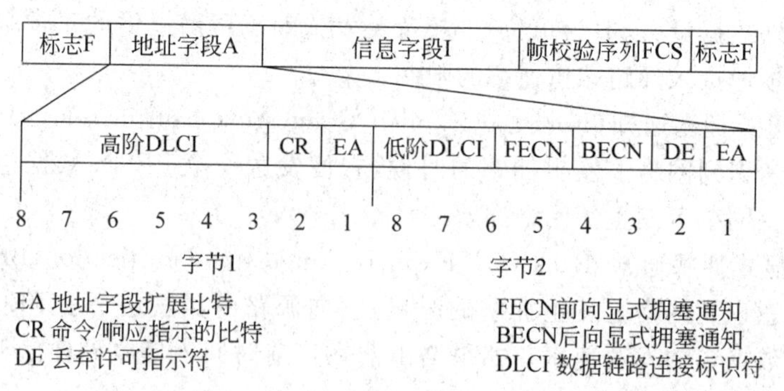

图 10-4 帧中继的帧格式(两字节地址)

(2) 地址字段:有两个字节,但是地址字段可以扩展。

- 地址字段扩展比特(EA):标志地址字段的扩展。EA=0,表示后面还有地址字段,EA=1,表示该地址字段为最后一个字节。
- 命令/响应比特(CR):与高层应用有关,帧中继本身并不使用。
- 丢弃指示(Discard Eligibility,DE):由用户设置为1时,表明有网络发生拥塞时,该帧与DE为0的帧相比应先丢弃。
- 前向显式拥塞通知(Forward Explicit Congestion Notification,FECN):由发生拥塞的网络设备设置。若设置为1,通知接收方的终端,其接收到的帧已经遇到了拥塞而延迟。
- 后向显式拥塞通知(Backward Explicit Congestion Notification,BECN):也是由发生拥塞的网络设备设置。若将BECN置为1,通知发送方的终端,其发送的帧可能遇到拥塞。
- 数据链路连接标识符(Data Link Connection Identifier,DLCI):根据地址字段的长度,DLCI的长度可以是10b、16b或23b。

(3) 信息字段(I):长度可变的用户数据,最大长度与不同的网络有关,但默认的最大长度是1600B。

(4) 帧校验序列(FCS):用来检查帧通过链路传输时可能产生的差错。

10.1.4 帧中继地址映射

在虚电路(VC)上建立帧中继连接时,需要将本地的DLCI标识符映射到一个目的网络层地址,如一个IP地址。这个地址可以通过逆向ARP动态地映射实现,即在指定的连接上,将给定的DLCI与下一跳的协议地址相关联,见图10-5。然后,路由器更新这个映

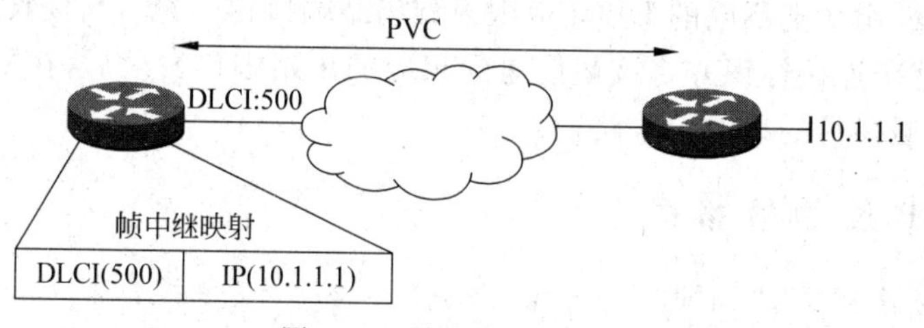

图 10-5 帧中继地址映射

射表,并利用这个表中的信息去传输数据包。帧中继的地址映射也可以通过在映射表中配置一个静态帧中继映射实现。

10.2 帧中继的管理与控制

10.2.1 帧中继业务

帧中继提供两种基本的业务:交换虚电路(SVC)和永久虚电路(PVC)。无论是 SVC 还是 PVC,帧中继的每个逻辑链路连接都是通过 DLCI 识别的。DLCI 只在一个用户网络接口中是唯一的,在整个网络中不必是唯一的。同一个用户网络接口中的所有具有相同的 DLCI 的帧属于同一个逻辑连接(即同一条虚电路)。在网络-网络接口(NNI)之间的传输链路上,也是用 DLCI 来标识一条虚电路。

在每个网络设备中配置数据连路连接(DLC)就可以在两个用户终端设备之间建立一条虚连接,这种端到端的连接称为永久虚电路(Permanent Virtual Circuit,PVC)。一条虚电路定义了两个用户设备之间的一个连接。一条 PVC 是由在两个端用户设备之间的网络中配置一系列的 DLC 组成的。帧中继的 PVC 业务可以提供按需带宽(bandwidth-on-demand)。

交换虚电路(Switched Virtual Circuit,SVC)与 PVC 一样是端到端的虚连接,但 SVC 以呼叫的形式由信令建立、拆除,而 PVC 则在一段协商的时间内根据合同建立、拆除,在合同期间虚电路保持。

网络设备根据预先配置的 DLC 将数据帧从一个接口交换到另一个接口。如果某帧出错,网络只简单地将该帧丢弃,在网络发生拥塞时,网络也可能丢弃一些帧。为了保证数据的完整性,终端系统必须去恢复这个被丢弃的帧。

10.2.2 帧中继业务参数

在一条虚电路上,单位时间内传送的数据量由服务质量参数来确定,服务质量参数可以根据实际需要向帧中继业务提供商申请。每个用户接入帧中继网,使用约定的下列 3 个参数。

1. 约定的信息速率(Committed Information Ratio,CIR)

该参数是网络约定的一条特定虚电路上正常状态下信息传送速率。

2. 约定的突发数据长度(Committed Burst Size,Bc)

指一条特定的虚电路在正常状态下,Tc 时间间隔内所允许传送的数据量。

3. 超越的突发数据长度(Excess Burst Size,Be)

指在一条虚电路上,在 Tc 时间间隔内,网络能够承受的除约定突发量长度以外的终端未约定的数据量。

网络在已约定的时间间隔(Committed Time Interval,Tc)周期性地对用户的网络速率进行检测,由此可得:

$$Tc = Bc/CIR$$

Tc值一般在几百毫秒到10秒之间,取值越小越适应突发性低的应用业务,反之亦然。网络对检测结果采取措施来保证用户可以低于CIR速率传输数据。

- 测得的速率≤Bc时,网络节点应转发这些帧。在正常情况下,应保证这些帧到达目的地。
- 测得的速率>Bc,而小于Bc+Be时,网络设置DE为1后转发,一旦出现拥塞,将首先丢弃这些设置了DE的帧。
- 测得的速率>Bc+Be时,网络应丢掉这些帧。

10.2.3 帧中继网的拥塞控制

拥塞对帧中继网络而言是极其严重的。帧中继拥塞的主要问题是网络没有绝对的办法去减少用户输入网络的业务量。终端用户可以在它需要的任何时间向网络发送数据而不依赖于任何流量控制机制。

拥塞控制包括以下3方面的内容。

(1) 拥塞检测:通过检测资源的消耗状况发现网络的拥塞。

(2) 拥塞避免:防止轻度网络拥塞演变成严重的网络拥塞。

(3) 拥塞恢复:防止拥塞严重影响终端用户的业务质量。

拥塞控制的目标就是保证每条虚电路的预约的业务质量。虚电路的业务质量由吞吐量、时延和帧丢失率衡量。

为防止拥塞,网络所采取的措施如下:

① 将FECN、BECN置1,将网络的拥塞状态通知用户终端设备;

② 丢弃DE=1的帧;

③ 每隔N帧丢弃一帧,当$N=1$时,表明无缓冲器可用,所有的帧将被丢弃。

10.2.4 帧中继的呼叫控制

下面简单介绍帧中继的呼叫控制过程。与X.25一样,帧中继也支持一条链路复用多个连接。每个数据链路连接有其分配的唯一的DLCI。数据传输有3个阶段:

(1) 在两个端点之间建立逻辑连接,并且分配给一个唯一的DLCI;

(2) 用数据帧交换信息,每个帧中DLCI用于标识其所用的连接;

(3) 释放逻辑连接。

帧中继通过DLCI=0的帧,实现逻辑连接的建立与释放,在其信息字段中填入呼叫控制报文。至少需要4种报文:

① 建立(Setup);

② 连接(Connect);

③ 释放(Release);

④ 释放完成(Release Complete)。

任何一端通过发送 SETUP 报文都可以请求建立逻辑连接。如果收到 SETUP 报文的一端同意建立连接，则用 CONNECT 报文响应；如果不同意建立连接，则用 RELEASE COMPLETE 报文响应。

连接建立的发起方可在 SETUP 报文中指出选定的 DLCI 值。如果发起方未指明 DLCI 值，则接收方可在其发回的 CONNECT 报文中指明 DLCI 值。

建立连接的任一端可通过发 RELEASE 报文请求释放逻辑连接，收到 RELEASE 报文的一端必须用 RELEASE COMPLETE 报文响应。

10.3　帧中继的扩展——LMI

在帧中继技术的发展过程中，本地管理接口（Local Management Interface，LMI）是帧中继的扩展部分，它为复杂的互联网环境中提供了额外的功能。

10.3.1　帧中继逆向 ARP 和 LMI 操作

LMI 是一个在路由器和帧中继交换机之间信令传输的标准。它负责设备之间的连接管理和状态维持。LMI 支持保持激活机制、组播机制和状态机制。

虽然 LMI 是可配置的，路由器还是通过向帧中继交换机发送一个或多个状态请求来质询帧中继交换机使用的 LMI 类型。然后，帧中继交换机应答一个或多个 LMI 类型，路由器配置最后收到的 LMI 类型。有 3 种 LMI 类型：ansi、cisco 和 q933a。

当路由器接收到 LMI 信息后，它将虚电路的状态更新成下面 3 种状态之一。

（1）激活状态：标识连接是激活的且路由器可以交换数据。

（2）非活动状态：标识本地到帧中继交换机的连接是在运行中，但是远程路由器到帧中继交换机的连接没有工作。

（3）取消状态：标识没有从帧中继交换机接收 LMI，或者在路由器和帧中继交换机之间没有服务。

下面归纳了逆向 ARP 和 LMI 信令在帧中继连接上工作的过程，见图 10-6。

① 每个路由器通过一个 CSU/DSU 连接到帧中继交换机。

② 当在接口上配置了帧中继时，路由器向帧中继交换机发送一个状态查询信息。这个信息指示路由器的交换状态，并询问路由器虚电路（VC）的连接交换状态。

③ 帧中继交换器接收到这个请求后，它就发送一个状态信息应答，包括连接到远程路由器的永久虚电路（PVC）的本地数据链路连接标识符（DLCI），在这个 PVC 上本地路由器可以发送数据。

④ 对每个激活的 DLCI，每个路由器发送一个逆向 ARP 数据包介绍自己。

⑤ 当一个路由器接收到一个逆向 ARP 信息后，它就在它的帧中继映射表中建立一个映射项，这个表包括本地 DLCI 和远程路由器的网络层地址。注意，这个 DLCI 是这个路由器的本地 DLCI，而不是远程路由器在使用的 DLCI。3 种可能的连接状态显示在这个帧中继映射表中：激活的、非活动的和取消状态。

⑥ 每隔 60 秒，所有激活的 DLCI 的路由器都发送一个逆向 ARP 信息。

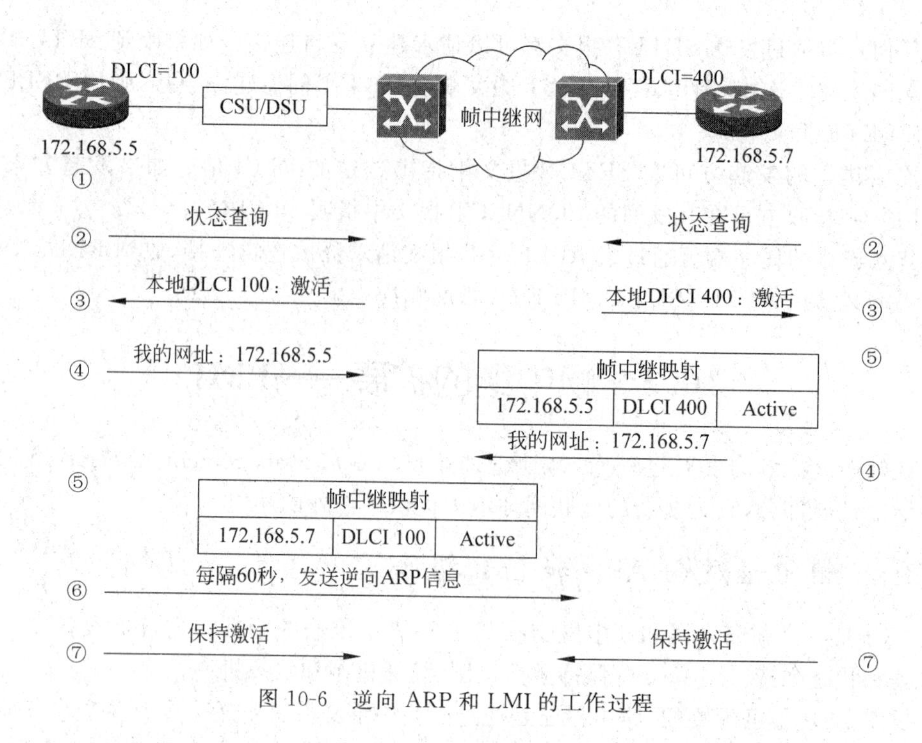

图 10-6 逆向 ARP 和 LMI 的工作过程

⑦ 每隔 10 秒,路由器与交换机之间交换 LMI 信息,即保持激活。

路由器将基于帧中继的应答来改变每个 DLCI 的状态。

10.3.2 帧中继子接口

帧中继允许使用多种方法与远程站点互连。拓扑结构包括星状、全网状网络和部分网状网络。在任何一种结构中,当一个接口需要用于互连多个站点时,必须有可达的出口,因为帧中继具有不广播多路存取通信(NonBroadcast MultiAccess,NBMA)的特性。在一个接口上,帧中继运行多路永久虚电路(PVC)时,其主要出口是水平分割。

在默认情况下,帧中继网络提供与远程站点之间的 NBMA 连接性能。NBMA 连通性能意味着,虽然所有本地站点依赖于拓扑结构能够相互通达,但是被路由器接收到的路由更新广播不能向前转发给所有本地站点,因为帧中继网络使用水平分割来减少路由环路的数量。

水平分割通过不允许将一个接口接收到的路由更新信息向前转发给同一个接口,来达到降低路由环路的目的。水平分割的结果是,如果一个远端路由器向中心路由器发送一个路由选择更新信息,而且中心路由器通过单一的物理接口连接着多个 PVC,那么中心路由器就不能通过同一物理接口向其他远端路由器通告该路由选择更新信息,见图 10-7。

在帧中继网络中为了能够完全地发送路由选择更新信息,可以为路由器配置逻辑划分的接口,这些接口也叫做子接口。它们是物理接口的逻辑划分块。在水平分割环境中,到达一个子接口的路由更新信息能够被发送给其他子接口。在子接口的配置过程中,每个虚电路可被当作一个点对点的连接,从而允许子接口像租用专线那样使用,见图 10-8。

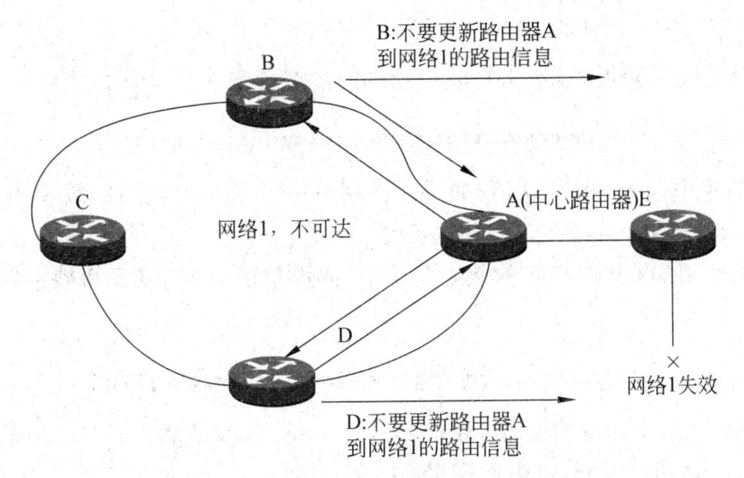

图 10-7　水平分割降低路由选择环路的发生

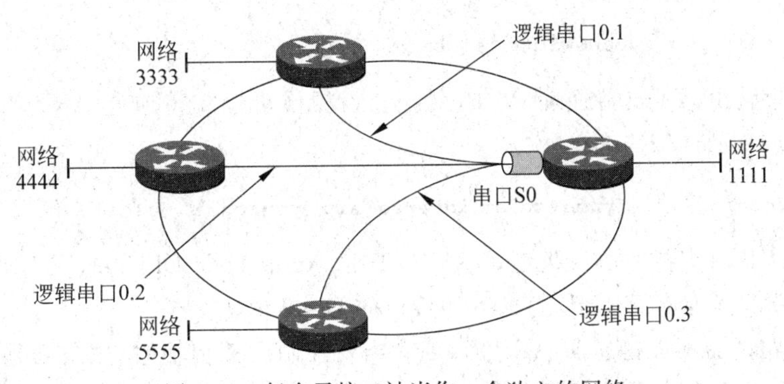

图 10-8　每个子接口被当作一个独立的网络

通过把一个单独的广域网串行物理接口逻辑地划分成多个虚拟的子接口，实现一个帧中继的总体成本可以大大地降低。单独一个路由器通过不同的子接口可以为多个远端单元提供服务。

10.4　帧中继的配置

10.4.1　基本帧中继的配置

如果想在一个或多个物理接口上配置帧中继，而且远端路由器也支持 LMI 和逆向 ARP 的话，就需要进行基本帧中继的配置工作了。在这种环境下，LMI 指示路由器可以使用的 DLCI。而逆向 ARP 是被默认支持的，所以不需要在配置过程中显式列出。使用下列步骤配置基本帧中继：

(1) 选择一个接口，并进入接口配置模式。

```
router(config)#interface serial 0
```

(2) 配置网络层地址，如一个 IP 地址。

```
router(config-if)#ip address 10.16.0.1 255.255.255.0
```

(3) 选择一种封装类型,用来封装端到端的数据传输。

```
router(config-if)#encapsulation frame-relay [cisco|ietf]
```

在这个命令中,**cisco** 是默认值,如果连接到另一个 Cisco 路由器,就使用该参数;而如果连接到非 Cisco 路由器,就选择 **ietf** 参数。

(4) 如果使用的 Cisco IOS 的版本是 11.1 或更早的版本,需要为帧中继交换机指定 LMI 类型。

```
router(config-if)#frame-relay lmi-type{ansi | cisco | q933a}
```

在这个命令中,**cisco** 是默认值;如果采用的 Cisco IOS 的版本是 11.2 或更高版本,则 LMI 类型是自适应的,因此,不需要配置。

(5) 为链路配置带宽。

```
router(config-if)#bandwidth kilobits
```

(6) 如果路由器不支持逆向 ARP,就把它设置成可以支持逆向 ARP 的模式。默认情况下,是支持逆向 ARP 的。

```
router(config-if)#frame-relay inverse-arp [protocol] [dlci]
```

Protocol 是所支持的协议类型,包括 IP、IPX、AppleTalk、DECnet、VINES 和 XNS。

dlci 是要交换逆向 ARP 信息的本地接口的 DLCI 值。

当远程路由器不支持逆向 ARP 时,或者当要控制广播传输时,用户必须定义静态的地址到 DLCI 的映射。这些静态项称为静态映射表。

下面的命令用于静态映射网络层地址到 DLCI。

```
router(config-if)#frame-relay map protocol protocol-address dlci [broadcast]
[ietf | cisco | payload-compress packet-by-packet]
```

10.4.2 验证帧中继操作

在配置了帧中继之后,可以使用 show 命令验证所建立的连接是否可行。

1. 检验线路是否连通

在特权模式下,show interface 命令显示在配置了帧中继的接口使用 DLCI 的信息和用于本地管理接口的 LMI DLCI。

使用 show frame-relay lmi 命令显示 LMI 传输信息。例如,显示本地路由器和帧中继交换机之间交换的状态信息量。

使用 show frame-relay pvc 命令显示每个已配置连接的传输状态信息。这个命令也用于显示路由器接收的 BECN 和 FECN 数据包的数量。PVC 状态可以是激活的,非活动和撤销的。

使用 show frame-relay map 命令显示当前连接的映射项和信息，包括静态的和动态的。

2. 验证 LMI 操作

使用 debug frame-relay lmi 命令验证和调试帧中继的连接状态。也用这个命令判断路由器和帧中继交换机是否正确地发送和接收 LMI 数据包。例如：

```
Router#debug Frame lmi
```

显示所有帧中继 LMI 的数据：

```
Router#
1w2d: Serial0(out): StEnq, myseq 140, yourseen 139, DTE up
1w2d: datagramstart=0xE008EC, datagramsize=13
1w2d: FR encap=0xFCF10309
1w2d: 00 75 01 01 01 03 02 8C 8B
1w2d:
1w2d: Serial0(in): Status, myseq 140
1w2d: RT IE 1, length 1, type 1
1w2d: KA IE 3, length 2, yourseq 140, myseq 140
1w2d: Serial0(out): StEnq, myseq 141, yourseen 140, DTE up
1w2d: datagramstart=0xE008EC, datagramsize=13
1w2d: FR encap=0xFCF10309
1w2d: 00 75 01 01 01 03 02 8D 8C
1w2d:
1w2d: Serial0(in): Status, myseq 142
1w2d: RT IE 1, length 1, type 0
1w2d: KA IE 3, length 2, yourseq 142, myseq 142
1w2d: PVC IE 0x7 , length 0x6 , dlci 100, status 0x2, bw 0
```

注意：
out 是路由器发送的 LMI 状态信息，in 是从帧中继交换机接收的信息。
type0 是完整的 LMI 状态信息，type1 是 LMI 交换。
dlci 100，status 0x2 意味着 DLCI 100 是激活的。这个状态域可能的数值如下：

- 0x0——附加/无效，意味着交换机具有这个 DLCI 程序，但由于某些原因（如这个 PVC 的另一端关闭）它不能使用。
- 0x2——附加/激活的，意味着帧中继交换机具有 DLCI 且是可操作的。可以用这个 DLCI 开始传输数据。
- 0x4——撤销，意味着帧中继交换机没这个 DLCI 程控路由器，但是，在以前它在一些点是程控的。这可能是由于在帧中继网络中为了能够完全地发送路由选择更新信息，可以为路由器配置逻辑划分的接口，这些接口也叫做子接口。在帧中继网中服务提供商删除了 PVC 而造成的。

10.4.3 配置帧中继子接口

通过配置子接口可以支持以下的连接类型。

(1) 点对点:单一的子接口用于建立到远程路由器上的其他物理接口或子接口的 PVC 连接。在这种情况下,所有接口在同一个子网中,且每个接口有单独的 DLCI。每个点对点的连接是它拥有的子网。在这个环境中,由于路由器是点对点的连接并且像租用线路一样操作,因此广播不是问题。

(2) 多点连接:单一的子接口用于建立到远程路由器上的多个物理接口或子接口的多条 PVC 连接。在这种情况下,所有参与的接口都在同一子网中,且每个接口将拥有它属于的本地 DLCI。在这个环境下,由于子接口的操作像一个常规的 NBMA 帧中继接口,因此广播传输隶属于水平分割规则。

1. 配置点对点子接口

为了在一个物理接口上配置子接口,可以通过以下步骤实现,见图 10-9。

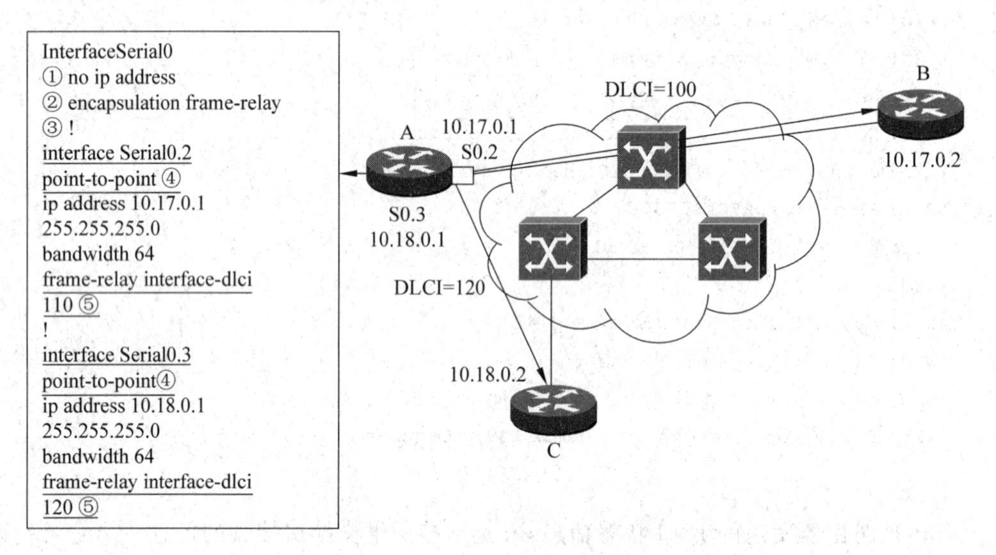

图 10-9 点对点子接口配置

(1) 选择要在它上面建立子接口的接口,并进入接口配置模式。

(2) 建议删除所有配置在物理接口上的网络层地址,并为子接口配置网络层地址。

(3) 配置帧中继封装。

(4) 选择要配置的子接口:

```
router(config-if)#interface serial number.subinterface-numbe {multipoint | point-to-point}
```

在这个命令中所用的参数说明见表 10-1。

表 10-1　interface serial 命令参数说明

interface serial 命令参数	说　明
Subinterface-number	子接口号，取值范围在 1～4 294 967 293 之间。句点(.)前面的接口号必须跟该子接口所属接口的接口号一致
multipoint	如果正在进行 IP 路由选择，并且希望所有路由器都在同一个子网中，那么就应选择这个参数
point-to-point	如果想要每对点对点路由器都有它自身的子网，就应选择这个参数

由于没有默认值，因此必须选择 multipoint 或 point-to-point 参数。

(5) 为子接口配置本地 DLCI，并且要与物理接口区分开。在逆向 ARP 使能的多点子接口也需要这个配置，而配置了静态路由映射的多点子接口则不需要。命令如下：

```
router(config-subif)#frame-relay interface-dlci dlci-number
```

参数 dlci-number 定义了连接到子接口的本地 DLCI 号。这是把一个派生 LMI 永久虚电路(PVC)连接到一个子接口的唯一途径，因为 LMI 不能识别子接口。

注意：一旦为点对点通信定义了一个子接口，在没有重新启动路由器的情况下，就不能为多点通信分配同样的子接口号。

2. 多点子接口配置

多点子接口的配置见图 10-10。在这种配置中，子接口将同一帧中继特性看作是一个物理接口，即是 NBMA 或归属于水平分割操作。而相对于点对点子接口的优点是仅需要一个网络层地址。

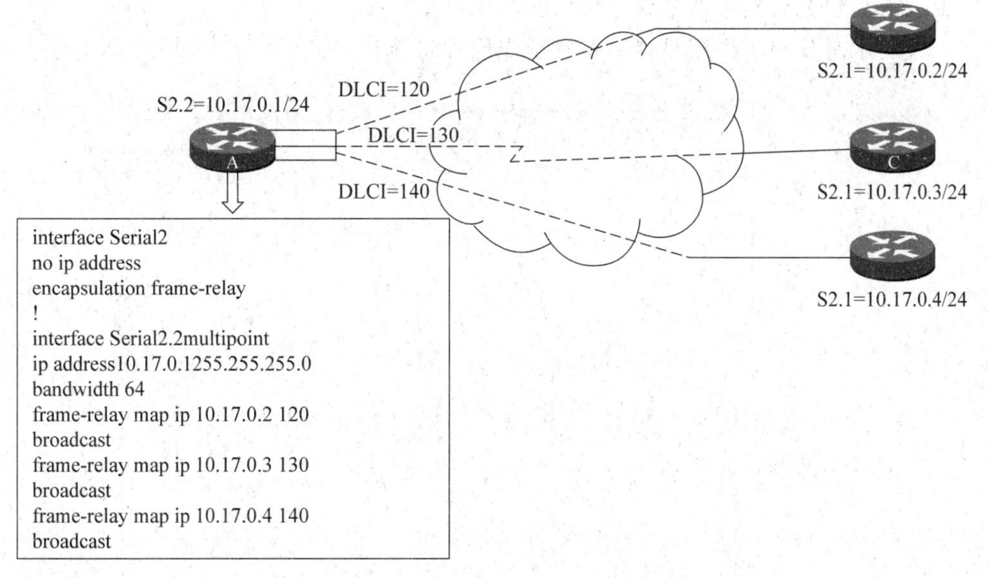

图 10-10　多点子接口的配置

10.5 小　　结

帧中继广域网技术提供了一种灵活的手段,用来在帧中继广域网连接上连接不同的局域网。

帧中继工作在OSI参考模型的物理层和数据链路层,但依赖于诸如TCP的上层协议进行纠错控制。帧中继已经成了一种交换式数据链路层协议的工业标准,它使用高级数据链路控制封装协议(HDLC)在被连接设备之间管理虚电路。帧中继用虚电路为面向连接的服务建立连接。

本地管理接口LMI是一个在路由器和帧中继交换机之间信令传输的标准。它负责设备之间的连接管理和状态维持。逆向ARP机制允许路由器自动建立帧中继映射。

在帧中继网络中为了能够完全地发送路由选择更新信息,可以为路由器配置逻辑划分的接口,这些接口也叫做子接口。

练习思考题

10-1　简述帧中继技术。

10-2　什么是DLCI?简述其作用。

10-3　帧中继头格式的哪一个域包含DLCI信息?

10-4　使用哪两种方式可以将路由器上的网络层地址映射到一个DLCI?

10-5　LMI的主要作用是什么?

10-6　简述帧中继配置过程。

10-7　为什么要配置帧中继子接口?其优点是什么?

10-8　水平分割的作用是什么?它工作原理怎样?

第11章 ATM技术

CHAPTER

11.1 ATM概述

11.1.1 ATM异步传输模式

1. 基本概念

异步传输模式(Asynchronous Transfer Mode,ATM)又叫信息元中继,采用信元中继的传输和交换技术,是实现B-ISDN业务的核心技术之一。之所以称其为异步,是因为来自某一用户的、含有信息的信息元的重复出现不是周期性的。

在这种传输模式中,信息被组织成固定长度的信元(cell)在网络中传输和交换,包含一段特定用户信息的信元并不需要周期性地出现在信道上。ATM采用了以信元为传输单位的统计复用技术。在数据传输时,信息的前部增加了报头,报头和信息构成了信道上传输的分组,信头的主要功能是标识业务本身和它的逻辑去向,信头长度小,时延小,实时性较好。

使得每个子信道的信息可以按照优先级和排队规则按需分配时间片。它适用于局域网和广域网,具有高速数据传输率和支持许多种类型如声音、数据、传真、实时视频、CD质量音频和图像的通信。ATM采用面向连接的传输方式,将数据分割成固定长度的信元,通过建立虚电路进行交换,集交换、复用、传输为一体,通过信息的首部或标头来区分不同信道。

2. ATM特点

ATM具有以下特点:

(1) ATM采取定长分组(信元)作为传输和交换的单位,是基于信元的快速分组交换。

(2) 采用面向连接的信元交换。因为ATM在通信之前需要先建立一个虚连接来预留网络资源,并在呼叫期间保持这一连接,所以ATM以面向连接的方式工作。

(3) 传输线路质量高,不需要逐段进行差错控制。

(4) 信头长度小,速度快,时延小,实时性好,灵活性强。

(5) ATM能够比较理想地实现各种QoS,具有优秀的服务质量。

(6) 但ATM信元首部开销大,技术复杂且价格昂贵。

11.1.2 ATM的工作原理

1. ATM信元

在ATM中,信元是信息传输、复用和交换的基本单位。每个信元都有固定的长度,共有53字节,其中5字节是信元头部(header),48字节是信息段(information field)。信头包含各种控制信息,主要是信元的路径信息、优先级、一些维护信息和信头的纠错码。信息段中包含来自各种不同业务的用户数据,这些数据透明地穿越网络。信元的格式与业务类型无关,任何业务的信息都同样地被分割封装成统一格式的信元。

ATM信元的信头有两种格式,分别对应用户-网络接口UNI和网络节点接口NNI,见图11-1。

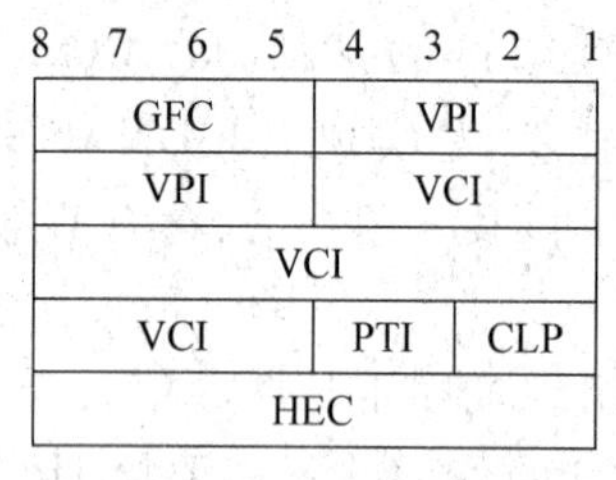

(a) UNI的ATM信元头结构

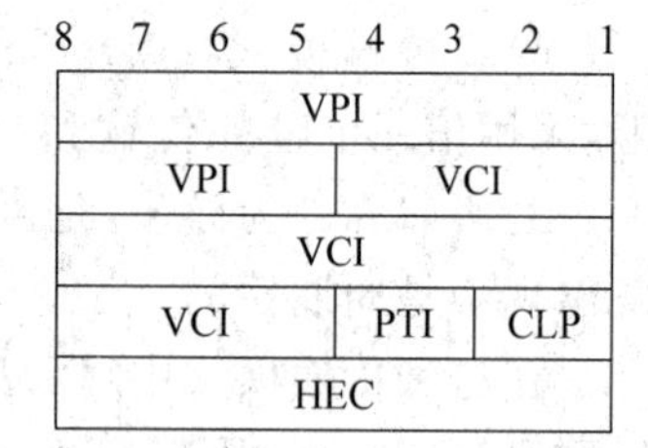

(b) NNI的ATM信元头结构

GFC:一般流星控制　VPI:虚通道标识符　VCI:虚信道标识符
PIT:负载类型标识　CLP:信元丢失优先级　HEC:信元头差错控制

图11-1 ATM信源的信头格式

(1) 一般流量控制字段(Generic Flow Control,GFC):用来提供UNI接口上的流量控制,以减轻网络中可能出现的瞬间业务量过载。

(2) 虚通道标识字段(Virtual Path Identifier,VPI)和虚信道标识字段(Virtual Channel Identifier,VCI):用做路由选择。通过复用一条传输链路上的不同虚连接进行传输的信息是通过VPI/VCI区分的。信元交换和路径选择是ATM交换机和交叉连接设备根据连接映像表对VPI和VCI进行交换实现的。连接映像表在虚连接被建立时,由信令过程创建。

(3) 负载类型标识字段(Payload Type Identifier,PTI):用以标识信元数据字段所携带的数据的类型。

(4) 信元丢失优先级字段(Cell Loss Priority,CLP):用于阻塞控制,以保证一定的业务质量。CLP标识信元的两种优先级:CLP=1为低优先级,CLP=0为高优先级。当网络阻塞时,首先丢弃低优先级的信元,这样可以在一定的情况下保证业务质量。

(5) 信头差错控制字段(Head Error Control,HEC):用以检测信头中的差错,并可纠其中的1位错。

2. ATM工作原理

ATM是一种面向连接的技术,当发送端想要和接收端通信时,它通过UNI发送一个要求建立连接的控制信号。接收端通过网络收到该控制信号并同意建立连接后,一个虚拟线路就会被建立。与同步传递模式(STM)不同,ATM采用异步时分复用技术(统计复用)。来自不同信息源的信息汇集在一个缓冲器内排队。列中的信元逐个输出到传输线上,形成首尾相连的信息流,能够以每秒高达2千兆的速度传播声音、数据、图形及视频图像,可以动态重组局域网,在通常的局域网中,工作站与它的LAN服务器的地理位置都比较近,ATM则允许网络建立一个逻辑的而不是物理的分段,建立一个完全不依赖于网络的物理结构的逻辑网络。

11.2 ATM交换

11.2.1 ATM工作方式

ATM采用异步时分复用方式。在这种复用方式中,来自不同用户的信元被逐个输出到传输线路,形成信息流。信元的信头中包含的VPI/VCI标识,用来说明该信元所属的虚连接。具有同样标识的信元在传输线上不对应某个固定的时隙,在线路上的出现不具有周期性。这种复用方式叫做异步时分复用,又叫统计复用。

ATM是面向连接的,由虚通道(VP)和虚信道(VC)二级构成。关于连接,ATM中又引入了虚连接的概念。所谓虚连接,是指在一个物理信道上,划出很多的逻辑信道,当建立连接时,将相应的逻辑信道指定用于连接两个用户,而在拆除连接以后,该逻辑信道又可分配给其他用户使用。虚连接可以在两个层次上建立,即在VP和VC上建立,并在信元的信头中用VPI和VCI来分别标识这两种不同层次上的虚连接。

VC是一种用于描述具有相同VCI标识值的一种单向传输ATM信元的概念;而VP则是一种用于描述那些具有相同VPI标识值,且属于不同VC的单向传输ATM信元的概念。在组成上,VP可以看成是众多具有相同VPI值的VC的集合。VP间具有不同VPI值,同属于一个VP的各VC具有不同的VCI,而分属不同VP的VC可有相同的VCI。VP和VC的关系见图11-2。

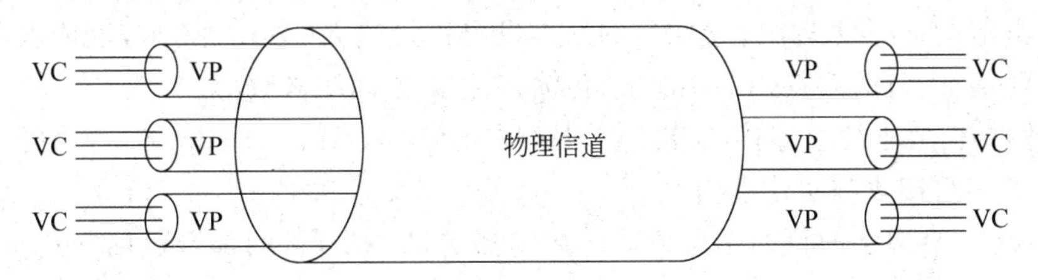

图11-2 VP/VC物理信道间的关系

通常VC可以用于直接完成两个用户间的连接,而VP则可以用于不同网段间的连接。基于VP/VC的连接和交换的实现过程,只是在交换节点处,将输入VPI/VCI值转换成输出VPI/VCI值后即可完成。

11.2.2 ATM连接的建立

ATM中的连接可以是点对点的连接,也可以是点对多点或多点对多点的连接。从连接方式来分,有两种最基本的类型:永久虚电路(PVC)和交换虚电路(SVC)。

永久虚电路(PVC)的连接不需要通过信令的控制过程,而是通过网络管理等外部机制建立的。在这种连接方式中,处于ATM源站点和目的站点之间的一系列交换机都被赋予适当的VPI/VCI值。PVC存在的时间较长,主要用于经常进行数据传输的固定连接的两个站点间。

交换虚电路(SVC)的连接是在信令的控制下建立的,它的建立过程相对于永久虚电路来说要复杂得多。我们主要讨论SVC的建立。

连接信令是用于建立ATM连接的基于ITU-T标准的过程。用于建立虚连接的UNI信令请求由默认连接(VPI=5,VCI=0)跨越ATM的用户网络接口UNI传送。

虚连接的建立过程见图11-3(a)。

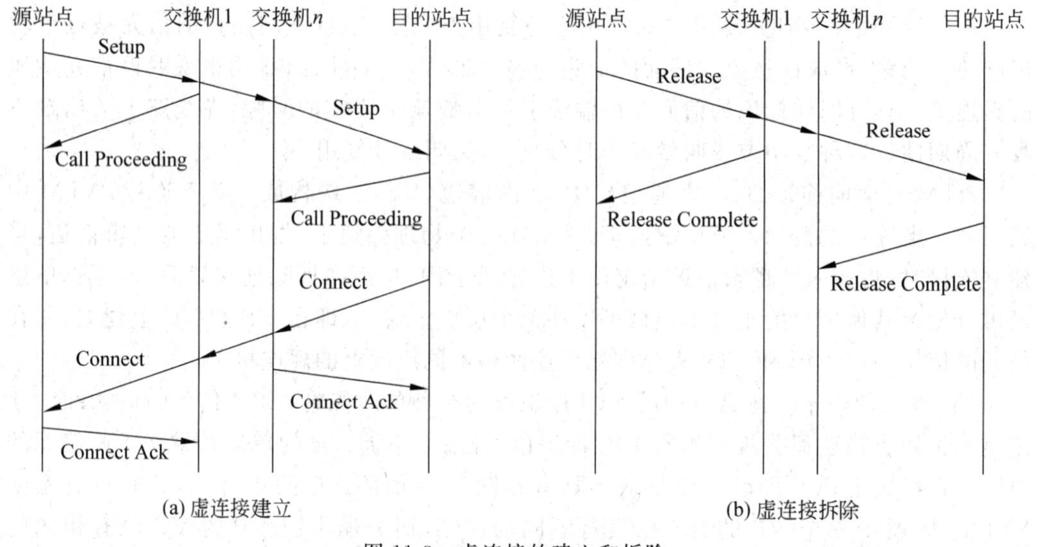

图11-3 虚连接的建立和拆除

(1) 源站点通过默认虚连接向目的站点发出连接建立(setup)请求,该请求中包含源站点ATM地址、目的站点ATM地址、传输特性以及QoS参数等。

(2) 网络向要求建立连接的源站点回送呼叫确认(call proceeding),表明呼叫建立已经启动。并不再接收呼叫建立信息。

(3) setup沿网络向目的站点传播。在传播的每一步,目的都会返回call proceeding确认。

(4) 目的站点接收到连接建立请求后,若连接条件满足,则返回连接(connect),表明接受呼叫。然后，网络用连接(connect)相应源站点，源站点被接受。

(5) 在 connect 返回源站点过程中，每一步均会产生连接确认(connect Ack)，最后源站点用连接确认(connect Ack)相应网络。

当数据传输完成后，虚连接要拆除。虚连接拆除过程见图 11-3(b)。

(1) 要求拆除虚连接的源站点向网络发出拆除虚连接(release)，相邻的交换机接到该消息后，向源站点返回 Release Complete。

(2) Release 沿 ATM 网络向目的站点传播。在网络中传播的每一步，都会得到 Release Complete 确认。

(3) Release 到达目的站点后，虚连接被拆除。

11.2.3　ATM 交换原理

ATM 的连接有两种：虚通道连接(VPC)和虚信道连接(VCC)，见图 11-4。虚信道连接 VCC 是最基层的传输信道，由 VCI 和 VPI 值共同标识。虚通道连接 VPC 是比 VCC 高一级的传输信道，它可以包含若干 VCC。VPC 是将成束的虚信道作为一个单元一起交换。用于交换的路由信息只限于信元头中的 VPI 部分。

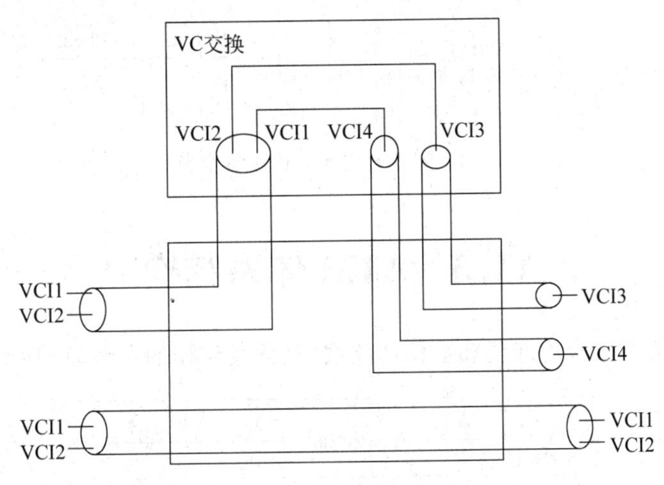

图 11-4　VC 交换和 VP 交换

ATM 的交换也有两种类型，即虚通道交换(VP 交换)和虚信道交换(VC 交换)。虚连接建立后，被赋予 VPI/VCI 值作为标识，并在虚连接经过的每个 ATM 交换机上建立一个连接映射表。

每个 VPI/VCI 值只在相应的用户和交换机间或相邻交换机间的局部有意义。当信元经过交换机时，VPI/VCI 值需要进行交换。交换是根据交换机中的连接映射表进行的。

VP 交换根据 VP 连接的目的站点，将输入信元的 VPI 值更改为可导向目的站点的新 VPI 值，见图 11-5。在 A 至 B 及 A 至 C 的交换过程中，该 VP 中所有 VC 同时进行交换，VCI 的值保持不变。通常交换机之间的交换都采用 VP 交换。除非某一虚信道 VC

需要指向特定的目的站点。在VC交换中,信元头中的VPI和VCI的值通常同时发生改变。

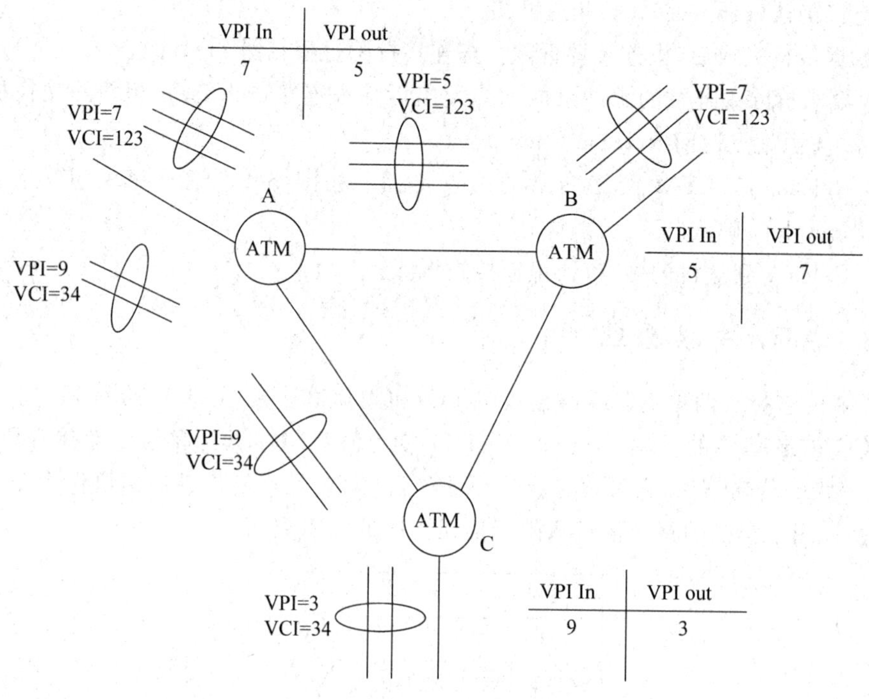

图 11-5 VP交换与连接映像表

11.3 ATM体系结构

ATM网络主要包含物理层和数据链路层,其体系结构的参考模型如图11-6所示。

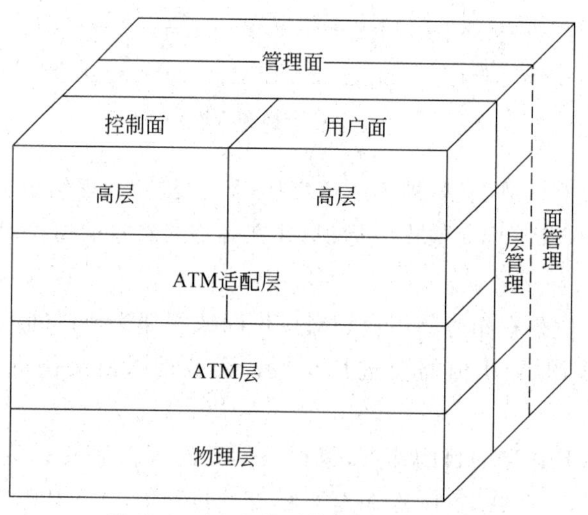

图 11-6 ATM体系结构的参考模型

1. ATM 物理层

ATM物理层主要定义物理设备和物理媒体的接口，以及信元的传输编码等。ATM物理层又分为两个子层：物理介质相关子层(PMD)和传输汇聚子层(TC)。PMD子层负责在物理媒体上正确传输和接收比特流。TC子层实现信元流和比特流的转换。

2. ATM 数据链路层

ATM数据链路层又被划分为两个子层：ATM适配子层(AAL)和ATM子层。AAL子层主要定义高层PDU和信元中数据域的装拆方法。ATM子层主要定义信元头的结构，以及ATM信元的组织结构等。

1) ATM层主要功能

ATM层主要功能有信元的汇集和分拣、VPI/VCI的管理、信元头的增删和信元速率调整。

2) ATM适配层(AAL)主要功能

ATM适配层(AAL)的主要功能就是将高层的信息转换成适合ATM网络传输要求的格式。

3) AAL协议类型

(1) CCITT通信业务分类。

CLASS A：支持具有实时性要求的恒定位速率(CBR)业务，CBR业务采用面向连接的工作方式。

CLASS B：支持具有实时性要求的可变位速率(VBR)业务，VBR业务采用面向连接的工作方式。

CLASS C：支持无实时性要求的可变位速率(VBR)业务。

CLASS D：支持面向无连接的数据传输服务。

其中CLASS A/B支持实时信息的传输(如视频和语音传输)，CLASS C/D支持非实时要求的信息传输(如高速数据传输)。

(2) AAL协议类型。

CCITT定义了4种类型的AAL协议，以支持上述4种类别的业务，如表11-1所示。

表11-1　AAL分类

<table>
<tr><th></th><th>AAL1</th><th>AAL2</th><th colspan="2">AAL3/4,AAL5</th></tr>
<tr><td>连接模式</td><td colspan="3">面向连接</td><td>无连接</td></tr>
<tr><td>端到端定时</td><td colspan="2">要求</td><td colspan="2">不要求</td></tr>
<tr><td>位速率</td><td>恒定</td><td colspan="3">可变</td></tr>
<tr><td>业务类型</td><td>A类</td><td>B类</td><td>C类</td><td>D类</td></tr>
</table>

综上所述，ATM采用信元交换方式，以分组交换为基础并融合了电路交换高速化的优点，既克服了电路交换不能适应任意速率业务的缺点，同时又简化了分组通信中的协

议,并由硬件对简化的协议进行处理,从而极大地提高了网络的通信处理能力。ATM通信网络的应用,无论是在WAN和LAN干线上的应用,都有着广阔的发展前景。

11.4 小　　结

异步传输模式(Asynchronous Transfer Mode,ATM)又叫信息元中继,采用信元中继的传输和交换技术,是实现B-ISDN业务的核心技术之一。本章主要介绍了ATM的基本概念、工作原理、体系结构和ATM交换技术,ATM交换是在快速分组交换的基础上结合了电路交换的优点而产生的高速异步转送模式。

练习思考题

11-1　试比较电路交换、分组交换和ATM交换技术。

11-2　ATM网络可以分成几层,每一层的作用是什么?

11-3　简述ATM的交换原理。

第12章 计算机网络安全技术

CHAPTER

随着计算机和计算机网络技术的飞速发展，计算机网络已经渗透到现实社会的方方面面，在人们的现实生活和工作中占据着非常重要的地位。同时，随着计算机网络的规模越来越大和越来越复杂，计算机病毒、计算机网络黑客、恶意计算机网络攻击和后门问题等都严重威胁着计算机网络的安全。计算机网络安全涉及一个国家和地区的政府和经济等诸多领域。因此，计算机网络安全问题越来越被人们所关心，并伴随着信息化步伐的加快而变得越来越重要。计算机网络安全问题已经成为当今网络技术的一个重要研究课题，概括起来讲，计算机网络安全就是通过计算机技术、通信技术、密码技术和安全技术保护在公用计算机网络中存储、交换和传输信息的可靠性、可用性、保密性、完整性和不可抵赖性的技术。

本章主要介绍计算机网络安全技术的基础知识，包括计算机网络安全的概念、信息的保密性和完整性以及非法入侵和病毒的安全防护等。

12.1 计算机网络安全概念

计算机网络安全是指计算机网络系统的硬件、软件及其系统中的数据受到保护，避免由于偶然的或恶意的原因而导致计算机网络遭到破坏和信息被更改、泄露等意外事件发生。计算机网络安全是一个涉及计算机科学、计算机网络技术、通信技术、密码技术、信息安全技术、应用数学、数论和信息论等多种学科的边缘学科。

12.1.1 计算机网络安全威胁

计算机网络安全威胁是指某个人、物体、事件或概念对计算机网络资源的机密性、完整性、可用性或合法性所造成的危害。针对计算机网络的某一种攻击就是某种计算机网络威胁的具体实现。

1. 构成计算机网络安全威胁的主要因素

研究计算机网络安全，首先要研究构成计算机网络安全威胁的主要因素。影响、危害计算机网络安全的因素包括自然因素和人为因素两大类。

1) 自然因素

自然因素包括各种自然灾害,如水、火、雷、电、风暴、烟尘、虫害、鼠害、海啸、地震等;计算机网络系统的环境和场地条件,如温度、湿度、电源、地线和其他防护设施不良所造成的威胁;电磁辐射和电磁干扰的威胁;硬件设备老化以及可靠性下降的威胁。

2) 人为因素

人为因素又可分为无意因素和故意因素两种。人为无意因素包括操作员操作失误、意外损坏、编程缺陷、意外丢失、管理不善、无意破坏等。这些因素都会造成安全漏洞,对计算机网络安全带来威胁。人为故意因素包括敌对势力蓄意攻击、各种计算机犯罪等,人为故意因素是计算机网络所面临的最大威胁,对手的攻击和计算机犯罪就属于这一类型。

2. 产生计算机网络安全威胁的攻击方式

计算机网络攻击是一种人为故意性威胁,是对计算机网络的有意图、有目的的威胁,也是计算机网络所面临的最大威胁。攻击可分为被动攻击和主动攻击两种。这两种攻击均可对计算机网络造成极大的危害,导致机密数据的泄露,甚至造成被攻击的计算机网络系统瘫痪。

被动攻击是指在不影响计算机网络正常工作的前提下,攻击者在计算机网络上建立隐蔽通道,截获、窃取他人的信息并进行破译,在未授权情况下得到了资源的访问权,以获得重要机密内容,这是对保密性的攻击。被动攻击的实施者可能是一个人、一个程序或一台计算机。被动攻击的特点是偷听或监视传送,其目的是获得正在传送的信息。被动攻击方式有泄露信息内容和通信量分析等。被动攻击一般是为了了解计算机网络上传输的信息内容,通常作为主动攻击的前奏。被动攻击很难被发现,因此预防很重要,防止被动攻击的主要手段是对需要传输的信息流进行加密,使得攻击者不能识别计算机网络中所传输的信息内容。

主动攻击是利用计算机网络本身的缺陷对计算机网络实施的攻击,以各种方式有选择地破坏信息的有效性和完整性。在主动攻击中,攻击者常常以被动攻击获取的信息为基础,对某个连接中通过的数据进行各种处理,如有选择地更改、删除、延迟或伪造这些数据(当然也包括记录和复制它们),还可在稍后的时间将以前记录下的数据插入这个连接(即重放攻击),甚至还可将合成的或伪造的数据送入一个连接中。所有主动攻击都是上述各种方法的某种组合。但从类型上看,主动攻击又可进一步分为篡改数据、拒绝服务、伪造信息和恶意程序4种类型。

(1) 篡改数据是指攻击者故意篡改计算机网络上传送的信息,在未授权情况下不仅得到了资源的访问权,而且还篡改了资源,这是对完整性的攻击。例如,改变被截获数据文件中的数值、改动程序使其按不同的方式运行、修改在计算机网络中传送的信息的内容等。

(2) 拒绝服务是指禁止对通信工具的正常使用或管理,采取或者删除通过某一连接的所有数据,或者使正常通信的双方或单方的所有数据延迟接收,导致系统资源遭到破坏或变得不可使用,这是对可用性的攻击。这种攻击拥有特定的目标,例如实体可以取消送往特定目的地址的所有信息(例如安全审核服务)。另一种拒绝服务的形式是攻击者有意使整个计算机网络的通信中断,例如对一些计算机网络硬件进行破坏、切断通信线路或禁用文件管理系统等。

(3) 伪造信息是指攻击者伪造虚假信息并在计算机网络上传送,在未授权情况下向系统中插入伪造的对象,这是对真实性的攻击。例如,向计算机网络中插入欺骗性的信息,或者向文件中插入额外的内容。由于计算机网络软件不可能是百分之百的无缺陷或无漏洞,这些缺陷或漏洞正好成了攻击者进行攻击的首选目标。

(4) 恶意程序种类繁多,对计算机网络安全威胁较大的主要有以下几种。

- 计算机病毒:一种会"传染"其他程序的程序。"传染"是通过修改其他程序来把自身或其变种复制进去完成的。这里所说的"计算机病毒"是狭义的计算机病毒,也有人把所有的恶意程序泛指为计算机病毒。
- 计算机蠕虫:一种通过计算机网络的通信功能将自身从一个节点发送到另一个节点并启动运行的程序。
- 特洛伊木马:它是一种驻留在目标计算机里的合法程序中的非法程序。特洛伊木马程序在表面上看上去没有任何的损害,实际上隐藏着可以控制用户整个计算机系统、打开"后门"等危害系统安全的功能,它可能造成用户资料泄露,破坏或使整个系统崩溃。计算机病毒有时也以特洛伊木马的形式出现。
- 逻辑炸弹:一种当运行环境满足某种特定条件时执行其他特殊功能的程序。如一个编辑程序,平时运行得很好,但当系统时间满足某一条件的时候,它将删去系统中所有的文件,这种程序就是一种逻辑炸弹。

主动攻击具有与被动攻击相反的特点。虽然很难检测出被动攻击,但可以采取措施防止它的攻击。相反,很难绝对预防主动攻击,因为这样需要在任何时候对所有的通信工具和路径进行完全的保护。防止主动攻击的做法是对攻击进行检测,并从它引起的中断或延迟中恢复过来。因为检测具有威慑的效果,它也可以对预防做出贡献。

一个好的身份认证系统(包括数据加密、数据完整性校验、数字签名和访问控制等安全机制)可以用于防范主动攻击,但要想杜绝主动攻击是很困难的,因此除了进行信息加密以外,对付主动攻击的另一措施是及时发现并及时恢复所造成的破坏,现在有很多实用的攻击检测工具。

3. 实现计算机网络安全威胁的手段

实现计算机网络安全威胁的手段包括渗入威胁和植入威胁两类。

(1) 渗入威胁主要有假冒、旁路控制、授权侵犯。

- 假冒:这是大多数黑客采用的攻击方法。某个未授权实体使守卫者相信它是一个合法的实体,从而攫取该合法用户的特权。
- 旁路控制:攻击者通过各种手段发现本应保密却又暴露出来的一些系统"特征",利用这些"特征",攻击者绕过守卫者的防线渗入系统内部。
- 授权侵犯:授权侵犯也称为"内部威胁",授权用户将其权限用于其他未授权的目的。

(2) 植入威胁主要有特洛伊木马和陷门。

- 特洛伊木马:攻击者在正常的软件中隐藏一段用于其他目的的程序,这段隐藏的程序段常常以安全攻击作为其最终目标。
- 陷门:陷门是在某个系统或某个文件中设置的“机关”,使得当提供特定的输入数据时,允许违反安全策略。

4. 计算机网络安全威胁的后果

计算机网络安全的基本目标是实现信息的机密性、完整性、可用性和合法性。计算机网络安全威胁直接影响这4个安全目标的实现。一般认为,计算机网络安全威胁的后果主要表现在以下4个方面。

(1) 信息泄露或丢失。这种后果是指敏感数据在有意或无意中被泄露出去或丢失,通常包括信息在传输中丢失或泄露、信息在存储介质中丢失或泄露及通过建立隐蔽隧道等窃取敏感信息等。

(2) 破坏数据完整性。这种后果是指攻击者以非法手段窃得对数据的使用权,删除、修改、插入或重发某些重要信息,以取得有益于攻击者的响应;或进行恶意信息添加、修改数据,以干扰用户对网络环境的正常使用。

(3) 拒绝服务。拒绝服务不断对计算机网络服务系统进行干扰,改变其正常的作业流程,执行无关程序等,使系统响应减慢甚至瘫痪,影响正常用户的使用,甚至使合法用户被排斥而不能进入计算机网络系统或不能得到相应的服务。

(4) 非授权访问。非授权访问是指攻击者在没有预先经过同意情况下使用计算机网络或计算机资源。如有意避开系统访问控制机制,对计算机网络设备及资源进行非正常使用,或擅自扩大权限并越权访问信息。它主要有以下几种形式:假冒、身份攻击、非法用户进入计算机网络系统进行违法操作、合法用户以未授权方式进行操作等。

12.1.2 产生计算机网络安全威胁的原因

产生计算机网络安全威胁的原因主要有如下几个方面。

1. 操作系统的安全性

目前流行的许多操作系统均存在计算机网络安全漏洞,如UNIX服务器、NT服务器等中的操作系统都具有不安全性。

2. 防火墙的安全性

防火墙产品自身是否具有安全性,设置是否正确,都需要经过严格检验。

3. 来自内部计算机网络用户的安全威胁

内部计算机网络管理制度的不健全因素,如缺少管理者对计算机网络运行的日常维护、数据备份的管理、用户权限的管理和应用软件的维护等。

4. 计算机网络应用安全管理方面的原因

计算机网络管理者缺乏计算机网络安全的警惕性，忽视计算机网络安全威胁，缺乏有效的计算机网络安全监视手段，不能及时有效评估计算机网络系统的安全性，计算机网络认证环节薄弱，或对计算机网络安全技术缺乏了解，没有制定切实可行的计算机网络安全策略和措施。

5. 计算机网络安全协议的原因

由于在大型计算机网络系统内部运行着多种计算机网络协议，如 TCP/IP、IPX/SPX、NETBEUA 等，而这些计算机网络协议在设计之初并没有考虑计算机网络安全问题，从协议的根本上缺乏安全的机制，这是计算机网络存在安全威胁的主要原因之一。

6. 计算机病毒和恶意程序

不能对来自计算机网络的应用所挟带的病毒以及危害计算机网络信息安全为目的的恶意程序进行有效控制。

7. 应用服务的安全

许多应用服务系统在访问控制及安全通信方面考虑不周，如果系统设置错误很容易产生计算机网络安全威胁。

8. 来自外部的不安全因素

计算机网络上存在着很多的敏感信息，有许多信息都是一些有关国家政治、经济、军事、科研以及金融等方面的信息，有些别有用心的人企图通过计算机网络攻击的手段获取信息，这也是产生计算机网络安全威胁的最主要原因之一。

12.1.3 计算机网络安全目标

计算机网络安全目标主要表现在系统的可靠性、可控性、可用性、保密性、完整性、不可抵赖性等方面。

1. 可靠性

可靠性是计算机网络系统安全的最基本要求之一，是所有计算机网络信息系统的建设和运行目标。计算机网络可靠性是指计算机网络系统硬件和软件无故障运行的性能，主要表现在硬件可靠性、软件可靠性、人员可靠性、环境可靠性等诸方面。硬件可靠性最为直观和常见；软件可靠性是指在规定的时间内，程序成功运行的概率；人员可靠性是指人员成功地完成工作或任务的概率，它在整个计算机网络系统可靠性中扮演重要角色，因为计算机网络系统失效的大部分原因是人为差错造成的；环境可靠性是指在规定的环境内，保证计算机网络成功运行的概率，这里的环境主要是指自然环境和电磁环境。

计算机网络系统的可靠性量度主要有 3 种：抗毁性、生存性和有效性。增强抗毁性可以有效地避免因各种灾害(战争、地震等)造成的大面积瘫痪事件;生存性主要反映随机性破坏和计算机网络拓扑结构对系统可靠性的影响,如系统部件因为自然老化等造成的自然失效等;有效性主要反映在计算机网络系统的部件失效情况下,满足业务性能要求的程度,如计算机网络部件失效所造成的指标下降、平均延时增加、线路阻塞等。

提高可靠性的具体措施包括提高设备质量,配备必要的冗余和备份,采取纠错、自愈、容错等措施,强化灾害恢复机制,合理分配负荷等。

2. 可控性

可控性是对计算机网络信息的传播及内容具有控制能力的特性。可以控制授权范围内的信息流向及行为方式,控制用户的访问极限,同时结合内容审计机制,对出现的信息安全问题提供调查的依据和手段。

3. 可用性

可用性是计算机网络系统面向用户的安全性能,是指计算机网络信息可被授权实体访问并按需求使用的特性,即计算机网络信息服务在需要时,允许授权用户或实体使用的特性。这里包含两个含义:一个是当授权用户访问计算机网络时不会被拒绝;另一个是授权用户访问计算机网络时要进行身份识别与确认,并且对用户的访问权限加以规定的限制。

计算机网络系统最基本的功能是向用户提供服务。可用性要求计算机网络信息可被授权实体访问并按需求使用,其中包括对静态信息的可得到性和可操作性,以及对动态信息内容的可见性,并且当计算机网络部分受损或需要降级使用时仍能为授权用户提供有效服务。

可用性还应该满足以下要求:身份识别与认证、访问控制(对用户的权限进行控制,只能访问相应权限的资源,防止或限制经隐蔽通道的非法访问,包括自主访问控制和强制访问控制)、业务流控制(利用均分负荷方法,防止业务流量过度集中而引起计算机网络阻塞)、路由选择控制(选择那些稳定可靠的子网、中继线或链路等)、审计跟踪(把计算机网络信息系统中发生的所有安全事件情况存储在安全审计跟踪之中,以便分析原因和分清责任,及时采取相应的措施,主要包括事件类型、被管客体等级、事件时间、事件信息、事件回答以及事件统计等方面的信息)。

可用性一般用系统正常使用时间和整个工作时间之比来度量。

4. 保密性

保密性要求保证计算机网络信息不被泄露给非授权的用户、实体或过程,或供其利用,即计算机网络信息的内容不会被未授权的第三方所知。因此,保密性具有防止信息泄露给非授权个人或实体,以及保证信息只为授权用户使用的特性。保密性是在可靠性和可用性基础之上,保障计算机网络信息安全的重要手段。

计算机网络的保密能力主要通过防窃听(使对手收不到有用的信息)、防辐射(防止有用信息以各种途径辐射出去)、信息加密(用加密算法对信息进行加密处理,即使对手得到了加密后的信息也无法读取有效信息)以及物理保密(利用各种物理方法,如限制、隔离、掩蔽、控制等措施,保护信息不被泄露)等技术来实现。

为用户提供安全可靠的保密性服务是计算机网络安全最为重要的内容。一方面,基于所传送的信息的安全要求不同,应该选择不同的保密级别,最为广泛的服务是保护两个用户之间在一段时间内传送的所有用户数据,同时也可以对具体信息中的特定域进行保护。另一方面,在信息传输过程中,还要防止数据流被截获与分析,这就要求采用必要的措施,使攻击者无法检测到在计算机网络中传输信息的源地址、目的地址、长度度及其他特征。此外,保密性还应保证信息即使泄露,非授权用户在有限的时间内也不能识别真正的信息内容。

5. 完整性

完整性是指计算机网络信息未经授权不能进行改变的特性,即计算机网络信息在存储或传输过程中要保持不被偶然或蓄意地删除、修改、伪造、乱序、重放和插入,防止计算机网络信息被破坏和丢失,保证接收方所接收的信息与发送方所发送的信息是一致的。完整性与保密性不同,保密性要求信息不被泄露给未授权的人,而完整性则要求信息不致受到各种原因的破坏。

影响计算机网络信息完整性的主要因素有设备故障、误码(传输、处理和存储过程中产生的误码,定时的稳定度和精度降低造成的误码,各种干扰源造成的误码)、人为攻击、计算机病毒等。

数据完整性服务可分为有恢复和无恢复服务两类。因为数据完整性服务与信息受到主动攻击相关,因此数据完整性服务与预防攻击相比更注重信息一致性的检测。如果安全系统检测到数据完整性遭到破坏,可以只报告攻击事件发生,也可以通过软件或人工干预的方式进行恢复。

保障计算机网络信息完整性的主要方法有以下4种。

(1) 网络协议。通过各种网络安全协议有效地检测出被复制的信息、被删除的字段、失效的字段和被修改的字段。

(2) 纠错编码。利用纠错编码的方法实现检错和纠错功能。

(3) 数字签名。通过数字签名保障信息的真实性。

(4) 公证。通过公证途径请求计算机网络管理或中介机构证明信息的真实性。

6. 不可抵赖性

不可抵赖性也称为不可否认性,主要用于计算机网络信息的交换过程,保证信息交换的参与者都不可能否认或抵赖曾进行的操作,类似于在发文或收文过程中的签名和签收的过程。

在计算机网络信息系统的信息交互过程中,必须确信参与者的真实同一性,即保证所有参与者都不能否认或抵赖曾经完成的操作和承诺。利用信息源证据可以防止发信方不真实地否认已发送信息,利用递交接收证据可以防止收信方事后否认已经接收的信息。

一旦出现发送方对发送信息的过程予以否认,或接收方对已接收的信息进行否认时,不可抵赖性服务可以提供记录,说明否认方是错误的。不可抵赖性服务对多目的地址的通信机制与电子商务活动是非常有用的。

12.2 保密性和完整性

为用户提供安全可靠的保密性服务是计算机网络安全最为重要的内容。保密性是指计算机网络信息不被泄露的特性。保密性是在可靠性和可用性的基础上保证计算机网络信息安全的非常重要的手段。

完整性是指计算机网络信息未经授权不能进行改变的特性,即计算机网络信息在存储和传输过程中不被删除、修改、伪造、乱序、重放和插入等,保证接收方所接收的信息与发送方所发送的信息是一致的。影响计算机网络信息完整性的主要因素包括设备故障、误码、人为攻击以及计算机病毒等。

本节通过对数据加密标准、身份认证及访问控制等内容的描述,介绍如何实现计算机网络信息的保密性和完整性。

12.2.1 私钥和公钥加密标准

1. 数据加密标准概述

由于计算机网络本身存在着不安全因素,为了确保计算机网络通信的安全,通常要对在计算机网络上传输的数据信息进行加密处理。因此,数据加密技术是计算机网络安全中很重要的一个部分内容。

数据加密技术是保护信息安全的主要手段之一,它是结合数学、计算机科学、电子与通信等诸多学科于一身的交叉学科。使用数据加密技术不仅可以保证信息的机密性,而且可以保证信息的完整性,防止信息被篡改、伪造或假冒。

数据加密方法的设计是数据加密技术的主要内容,数据加密方法的破译是密码分析技术的主要内容。密码编码技术和密码分析技术同样是相互依存、相互支持、密不可分的两个方面。

采用数据加密技术可以隐藏和保护需要保密的信息,从而使未授权者不能获取信息。需要隐藏的信息称为明文,明文被变换成另一种隐藏形式称为密文,这种变换称为加密。加密的逆过程,即从密文恢复出明文的过程称为解密。对明文进行加密时所采用的一组规则称为加密算法,加密算法所使用的密钥称为加密密钥。对密文解密时所采用的一组规则称为解密算法,解密算法所使用的密钥称为解密密钥。

对计算机网络数据进行加密通常有两种加密密码标准。如果数据发送方使用的加密密钥和接收方使用的解密密钥相同,或者从其中一个密钥易于得出另一个密钥,这样的密码标准称为对称的单密钥或常规加密标准,对应的算法称为对称的单密钥或常规加密算法。如果数据发送方使用的加密密钥和接收方使用的解密密钥不相同,从其中一个密钥难以推出另一个密钥,这样的密码标准称为非对称的双密钥或公钥加密标准,对应的算法称为非对称的双密钥或公钥加密算法。

常规加密算法的优点是有很强的保密强度，且能经受住时间的检验和攻击，但其密钥必须通过安全的途径传送。因此，其密钥管理成为系统安全的重要因素。公开密钥密码体制的优点是可以适应计算机网络的开放性要求，且密钥管理问题也较为简单，尤其可方便地实现数字签名和验证。但其算法复杂，加密数据的速率较低。尽管如此，随着现代电子技术和密码技术的发展，公钥密钥密码算法将是一种很有前途的计算机网络安全加密体制。当然在实际应用中，人们通常将传统的加密算法和公开密钥密码体制结合在一起使用，例如，利用加密标准 DES(一种常规加密标准)来加密信息，而采用 RSA(一种公钥加密标准)来传递会话密钥。

2. 常用数据加密标准

1) 数据加密标准 DES

常规对称型加密系统使用单个密钥对数据进行加密或解密，其特点是计算量小、加密效率高。但是此类算法在分布式系统上使用较为困难，主要是密钥管理困难，因而使用成本较高，安全性能也不易保证。这类算法的代表是在计算机网络系统中广泛使用的 DES 算法(Digital Encryption Standard)。

DES 是对称加密算法中最具代表性的一种。DES 算法原是由 IBM 公司为保护产品的机密而研制的，后被美国国家标准局和国家安全局选为数据加密标准，并于 1977 年颁布使用。DES 可以对任意长度的数据加密，实际可用密钥长度为 56b，加密时首先将数据分为 64b 的数据块，采用电码本(Electronic Code Book，ECB)、密码分组链接(Cipher Block Chaining，CBC)、密码反馈(Cipher Feed Back，CFB)等模式之一，每次将输入的 64b 明文变为 64b 密文。最终将所有输出数据块合并，实现数据加密。

DES 的保密性仅取决于对密钥的保密，而算法是公开的。DES 内部的复杂结构是至今没有找到捷径破译方法的根本原因。

2) 公开密钥密码标准

公开密钥加密又叫做非常规加密，公钥加密最初是由 Diffie 和 Hellman 在 1976 年提出的。由于公钥是建立在数学函数基础上而不是建立在位方式的操作上的，因此这是几千年来文字加密的第一次真正革命性的进步。更重要的是，公钥加密是不对称的，与只使用一种密钥的对称常规加密相比，它涉及两种独立密钥的使用。公开密钥加密技术的使用已经对数据的机密性、密钥的分发和身份验证领域都产生了深远的影响。公钥加密算法可用于下面一些方面：数据完整性、数据保密性、发送者不可否认和发送者认证。

公开密钥密码体制最主要的特点就是加密和解密使用不同的密钥(即公用密钥 PK 和私有密钥 SK)，只有两种密钥搭配起来使用才能完成加密和解密的全过程，因此这种体制又称为双钥或非对称密钥密码体制。在公开密钥密码体制中，公钥是公开的，任何人都可以用公钥加密信息，再将密文发送给私钥拥有者；私钥是保密的，用于解密其接收的、使用公钥加密过的信息。

由于非对称型密钥密码体制的加密算法拥有两个密钥，它特别适用于分布式系统中的数据加密，因此在 Internet 中得到广泛应用。其中公用密钥在网上公布，为数据发送方对数据进行加密时使用，而用于解密的相应私有密钥则由数据的接收方妥善保管。非对称型加密的另一用法称为“数字签名”(Digital Signature),即数据源使用其私有密钥对数据的校验和(checksum)或其他与数据内容有关的信息进行加密,而数据接收方则用相应的公用密钥解读“数字签字”,并将解读结果用于对数据完整性的检验。

在计算机网络系统中得到应用的非对称型密钥密码体制的加密算法主要有RSA算法和美国国家标准局提出的DSA(Digital Signature Algorithm)算法等。非对称型加密算法在分布式系统中应用时需注意的问题是如何管理和确认公用密钥的合法性。

12.2.2 身份认证与数字签名

计算机网络安全中的认证包括身份认证和数字签名两部分内容。

1. 身份认证的基本概念及其实现

身份认证技术是实现计算机网络安全的关键技术之一,认证主要是指对某个实体的身份加以鉴别和确认,从而证实是否名副其实或者是否有效的过程。认证的基本思想是验证某一实体的一个或多个参数的真实性和有效性。

身份认证业务或鉴别认证业务也叫实体鉴别服务。认证业务提供了关于某人或某事的身份保证,即当某个实体声称具有某个特定的身份时,该业务将会证实这一声称的正确性。口令就是一种熟知的认证方法。

身份认证又可以分为对等实体鉴别认证和数据源点鉴别认证两种。对等实体鉴别认证是指对参与某次通信连接或会话远端一方提交的身份给予鉴别认证。数据源点鉴别认证则是指对某个数据项的发送者所提交的身份给予鉴别认证。

身份认证是一种最重要的安全业务,所有的安全业务几乎都依赖于它。它是对付假冒攻击的一种有效方法。

身份认证实现技术是计算机网络安全保密与防范最基本的措施,也是计算机网络安全保密防范的第一道防线。这种技术是对计算机网络终端用户的身份进行识别和验证,以防止非法用户闯入计算机网络系统。

身份认证可以通过下述3种基本途径之一或它们的组合实现。这3种基本途径分别是密码口令验证、通行证件验证和人类特征验证。

(1) 密码口令验证通常用于验证用户身份是否合法。这种方法广泛地应用于身份验证的各个方面。

(2) 通行证件验证类似于钥匙的使用,主要利用身份证、护照或信用卡等进行身份验证。

(3) 人类特征验证是指对用户的生物特征或个人动作进行身份验证的方法。用于验证的人类特征通常有视网膜、语音、指纹、手写签名、手型、血型和DNA等。

人类特征具有很高的个体特性和防伪造特性,因此这种验证方法的可靠性和准确度极高。但由于实现人类特征验证的设备相对复杂,造价较高。因此,这种方法在短期内还不能被广泛应用。

根据计算机网络安全要求和用户能够接受的程度,以及实现成本等因素,可以适当选择上述方法的组合,来设计一个自动身份认证系统。

在安全性要求较高的系统中，由密码口令和通行证件等提供的安全保障是不完善的。密码口令可能被泄露，通行证件可能被伪造。更高级的身份验证是根据用户的个人特征进行确认，它是一种可信度高，而又难于伪造的验证方法，并已逐渐被人们接受和采用。

目前，新的和更广义的生物统计学正在成为计算机网络环境中身份认证技术中最简单而安全的方法。它是利用更广义的个人所特有的生理特征来设计的。广义的个人特征包括很多内容，如容貌、肤色、身材等。当然，采用哪种方式还要看是否能够方便地实现，以及是不是能够被用户所接受。个人特征都具有“因人而异”和随身“携带”的特点，不会丢失且难于伪造，适用于更高级别个人身份认证的要求。

2. 数字签名的基本概念及其实现

数字签名提供了一种特殊的身份认证方法，普遍用于银行、电子商业等类似行业，以解决下列问题：伪造、冒充、篡改和抵赖。

(1) 伪造是指接收方伪造了一份文件，声称是对方发送的。

(2) 冒充是指网络上的某个用户冒充另一个用户发送或接收文件。

(3) 篡改是指接收方对收到的文件进行局部的修改操作。

(4) 抵赖是指发送方或接收方最后都不承认自己所发送或接收的文件。

数字签名一般通过公开密钥实现。在公开密钥体制下，加密密钥是公开的，加密和解密算法也是公开的，保密性完全取决于解密密钥的秘密。只知道加密密钥不可能计算出解密密钥，只有知道解密密钥的合法解密者，才能正确解密，将密文还原成明文。

从另一个角度来看，保密的解密密钥代表着解密者的身份特征，可以作为身份识别的参数。因此，可以用解密密钥进行数字签名，并发送给对方。接收者接收到信息后，只要利用发送方的公开密钥进行解密运算，如能还原出明文来，就可证明接收者接收到的信息是经过发信方签名了的。接收方和第三方都不能伪造被签名的文件，因为只有发信方才知道自己的解密密钥，其他人是不可能推导出发信方的私人解密密钥的。这就符合数字签名的唯一性、不可仿冒、不可否认的特征和要求。

12.2.3 计算机网络数据完整性

计算机网络数据完整性主要是指计算机网络中的数据必须和它被输入时或最后一次被修改时一模一样，用于建立信息的计算机网络设备或配件必须正确有效地工作，数据不能被其他人非法利用。

计算机网络数据主要应用于各种商业应用领域，这些数据都具有不同的商业价值，这不但表现在数据被共享的时候，同时也表现在对数据的保护方面。拥有数据的机构应该将数据作为机密进行保存，因为这些数据会使这些机构在竞争中处于有利的地位。

随着个人计算机和计算机网络的飞速发展和广泛应用，各种数据正越来越多地被应用于家庭当中，尽管人们可能不是每天都在互联网上冲浪，但是当人们走入银行，或到商店用信用卡结账的时候，人们的数据就被传到银行的中央计算机中，中央计算机再向电子出纳设备传输银行账号信息。

计算机网络数据正逐渐成为人们日常生活的组成部分，存储在计算机上的数据每一天都在增长,想访问计算机网络数据的人的数目也在增加,对保证计算机网络数据完整性与安全的潜在需求也随之增长。为数据建立一个安全可靠的环境,使计算机网络中的数据免受各式各样的危险,已成为当前计算机网络安全的一个重要课题。

保障计算机网络数据的完整性通常采用下面几项措施:数据的备份、完善系统访问控制授权和身份识别、采用数据加密技术、使用防火墙技术、病毒的防范、修补系统漏洞及制定相关准则等。

1. 数据的备份

组成计算机网络中的计算机系统经常会由于许多原因出现错误和故障,这对于依赖计算机网络系统的机构而言,意味着必须有办法重建计算机系统。将数据重新恢复到计算机系统中的唯一办法是从以前准备好的一些存储设备或介质上恢复数据。因此,建立完善的数据备份手段,可以在技术和管理措施上确保数据的完整性和可恢复性。

首先要做好备份计划。包括在给定的条件下决定对什么数据进行备份、这些数据应当多久备份一次、这些备份应当保存多久,以及这些备份应当存放在哪里,等等;其次要做好备份实施工作。

备份实施工作应包括两部分,一部分是对系统的备份,另一部分是对数据库的备份。

(1) 对系统的备份:对系统的备份有4种方法。第一种是全盘备份。全盘备份是将所有的文件写入备份介质。利用这种方法就可以保证从备份那一天起对系统上的所有数据进行恢复。第二种是增量备份。只是备份那些上次备份之后更改过的文件,增量备份是进行备份最有效的方法。每天只需做增量备份,性能和容量问题会大大减少。第三种是差别备份,差别备份是指备份上次全盘备份之后更改过的所有文件的一种方法。第四种是按需备份。按需备份是指在正常的备份安排之外,额外进行的备份操作。

(2) 对数据库的备份:数据库对企业和集团来说是非常重要的,它存储了大量有价值的数据信息。数据库备份是日常工作的重点。备份方法主要有3种:第一种是冷备份又称为脱线备份。冷备份的思想是关闭数据库,在没有最终用户访问的情况下进行备份操作。第二种是热备份。热备份是在数据库正在运行、更新正在被写入数据库时进行。第三种是逻辑备份。逻辑备份使用软件技术从数据库中提取数据并将结果写入一个输出文件。

需要强调的是备份中没有唯一的解决方案,也没有清规戒律,只有折中方案,操作者需要了解自己的系统来选择合适的备份方案。

2. 完善系统访问控制授权和身份识别

访问控制的作用是对想访问系统和其中数据的人进行身份识别,并授予其不同的访问权限。目前主要有3种方法可以实现访问控制授权和身份识别。第一种方法要求用户输入一些保密信息,如用户名和口令;第二种方法是采用一些物理识别设备,如记问卡、钥匙和令牌;第三种方法是采用生物统计学系统,对人进行唯一识别。后两种技术更复杂和昂贵,应用比较少,最常用的访问控制方法是第一种方法。无论采用哪种方法,最终都要依据身份授予不同的访问权限。

3. 采用数据加密技术

加密是用来对数据信息进行编码，使其变成不易被非法获得者阅读或理解的形式，从而达到保护数据和信息的目的。当用户文件中包含敏感或关系重大的数据时都应该采用数据加密技术，特别是口令文件更需要采用加密技术进行进一步保护。如果服务器上的口令文件处于未加密的状态，可能会有人利用口令探针和其他形式的偷听、窃听设备读取被传输的口令数据，偷盗被传输的口令。携带高度敏感信息的电子邮件可以采用设置口令的方法对其进行保护，并限制非法接收者的阅读。通过对数据进行加密，即使计算机网络系统被侵入，入侵者也无法读取偷窃到的数据。

4. 使用防火墙技术

使用防火墙技术可以监控用户内部计算机网络与互联网等外部计算机网络间的数据信息交流。防火墙是防止计算机网络病毒在计算机网络之间移动、四处传播、摧毁破坏系统的有效方法。此外，采用防火墙技术还可以防止侵入者利用安全漏洞进入系统进行破坏，使连接到 Internet 上的组织内计算机设备免受黑客侵扰。

防火墙分硬件和软件两种，硬件防火墙放在路由器和需要保护的计算机网络之间，软件则被直接安装在计算机上。无论硬件防火墙还是软件防火墙都是用来执行与安全相关的一些功能，这些功能包括状态检查、代理服务、加密、鉴定和告警的产生。

状态检查是检查数据流中具有相同目的的数据包的内容，能够注意到值得怀疑的行为，根据防火墙的不同设置，后续的数据包可能被禁止传送，并被告警。代理服务是服务请求者和想得到的服务之间的一个媒介。数据包不是直接流经防火墙到达目的地，而是通过代理服务器实现信息过滤。通过使用代理服务器，就有可能对某个应用服务的使用进行控制。

5. 病毒的防范

建立实时监控，定期检查的病毒防范体系。限制对外部数据源、磁盘或在线服务的随意访问，并利用有效的病毒检查程序对所有引入数据做强制性检查。通过设立实时监控和计算机网络隔离等技术防范黑客攻击和外部非法访问。

6. 修补系统漏洞

对计算机系统中的关键技术产品必须通过国家级的权威机构的安全性测评。在使用过程中，利用正版监控软件对系统的运行状况进行严格监视，一旦发现问题，立即修补，避免更大的损失。

7. 制定相关准则

对技术管理体系要做到组织健全，机制健全，考核指标健全。首先，要建立健全专门的技术管理部门，对计算机信息技术工作实施统一归口管理。其次，要建立严格的岗位管理制度，明确系统管理员、业务操作员、技术开发人员及技术维修人员等的岗位职责。再次，要妥善管理系统配置参数、日记文件、审计记录及所有工程文档信息。最后，要建立完善的技术风险管理制度，包括备份数据的管理、空闲机器的管理、口令的管理及废品的管理等。

12.2.4 访问控制

为了实现计算机网络数据资源的安全性，可以采用一些适当方法对某些数据资源的使用范围进行限定。然而，这些方法对于一些机密程度高的信息和资料仍不是非常安全的。实际上，实现对数据资源的安全访问，迄今为止仍没有一个十分有效的方法。有些方法在原理上可行，但在技术上难以实现。采用访问控制技术可以大大提高数据资源的访问安全性。

1. 访问控制的基本概念

所谓访问控制是指对计算机网络中的某些数据资源的访问进行控制，只有被授予特权的用户，才有资格并有可能去访问有关的数据或资源。

访问控制的目标是防止系统用户对任何数据资源的非授权访问。所谓非授权访问是指未经授权的对数据资源的使用、泄露、销毁以及发布等。访问控制是系统保密性、完整性、可用性和合法使用性的基础。

访问控制是计算机网络安全防范和保护的主要策略，它的主要任务是保证计算机网络资源不被非法使用和非授权访问。它也是维护计算机网络系统安全、保护计算机网络资源的重要手段。

访问控制是防止入侵的重要防线之一。一般来说，访问控制的作用是对访问系统及其数据的人进行识别，并检验其身份和访问权限。它包括两个主要的问题，即用户是谁?该用户的身份是否真实?

对一个系统进行访问控制的常用办法是：对没有合法用户身份的任何人进行限制，禁止其访问系统；对有合法用户身份的人进行访问权限限制。例如，如果某个来访者的用户名和口令是正确的，则系统允许他进入系统并根据其访问权限访问系统资源；如果不正确，则不允许他进入系统。

2. 访问控制的内容

访问控制研究的内容主要包括对用户身份访问控制、用户权限访问控制、文件目录访问控制、文件属性访问控制、计算机网络服务器访问控制、计算机网络监测和锁定访问控制及计算机网络端口和节点访问控制。

1）用户身份访问控制

用户身份访问控制为计算机网络访问提供第一层访问控制。它控制哪些用户能够登录到服务器并获取计算机网络资源，并控制准许用户进入计算机网络的时间和登录入网的工作站。用户身份访问控制的内容可分为用户名和口令的识别与验证、用户账号的默认限制检查。只要其中的任何一个步骤未通过，该用户便不能进入计算机网络。

对计算机网络用户的用户名和口令进行验证是防止非法访问的第一道防线。用户注册时首先输入用户名和口令，服务器将验证输入的用户名是否合法。如果验证合法，才能继续验证用户输入的口令；否则，用户将被拒于计算机网络之外。用户的口令是用户入网的关键所在。为保证口令的安全性，用户口令不能显示在显示屏上，口令长度应不少于 6 个字符，口令的字符组成最好是数字、字母和其他字符的混合；用户口令必须经过加密，最常用的加密方法是：基于单向函数的口令加密、基于公钥加密方案的口令加密、基于平方剩余的口令加密、基于多项式共享的口令加密、基于数字签名方案的口令加密等。经过上述方法加密的口令，即使是系统管理员也难以得到它。用户还可采用一次性用户口令，也可使用便携式验证器（如智能卡）来验证用户的身份。

用户名和口令验证有效之后，再进一步履行用户账号的默认限制检查。计算机网络应能控制用户登录入网的站点、限制用户入网的时间、限制用户入网的工作站数量等。当用户对交费计算机网络的访问"资费"用尽时，计算机网络还应能对用户的账号加以限制，用户此时应无法进入计算机网络访问计算机网络资源。网络应对所有用户的访问进行审计。如果多次输入口令不正确，则认为是非法用户的入侵，应给出报警信息。

用户名或用户账号是所有计算机系统中最基本的安全形式。

2）用户权限访问控制

用户权限访问控制是针对计算机网络非法操作所提出的一种安全保护措施。用户和用户组被赋予一定的权限，计算机网络控制用户和用户组可以访问哪些目录、子目录、文件和其他资源。可以指定用户和用户组对这些文件、目录、设备能够执行哪些操作。受托者指派和继承权限屏蔽（IRM）可作为计算机网络权限控制的两种实现方式。受托者指派控制用户和用户组如何使用计算机网络服务器的目录、文件和设备。继承权限屏蔽相当于一个过滤器，可以限制子目录从父目录那里继承哪些权限。可以根据访问权限将用户分为以下几类：

（1）特殊用户，即系统管理员；

（2）一般用户，系统管理员根据一般用户的实际需要为他们分配操作权限；

（3）审计用户，负责计算机网络的安全控制与资源使用情况的审计。

用户对计算机网络资源的访问权限可以用一个访问控制表来描述。

3）文件目录访问控制

计算机网络应允许控制用户对目录、文件、设备的访问。用户在目录级指定的权限对所有文件和子目录有效，用户还可进一步指定对目录下的子目录和文件的权限。如在 Novell NetWare 计算机网络系统中，对目录和文件的权限一般有 8 种：系统管理员权限、读权限、写权限、创建权限、删除权限、修改权限、文件查找权限和存取控制权限。

用户对文件或目标的有效权限取决于以下因素：用户的受托者指派、用户所在组的受托者指派、继承权限屏蔽取消的用户权限。一个计算机网络系统管理员应当为用户指定适当的访问权限，这些访问权限控制着用户对服务器的访问。例如，Novell NetWare 计算机网络系统中的 8 种访问权限的有效组合可以让用户有效地完成工作，同时又能有效地控制用户对服务器资源的访问，从而加强计算机网络和服务器的安全性。

4）文件属性访问控制

当用文件、目录和计算机网络设备时，计算机网络系统管理员应给文件、目录等指定访问属性。属性安全控制可以将给定的属性与计算机网络服务器的文件、目录和计算机网络设备联系起来。属性安全在权限安全的基础上提供更进一步的安全性。计算机网络上的资源都应预先标出一组安全属性。用户对计算机网络资源的访问权限对应一张访问控制表,用以表明用户对计算机网络资源的访问能力。属性设置可以覆盖已经指定的任何受托者指派和有效权限。

属性往往能控制以下几个方面的权限:向某个文件写数据、复制某个文件、删除目录和文件、查看目录和文件、执行文件、隐含文件、共享系统属性等。计算机网络的属性可以保护重要的目录和文件,防止用户对目录和文件的误删除、执行修改、显示等。

5) 计算机网络服务器访问控制

计算机网络允许在服务器控制台上执行一系列操作。用户使用控制台可以加载和卸载模块,可以安装和删除软件等操作。计算机网络服务器的安全控制包括可以设置口令锁定服务器控制台,以防止非法用户修改、删除重要信息或破坏数据;可以设定服务器登录时间限制、非法访问者检测和关闭的时间间隔。

6) 计算机网络监测和锁定访问控制

计算机网络管理员应对计算机网络实施监控,服务器应记录用户对计算机网络资源的访问。对非法的计算机网络访问,服务器应以图形或文字或声音等形式报警,以引起计算机网络管理员的注意。如果不法之徒试图进入计算机网络,网络服务器会自动记录企图进入计算机网络的次数,如果非法访问的次数达到设定的数值,那么该账户将被自动锁定。

7) 计算机网络端口和节点访问控制

计算机网络中服务器的端口往往使用自动回呼设备、静默调制解调器加以保护,并以加密的形式识别节点的身份。自动回呼设备用于防止假冒合法用户,静默调制解调器用以防范黑客的自动拨号程序对计算机进行攻击。计算机网络还常对服务器端和用户端采取控制,用户必须携带真实身份的验证器(如智能、磁卡、安全密码发生器等)。在对用户的身份进行验证之后,才允许用户进入用户端。然后,用户端和服务器端再进行相互验证。

3. 访问控制的实现

一般来说,访问控制的实质就是控制对计算机系统或计算机网络访问的方法。如果没有访问控制,任何人只要愿意都可以进入整个计算机系统,并做其想做的任何事情访问控制的实现通常采用基于口令的访问控制技术和基于权限的访问控制技术。

1) 基于口令的访问控制技术

口令是实现访问控制的一种最简单和有效的方法。得不到正确的口令,入侵者就很难闯入计算机系统。口令是只有系统管理员和用户自己才知道的简单字符串。

只要保证口令安全,非法用户就无法使用相应账户。尽管如此,由于口令只是一个字符序列,一旦被他人获取,口令就不能提供任何安全了。因此,尽可能选择安全的口令是非常必要的。

系统管理员和系统用户都有保护口令的职责。管理员为每个账户建立一个用户名和口令，而用户必须建立“有效”的口令并对其进行保护。管理员可以告诉用户什么样的口令是最有效的。另外，依靠系统的安全策略，系统管理员能对用户的口令进行强制性修改，设置口令的最短长度，甚至可以防止用户使用太容易被猜测的口令或一直使用同一个口令。

(1) 选用口令应遵循的规则。

最有效的口令应该使用户很容易记住，但“黑客”很难猜测或破解的字符串。例如，对于8个随机字符，可以有大约 3×10^{12} 多种组合，就算借助于计算机进行一个一个地尝试也要几年的时间。因此，容易猜测的口令使口令猜测攻击变得非常容易。一个有效的口令应遵循下列规则。

- 选择长口令。由于口令越长，要猜出它或尝试所有的可能组合就越难。大多数系统接受5～8个字符串长度的口令，还有许多系统允许更长的口令，长口令有助于增强系统的安全性。
- 最好的口令是包括字母和数字字符的组合。将字母和数字组合在一起可以提高口令的安全性。
- 不要使用有明确意义的英语单词。用户可以将自己所熟悉的一些单词的首字母组合在一起，或者使用汉语拼音的首字母。对于该用户来说，应该很容易记住这个口令，但对其他人来说却很难想得到。
- 在用户所能够访问的各种系统上不要使用相同的口令。如果其中的一个系统安全出了问题，就等于所有系统都不安全了。
- 不要简单地使用个人名字，特别是用户的实际姓名、家庭成员的姓名等。
- 不要选择不容易记住的口令。若口令太复杂或太容易混淆，就会促使用户将它写下来以帮助记忆，从而引起安全问题。

(2) 增强口令安全性措施。

在有些系统中，可以使用一些面向系统的控制，以减小由于非法入侵造成的对系统的改变。这些特性被称为登录/口令控制，对增强用户口令的安全性很有效，其特性如下：

- 口令更换。用户可以在任何时候更换口令。口令的不断变化可以防止有人用偷来的口令继续对系统进行访问。
- 系统要求口令更换。系统要求用户定期改变口令，例如一个月换一次。这可以防止用户一直使用同一个口令。如果该口令被非法得到就会引起安全问题。在有些系统中，口令使用过一段特定长度的时间(口令时长)后，用户下次进入系统时就必须将其更改。另外，在有些系统中，设有口令历史记录特性能将以前的口令记录下来，并且不允许重新使用愿来的口令而必须输入一个新的，这也增强了安全性。
- 最短长度。口令越长就越难猜测，而且使用随机字符组合的方式猜测口令所需的时间也随着字符个数的增加而增长。系统管理员能指定口令的最短长度。
- 系统生成口令。可以使用计算机自动为用户生成的口令。这种方法的主要缺点是自动生成的口令难于记住。

(3) 其他方法。

除了上面提到的方法之外，还有其他一些方法可以用来对使用口令进行安全保护的系统的访问进行严格控制。例如：

- 登录时间限制。用户只能在某段特定的时间(如工作时间内)才能登录到系统中。任何人想在这段时间之外访问系统都会被拒绝。
- 限制登录次数。为了防止非法用户对某个账户进行多次输入口令尝试，系统可以限制登录尝试的次数。例如，如果有人连续三次登录都没有成功，终端与系统的连接就断开。这些都可以防止有人不断地尝试不同的口令和登录名。
- 最后一次登录。该方法报告出用户最后一次登录系统的时间和日期，以及最后一次登录后发生过多少次未成功的登录尝试。这些都可以提供线索，查看是否有人非法访问过用户的账户。

(4) 应当注意的事项。

为了防止口令被不该看到的人看到，用户应该注意以下事项：

- 一般来说，不要将口令给别人。
- 不要将口令写在其他人可以接触的地方。
- 不要用系统指定的口令，如 root、demo、test 等。
- 在第一次进入账户时修改口令，不要沿用许多系统给所有新用户的默认口令，如 1234、password 等。
- 经常改变口令。可以防止有人获取口令并企图使用它而出现问题。在有些系统中，所有的用户都被要求定期改变口令。

2) 基于权限的访问控制技术

访问控制可以有效地将非法用户拒之于系统之外。当一个普通用户进入系统后，应该限制其操作权限，使其不能毫无限制地访问系统上所有的程序、文件和信息等，否则就好像让某人进入一个公司，而且所有的门都敞开，他可以在每间房间里随意走动一样。

因此，对于进入系统的用户，需要限制其在计算机系统中所能访问的内容和访问的权限。也就是说，规定用户可以做什么或不能做什么，比如能否运行某个特别的程序、能否阅读某个文件、能否修改存放在计算机上的信息或删除其他人创建的文件等。

作为安全性的考虑，很多操作系统都内置了选择性访问控制功能。通过操作系统，可以规定个人或组的权限以及对某个文件和程序的访问权。此外，用户对自己创建的文件具有所有的操作权限，而且还可以规定其他用户访问这些文件的权限。

基于权限的访问控制的思想在于明确地规定了对文件和数据的操作权限。许多系统上通常采用3种不同种类的访问权限。

(1) 读权限，即允许读一个文件；

(2) 写权限，即允许创建和修改一个文件；

(3) 执行权限，即如果拥有某程序的执行权，就可以运行该程序。

使用上述3种访问权，就可以确定谁可以读文件、修改文件和执行程序。用户可能会决定只有某个人才可以创建或修改自己的文件，但其他人都可以读它，即具有只读的权利。

例如，UNIX 操作系统中有三级用户：超级用户(root)、用户集合组以及系统的普通用户，每一级用户具有不同的对文件和数据的操作权限。

超级用户在系统上具有所有的权限,而且其中的很多权限和功能是不提供给其他用户的。由于超级用户几乎拥有所有操作系统的安全控制手段,因此保护超级用户的账户是非常重要的。从系统安全角度讲,超级用户被认为是UNIX操作系统上最大的"安全隐患",因为它赋予了超级用户对系统无限的访问权。

用户集合组是指将用户组合在一起成为一个组。建立一个组,可以很方便地为组中的所有用户设置权限、特权和访问限制。例如,对于特定的应用程序开发系统,可以限制只有经过培训使用它的人才可以访问。对于某些敏感的文件,可以规定只有被选择的组用户才有权读这些信息。在UNIX操作系统中一个用户可以属于一个或多个组。

而普通用户在UNIX操作系统中也有自己的账户。尽管所有的用户都拥有自己的用户名和口令,但每个用户在系统中能做些什么取决于该用户在UNIX文件系统中拥有的权限。

12.3 入侵检测和病毒防护

入侵检测是对入侵行为的检测,是一种用于监测计算机网络中违反安全策略行为的技术。它通过收集和分析计算机网络或计算机系统中若干关键点的信息,检查计算机网络或计算机系统中是否存在违反安全策略的行为和被攻击的迹象。入侵检测作为一种积极主动的安全防护技术,提供了对内部攻击、外部攻击和误操作的实时保护,在计算机网络系统受到危害之前拦截和响应入侵。

对于入侵检测的研究,从早期的审计跟踪数据分析,到实时入侵检测系统,乃至目前应用于大型计算机网络和分布式系统,基本上已发展成具有一定规模和相应理论的技术。

作为入侵检测主要研究对象之一的计算机病毒,是一种人为制造的寄生于应用程序或操作系统中的可执行、可自生复制、具有传染性和破坏性的程序,而且现在正在逐步发展成一种具有攻击性的信息化武器。由于在计算机网络环境下,计算机病毒有不可估量的威胁性和破坏力,因此对计算机病毒的防范是计算机网络安全性建设中重要的一环。

本节将涉及入侵检测和病毒防护方面的相关知识,主要包括防火墙及其应用、入侵检测、虚拟专用网、计算机网络安全协议、计算机病毒保护等内容。

12.3.1 防火墙及其应用

对所有的计算机网络管理人员来说,首先需要考虑的是如何保持信息的保密性,防止非法访问以及预防来自内部和外部计算机网络的攻击。计算机网络的漏洞必须不断被监视、发现和解决,否则就有可能被入侵者或者黑客利用。防火墙技术就是保护计算机网络安全的较为可靠的技术措施。

1. 防火墙的基本概念

防火墙位于两个(或多个)计算机网络之间,它将内部和外部计算机网络隔离开来,是内部和外部计算机网络通信的唯一途径,能够根据制定的访问规则对流经它的信息进行监控和审查,从而保护内部计算机网络不受外界的非法访问和攻击。

因此,防火墙是设置在内部的被保护计算机网络和外部计算机网络之间的一道安全屏障,以防止发生不可预测的、具有潜在破坏性的侵入,用于保证内部计算机网络资源的安全。内部计算机网络被认为是安全和可信赖的,而外部计算机网络(通常是 Internet)则被认为是不安全和不可信赖的。

防火墙的作用是通过监测、限制、更改跨越防火墙的数据流,防止不希望的、未经授权的通信数据进出被保护的内部计算机网络,并对进出内部计算机网络的服务和访问进行审计和控制。尽可能地对外部屏蔽内部计算机网络的信息、结构和运行状况,以此来实现计算机网络的安全保护。

因此,防火墙又是一种保护计算机网络安全的技术性措施,它是一个用以阻止外部计算机网络中不安全因素侵犯内部计算机网络的有效方法,也可称为控制数据流入和流出内部计算机网络的门槛。在计算机网络边界上通过建立起来的相应计算机网络通信监控系统来隔离内部和外部计算机网络,以阻挡外部对内部计算机网络的入侵和破坏。

防火墙本身具有较强的抗攻击能力,并且只有被授予相应权限的管理员才可以对防火墙进行管理。防火墙提供了通过边界控制来强化内部计算机网络安全的措施。

防火墙通常是包含软件部分和硬件部分的一个系统或多个系统的组合。一个防火墙系统可以是一个实现安全功能的路由器、个人计算机、主机或主机的集合等,通常位于一个受保护的计算机网络对外的连接处,若这个计算机网络到外界有多个连接,那么需要安装多个防火墙系统。

通常讲的硬防火墙为硬件防火墙,它是通过硬件和软件的组合来达到隔离内外部计算机网络的目的,它价格较贵但效果较好,一般小企业和个人很难实现;软件防火墙是通过软件的方式达到隔离的目的,价格便宜,但这类防火墙只能通过一定的规则来达到限制一些非法用户访问内部计算机网络的目的。

防火墙系统具有以下特征:

(1) 由内到外和由外到内的所有访问都必须通过它;

(2) 只有本地安全策略所定义的合法访问才被允许通过;

(3) 防火墙本身无法被穿透。

2. 防火墙的主要功能特点

防火墙管理着一个单位的内部计算机网络与外部计算机网络间的信息通信。当一个单位的内部计算机网络与外部计算机网络建立连接以后,问题就不是是否会发生网络攻击,而是何时会被攻击。如果没有防火墙,内部计算机网络上的每个主机系统都有可能受到来自外部计算机网络中其他主机的攻击,内部计算机网络的安全取决于每个主机的安全性能的“强度”。只有当这个最薄弱的系统安全时,整个计算机网络才安全。

防火墙允许计算机网络管理员在计算机网络中定义一个控制点:它将未经授权的用户(如黑客、攻击者、破坏者或间谍)阻挡在受保护的内部计算机网络之外,禁止易受攻击的服务进出受保护的计算机网络,并防止各类路由攻击。防火墙通过加强计算机网络安全来简化计算机网络管理。

防火墙是一个监视计算机网络安全和预警的方便端点。网络管理员必须记录和审查进出防火墙的所有值得注意的信息。如果计算机网络管理员不能花时间对每次警报做出反应，并按期审查记录，那就没有必要设置防火墙，因为计算机网络管理员根本不知道防火墙是否已受到攻击，也不知道安全是否受到损害。

防火墙是审查和记录计算机网络使用情况的最佳点。这可以帮助计算机网络管理员掌握计算机网络连通情况和带宽使用情况，并提供了一个合理使用计算机网络的安全办法。

防火墙的主要功能特点具体表现在以下几个方面。

(1) 保护易受攻击的服务。它能过滤掉不安全的服务，只有预先被允许的服务才能通过防火墙，从而有效防止破坏者对客户机和服务器进行的破坏，降低受到非法攻击的风险，提高企业内部计算机网络的安全性。

(2) 控制对特殊站点的访问。防止入侵者接近内部计算机网络的敏感设施。有些主机能被外部计算机网络访问而有些则要被保护起来，防止不必要的访问。如内部计算机网络中的Mail服务器、FTP服务器和WWW服务器能被外部网访问，其他可能要保护起来，防火墙能够达到这一目标。

(3) 集中化安全管理。对于一个企业而言，使用防火墙可能更经济，因为这样可以将所有修改过的软件和附加的安全软件都放在防火墙上集中管理，若不使用防火墙就必须将它们分散到各个主机上。

(4) 计算机网络通信监控。如果使所有对内部和外部计算机网络的访问都经过防火墙，则防火墙能够记下这些访问，实现对计算机网络访问的检测和统计，并提供计算机网络使用情况的统计分析。当发生任何可疑操作时，防火墙能够报警并提供计算机网络是否受到监测和攻击的详细信息。

3. 防火墙的局限性

目前的防火墙不能防范不经过防火墙的安全威胁。如果数据一旦绕过防火墙，就无法被检测。例如，Internet防火墙还不能防范不经过防火墙产生的攻击，如果允许内部计算机网络上的用户通过modem不受限制地向外拨号，就可以形成与Internet的直接的SLIP或PPP连接，由于这个连接绕开了防火墙，直接连接到外部计算机网络，就有可能成为一个潜在的后门攻击渠道。因此，必须使用户知道，绝对不能允许这类连接成为一个机构整体安全结构的一部分。

防火墙不能防止利用标准计算机网络协议中的缺陷或服务器系统的漏洞进行的攻击。同时防火墙也不能阻止黑客通过防火墙准许的访问端口对某服务器漏洞进行的攻击。

防火墙更不能防范由于内部用户的不注意所造成的威胁。此外，它也不能防止内部计算机网络用户将重要的数据复制到软盘或光盘上，并将这些数据带到外边。对于上述问题，只能通过对内部用户进行安全教育，了解各种攻击类型及防护的必要性。

防火墙是一种被动安全策略执行设备，即对未知安全威胁或者策略配置有误，防火墙就无能为力了。同时，防火墙也很难防止受到病毒感染的软件或文件在计算机网络上传输。因为现在存在的各类病毒、操作系统以及加密和压缩文件的种类非常多，不能期望防火墙逐个扫描每份文件查找病毒。因此,内部计算机网络中的每台计算机设备都应该安装反病毒软件,以防止病毒从软盘或其他渠道流入。

另外,防火墙不能防止本身的安全漏洞威胁。防火墙保护别人,但有时无法保护自己,因此对防火墙也必须提供某种安全保护。还要注意的是,防火墙在性能上不具备实时监控入侵的能力,其功能与速度成反比。防火墙的功能越多,其对CPU和内存的消耗也越大,速度就越慢。在管理上,人为因素对防火墙安全的影响也越大。

最后需要说明的是,防火墙很难防止数据驱动式攻击。当有些表面看来无害的数据被邮寄或复制到Internet主机上并被执行发起攻击时,就会发生数据驱动攻击。例如,一种数据驱动的攻击可以造成一台主机与安全有关的文件被修改,从而使入侵者下一次更容易入侵该系统。

4. 防火墙的分类

防火墙的具体分类方法可以从以下几个方面进行。

(1) 从防火墙的构成上来看,可以将防火墙分为以下3种:硬件防火墙、软件防火墙和软硬件结合防火墙。

(2) 从实现防火墙的技术原理上来看,可以分为以下3种:包过滤防火墙、应用级网管型防火墙和代理服务器防火墙。

(3) 从防火墙的使用范围来看,可以分为个人计算机防火墙和计算机网络防火墙。通常情况下,个人计算机防火墙使用软件防火墙的较多,计算机网络防火墙一般都采用硬件防火墙。

(4) 从防火墙的体系结构上来看,可以分为单一主机防火墙、路由器集成式防火墙及分布式防火墙3种。

(5) 从防火墙的传输性能上来看,可以分为百兆级防火墙、千兆级防火墙或更高级防火墙。通常,防火墙的传输通道带宽越宽,其传输性能越高,因而对整个网络通信性能的影响也就越小。

5. 防火墙的设计策略

1) 设计防火墙的基本准则

防火墙可以采取两种截然不同的基本准则:"拒绝一切未被允许的服务"及"允许一切未被特别拒绝的服务"。在实用中防火墙通常采用第二种基本准则,但多数防火墙都会在两种准则之间采取折中。

"拒绝一切未被允许的服务",这一准则的含义是,防火墙应该先封锁所有信息流的出入,然后只对所希望的服务或应用程序逐项解除封锁。由于防火墙只支持相关的服务,因此通过这个准则,可以创建相对安全的环境。但这种准则的弊端是,它使用了最大程度的限制以保证系统的安全,因而限制了用户可选择的服务范围。

"允许一切未被特别拒绝的服务",这一准则的含义是,防火墙可以转发所有的信息流,然而要对可能造成危害的服务或应用程序进行封锁。这种办法比前一种办法显得更灵活一些,可使用户得到更多的服务。但其弊端是,网管人员必须知道哪些服务或应用程序应该被封锁,其任务太繁重,有时被封锁的内容可能并不全面。

2) 防火墙实现站点安全策略的技术

有些文献列出了防火墙用于控制访问和实现站点安全策略的4种一般性技术。最初防火墙主要用来提供服务控制,但是现在已经扩展为提供如下4种服务了:服务控制、方向控制、用户控制和行为控制。

(1) 服务控制。确定在防火墙外面和里面可以访问计算机网络的服务类型。例如,防火墙可以根据IP地址和TCP端口号来过滤网络通信量;可能提供代理软件,这样可以在继续传递服务请求之前接收并解释每个服务请求,或在其上直接运行服务器软件,提供相应服务,比如Web或邮件服务。

(2) 方向控制。启动特定的服务请示并允许它通过防火墙,这些操作是有方向性的,方向控制就是用于确定这种方向。

(3) 用户控制。根据请求访问的用户来确定是否提供该服务。这个功能通常用于控制防火墙内部的用户(本地用户)。它也可以用于控制从外部用户进来的通信量,后者需要某种形式的安全验证技术,比如IPSec就提供了这种技术。

(4) 行为控制。控制如何使用某种特定的服务。比如防火墙可以从电子邮件中过滤掉垃圾邮件,它也可以限制外部访问,使它们只能访问本地Web服务器中的一部分信息。

3) 防火墙在大型计算机网络系统中的部署策略

防火墙并不是孤立的,它是一个系统安全中不可分割的组成部分。安全政策必须建立在认真的安全分析、风险评估和商业需要分析的基础之上。如果一个机构没有一项完备的安全策略,大多数精心制作的防火墙可能形同虚设,使整个内部计算机网络暴露给攻击者。

根据计算机网络系统的安全需要,可以在如下位置部署防火墙:

(1) 在局域网内的VLAN之间控制信息流向时加入防火墙;

(2) 在Internet与Intranet之间连路上加入防火墙;

(3) 在广域网系统中,由于安全的需要,总部的局域网可以将各分支机构的局域网看成不安全的系统,总部的局域网和各分支机构的局域网连接时,一般通过公网实现连接,但需要采用防火墙进行隔离,并利用某些软件提供的功能构成虚拟专用网VPN;

(4) 若总部的局域网和分支机构的局域网是通过Internet连接的,则需要各自安装防火墙,并组成虚拟专用网;

(5) 在远程用户拨号访问时,加入虚拟专用网;

(6) 利用防火墙软件提供的负载平衡功能,ISP可在公共访问服务器和客户端间加入防火墙进行负载分担、存取控制、用户认证、流量控制和日志记录等功能;

(7) 两网对接时,可利用硬件防火墙作为网关设备实现地址转换(NAT)和地址映射(MAP)、计算机网络隔离区(DMZ区)及存取安全控制,消除传统软件防火墙的瓶颈问题。

设置防火墙还要考虑到计算机网络策略和服务访问策略。

影响防火墙系统设计、安装和使用的计算机网络策略可分为两级:高级的计算机网络策略定义允许和禁止的服务以及如何使用服务;低级的计算机网络策略描述防火墙如何限制和过滤在高级策略中定义的服务。

12.3.2 入侵检测

1. 入侵检测的概念

入侵检测(Intrusion Detection,ID)是为保证计算机网络系统的安全而设计的一种能够及时发现并报告系统中未授权或异常现象的技术,是一种用于监测计算机网络中违反安全策略行为的技术。

进行入侵检测的软件与硬件的组合构成入侵检测系统(Intrusion Detection System,IDS),它是一种计算机网络安全系统。入侵检测系统能够识别出任何不希望有的活动,这种活动可能来自于计算机网络的外部或内部。在本质上,入侵检测系统是一种典型的"窥探设备"。它不跨接多个物理网段(通常只有一个监听端口),无须转发任何流量,而只需要在计算机网络上被动地、悄无声息地收集它所关心的报文即可。

使用入侵检测系统可以从3方面避免计算机网络系统遭受侵害:在入侵对系统产生危害前,监测到入侵攻击,并利用报警与防护系统驱逐入侵攻击;在入侵攻击过程中,能减少入侵攻击所造成的损失;在被入侵攻击后,能收集入侵攻击的相关信息,作为防范系统的知识添加入知识库内,以增强系统的防范能力。

与其他计算机网络安全产品不同,入侵检测系统需要更多的智能,它必须可以对得到的数据进行分析,并得出有用的结果。一个合格的入侵检测系统能大大地简化系统管理员的工作,保证计算机网络系统安全正常地运行。

2. 入侵检测的分类

基于入侵检测技术的特点,可以从不同角度对其进行分类。

(1) 从入侵检测的具体方法上,可以分为基于行为的检测和基于知识的检测两类。

基于行为的检测也称为异常检测(Anomaly Detection),它根据使用者的行为或资源使用状况的正常程度判断是否发生入侵,而不依赖于具体行为是否出现作为判断条件。这种方法先建立被检测系统正常行为的参考特征库,并通过与当前行为进行比较来寻找偏离参考特征库的异常行为。例如,一般在白天使用计算机的用户,如果突然在午夜注册登录,则被认为是异常行为,这时有可能是某入侵者在使用。

基于知识的检测也称为误用检测(Misuse Detection),它收集已知攻击方法,定义入侵模式,通过判断这些入侵模式是否出现来判断入侵是否发生。定义入侵模式是一项复杂的工作,需要了解系统的脆弱点,分析入侵过程的特征、条件、排列以及事件间的关系,然后具体描述入侵行为的迹象,建立相关的特征库。这些迹象不仅对分析已经发生的入侵行为有帮助,而且对即将发生的入侵也有警戒作用,因为只要部分满足这些入侵迹象就意味着可能有入侵发生。这种检测模型误报率低、漏报率高。对于已知的攻击,它可以详细、准确地报告出攻击类型,但是对未知攻击却效果有限,而且特征库必须不断更新。

(2) 从检测所分析的对象出发,可以分为来自操作系统日志和网络数据包两种。

计算机操作系统的日志文件中包含详细的用户信息和系统调用数据,从中可分析系统是否被侵入以及侵入者留下的痕迹等审计信息。以系统日志为对象的检测技术依赖于日志的准确性和完整性，以及安全事件的定义。若入侵者设法逃避审计或者是协同入侵，则这种入侵检测技术就会暴露出其弱点。

随着Internet的推广，计算机网络数据包逐渐成为有效且直接的检测数据源，因为数据包中同样也含有用户信息。随着分布式大型计算机网络的推广，用户可随机地从不同客户机上登录，主机间也经常需要交换信息。尤其是Internet广泛应用后，入侵行为大多数发生在计算机网络上，这样就使入侵检测的对象范围也扩大至整个计算机网络。针对计算机网络数据包的入侵检测技术根据数据包的流动情况和内容来检测入侵。这种检测技术又可以分为集中型、层次型和协作型3类。

集中型的计算机网络入侵检测由一个位于中央的入侵检测服务器和分布在每一个本地主机上的简单主机审计程序共同组成。本地主机把收集到的数据包送到入侵检测服务器上，由服务器对这些数据进行分析。这种模型普遍应用在小规模的计算机网络中。其缺点是可扩展性以及健壮性比较差。

层次型模型的计算机网络入侵检测定义了一系列的检测区域，每一个子入侵检测系统负责一个区域，并且收集该区域主机上的数据包，经过分析后汇总到上一层的入侵检测系统。层次模型的优点是很好地解决了集中入侵检测模型的可扩展性差的缺点，但是也存在不可克服的缺点，比如当计算机网络的拓扑结构发生变化的时候，整个模型都要发生相应的变化。而且一旦入侵者破坏了高层的入侵检测系统，就可以很轻松地入侵了。

协作型模型就是试图把单个入侵检测服务器的职责分配到若干个相互协作的子入侵检测系统。每一个子入侵检测系统只是负责对日志的检测，各个子系统需要相互协作，彼此之间没有主次之分，不同于集中型和层次型模型。其优点是单个子系统遭到破坏时，不会导致整个系统的崩溃。其缺点是本地主机之间通信机制、审计机制的优劣直接影响到该系统的检测效率。

3. 入侵检测的原理

典型的入侵检测系统具备3个主要的功能部件：提供事件数据和计算机网络状态的信息采集装置、发现入侵迹象的分析引擎和根据分析结果产生反应的响应部件。

入侵检测需要采集动态数据（计算机网络数据包）和静态数据（操作系统日志文件等），也要观测计算机网络的运行状态（流量、流向等）。信息采集可以在计算机网络层对原始的IP包进行监测，这种方法称为基于计算机网络的IDS技术；也可以直接查看用户保存在主机上的行为和操作系统日志来获得数据，这种方法称为基于主机的IDS技术。目前有把这两种技术结合起来，在信息采集上进行协同，并充分利用各层次的数据提高入侵检测能力的趋势。

理论上讲，任何计算机网络入侵行为都能够被发现，因为计算机网络上流动的数据和操作系统日志记录了入侵的活动。而考核IDS信息分析能力可以从准确、效率和可用性3方面进行。由于信息来源和表现形式的不同，可以综合使用不同的工具进行数据分析。对采集到的信息，入侵检测技术需要利用模式匹配和异常检测技术进行分析，以发现一些简单的入侵行为，还需要在此基础上利用数据挖掘技术，分析审计数据以发现更为复杂的入侵行为。实现模式匹配和异常检测的检测引擎首先需要确定检测策略,明确哪些攻击行为属于异常检测的范畴,哪些攻击行为属于模式匹配的范畴。往往使用中心管理控制平台执行更高级的、复杂的入侵检测,它面对的是来自多个检测引擎的审计数据,可以对各个区域内的计算机网络活动情况进行“相关性”分析,其结果为下一时间段内检测引擎的检测活动提供支持。

例如,黑客在正式攻击计算机网络之前,往往利用各种探测器分析计算机网络中最脆弱的主机及主机上最容易被攻击的漏洞,在正式攻击之时,因为黑客的“攻击准备”活动记录早已被操作系统记录,所以IDS就能及时地对此攻击活动作出判断。目前,在这一层面上讨论比较多的方法是数据挖掘技术,它通过审计数据的相关性发现入侵,能够检测到新的进攻方法。

传统数据挖掘技术的检测模型是离线产生的,就像完整性检测技术一样,这是因为传统数据挖掘技术的学习算法必须要处理大量的审计数据,十分耗时。但是,有效的IDS必须是实时的。而且,基于数据挖掘的IDS仅仅在检测率方面高于传统方法的检测率还不够,只有误报率也在一个可接受的范围内时,才是可用的。美国哥伦比亚大学提出了一种基于数据挖掘的实时入侵检测技术,证明了数据挖掘技术能够用于实时的IDS。其基本框架是:首先从审计数据中提取特征,以帮助区分正常数据和攻击行为;然后将这些特征用于模式匹配或异常检测模型;接着描述一种人工异常产生方法,来降低异常检测算法的误报率;最后提供一种结合模式匹配和异常检测模型的方法。实验表明,上述方法能够提高系统的检测率,而不会降低任何一种检测模型的效能。

IDS在计算机网络中的位置决定了其本身的响应能力相当有限,因此需要把IDS与有充分响应能力的计算机网络设备或计算机网络安全设备集成在一起,协同工作,构成响应和预警互补的综合安全系统。

防火墙与IDS可以很好地互补。这种互补体现在静态和动态两个方面。静态方面是指IDS可以通过了解防火墙的策略,对计算机网络上的安全事件进行更有效的分析,从而实现准确的报警,减少误报;动态方面是指当IDS发现攻击行为时,可以通知防火墙对已经建立的连接进行有效的阻断,同时通知防火墙修改策略,防止发生潜在的进一步攻击的可能性。由于交换机和路由器与防火墙一样串接在计算机网络上,同时都有预定的策略,可以决定计算机网络上的数据流,所以交换机、路由器也可以和防火墙一样与IDS协同工作,对入侵作出响应。

4. 入侵检测系统结构

设置IDS时,有基于计算机网络级的IDS和基于主机级的IDS两种构架可供选择,每种都有它的适用环境。可能基于主机级的IDS具有更强的功能而且可以提供更详尽的信息,但它并不总是最佳选择。

基于计算机网络级IDS会扫描整个网段中所有传输的信息来确定计算机网络中实时的活动。基于计算机网络级IDS程序同时充当管理者和代理的身份,安装IDS的主机完成所有的工作,基于计算机网络只是接受被动的查询。这种入侵检测系统很容易安装和实施,通常只需要将程序在主机上安装一次。基于计算机网络级的IDS尤其适合阻止扫描和拒绝服务攻击。但是，这种 IDS 构架在交换环境下工作得不好。而且，它对处理升级非法账号、破坏策略和篡改日志也并不特别有效。在扫描大型计算机网络时会使主机的性能急剧下降。所以，对于大型、复杂的计算机网络，需要主机级的 IDS。

基于主机级 IDS 结构使用一个管理者和数个代理。管理者向代理发送查询请求，代理向管理者汇报计算机网络中主机传输信息的情况。代理和管理者之间直接通信，解决了复杂计算机网络中的许多问题。在应用任何基于主机级 IDS 之前，用户需要在一个隔离的网段进行测试。这种测试可以帮助用户确定这种从管理者到代理的通信是否安全，以及对计算机网络带宽的影响。

管理者定义管理代理的规则和策略。管理者安装在一台经过特殊配置的主机上，对计算机网络中的代理进行查询。有的管理者具有图形界面，而其他 IDS 产品只是以守护进程的形式运行管理者，然后使用其他程序来管理它们。物理安全对充当管理者的主机来说至关重要。如果攻击者可以获得硬盘的访问权，他便可以获得所有的重要信息。此外，安装管理者软件的系统对计算机网络用户而言是不可访问的，这种限制包括来自 Internet 的访问。

安装管理者软件的操作系统应该尽可能地安全和没有漏洞，有时甚至要求使用特定类型的操作系统。例如，ISS RealSecure 软件要求被安装在 Windows NT Workstation 而不是 Windows NT Server 上，这是由于在 Windows NT Workstation 上更容易对操作系统进行精简而提高安全性。

5. 入侵检测过程

入侵检测过程包括 3 部分：信息收集、信息分析和结果处理。

(1) 信息收集：入侵检测的第一步是对计算机系统、计算机网络、数据及用户活动的状态和行为进行信息收集。信息收集由放置在不同网段上的传感器或不同主机的代理具体实施，收集的内容包括计算机网络系统日志文件、计算机网络流量、非正常的目录和文件改变、非正常的程序执行情况等。

(2) 信息分析：收集到的有关计算机系统、计算机网络、数据及用户活动的状态和行为等信息，被送到驻留在传感器中的检测引擎，进行信息分析。通常，信息分析通过 3 种技术手段进行：模式匹配、统计分析和完整性分析。当检测到某种误用模式时，将产生一个告警并发送给控制台。

(3) 结果处理：控制台根据告警产生预先定义的响应，并采取相应措施。包括可以重新配置路由器或防火墙、终止进程、切断连接、改变文件属性，也可以只是简单地告警。

12.3.3 虚拟专用网

随着 Internet 和电子商务的蓬勃发展，各企业开始允许其生意伙伴，如供应商等，也能够访问其内部的局域网，从而简化信息交流的途径，加快信息交换速度。这样的信息交流不但带来了计算机网络的复杂性，还带来了管理和安全方面的问题。另一方面，随着全球化的发展，企业的分支机构越来越多，其相互间的计算机网络基础设施互不兼容的情况也更为普遍。为了解决这些问题，虚拟专用网(VPN)技术应运而生，并迅速发展起来。

本节主要对VPN技术的概念、相关协议及其安全技术进行介绍。

1. VPN的基本概念

虚拟专用网(Virtual Private Network, VPN),指的是依靠ISP(Internet服务提供商)和其他NSP(计算机网络服务提供商),在公用计算机网络中建立专用的数据通信计算机网络的技术,它提供了一种通过公用计算机网络安全地对企业内部专用计算机网络进行远程访问的连接方式。

所谓“虚拟”有两个含义:一是VPN是建立在现有物理计算机网络之上,与物理计算机网络具体的网络结构无关,用户一般无须关心物理网络和设备;二是VPN用户使用VPN时看到的是一个可预先定义的动态的计算机网络。所谓“专用”的含义也有两个:一是表明VPN建立在所有用户能到达的公共计算机网络上,特别是Internet,也包括PSTN、帧中继、ATM等,当在一个由专用线路组成的计算机网络内构建VPN时,相对VPN而言也是一个“公网”;二是VPN将建立专用计算机网络或者称为私有计算机网络,以确保提供安全的计算机网络连接,它必须具备几个关键功能:认证、访问控制、加密和数据完整。

一个普通的计算机网络连接通常由3部分组成:客户机、传输介质和服务器。VPN同样也由这3部分组成,不同的是VPN连接使用隧道作为传输通道,这个隧道是建立在公共计算机网络或专用线路计算机网络基础之上的。也就是说,在虚拟专用网中,任意两个节点之间的连接并没有传统计算机网络所需的端到端的物理链路,而是利用某种公共网络的资源动态组成的。IETF草案定义基于IP的VPN为:“使用IP机制仿真出一个私有的广域网”,是通过隧道技术在公共数据计算机网络上仿真一条点对点的专线技术。所谓虚拟,是指用户不再需要拥有实际的长途数据线路,而是使用Internet公众数据计算机网络的长途数据线路。所谓专用计算机网络,是指用户可以为自己制定一个最符合自己需求的计算机网络。

所以虚拟专用网可以理解为是建筑在公共计算机网络上能够自我管理的专用计算机网络,而不是诸如Frame Relay或ATM等提供虚拟固定线路(PVC)服务的计算机网络。

2. VPN的组成及特点

可以将VPN理解成虚拟的企业内部专用计算机网络。VPN技术原是路由器具有的重要技术之一。目前,在交换机、防火墙设备或Windows等软件里也都支持VPN功能,VPN的核心就是利用公共计算机网络建立虚拟专用计算机网络。

VPN可以通过特殊的加密通信协议为连接在公共计算机网络上的位于不同地方的企业内部计算机网之间建立一条专用的通信线路,而不需要真正地去铺设光缆之类的物理线路,其使用方法就如同到电信局去申请专用线路,却不用付给购买硬件设备和铺设线路的费用一样。在实际应用中,用户所需要的一个高效、成功的VPN应具有安全保障、服务质量(QoS)保证、可扩充性和灵活性、可管理性4个特点。

1) 安全保障

虽然实现VPN的技术和方式很多,但所有的VPN均应保证通过公用计算机网络平台传输数据的专用性和安全性。在公用计算机网络上建立一个逻辑的、点对点的连接,称为建立一个隧道。可以利用加密技术对经过隧道传输的数据进行加密,以保证数据仅被指定的发送者和接收者了解,从而保证数据的专用性和安全性。由于VPN直接构建在公用计算机网上,实现简单、方便、灵活,其安全问题也更为突出。企业必须确保其VPN上传送的数据不被他人窥视和篡改,并且能防止非法用户对计算机网络资源或专用信息的访问。Extranet VPN将企业计算机网络扩展到合作伙伴和客户,对安全性提出了更高的要求。

2) 服务质量(QoS)保证

VPN应当为企业数据提供不同等级的服务质量保证。不同的用户和业务对服务质量保证的要求差别较大。例如,对于移动办公用户,提供广泛的连接和覆盖性是保证VPN服务的一个主要因素;对于拥有众多分支机构的企业VPN,交互式内部企业计算机网络应用则要求计算机网络能提供良好的稳定性;而视频等其他应用则对计算机网络的性能提出了更明确的要求,如计算机网络时延及误码率等。这些计算机网络应用均要求根据需要提供不同等级的服务质量。在计算机网络优化方面,构建VPN的另一重要需求是充分有效地利用有限的广域网资源,为重要数据提供可靠的带宽。

广域网流量的不确定性使其带宽的利用率很低,在流量高峰时引起计算机网络阻塞,产生计算机网络瓶颈,使实时性要求高的数据得不到及时的发送;而在流量低谷时又造成大量的计算机网络带宽空闲。服务质量保证通过流量预测与流量控制策略,可以按照优先级分配带宽资源,实现带宽管理,使得各类数据能够被合理地先后发送,预防阻塞的发生。

3) 可扩充性和灵活性

VPN能够支持通过intranet和extranet的任何类型的数据流,方便增加新的节点,支持多种类型的传输媒介,可以满足同时传输语音、图像和数据等对高质量传输以及带宽增加的需求。

4) 可管理性

不论是用户还是运营商,都应方便有效地对计算机网络进行管理和维护。在VPN管理方面,要求企业将其计算机网络管理功能从局域网无缝地延伸到公用网,甚至是客户和合作伙伴。虽然可以将一些次要的计算机网络管理任务交给服务提供商去完成,企业仍需要完成许多计算机网络管理任务。所以,一个完善的VPN管理系统必不可少。VPN管理的目标是减小计算机网络风险,具有高扩展性、经济性、高可靠性等优点。事实上,VPN管理主要包括安全管理、设备管理、配置管理、访问控制列表管理及QoS管理等内容。

3. VPN的安全技术

由于VPN传输的是安全程度要求较高的专用信息,所以VPN用户对数据的安全性都很重视。目前,VPN主要采用隧道技术(Tunneling)、加解密技术(Encryption & Decryption)、密钥管理技术(Key Management)、使用者与设备身份认证技术(Authentication)、安全工具与客户端管理5项技术来保证安全。

1) 隧道技术

隧道(Tunneling)技术是VPN的基本技术,类似于点对点连接技术,它在公用计算机网络上建立一条数据通道(隧道),让数据包通过这条隧道传输。隧道是由隧道协议形成的,分为第二、三层隧道协议。

第二层隧道协议是先把各种计算机网络协议封装到PPP中,再把整个数据包装入隧道协议中。这种双层封装方法形成的数据包靠第二层协议进行传输。第二层隧道协议有L2F、PPTP、L2TP等。L2TP协议是目前IETF的标准,由IETF融合PPTP与L2F而形成。

第三层隧道协议是把各种计算机网络协议直接装入隧道协议中,形成的数据包依靠第三层协议进行传输。第三层隧道协议有VTP、IPSec等。IPSec(IP Security)是由一组RFC文档组成,定义了一个系统来提供安全协议选择、安全算法,确定服务所使用密钥等服务,从而在IP层提供安全保障。

2) 加解密技术

加解密(Encryption & Decryption)技术是数据通信中一项较成熟的技术。在VPN中为了保证重要的数据在公共网上传输时的安全,采用了加密机制。VPN同时采用网际协议安全(IPSec)机制和微软点对点加密算法(MPPE)对数据进行加密。

3) 密钥管理技术

密钥管理(Key Management)技术的主要任务是保证在公用数据网上安全地传递密钥而不被窃取。现行密钥管理技术又分为SKIP与ISAKMP/OAKLEY两种。SKIP主要是利用Diffie-Hellman的演算法则,在计算机网络上传输密钥;而在ISAKMP中,双方都有两把密钥,分别用作公用密钥和私有密钥。

4) 身份认证技术

身份认证(Authentication)技术最常用的是用户名称与密码或卡片式认证等方式。VPN通过使用点对点协议(PPP)用户级身份验证的方法进行验证,这些验证方法包括密码身份验证协议(PAP)、质询握手身份验证协议(CHAP)、Shiva密码身份验证协议(SPAP)、微软质询握手身份验证协议(MS-CHAP)和可选的可扩展身份验证协议(EAP)。

5) 安全工具与客户端管理

虚拟化安全工具包括IBM的Tivoli Access Manager、Cisco的防火墙工具以及Symantec自入侵检测系统(IDS)管理工具。Reflex Security的Virtual Security Appliance(VSA)是少数需要引起关注的产品之一,它对虚拟入侵检测系统很有效,在虚拟机所在的物理网中为其添加了一层安全策略,可以防止虚拟机免遭攻击。还有一些虚拟化安全工具,如Plate Spin是一个从物理到虚拟的工作负荷转换和管理工具,Vizioncore是一个文件层次备份工具,Akorri是一个绩效管理和工作负荷平衡的工具。

目前,有很多用户喜欢在计算机上使用虚拟机区分公事与私事。有人使用VMware Player运行多重系统,如使用Linux作为基本系统,而在Windows应用上创建虚拟机。如果允许用户在计算机上安装虚拟机,可用VMware Lab Manager和其他管理工具帮助IT管理者控制并监管虚拟机。

总之，安全问题是VPN的核心问题。目前，VPN的安全保证主要是通过防火墙技术、路由器配以隧道技术、加密协议和安全密钥实现的，可以保证安全地访问公司计算机网络。在信息化建设快速发展的今天，企业利用VPN也成为一种必然趋势，只有切实消除VPN的安全隐患，VPN才能更好地发挥作用。由于VPN能给用户带来诸多好处，VPN在全球发展迅速，在北美和欧洲，VPN已经是一项相当普遍的业务；在中国，该项服务也已经迅速开展起来。

4. VPN技术的实际应用

一个VPN连接是由客户机、隧道和服务器3部分组成的。在实际应用中，VPN技术针对不同的用户有不同的解决方案，用户可以根据自己的情况进行选择。这些解决方案主要分为3种：远程访问虚拟网(Access VPN)、企业内部虚拟网(intranet VPN)和企业扩展虚拟网(extranet VPN)。这3种类型的VPN分别与传统的远程访问计算机网络、企业内部的intranet以及企业网和相关合作伙伴的企业网所构成的extranet相对应。

1) Access VPN

Access VPN通过一个与专用计算机网络相同策略的共享基础设施，提供了对企业内部网或外部网的远程访问服务，能使用户随时以其所需的方式访问企业资源。它包括模拟、拨号、ISDN、数字用户线路(xDSL)、移动IP和电缆技术，能够安全地连接移动用户、远程工作者或分支机构。

Access VPN适用于移动用户或有远程办公需要的企业或需要提供企业与消费者之间安全访问服务的商家。Access VPN最适用于公司内部经常有流动人员远程办公的情况。出差员工利用当地的ISP服务就可以和公司的VPN网管建立专用的隧道连接。远程验证拨号用户服务(Remote Authentication Dial In User Service，RADIUS)服务器可对员工进行验证和授权，保证连接的安全，同时负担的电话费用大大降低。

Access VPN具有如下5个方面的主要优势：

(1) 减少了用于相关的调试解调器和终端服务设备上的资金及费用，简化了计算机网络；

(2) 以本地拨号接入功能取代远距离接入，显著降低了远距离通信的费用；

(3) 极大的可扩展性使添加新用户十分简便；

(4) 可提供安全的基于标准和策略的远程验证拨号用户服务功能；

(5) 可减轻原用于管理运作拨号计算机网络的工作量。

2) intranet VPN

使用intranet VPN方式，可以方便企业内部各分支机构的互连通信。对于国内外需要建立各种办事机构、分公司、研究所等分支机构的企业，原始各个分支机构的计算机网络连接方式一般是租用专线。显然，随着分支机构增多、业务开展越来越广泛，计算机网络结构也越来越复杂，费用也越昂贵。而利用VPN特性可以在intranet上组建世界范围内的intranet VPN，企业内部资源的享用者只需连入本地ISP的接入服务提供点(Point Of Presence，POP)即可相互通信，实现传统WAN组建技术中的彼此之间要有专线相连才可以达到的目的。

利用intranet VPN的线路保证计算机网络的互联性,并利用隧道、加密等VPN特性保证信息在整个intranet VPN上安全传输。intranet VPN通过一个使用专用连接的共享基础设施,连接企业总部和分支机构,企业拥有与专用计算机网络的相同政策,包括安全、服务质量可管理性和可靠性。intranet VPN具有如下4方面的优势:

(1) 减少WAN带宽的费用;

(2) 能使用灵活的拓扑结构,包括全计算机网络连接;

(3) 新的站点能更快、更容易地被连接;

(4) 通过设备供应商WAN的连接冗余,可以延长计算机网络的使用时间。

3) Extranet VPN

Extranet VPN主要应用于企业之间的互联,提供企业之间的安全访问服务。在信息化时代,企业越来越重视各种信息的处理和交流。希望提供给客户最快捷方便的信息服务,通过各种方式了解客户的需要,同时各企业之间的合作关系也越来越多,信息交换日益频繁。Internet为这种发展趋势提供了良好的基础,而如何利用Internet进行有效的信息管理,是企业发展中的一个关键问题。

利用VPN技术可以组建安全的Extranet,从而既可以向客户、合作伙伴提供有效的信息服务,又可以保证自身的内部计算机网络的安全。Extranet VPN通过一个使用专用连接的共享基础设施,将客户、供应商、合作伙伴或兴趣群体连接到企业内部网。企业拥有与专用计算机网络相同的政策,包括安全、服务质量等。

Extranet VPN的优势表现在:能简便地对外部网进行部署和管理,外部网的连接可以使用与部署内部网和远端访问VPN相同的架构和协议进行部署。主要的不同是接入许可,外部网的用户被许可只有一次机会连接到其合作人的计算机网络。

12.3.4 计算机网络安全协议

计算机通过互连使得计算机网络通信和信息共享变得更为便捷,同时也将开放的计算机网络系统暴露在易受攻击的环境中。不同计算机网络层次上都存在着不同程度的安全隐患,根据计算机网络安全的层次关系和需求分析,在各个计算机网络层次上分别提出了多种安全协议。本节结合网络层、传输层及应用层的安全需求,介绍几个比较典型的计算机网络安全协议。

1. IPSec协议

IPSec是IP Security(IP安全)的缩写,它是IETF为在IP层提供安全服务而定义的一组相关协议的集合。IPSec定义了一种标准的、健壮的和包容广泛的机制,利用IPSec可以为IP以及其上层传输协议(如TCP或者UDP)提供安全保证。IPSec提供了完整的保护机制,包括访问控制、无连接的完整性认证、数据来源认证、抗重传、完整性、数据保密以及有限的通信流量保密等,从而有效地保护IP数据报的安全。它定义了一套默认的强制实施的算法,用以确保不同实现的系统的互通性。

设计IPSec的目的是为IPv4和IPv6提供可互操作的、高性能的、基于加密技术的通信安全。IPSec通过支持一系列加密算法确保计算机网络通信双方的保密性。目前,

IPSec已经被业界普遍接受和应用，遵循IPSec标准的产品不仅可以实现无缝连接和互操作，而且对传输层以上的应用是透明的。IPSec是下一代Internet协议IPv6的基本组成部分，是IPv6必须支持的功能。目前IPSec最主要的应用是构造虚拟专用网(VPN)。

IPSec协议主要由Internet密钥交换(IKE)、认证头(AH)及封装安全载荷(ESP)3个子协议组成，同时还涉及认证和加密算法以及安全联盟等内容。

其中，Internet密钥交换协议用于动态建立安全联盟(SA)；认证头协议是插入IP数据报内的一个协议头，具有为IP数据报提供机密性、数据完整性、数据源认证和抗重传攻击等功能；安全联盟协议是发送者和接收者之间的一个简单的单项逻辑连接，是一组与连接相关的安全信息参数的集合，是安全协议AH和ESP的基础；此外，还有相关的认证/加密算法，它们是IPSec实现安全数据传输的核心。

认证头的协议代号为51，是基于计算机网络层的一个协议头，是IPSec协议的重要组成部分，用于为IP数据报提供安全认证的一种安全协议，其格式在RFC2402中有明确的规定。认证头的认证算法包括基于对称密码算法(如DES)或基于单向散列函数(如MD5或SHA-1)的带密钥的消息认证码(MAC)。最新Internet草案建议的AH的认证算法是HMAC-MD5或HMAC-SHA。

认证头有两种工作方式，即传输模式和隧道模式。传输模式只对上层协议数据(传输层数据)和IP头中的固定字段提供认证保护，主要适合于主机实现。隧道模式对整个IP数据报提供认证保护，既可以用于主机，也可以用于安全网关，并且当AH在安全网关上实现时，必须采用隧道模式。

由于认证信息只确保IP数据报的来源和完整性，而不能为IP数据报提供机密性保护，因此需要引入机密性服务，这就是封装安全载荷(ESP)，其协议代号为50，具体格式在RFC2406中有明确规定。ESP除了能将需要保护的用户数据进行加密后再封装到新的IP数据报中外，还可以提供认证服务。但是与AH相比，其认证范围要小，它只认证IP头之后的信息。ESP要求至少支持HMAC-MD5和HMAC-SHA-1两种认证算法。

ESP也有两种使用模式：传输模式和隧道模式。在传输模式下，ESP头部被插入IP头部后面，尾部和可选的认证数据被放在原IP数据报的最后面。在该模式下，只对IP数据报上层协议数据(传输层数据)和ESP头部、ESP尾部字段提供认证保护，如果选择了加密处理，那么就可以对原始IP数据报的负载和ESP尾部进行加密保护，这种模式仅适合于主机实现。在隧道模式下，需要创建一个新的IP头，将原始IP数据报作为数据封装在新的IP数据报中，然后对新的IP数据报实施传输模式的ESP。隧道模式下的ESP不但为原始IP数据报提供身份认证，而且还对原始IP数据报和ESP尾部进行加密处理(如果选择了加密处理)，不过新的IP包还是没有得到保护。这种模式既可以用于主机，也可以用于安全网关上，并且在安全网关上实现时必须采用隧道模式。

安全联盟(SA)是构成IPSec的基础，它是两个IPSec通信实体之间经过协商建立起来的一种共同协定，规定了通信双方使用哪种IPSec协议保护数据安全、应用的转码类型、加密和验证的密钥取值以及密钥的生存周期等安全属性值。从逻辑角度来看，SA是为实现IPSec安全机制而建立起来的单向“连接”。通过使用AH或ESP协议，SA为其上承载的IP数据流提供安全服务。但是SA不能同时用于两者，为了保证在主机或网关之间双向通信的安全，通常需要在每台主机或网关上建立两个SA，以便在输入和输出两个不同的方向上应用相应的SA对IP数据流进行处理。

2. SSL协议

安全套接层(Security Socket Layer，SSL)协议是用来保护计算机网络传输信息的。它最早是由Netscape公司于1994年11月提出并率先实现的(SSLv2)，之后经过多次修改，最终被IETF所采纳，并制定为传输层安全(Transport Layer Security，TLS)标准。该标准刚开始制定时是面向Web应用的安全解决方案，随着SSL部署的简易性和较高的安全性逐渐为人们所熟知，现在已经成为Web上部署最为广泛的信息安全协议之一。近年来SSL的应用领域不断被拓宽，许多在计算机网络上传输的敏感信息(如电子商务、金融业务中的信用卡号或PIN码等机密信息)都纷纷采用SSL进行安全保护。

1) SSL协议的体系结构

SSL协议位于可靠的面向连接传输层协议(即TCP)和应用层协议(如HTTP)协议之间，如图12-1所示。它在客户端和服务器之间提供安全通信，允许双方互相认证、使用消息的数字签名提供完整性，通过加密提供消息保密性。

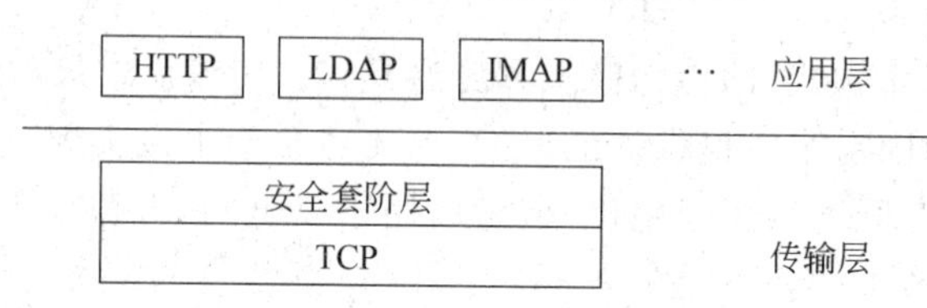

图12-1 SSL在TCP/IP层次结构模型中的位置

SSL协议由多个协议组成，采用两层协议体系结构，包括SSL记录协议和SSL握手协议(包括改变密码规范协议和告警协议)，如图12-2所示。

SSL握手协议	SSL改变密码规范协议	SSL警告协议	HTTH	Telnet	…
SSL记录协议					
TCP协议					
IP协议					

图12-2 SSL协议体系结构

SSL记录协议规定了数据传输格式，SSL握手协议使得服务器和客户能够相互认证对方的身份，协商加密和消息验证算法以及用来保护SSL记录中发送的数据的加密密钥。这中间客户和服务器之间需要交换大量信息。信息交换的目的是为了实现SSL的下述功能：认证服务器身份，认证客户端身份，使用公钥加密技术产生共享秘密信息，建立加密的SSL连接。

SSL协议支持多种加密、哈希和签名算法，使得服务器在选择算法时有很大的灵活性，这样就可以根据以往的算法、进出口限制或者最新开发的算法进行选择。具体使用什么样的算法，双方可以在建立协议会话之初进行协商。

SSL的两个重要概念是SSL会话和SSL连接。连接是能够提供合适服务类型的传输。对于SSL而言，这种连接是对等的、暂时的。每个连接都与一个会话相关。SSL会话是指客户机和服务器之间的关联,会话由握手协议创建。会话定义了一组可以被多个连接共用的密码安全参数。对于每个连接,可以利用会话来避免对新的安全参数进行代价昂贵的协商。

2) SSL 记录协议

SSL 协议的底层是记录协议。SSL 记录协议在客户机和服务器之间传输应用数据和 SSL 控制协议,期间有可能对数据进行分段或者把多个高层协议数据组合成单个数据单元。它最多能够传送 16 384 字节的数据块。图 12-3 描述了 SSL 记录协议的整个操作过程。

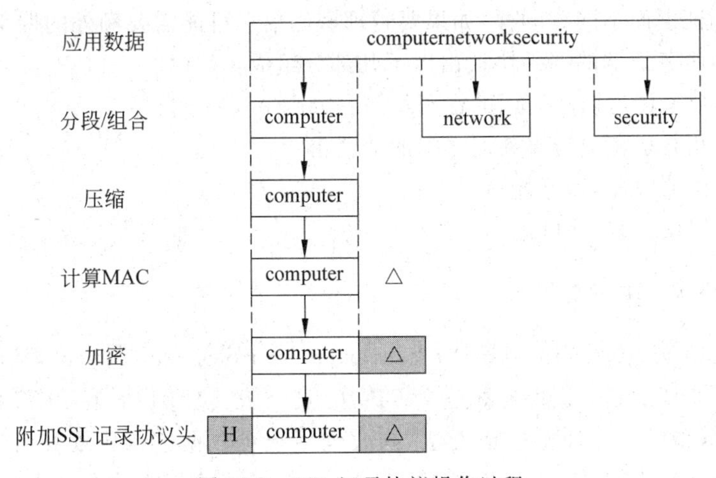

图 12-3 SSL 记录协议操作过程

第一步,分段。每一个高层消息都要分段,使其长度不超过 2^{14} 字节。

第二步,压缩。压缩是可选的。目前的版本没有指定压缩算法,但是压缩必须是无损的,而且不会增加 1024 字节以上长度的内容。一般总希望压缩是缩短数据而不是扩大了数据,但是对于非常短的数据块,由于格式原因,有可能压缩算法的输出比输入更长。

第三步,计算消息验证码(MAC)。这一步需要给压缩后的数据计算消息验证码,MAC 的计算有特定的公式。需要注意的是,MAC 运算要先于加密运算进行。

第四步,使用对称加密算法对添加了 MAC 的压缩消息进行加密,而且要求加密不能增加 1024 字节以上长度的内容。

第五步,添加报头。报头包含 4 个字段:内容类型(8 位,所封装分段的高层协议类型)、主版本号(8 位,使用 SSL 协议的主要版本号,对于 SSLv3 值为 3)、次版本号(8 位,使用 SSL 协议的次要版本号,对于 SSLv3 值为 0)、压缩长度(16 位,分段的字节长度,不能超过 $2^{14}+2048$ 字节)。

3) 改变密码规范协议

改变密码规范协议是使用 SSL 记录协议的 3 个特定协议之一(由 SSL 记录头格式的内容类型字段确定),也是最为简单的协议。改变密码协议由单个字节消息组成,用于从一种加密算法转变为另一种加密算法。虽然加密规范通常是在 SSL 握手协议结束的时候才被改变,但实际上它可以在任何时候被改变。

4）告警协议

告警是能够通过SSL记录协议进行传输的特定类型消息。告警由两部分组成：告警级别和告警类型。它们都采用8比特进行编码。告警消息也被压缩和加密。具体的告警级别和告警类型的代码可以参看相关参考文献。

5）握手协议

SSL中最复杂的部分就是握手协议。握手协议允许客户和服务器相互验证、协商加密算法和消息验证算法以及保密密钥，以保护SSL记录发送的数据。握手协议由一系列客户机和服务器的交换消息实现。该过程根据服务器是否配置要求提供的服务器证书或者请求客户端证书而不同。同样，如果要管理密码信息可能需要额外的握手步骤。

客户端和服务器端的握手协议由以下几部分组成：

(1) 协商数据传送期间使用的密码组(Cipher Suite)；

(2) 建立和共享客户与服务器之间的会话密钥；

(3) 客户认证服务器(可选)；

(4) 服务器认证客户(可选)。

3. HTTPS与SHTT协议

HTTPS(Hypertext Transfer Protocol over Secure Socket Layer)，是以安全为目标的超文本传输协议通道，简单地讲是HTTP的安全版。HTTPS在HTTP下面加入了SSL层，提供身份验证与加密通信方法，同时也用于对数据进行压缩和解压缩操作。由于HTTPS的安全基础是SSL，因此实现身份认证和数据加解密都需要SSL。

HTTPS采用URI Scheme(抽象标识符体系)，句法类同“http:”体系，用于安全的HTTP数据传输。“https:URL”表明它使用了HTTP，但HTTPS存在不同于HTTP的默认端口及一个加密/身份认证层(在HTTP与TCP之间)。

HTTPS的最初研发由网景公司进行，现在已被广泛应用于实现WWW上安全敏感信息的通信，例如各种电子商务交易的支付方面。

SHTTP(Secure HyperText Transfer Protocal)协议，即安全超文本传输协议，是一种结合HTTP而设计的消息的安全通信协议。SHTTP的设计基于与HTTP信息样板共存，并易于与HTTP应用程序相整合。

SHTTP协议为HTTP的客户机和服务器提供了多种安全服务机制，这些安全服务选项适用于WWW上各种类型用户。SHTTP还为客户机和服务器提供了对称能力(及时处理请求和恢复以及两者的参数选择)，维持HTTP的通信模型和实施特征。

SHTTP客户机和服务器是与某些加密消息格式标准相结合的。SHTTP支持多种兼容方案并且与HTTP相兼容。通常，有SHTTP性能的客户机也能够与没有SHTTP性能的服务器连接，但是这样的通信显然没有利用SHTTP的安全特征。

4. S/MIME协议

S/MIME是“安全/通用 Internet 邮件扩展(Secure/Multipurpose Internet Mail Extensions)”的缩写，是在MIME(Multipurpose Internet Mail Extensions)基础上发展而

来的。

MIME协议是对SMTP/RFC822框架的扩充，它增加了MIME头和MIME体两部分，目的是为了解决SMTP/RFC822模式只能传输文本信息的局限性。在报头部分，MIME增加了MIME-Version、Content-Type、Content-Transfer-Encoding 3个字段，以便识别报体的内容；在报体部分，MIME根据需要定义了7种类型的数据，分别是Text、Message、Image、Video、Audio、Application、Multipart。

S/MIME对安全电子邮件的支持从以下两方面实现。

(1) 对MIME的扩展，在内容类型Multipart和Application中增加了新的子类型，可以把MIME实体封装成安全对象，用于提供数据保密、完整性保护、认证和鉴定服务等功能，从而使安全特性能够被加入MIME定义的邮件结构中。新增加的子类型有multipart | signed、application | x-pkcs7-signature、application | x-pkcs7-mime。前两种类型的组合支持签名邮件，后一种类型支持加密邮件，如果将签名邮件再进行一次加密，封装成后一种类型，就生成了签名加密邮件，理论上这种封装是没有限制的。因此，仅依靠这种对MIME类型的简单扩充，便可以实现复杂的安全应用。

(2) 定义了相关协议实现邮件的安全特性。在框架之外，S/MIME还需要一个实现安全特性的协议，CMS(Cryptographic Message Syntax)就是充当这个角色的。CMS源于PKCS7，它定义了安全数据的封装格式，支持数字签名、消息验证和消息加密。CMS也支持封装的嵌套，可以对封装好的CMS格式的数据再进行签名或加密封装。CMS还支持一些相当实用的特性，如签名时把时间也作为内容一起签名，从而可以记录签名发生的时间，又如连署签名等。CMS与S/MIME框架的结合构成了非常完美的应用体系。

在加密方面，S/MIME是利用单向散列算法(如SHA-1、MD5等)和公钥机制的加密体系。S/MIME的证书格式采用X.509标准格式。S/MIME的认证机制依赖于层次结构的证书认证机构，所有下一级的组织和个人的证书均由上一级的组织负责认证，而最上一级的组织之间相互认证，整个信任关系是树状结构的。S/MIME将信件内容加密签名后作为特殊的附件传送。

12.3.5　计算机病毒保护

1. 计算机病毒保护概述

计算机病毒的概念最早是由英国计算机专家FCohen博士提出来的。所谓计算机病毒是指人为编制的一段计算机程序代码，这种代码一旦进入计算机并得以运行，就会搜寻其他符合其运行条件的程序或存储介质等目标，确定目标后再将自身代码插入其中，达到自我繁殖的目的。计算机病毒的主要特点是具有传染性、破坏性、隐蔽性、潜伏性和不可预见性。

计算机病毒保护，是指通过建立合理的计算机病毒防范体系和制度，及时发现计算机病毒并防止其对计算机系统的侵入，同时采取积极有效手段阻止其传播和对计算机系统产生破坏作用、恢复受影响的计算机系统和数据。计算机病毒通常利用读写文件进行感染,利用驻留内存、截取中断向量等方式能进行传染和破坏。预防计算机病毒就是要通过计算机病毒防护软件的运行,监视、跟踪系统内类似的操作,提供对系统的保护,最大限度地避免各种计算机病毒的传染破坏。

老一代的计算机病毒防护软件只能对计算机系统提供有限的保护,只能识别出已知的计算机病毒。新一代的计算机病毒防护软件则不仅能识别出已知的计算机病毒,在计算机病毒运行之前发出警报,还能屏蔽掉计算机病毒程序的传染功能和破坏功能,使受感染的程序可以继续运行(即所谓的带毒运行)。同时还能利用计算机病毒的行为特征,防范未知计算机病毒的侵扰和破坏。另外,新一代的计算机病毒防护软件还能实现超前防御,将系统中可能被计算机病毒利用的资源都加以保护,不给计算机病毒以可乘之机。防御是对付计算机病毒的积极而又有效的措施,可比在计算机病毒出现之后再去扫描和清除能更有效地保护计算机系统。

计算机病毒的工作方式是可以分类的,计算机病毒防护软件就是针对已归纳总结出的这几类计算机病毒工作方式进行防范的。当被分析过的已知计算机病毒出现时,由于其工作方式早已被记录在案,计算机病毒防护软件能识别出来;当未曾被分析过的计算机病毒出现时,如果其工作方式仍可被归入已知的工作方式,则这种计算机病毒能被反病毒软件所捕获。这也就是采取积极防御措施的计算机病毒防范方法优越于传统方法的地方。

当然,如果新出现的计算机病毒不按已知的方式工作,这种新的传染方式又不能被计算机病毒防护软件所识别,那么计算机病毒防护软件也就无能为力了。这时只能采取两种措施进行保护:第一是依靠管理上的措施,及早发现疫情,捕捉计算计算机病毒,修复系统。第二是选用功能更加完善的、具有更强超前防御能力的反病毒软件,尽可能多地堵住能被计算机病毒利用的系统漏洞。

2. 计算机病毒的分类

计算机病毒根据其运行的特点大致可以有如下几种类型。

(1) 细菌类型:通过自生重复、消耗系统资源的计算机程序,不会破坏计算机文件。

(2) 蠕虫类型:可以自行复制的计算机程序,并且通过计算机网络连接点,可以从一台计算机传到另一台计算机中。一旦到达一台新的计算机中,蠕虫程序就会积极地复制并进行传播,同时起到像细菌、病毒和特洛伊木马一样的作用。

(3) 病毒类型:在程序中埋入的程序指令代码,并且会自行复制嵌入到一个或更多个计算机程序之中,有些病毒会进一步控制磁盘操作系统等,起到破坏作用。

(4) 后门类型:程序中一个秘密的、未公开用文本说明的入口,可以不通过常规接入认证方式进入系统。

(5) 逻辑炸弹类型:嵌入计算机程序中的一种运行逻辑,当检验一组条件满足时会执行一些函数,造成未授权的操作,改变、删除数据,甚至整个文件,引起计算机停机等。

(6) 特洛伊木马类型:在一个有用的程序中埋入一个未公开说明的子程序,执行该有用的程序就会执行这一秘密子程序,使非法用户达到进入系统、破坏数据的目的,而且难以发现。

3. 计算机病毒的特点

计算机病毒是一种特殊的危害计算机系统的程序，它能在计算机系统中驻留、繁殖和传播，具有类似与生物学中病毒的某些特征：传染性、隐蔽性、潜伏性、破坏性、变种性、针对性和可触发性等。在计算机网络环境下，计算机病毒除了具有上述共性外，还具有如下一些新的特点：

(1) 传播形式多样化。计算机病毒在计算机网络上传播的形式复杂多样。从当前流行的计算机病毒来看，绝大部分病毒都可以利用邮件系统和计算机网络进行传播。

(2) 传播速度快且扩散面广。在单机环境下，病毒只能通过可移动存储介质从一台计算机带到另一台计算机，而在计算机网络中则可以通过计算机网络通信机制迅速扩散，不但能迅速传染局域网内所有计算机，还能在瞬间通过互联网传播到世界各地。

(3) 危害性大。计算机网络上病毒将直接影响计算机网络的工作，轻则降低速度，影响工作效率，重则使计算机网络崩溃，或者造成重要数据丢失，还有的造成计算机内存储的机密信息被窃取，甚至还有的计算机信息系统和计算机网络被控制，服务器信息被破坏，使多年工作毁于一旦。

(4) 变种样式繁多。目前，很多计算机病毒使用高级程序设计语言编写，如“爱虫”是脚本语言病毒、“美丽莎”是宏病毒，因此病毒程序容易编写，并且很容易被修改，生成病毒变种，如“爱虫”病毒在十几天中，出现三十多种变种；“美丽莎”病毒也生成三四种变种，并且此后很多宏病毒都是利用了“美丽莎”的传染机理。这些变种的传染和破坏机理与母本病毒基本一致，只是某些代码做了改变。

(5) 难于及时控制。计算机网络病毒一旦在计算机网络中传播、蔓延就很难控制，往往准备采取防护措施的时候，可能已经遭受病毒的侵袭，除非关闭计算机网络服务。关闭计算机网络服务的做法很难被人接受，同时可能会蒙受更大的损失。

(6) 难于彻底清除且容易引起多次疫情。单机上的计算机病毒有时可通过删除带毒文件、低级格式化硬盘等措施将病毒彻底清除。在计算机网络中，只要有一台工作站未能消除干净，就可能使整个计算机网络重新被病毒感染，甚至刚刚完成清除工作的一台工作站就有可能被网上另一台带毒工作站所感染。这种情况的出现，一是由于人们的警惕性不够高，新投入的系统未安装防病毒系统，二是使用了以前保存的曾经感染病毒的文档，激活了计算机病毒并再次流行。

(7) 同时具有病毒、蠕虫和黑客程序的功能。计算机病毒的编制技术随着计算机网络技术的普及和发展也在不断提高和变化。单机计算机病毒最大的特点是能够复制自身到其他程序，而计算机网路病毒具有了蠕虫的特点，可以利用网络自行传播。同时，有些病毒还具有了黑客程序的功能，一旦侵入计算机系统后，病毒控制者可以从入侵的系统中窃取信息，远程控制这些系统。计算机病毒功能呈现出了多样化，因而更具有危害性。

4. 计算机病毒的传播途径

计算机病毒的传播主要有以下几种途径。

(1) 通过不可移动的计算机硬件设备进行传播。这些设备通常有计算机专用芯片和硬盘等。这种病毒虽然极少,但破坏力极强。目前尚没有较好的检测手段检测这种病毒。

(2) 通过可移动存储设备来传播。这些设备包括软盘、U盘和可移动硬盘等。在可移动存储设备中,软盘和U盘是使用最广泛、最频繁的存储介质,因此也成了计算机病毒寄生的“温床”。目前,大多数计算机都是从这类途径感染病毒的。

(3) 通过计算机网络进行传播。计算机病毒可以附着在正常文件中,通过计算机网络进入一个又一个系统,国内计算机感染一种“进口”病毒已不再是什么大惊小怪的事了。在信息国际化的同时,病毒也在国际化。这种方式已经成为最主要的传播途径,而且,目前计算机网络病毒层出不穷,构成了对连网计算机的很大威胁。

(4) 通过点对点通信系统和无线通道传播。目前,这种传播途径还不是十分广泛,但随着点对点通信系统和无线网络技术的使用和普及,这种途径很可能与计算机网络传播途径成为病毒扩散的两大主要渠道。

5. 计算机病毒防护策略

运用计算机病毒防护软件进行病毒的防护简单有效。但病毒防范不仅仅是技术问题,尤其是在目前技术还不能解决所有问题的情况下,应该在日常的系统维护过程中制定适当的防治策略,建立病毒防护体系。下面列出一些在日常维护过程中进行病毒防护的一般策略。

(1) 落实病毒防治的规章制度。我国在2000年由公安部颁布实施了《计算机病毒防治管理办法》,应继续贯彻,结合各自单位的情况建立病毒防治制度和相应组织,落实病毒防治工作。

(2) 建立快速、有效的防病毒应急体系。病毒疫情往往呈现出突发性强、涉及范围广和破坏力高的特点。为了有效降低病毒的危害性,提高对病毒的防治能力,各单位应建立病毒应急体系,与当地公安机关建立的应急机构和国家的计算机病毒应急体系建立信息交流机制,以便在爆发病毒疫情时,及时做好预防工作,减少病毒造成的危害。

(3) 建立动态的系统风险评估措施。针对所使用的计算机系统和业务需求特点,进行计算机病毒风险评估,了解自身计算机系统所面临的主要的病毒威胁的情况,确定所能承受的最大风险,以便制定相应的病毒防治策略和技术防范措施,并制定灾难恢复计划。

(4) 建立病毒事故分析制度。对发生的病毒事故,要认真分析原因,找到病毒突破防护系统的原因,及时修改计算机病毒防治策略,并对调整后的病毒防治策略进行重新评估,确保恢复,减少损失。

(5) 加强技术防范措施。经常从软件供应商处下载、安装安全补丁程序和升级计算机病毒防护软件。随着计算机病毒编制技术和黑客技术的逐步融合,下载、安装补丁程序和计算机病毒防护软件升级并举将成为防治计算机病毒的有效手段。

6. 计算机病毒防护技术

计算机网络防病毒技术包括预防病毒、检测病毒和消除病毒3类,它们的相互结合构成了防病毒软件和病毒防范系统的基础。

预防病毒技术可以自身常驻系统内存,优先获得系统的控制权,监视和判断系统中是否有病毒存在，进而阻止计算机病毒进入计算机系统和对系统进行破坏。这类技术有加密可执行程序、引导区保护、系统监控与读写控制（如防病毒卡）等。

检测病毒技术通过计算机病毒的特征进行判断，如自身校验、关键字、文件长度的变化等。病毒特征代码检测法目前被认为是用来检测已知病毒的最简单、开销最小的方法。利用病毒的特有行为特征来检测病毒也是一种有效的方法，因为有一些行为是病毒的共同行为，而且比较特殊。在正常程序中，这些行为比较罕见。当程序运行时，监视这些行为，如果发现了病毒行为，立即报警。

消除病毒技术则是在计算机病毒监测和分析的基础上，安全地删除病毒程序并恢复原文件。典型的消除病毒方法有早期的消除磁盘病毒技术，其消除病毒过程是病毒传染的逆过程。病毒用一些非法的程序和数据去侵占磁盘的某些部位，而消除病毒正是找出磁盘上的病毒，把它们清除出去，恢复磁盘的原状。

随着病毒数量、技术的提高，杀毒和防毒技术各自分开使用已经难以满足用户的需要，这时出现了预防、监测、消毒紧密结合的防病毒技术和产品，它把各种反病毒技术有机地组合到一起。共同承担起防范计算机病毒的责任。

计算机病毒在发作前是很难发现的，因此所有的计算机病毒防范技术都是在系统后台运行的，先于病毒获得系统的控制权，对系统进行实时监控，一旦发现可疑行为，就阻止非法程序的运行，利用一些专门的技术进行判别，然后加以清除。病毒防范技术包括病毒检测和病毒清除两个方面，而病毒的清除都是以有效的病毒检测为基础的。目前广泛使用的病毒防范方法主要有特征代码法、校验和法、行为监测法、感染实验法等。

(1) 特征代码法被用于SCAN、CPAV等著名的病毒监测工具中。国外专家认为特征代码法是检测已知病毒的最简单、开销最小的方法。其特点是从采集的病毒样本中抽取适当长度的、特殊的代码作为该病毒的特征码，然后将该特征代码纳入病毒数据库。这样在监测文件时，通过搜索该文件中是否含有病毒数据库中的病毒特征码即可判定是否染毒。

(2) 校验和法是对正常文件的内容计算其校验和，将该校验和写入文件中或写入别的文件中保存。在文件使用过程中，定期或在每次使用前，检查文件现在内容算出的校验和与原来保存的校验和是否一致，若改变则判定该文件被外来程序修改过，很可能是计算机病毒所致。这种方法既能发现已知病毒，也能发现未知病毒，但是不能识别病毒种类，不能报出病毒名称。另外，由于病毒感染并非文件内容改变的唯一原因，文件内容的改变有可能是正常程序引起的，所以校验和法常常误报警。该种方法对隐秘病毒无效，因为隐秘病毒进驻内存后，会自动剥去染毒程序中的病毒代码，使校验和法受骗。

(3) 行为监测法是利用病毒的行为特性来检测病毒的。通过对病毒多年的观察研究，人们发现病毒有些共同行为，而且比较特殊，在正常程序中，这此行为比较罕见。当程序运行时，监视其行为，如果发现了这些病毒行为，立即报警。该方法的长处是可以发现未知病毒，并且可以相当准确地预报多数未知病毒。

(4) 感染实验法利用了病毒具有感染特性这一最重要的特征对计算机病毒进行监测。所有的病毒都会进行感染，如果不会感染，就不能称其为病毒。如果系统中有异常行为，最新版的检测工具都查不出是什么病毒，就可以做感染实验，运行可疑系统中的程序以后，再运行一些确切知道不带毒的正常程序，然后观察这些正常程序的长度和校验和，如果发现有的程序长度增加,或者校验和变化,就可断言系统中有病毒。

7. 计算机病毒防治产品的选择

对于一般用户,选择的计算机病毒防治产品应具备以下功能:有发现、隔离并清除病毒功能;有实时报警(包括文件监控、邮件监控、网页脚本监控等)功能;提供多种方式升级服务;具有统一部署防范技术的管理功能;对病毒清除要彻底,文件被修复后必须完整、可用;产品的误报、漏报率较低;占用系统资源合理,产品适应性较好。

对于企业用户,要选择能够从一个中央位置进行远程安装、升级,能够轻松、自动、快速地获得最新病毒代码、扫描引擎和程序文件,使维护成本最小化的产品;产品提供详细的病毒活动记录,跟踪病毒并确保在有新病毒出现时能够为管理员提供警报;为用户提供前瞻性的解决方案,防止新病毒的感染;通过基于Web和Windows的图形用户界面提供集中的管理,最大限度地减少计算机网络管理员在病毒防护上所花费的时间。

12.4 小　　结

互联网是一个开放系统。要保证网络能够持续、稳定、安全、可靠和高效地运行必须实施安全管理,内容包括保密性、网络安全协议、存取控制等。

保证网络安全的方法有密码技术、报文鉴别、密钥分配、防火墙和访问控制列表。每一种方法都是一门科学,有自己的科学体系。

练习思考题

12-1　网络安全的重要性。

12-2　网络安全的含义。

12-3　数据加密的方法和类型。

12-4　防火墙技术及其应用。

第13章 网络综合布线系统

CHAPTER

建筑物综合布线系统(Premises Distribution System, PDS)是建筑技术与信息技术相结合的产物,是计算机网络工程的基础。

13.1 综合布线系统概述

综合布线系统是随着智能大厦的发展而发展的,它可以满足智能大厦的综合服务的需要,在当今社会,一个现代化的建筑物内,除了具有电话、传真、空调、消防、动力电线、照明电线外,计算机网络布线也是不可缺少的。综合布线系统是一种模块化、灵活性的建筑物或建筑群内的信息传输系统。布线系统的设备是根据用户应用的要求而设置,布线系统的对象是建筑物或建筑群内的传输网络,以使话音和数据通信设备、交换设备和其他信息管理系统彼此相连,并使这些设备与外部通信网络连接。

13.1.1 综合布线系统的组成

布线系统是由许多部件组成的,主要有传输介质、线路管理硬件、连接器、插座、插头、适配器、传输电子线路、电气保护设施等,并由这些部件来构造各种子系统。通常选用双绞线或光纤作为传输介质。理想的布线系统表现为支持语音应用、数据传输、影像影视,而且最终能支持综合型的应用。作为布线系统,一般由6个子系统组成,见图13-1。

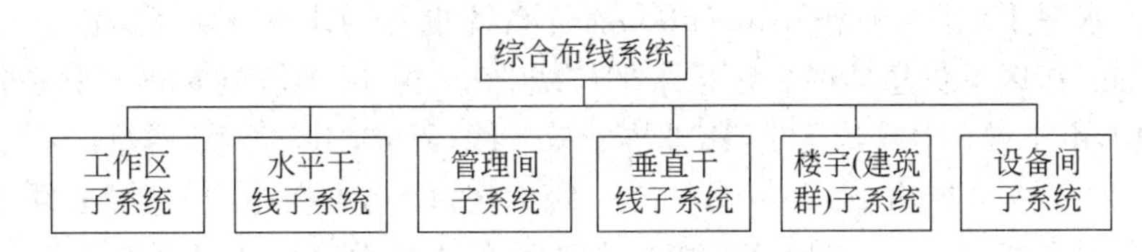

图13-1 综合布线系统的组成

分别是:

(1) 工作区子系统;

(2) 水平干线子系统;

(3) 管理间子系统；

(4) 垂直干线子系统；

(5) 楼宇(建筑群)子系统；

(6) 设备间子系统。

各个不同的组成部分构成一个有机的整体,其结构见图13-2。

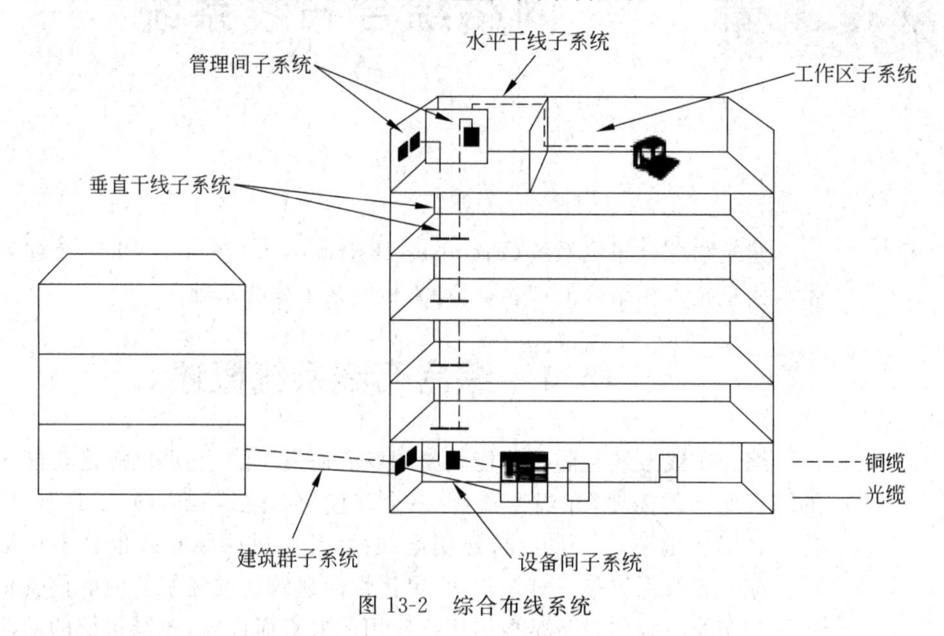

图13-2 综合布线系统

1. 工作区子系统

工作区子系统又称为服务区子系统,它由信息插座延伸至所连接的站点设备(终端或工作站)。其中,信息插座有墙上型、地面型、桌上型等多种。为了能够接受建筑群自动化系统所有低压信号以及高速数据网络信息和数码声频信号,所使用的连接器必须具备有国际ISDN标准的8位接口。工作区子系统布线要求相对简单,以便于移动、增加和删除设备等。

2. 水平干线子系统

水平干线(horizontal backbone)子系统也称为水平子系统,它是从各楼层配线架连接到工作区的信息插座。包括水平布线、信息插座、电缆终端等。其拓扑结构一般为星状结构,由4对3类或5类UTP(非屏蔽双绞线)组成,用3类双绞线可传输速率为16Mb/s,用5类双绞线可传输100Mb/s,长度一般不超过90m;在布线时,线必须走线槽或在天花板吊顶内布线,尽量不走地面线槽。水平子系统与垂直干线子系统的区别在于水平干线子系统是在一个楼层上,仅与信息插座、管理间连接。

3. 管理间子系统

管理间子系统(administration subsystem)由交连、互连和I/O组成。它是连接垂直干线子系统和水平干线子系统的设备，其设备主要包括配线架、hub和机柜、电源以及连接光缆的分缆分线箱、光缆耦合器、光缆跳线和接头等。配线架一般由光配线盒和铜配线架组成。交连和互联允许将通信线路定位或重定位在建筑物的不同部分，可以容易地管理通信线路，而且，I/O通常位于用户工作区和其他房间或办公室，方便插拔。

4. 垂直干线子系统

垂直干线子系统也称骨干(riser backbone)子系统，它是连接楼层配线架与设备间主配线架的垂直传输线，是建筑物的干线电缆，同时它也提供了建筑物垂直干线电缆的路由。该子系统通常是在两个单元之间，连接通信室、设备间和入口设备，包括主干电缆、中间交换和主交接等。传输介质可能包括一幢多层建筑物的楼层之间垂直布线的内部电缆或从主要单元如计算机房或设备间和其他干线接线间来的电缆。垂直干线子系统一般选用光缆，以提高传输速率。

5. 建筑群子系统

建筑群子系统实现了建筑物之间的相互连接，将一个建筑物中的电缆延伸到另一个建筑物的通信设备和装置，通常是由光缆和相应设备组成。在建筑群子系统敷设室外电缆时，通常采用架空电缆、直埋电缆、地下管道电缆，或者是这3种的任何组合，具体情况应根据现场的环境来决定。

6. 设备间子系统

设备间子系统也称设备(equipment)子系统。设备间子系统由电缆、连接器和相关支撑硬件组成。它是布线系统最主要的管理区域，把各种公共系统设备的多种不同设备互联起来，包括主机、邮电部门的光缆、同轴电缆、程控交换机等。

13.1.2　综合布线系统的特点

综合布线的主要特点为：

1. 实用性

综合布线与传统的布线方法相比，能支持多种数据通信，采取标准化的设施，统一设计、统一布线、统一安装施工，保证了布线结构清晰合理，方便集中管理，便于维护，适应现代社会的发展需要。

2. 灵活性

任意信息点能够连接不同类型的设备，适应各种不同的需求。例如一个标准的插座，既可用来连接计算机终端，实现语音/数据点互换，还可连接打印机、服务器等。可适应各种不同拓扑结构的局域网，使综合布线系统使用起来非常灵活。

3. 模块化

所有的接插件都是积木式的标准件,使用方便,易于管理。

4. 可扩展性

综合布线系统采用冗余布线和星状结构的布线方式,既提高了设备的工作能力又便于用户扩充。

5. 开放性

实行综合布线能够支持任何厂家的任意网络产品,支持任意网络结构。

6. 经济性

综合布线时可统一安排线路走向,统一施工,减少了用料和施工费用,也减少了使用大楼的空间,维护费用低,既节约费用又提高了系统的可靠性。

13.1.3 综合布线系统标准

为了规范数据传输的电信布线标准,规范商业的电信设备和布线产品的设计,支持多用户选择的语音、数据、图形、图像等应用的电信布线的环境,对商用建筑中的结构化布线进行规划和安装,并为各种类型的线缆、连接件以及布线系统的设计和安装建立性能和技术标准。

在1985年年初,计算机与通信工业协会(Computer and Communication Industry Association,CCIA)提出对楼宇布线系统标准化的倡议,美国电子工业协会(EIA)和美国电信工业协会(TIA)开始标准化制定工作,1991年ANSI/EIA/TIA568标准《商业大楼电信布线系统标准》及其相关标准正式推出,1995年国际标准化组织(ISO)推出相应标准ISO/IEC/IS11801,其标准主要针对的是"商业办公"电信系统;内容涉及所采用的传输介质、网络的拓扑结构、布线距离、用户接口、线缆规格、连接件性能和安装程序等。并且要求布线系统使用寿命在10年以上。

美国电子工业协会、美国电信工业协会的EIA/TIA为综合布线系统制定了一系列标准。综合布线系统的主要标准有:

(1) EIA/TLA-568 民用建筑线缆标准;

(2) EIA/TIA-569 民用建筑通信通道和空间标准;

(3) ISO/IEC/IS11801;

(4) CECS92:95 和 CECS92:97。

其中,CECS92:95《建筑与建筑群综合布线系统工程设计规范》是由中国工程建设标准化协会通信工程委员会北京分会、中国工程建设标准化协会通信工程委员会智能建筑信息系统分会、原冶金部北京钢铁设计研究总院、原邮电部北京设计院、中国石化北京石油化工工程公司共同编制而成的综合布线标准,而CECS92:97是它的修订版。

13.1.4 综合布线系统的设计等级

根据《建筑与建筑群综合布线系统工程设计规范》的规定，对于建筑物的综合布线系统的设计等级，一般分为 3 大类：基本型设计等级、增强型设计等级、综合型设计等级。

1. 基本型综合布线系统

基本型综合布线系统，适用于综合布线系统中配置较低的场合，用铜芯对绞电缆组网，是一个经济有效的布线方案。它大多数能支持语音/数据产品，能随工程的需要转向更高功能的布线系统。其基本配置是：

(1) 每个工作区有 1 个信息插座；

(2) 每个工作区的配线电缆为 1 条 4 对 UTP 电缆系统；

(3) 完全采用夹接式交叉连接硬件，并与未来的附加设备兼容；

(4) 每个工作区的干线电缆至少有两对双绞线。

基本型综合布线系统的特性为能够支持所有语音和数据传输应用，应用于话音、话音/数据高速传输，便于技术人员维护、管理，能够支持多种计算机系统数据的传输。

2. 增强型综合布线系统

增强型综合布线系统不仅具有增强功能，而且可以提供发展的余地，在支持语音和数据的应用基础上，还支持图像、影像、影视、视频会议等，并能够利用接线板进行管理。用双绞线电缆组网。它的基本配置是：

(1) 每个工作区有两个或以上信息插座；

(2) 每个工作区的配线电缆为 2 条 4 对双绞线；

(3) 采用夹接式或插接交叉连接硬件；

(4) 每个工作区的干线电缆至少有 3 对双绞线。

增强型综合布线系统的特点为：每个工作区有两个信息插座，灵活方便、功能齐全；任何一个插座都可以提供语音和高速数据传输；便于管理与维护；能够为多个厂商提供服务的综合布线方案。

3. 综合型综合布线系统

综合型布线系统适用于综合布线系统中配置标准较高的场合，是用双绞线和光缆混合组网。它的基本配置：

(1) 在建筑或建筑群的干线或水平布线子系统中配置 62.5μm 的光缆；

(2) 在每个工作区的电缆内配有 4 对双绞线；

(3) 每个工作区的电缆中应有 2 对以上的双绞线。

综合型布线系统的特点为：每个工作区有两个以上的信息插座，灵活方便，功能齐全；支持语音和高速数据传输；在基本型和增强型综合布线系统的基础上增设了光缆系统。

13.1.5　综合布线系统的设计要点

综合布线系统的设计是一个复杂的过程，它不是固定不变的，而是要随着不同的环境、不同的用户、不同的要求来设计。设计时特别要注意几个问题：

首先，要根据用户的需要，了解建筑物或建筑群间的通信环境；其次，要按照用户的要求和具体的实际情况，确定恰当的通信网络拓扑结构和传输介质，选择布线和组网所需的产品和设备，选择设备时要遵守一个原则就是以开放式为基准，尽量与大多数厂家产品和设备兼容；最后，将初步的系统设计和建设费用预算告知用户，在征得用户意见并订立合同书后，制定详细的设计方案。

13.2　综合布线系统的总体方案设计

布线系统总体方案是网络工程建设的框架，总体方案的好坏直接影响到网络工程的质量。在设计过程中，首先应了解用户建立网络的目的，通过网络要解决的问题等，进行用户需求分析，其次进行系统规划，最后是根据网络的基本组成提出设计方案，进行总体方案设计。

13.2.1　综合布线系统的设计过程

通常设计与实现一个合理的综合布线系统的过程如下：

(1) 获取建筑物有关资料和设计图；

(2) 分析用户需求及了解用户情况；

(3) 信息点设计；

(4) 系统结构和支撑系统的设计；

(5) 布线路由设计；

(6) 绘制布线施工图；

(7) 编制材料清单；

(8) 安排工程实施、确定工期进度、计划；

(9) 加强工程管理(包括施工管理、技术管理和质量管理)；

(10) 测试及提供竣工文档；

(11) 用户验收及确定维护方案。

13.2.2　用户需求分析

由于每个用户的具体情况不同，对于布线的要求也不相同，所以在进行布线的总体设计时，第一步就是要充分了解用户的需求，不仅仅是目前的需求，还要了解以后的发展要求，发展方向；掌握用户各个部门之间的关系，内部所需的通信系统，自动化系统和监控系统等问题。在此基础上进行需求分析。通常情况下，网络布线要满足的用户需求主要有：

(1) 满足用户的通信要求；

(2) 实现计算机局域网系统；

(3) 实现计算机局域网与公共交换网的连接,以便建立广域网系统;

(4) 实现建筑物或建筑群的自动化系统,如监控系统、消防报警系统、保安系统等。

13.2.3　系统规划

布线系统规划是布线系统总体设计的第二步,指对布线环境、布线现场和信息点进行整体设计的过程。具体包括规划办公区信息点的分布及位置,电缆位置,数据配线柜的位置,控制中心的位置,计算机信息点的性质、数量、类型与位置,接口的数量、类型与位置,线缆的类型、网络的接口以及建筑物自动化系统的连接等。

13.2.4　综合布线系统总体设计

网络的布线总体设计是非常复杂的一项工作,设计时要从整体出发,对各个子系统进行设计,主要应包括:

1. 工作区子系统设计

工作区子系统的设计主要是根据所规划的信息点的性质、数量来具体设计信息插座的数量与类型。对于布线系统信息点而言,主要有 3 种类型:电话信息点、接口(包括监控系统接口、消防报警系统接口、保安系统接口和 CCTV 接口)和计算机信息点。如果是电话信息点,通常采用三类或五类非屏蔽信息插座;如果是计算机信息点,通常采用 5 类非屏蔽或屏蔽信息插座。

2. 水平子系统的设计

水平子系统的设计主要就是确定所选线缆的类型和长度。通常水平布线都是采用五类非屏蔽或五类屏蔽双绞线。水平线缆最长不能超过 80～90m。在 IBM 的布线标准中,水平线缆长度设计公式为:

(水平长度＋楼层高度×2)×1.15

3. 垂直干线子系统设计

垂直干线子系统的设计,要根据用户的网络结构确定数据主干电缆的类型和长度;确定每个楼层所需干线电缆的长度;继而确定整座大楼所需的主干线缆长度。需要注意的是,数据主干线缆一定要加上 100%的备用线缆。通常如果是电话信息点,每个点按 2 对 3 类双绞线设计;如果是计算机信息点,采用五类非屏蔽或屏蔽双绞线或者是光纤,使用光纤作为数据主干时,一般使用 6 芯、8 芯或 12 芯多模 62.5/125μm 光缆。

4. 管理子系统设计

管理子系统主要负责系统内的信息通道的统一管理,由配线架和跳线光缆终接板组成。如果是电话信息点,通常采用话音配线架及普通跳线设计;如果是计算机信息点,采用 5 类非屏蔽或屏蔽配线架;如果使用光纤作为数据主干时,要使用光纤接线盒接合,并使用光纤跳线与光纤网络设备连接。

5. 设备间子系统设计

设备间子系统的设计主要是设计设备间内网络设备、主机系统等与各楼层的工作站终端、电话等设备组成的应用系统。同时还要注意设备间的物理条件要求,通风、无尘。

6. 建筑物接入系统

建筑物接入系统是建筑物系统的接口,主要作用是保护布线系统,避免超负荷运行或雷击等。

13.3　综合布线的工程设计

综合布线应首先考虑保护人和设备的安全,严格按照规范进行设计,确保工程的顺利进行。在布线工程设计中,首先要详细了解布线环境和布线需求,熟悉布线建筑物的形状,根据大楼的具体情况,选用不同的布线结构,设定布线密度,所谓布线密度指的是信息点的密度。通常每个工作区至少有两个信息点出口,每个信息出口连线为4对双绞线。布线的工程设计具体体现在各个子系统中。

13.3.1　工作区子系统的设计

1. 工作区子系统设计概述

工作区子系统由信息插座延伸到工作站终端设备处的连接电缆及适配器组成。它包括信息插座、信息模块、网卡和连接所需的跳线,并在终端设备和输入输出(I/O)之间搭接;终端设备可以是电话、计算机和数据终端,也可以是仪器仪表、传感器的探测器。典型的终端连接系统见图13-3。

工作区的每一个信息插座均可支持电话机、数据终端、微型计算机、电视机、监视及控制等终端设备的设置和安装。一个独立的工作区的服务面积大约在5～10m²,每个工作区设置一部电话机和一台计算机终端设备,当然也可以按照用户要求设置。设计的等级为基本型、增强型、综合型。目前普遍采用增强型设计等级。

1) 工作区设计时的注意事项

(1) 工作区内线槽要布置得合理、美观;

(2) 购买的网卡类型接口要与线缆类型接口保持一致;

(3) 信息插座与计算机设备的距离保持在5m范围内;

(4) 计算所有工作区所需的信息插座和RJ-45所需的数量。

2) RJ-45需求量的常用计算方法

$$m=n\times 4+n\times 4\times 15\%$$

式中,m表示RJ-45的总需求量;n表示信息点的总量;$n\times 4\times 15\%$表示留有的富余量。

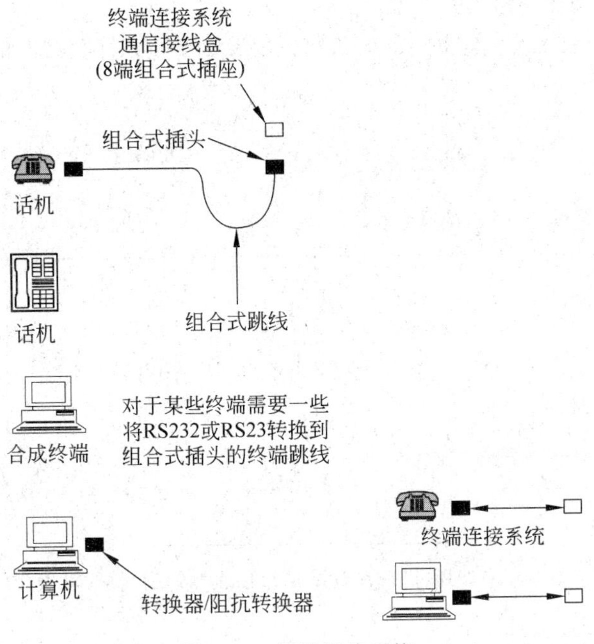

图 13-3　终端连接系统

2. 信息插座连接技术要求

信息插座是终端(工作站)与水平子系统连接的接口,见图 13-4。每个工作区至少要配置一个插座盒。

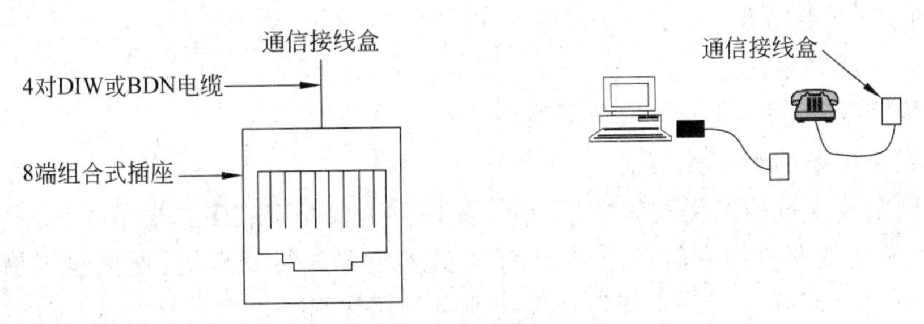

图 13-4　信息插座盒

因为信息插座和信息插头基本上都是统一的标准,综合布线系统可采用不同厂家的信息插座和信息插头。8 针模块化信息输入输出(I/O)插座是为所有的综合布线系统推荐的标准 I/O 插座。

按照标准端接信息插座线对标准颜色如下:

线对 1 白色-蓝色 * 蓝色;

线对 2 白色-橙色 * 橙色;

线对 3 白色-绿色 * 绿色;

线对 4 白色-棕色 * 棕色。

注:线的绝缘层是白色的,以示与其他的颜色区分。对于密封的双绞线对电缆与白

色导体搭配的导体是作为它的标记。

按照T568A(ISDN)标准布线的8针模块化引针与线对的分配如图13-5所示。

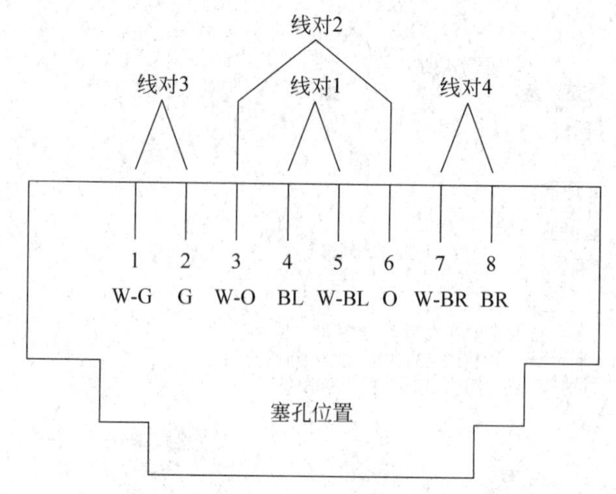

图13-5 按照T568A标准信息插座8针引线/线对安排

13.3.2 水平干线子系统的设计

1. 水平干线子系统设计概述

水平子系统处于一个楼层,该子系统的设计涉及水平线缆的类型、水平线缆长度的设计等。水平子系统设计依据是利用大楼布线平面图和信息点数来设计并计算线缆长度的。设计的要点主要有4点:

(1) 确定线路走向;

(2) 确定线缆、槽、管的数量和类型;

(3) 确定电缆的类型和长度;

(4) 确定辅助设施的类型和数量,如需要用多少根托架或多少根吊杆等。

其中,确定线路走向一般由用户、设计人员和施工人员到现场,根据建筑物的物理位置和施工难易度来确立。确定线缆长度一般可利用线缆长度的计算公式来计算。不过电缆的计算公式有多种,设计时可以根据具体情况进行选择。

① 总长度 m=所需总长+所需总长×10%+n×6

其中,所需总长指 n 条布线电缆所需的理论长度;所需总长×10%为备用部分;n×6为端接容差。

② 整幢楼的用线量=(水平长度+楼层高度×2)×1.15

双绞线一般以箱为单位订购,每箱双绞线长度为305m。

$$用线箱数=总长度/1000+1$$

2. 水平干线子系统布线线缆种类

在水平干线布线系统中常用的线缆有4种:

(1) 100 非屏蔽双绞线(UTP)电缆;

(2) 100 屏蔽双绞线(STP)电缆;

(3) 50 同轴电缆;

(4) 62.5/125μm 光纤电缆。

3. 水平子系统布线的拓扑结构和布线方案

水平布线采用星状拓扑结构,信息插座分别连接物理终端,每个工作区的信息插座都要和管理子系统相连。水平电缆的最大长度为90m。布线时根据建筑物的结构、用途来确定布线方案。最好能在天花板上走线,如果不具备在天花板上走线的条件,也可以采用4对双绞线,内部走线。

水平子系统的布线方式,通常采用直接埋管式、先走线槽再分管方式和地面线槽方式3种类型。布线时设计者要根据建筑物的结构特点,从布线规范、施工方便等几个方面考虑,选择最佳的水平布线方案,如采用直接埋管式或者采用先走吊顶内线槽,再走支管到信息出口的方式等。

13.3.3　垂直干线子系统的设计

1. 垂直干线子系统设计简述

垂直干线子系统是系统的大动脉,它的任务是通过建筑物内部的传输电缆,把各个服务接线间的信号传送到设备间,并直至传送到最终接口,再通往外部网络。设计时要考虑以下几点:

(1) 确定每层楼的干线要求;

(2) 确定整座楼的干线要求;

(3) 确定干线电缆的长度;

(4) 确定从每一楼层到设备间的干线电缆的路由。

2. 垂直干线子系统的结构

垂直干线子系统的结构主要有星状结构、总线型结构、环状结构和树状结构。

1) 星状拓扑结构

星状拓扑结构由一个主配线架向外辐射延伸到各个楼层配线架组成。星状拓扑结构容易维护管理,配置灵活,易于检测,便于隔离故障。但依赖于中心节点。如果主配线架出现故障,则全系统处于瘫痪。

2) 总线型拓扑结构

总线型拓扑结构采用公共主干线作为传输介质,所有的配线架都通过相应的分配线间的设备口直接与主干线连接。每一个设备所发送的信号都可以沿主干线传送,而且其他分配间的所有设备都可接收。

3) 环状拓扑结构

环状拓扑结构通过各分配间的有源设备相接形成一个环状回路。

4) 树状结构

树状结构是一种分层结构,具有主要接点和各从节点,适用于分级控制系统。

通常推荐的布线系统的拓扑结构是星状拓扑结构,见图 13-6。

设计时首先确定从管理间到设备间的干线路由,垂直干线子系统负责把各个管理间的干线连接到设备间。

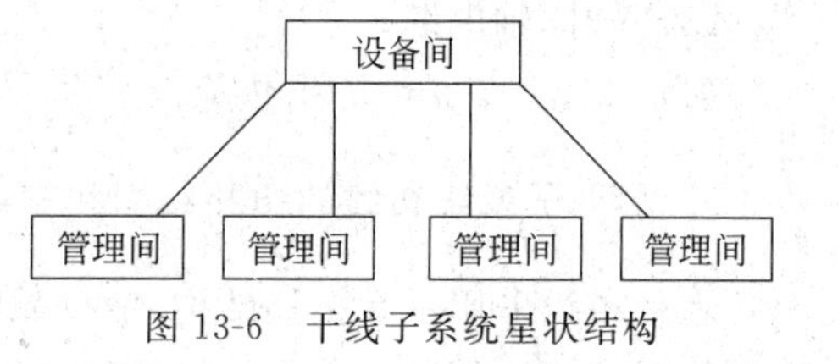

图 13-6 干线子系统星状结构

13.3.4 管理间子系统的设计

管理子系统由每层分设的配线间组成,包括交连、互连和 I/O。用来管理该层的信息点,提供与其他子系统连接的手段,使整个综合布线系统及其所连接的设备、器件等构成一个完整的有机体。作为管理间一般有以下设备:

- 机柜,每个配线间都设有一个标准的机柜;
- 集线器;
- 信息点集线面板;
- 语音点集线面板;
- 集线器的整压电源线。

设计管理子系统时,首先确定数据机柜,在机柜上安装上跳线面板和光纤跳线架,语音跳线架与水平线缆相连;其次要确定话音和数据线路要端接的电缆对总数,并分配好话音或数据线路所需的终端条带;确定采用的交连硬件和交连硬件的位置;最后绘制整个布线系统即所有子系统的详细施工图。

13.3.5 设备间子系统设计

设备间子系统是一个公用设备存放的场所,由设备间中的电缆、连接器和有关的支撑硬件组成。设备间是安装进出线设备并进行布线系统管理与维护的地方。主要设备有数字程控交换机、路由器等,也是设备日常管理的地方,设备间的位置、大小等应根据设备间的进出线量、规模、管理等因素综合考虑。在设计设备间时应该注意,设备间应尽可能靠近建筑物电缆引入区和网络接口,最好设在位于干线的中间位置;要有良好的环境,保证安全可靠;设备间最好在服务电梯附近,便于装运笨重设备;尽量避开强电磁场的干扰源,不能设在建筑物的最高层或地下层,尽量远离噪声源。

至于设备间的使用面积,可以用下面的方法来确定:

$$S=K\cdot A$$

S——设备间使用的总面积;

K——系数,每一个设备预占的面积,一般 K 选择 5、6、7 三种(根据设备大小来选择);

A——设备间所有设备的总数。

通常设备间最小使用面积$\geq 20\text{m}^2$。

设备间子系统设计时涉及环境问题比较多,所以不要忽视了环境问题。具体包括温度和湿度、尘埃、照明、供电、电磁场干扰、安全、建筑物防火与内部装修等。

13.3.6　建筑群子系统的设计

一个企业或者园区可能分散在几幢相邻建筑物或不相邻建筑物内办公。但彼此之间可用传输介质和各种支持设备(硬件)连接在一起组成一个建筑群综合布线系统。连接各建筑物之间的缆线组成建筑群子系统。

1. 建筑群子系统的布线原则

建筑群子系统布线时,应该遵循的原则有:

(1) 了解布线现场的特点,如共有多少座建筑物,整个工地的范围有多大等。

(2) 确定建筑物的电缆入口和电缆系统的参数,如确认每座建筑物的层数,电缆的起点位置、端接点位置和各个入口管道的位置等。

(3) 确定电缆的布线方法及地下公用设施的位置。

(4) 选择所需电缆类型和规格。确定所需的线缆数和电缆长度及其规格,画出所选定路由的位置和布线结构图。

(5) 确定每种方案所需的成本,包括劳务成本,材料成本和其他成本。

2. 建筑群子系统中的电缆布线方法

在建筑群子系统中电缆布线方法主要有 4 种:

(1) 架空电缆布线;

(2) 直埋电缆布线;

(3) 管道系统电缆布线;

(4) 隧道内电缆布线。

在建筑物之间通常有地下通道,大多是供暖供水的,利用这些通道来敷设电缆不仅成本低,而且可利用原有的安全设施。

13.4　网络工程施工实用技术

综合布线的工程组织和实施是实践性很强的工作,具有阶段性、经验性和工艺性。这是一个系统工程,要把一个优化的综合布线系统设计方案最终在智能大厦中完美体现,工程组织和实施是一个十分重要的环节,其主要过程包括施工方案和施工图设计,系统所有材料的选配,综合布线工程与土建工程在工期进度上的配合方案,预埋管线、桥架敷设,线缆敷设,连接件安装,测试,验收。

13.4.1　网络工程布线施工技术

1. 布线工程施工的过程

结构化布线设计时,应该遵循综合布线的设计标准,在详细调研的基础上,确定布线方案。当选择出性价比最优的一套方案后，下一步就是工程的实施，布线施工的主要步骤是：

(1) 现场调查，包括走线路由，需要根据建筑物的特点，充分利用现有空间，避开电源线路等，对线缆等进行必要的保护，确定施工的可行性和工作量。

(2) 规划设计和预算。对所做的规划进一步修正，如果用户批准了所做的规划设计以及预算，就要进一步计算用工用料，提出预算工期及施工安排等，双方签字认可。

(3) 设计综合布线实际施工图。确定布线的走向位置，供施工人员、督导人员和主管人员使用。

(4) 备料。网络工程施工过程需要许多施工材料，这些材料有的必须在开工前就备好料，有的可以在开工过程中备料。

① 光缆、双绞线、插座、信息模块、服务器、稳压电源、集线器等；

② 不同规格的塑料槽板、PVC防火管、蛇皮管、自攻螺丝等布线用料就位；

③ 如果集线器是集中供电，则准备好导线、铁管和制订好电器设备安全措施；

④ 制定施工进度表(要留有适当的余地，以便协调施工过程中临时出现的问题)。

(5) 向工程单位提交开工报告，进行施工。

(6) 现场认证测试，制作测试报告。

① 工作间到设备间连通状况；

② 主干线连通状况；

③ 信息传输速率、衰减率、距离接线图、近端串扰等因素。

(7) 制作布线标记系统，布线的标记系统要严格按照标准，标记要有十年以上的保用期。

(8) 编写文档，验收。在上述各环节中必须建立完善的文档，作为验收的一部分。

2. 施工过程中要注意的事项

(1) 施工过程中要认真负责，及时处理施工进程中出现的各种情况，协调处理各方意见；

(2) 如果现场施工出现问题，应及时向工程单位汇报，并提出解决办法，以免影响工程进度；

(3) 对工程单位新增加的点要及时在施工图中反映出来；

(4) 当电缆的接头处反缠绕开的线段的距离不应超过2cm，过长会引起较大的近端串扰；

(5) 在接头处，电缆的外保护层需要压在接头中，而不能在接头外，这样，当电缆受到外界的拉力时受力的就可以是整个电缆；

(6) 在电缆布线施工时，电缆的拉力是有一定限度的，一般为9kg左右，因此注意不要使电缆受力过大，过大的拉力会破坏电缆对绞的匀称性；

(7) 要及时进行阶段检查验收，确保工程质量；

(8) 制订工程进度表。

3. 工程施工结束时注意事项

(1) 清理现场，保持现场清洁、美观；
(2) 对墙洞、竖井等交接处要进行修补；
(3) 各种剩余材料汇总，并把剩余材料集中放置一处，并登记其还可使用的数量；
(4) 做总结材料。
① 开工报告；
② 布线工程图；
③ 施工过程报告；
④ 测试报告；
⑤ 使用报告；
⑥ 工程验收所需的验收报告。

13.4.2 布线技术

1. 路由选择技术

在选择布线时，两点间最短的距离不一定就是最佳的路由。路由选择的原则是要选择最容易布线的路由，要考虑便于施工，便于操作，即使不是最短的距离、应用了最少的电缆也要如此。不过，如何布线要根据建筑结构及用户的要求来决定。要选择好的路径，布线设计人员要考虑以下几点。

1) 了解建筑物的结构

对布线施工人员来说，需要彻底了解建筑物的结构，因为绝大多数布线线缆是走地板下或天花板内，所以要对地板和吊顶内的情况了解清楚。要准确地知道，什么地方能布线，什么地方不易布线并向用户方说明，见图 13-7 线缆路由。

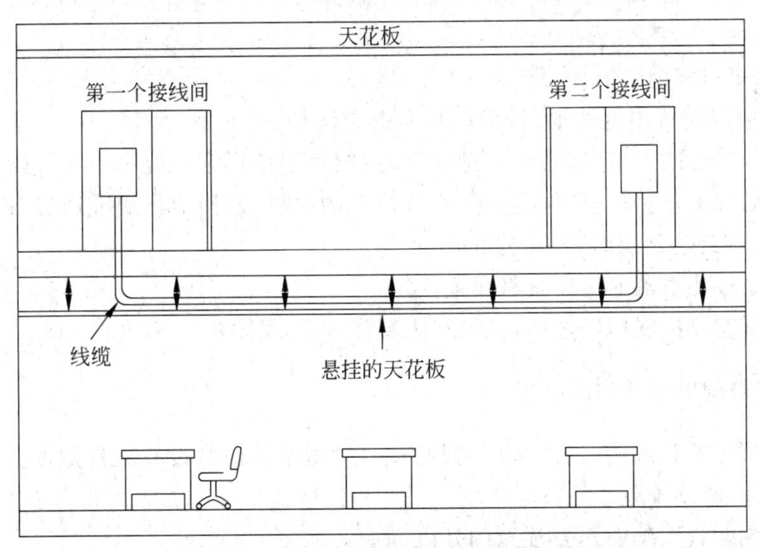

图 13-7　线缆路由选择

现在绝大多数的建筑物设计是规范的,并为强电和弱电布线分别设计了通道,利用这种环境时,也必须了解走线的路由,在走线的地方做出标记。同时检查一下有无拉线。如果管道的安装者给后继的安装者留下了一条拉线,则会使布线容易进行,否则要考虑穿接线问题。如果布线的环境是一座旧楼,则必须了解旧线缆是如何布放的,以便于为新的线缆建立路由。

2) 提供线缆支撑

根据布线实际情况和线缆的长度,可以考虑使用托架或吊杆槽。

3) 最大拉力

拉力过大,线缆变型,将引起线缆传输性能下降。线缆最大允许的拉力为:一根4对线电缆,拉力约为100N,二根4对线电缆,拉力约为150N,三根4对线电缆,拉力约为200N,N 根线电缆,拉力为 $N\times50+50$N,不管多少根线对电缆,最大拉力不能超过400N。

2. 建筑物主干线电缆连接技术

建筑物的主干线缆是布线系统的主干系统,它为从设备间到每层楼上的管理间之间传输信号提供通路。敷设主干线缆时,通常可以利用竖井通道,在竖井中敷设主干缆一般有两种方式:向下垂放电缆和向上牵引电缆。

1) 向下垂放线缆

向下垂放线缆的一般步骤如下:

(1) 首先由布线施工人员把线缆卷轴放到最顶层,而且每层上要有人引寻下垂的线缆;

(2) 先在孔洞中安放一个塑料的套状保护物,以防止孔洞不光滑的边缘擦破线缆的外皮,然后将线缆引导进竖井中的孔洞;

(3) 缓慢向下垂放线缆,每一层布线工作人员将线缆引到下一个孔洞,直至最后安放好线缆。

2) 向上牵引线缆

向上牵引线缆可用电动牵引绞车,其牵引方法是:

(1) 按照线缆的质量,选定绞车型号,并按绞车制造厂家的说明书进行操作;

(2) 启动绞车,垂放一条拉绳直到安放线缆的底层;慢慢地将线缆通过各层的孔向上牵引,缆的末端到达顶层时,便可停止;

(3) 在地板孔边沿上用夹具将线缆固定;

(4) 当所有连接制作好之后,从绞车上释放线缆的末端。

3. 建筑群间电缆线布线技术

在建筑群中敷设线缆,一般采用两种方法,即地下管道敷设和架空敷设。

1) 管道内敷设线缆

在管道内敷设线缆时需要注意的几点问题:

(1) 了解管道中是否还有其他线缆;

(2) 了解管道中的拐弯数；

(3) 了解线缆的性能，掌握线缆的粗细和重量。

2) 架空敷设线缆

架空线缆敷设时，一般电杆以30～50m的间隔距离为宜，根据线缆的质量选择钢丝绳，架设光缆。

4. 建筑物内水平布线技术

建筑物内水平布线，可选用天花板、暗道、墙壁线槽等形式，在决定采用哪种方法之前，到施工现场，进行比较，从中选择一种最佳的施工方案。

1) 天花板顶内布线

水平布线最常用的方法是在天花板吊顶内布线。具体施工步骤如下：

(1) 确定布线路由；

(2) 沿着所设计的路由，在天花板上布线，见图13-8，为了减轻压在吊顶上的压力，可使用支撑物支撑线缆；

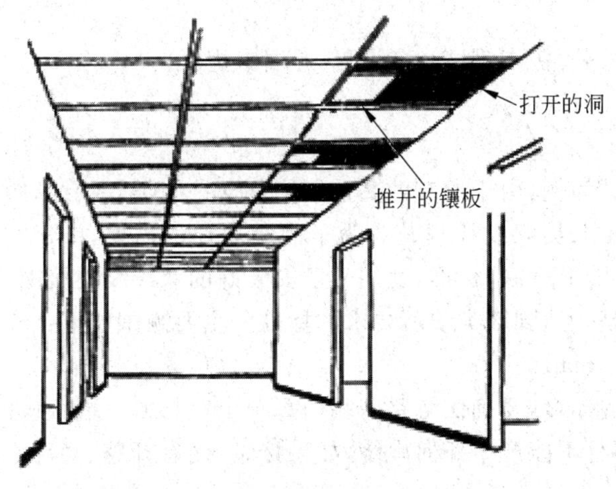

图13-8　移动镶板的悬挂式天花板

(3) 加标注，在箱上写标注，在线缆的末端注上标号；

(4) 在离管理间最远的一端开始，拉到管理间。

2) 暗道布线

暗道布线是在浇筑混凝土时已把管道预埋好地板管道，管道内有牵引电缆线的钢丝或铁丝，安装人员只需了解地板的布线管道系统，就可以制定施工方案。

对于没有预埋管道的建筑物，到要布线的建筑物现场，查清建筑物内电、水、气管路的布局和走向，然后，详细绘制布线图纸，确定布线施工方案。

3) 墙壁线槽布线

在墙壁上布线槽一般遵循下列步骤：

(1) 确定布线路由；

(2) 沿着路由方向放线；

(3) 布线(布线时线槽容量为70%)后盖塑料槽盖。

13.4.3 布线的测试及其相关技术

综合布线工程的测试,可以分做两类:验证测试与认证测试。验证测试是在施工过程中由施工人员边施工边测试,发现问题随时纠正,以保证所完成的每一个连接的正确性。认证测试是指对布线系统依照标准,进行逐项检测,以确定布线是否能够达到设计要求,包括连接正确性和电气性能测试。测试工程中要按照国际标准、使用专业测试仪器进行测试,对每一条链路都给出测试报告。可以说测试水平的高低是检验工程质量是否合格的有效手段。

1. 测试内容

测试内容主要包括:

(1) 工作间到设备间的连通状况;

(2) 主干线连通状况;

(3) 跳线测试;

(4) 信息传输速率、衰减、距离、接线图、近端串扰等。

2. 测试标准

以双绞线的测试为例,由于所有的高速网络都支持5类双绞线,所以用户应该测试一下电缆系统是否满足5类双绞线规范。为了满足用户的需要,EIA(美国的电子工业协会)制定了EIA586和TSB-67标准,适用于已安装好的双绞线连接网络,并提供一个用于“认证”双绞线电缆是否达到5类线所要求的标准。主要测试如下:

1) 接线图(wire map)

用于确认链路的连接,要确认链路一端的每一个针与另一端相应的针连接;确认链路缆线的线对正确,而且不能产生任何串绕,如果接错,便有开路、短路、反向、交错和串对5种情况出现。

2) 链路长度

链路长度可以用电子长度测量来估算,而电子长度测量是基于链路的传输延迟和电缆的额定传播速率(Nominal Velocity of Propagation,NVP)值而实现的。NVP表示电信号在电缆中传输速度与光在真空中传输速度之比值。当测量了一个信号在链路往返一次的时间后,就得知电缆的NVP值,从而计算出链路的电子长度。如果长度超过指标,则信号损耗较大。

NVP的计算公式如下:

$$\mathrm{NVP}=(2\times L)/(T\times \mathrm{c})$$

其中,L——电缆长度;T——信号传送与接收之间的时间差;c——真空状态下的光速(300 000 000m/s)。

3) 衰减

指信号在一定长度的线缆中的损耗。随着长度增加,信号衰减也随之增加,同时,衰减随频率而变化，所以要测量应用范围内全部频率上的衰减。

4）近端串扰（NEXT）损耗

NEXT损耗是测量一条UTP链路中从一对线到另一对线的信号耦合，是传送信号与接收信号同时进行时产生的干扰信号。TSB-67中定义对于5类线缆链路必须在1～100MHz的频宽内测试。3类链路是1～16MHz，4类是1～20MHz。

NEXT并不表示在近端点所产生的串扰值，只是表示所在端点的串扰数值。该值随电缆长度的增长而衰减，同时发送端的信号也衰减。实验证明，只有在40m内测得的NEXT是较真实的。

3. 电缆测试

电缆测试一般分为电缆的验证测试和认证测试两部分。

1）电缆的验证测试

电缆的验证测试是测试电缆的基本安装情况，一般使用专用的测试仪器。

2）电缆的认证测试

电缆的认证测试是指电缆除了正确的连接以外，还要满足有关的标准，即安装好的电缆的电气参数（例如衰减、NEXT等）是否达到有关规定所要求的指标。这类标准有TIA、IEC等。

4. 故障诊断

网络故障，除了电缆、网卡等网络设备可能出现故障以外，还有其他网络布线和一些调整变更等，都可能出现故障。所以网络管理人员应对网络有清楚的了解，一旦出现故障能立即定位排除。

此外，可以利用一些测量仪器和测试软件，也可以利用自动测试程序进行测量。

5. 光纤布线系统测试

光纤布线系统的测试是工程验收的必要步骤，只有通过了系统测试，才能表示布线系统的完成。布线系统测试可以从多个方面考虑，设备的连通性是最基本的要求，跳线系统是否有效可以很方便地测试出来，通信线路的指标数据测试相对比较困难，一般都借助专业工具进行。光纤测试通常有连通性测试、端-端损耗测试、收发功率测试和反射损耗测试4种方法。

（1）连通性测试。连通性测试是最简单的测试方法，只需在光纤一端导入光线（如手电光），在光纤的另外一端看看是否有光闪即可。连通性测试的目的是为了确定光纤中是否存在断点。

（2）端-端的损耗测试。端-端的损耗测试采取插入式测试方法，使用一台功率测量仪和一个光源，先在被测光纤的某个位置作为参考点，测试出参考功率值，然后再进行端-端测试并记录下信号增益值，两者之差即为实际端到端的损耗值。

（3）收发功率测试。收发功率测试是测定布线系统光纤链路的有效方法，使用的设备主要是光纤功率测试仪和一段跳接线。

(4) 反射损耗测试。反射损耗测试是光纤线路检修非常有效的手段,它使用光纤时间区域反射仪(OTDR)完成测试工作,基本原理就是利用导入光与反射光的时间差来测定距离,如此可以准确判定故障的位置。

6. 网络文档的组成

网络文档由3种文档组成,即网络结构文档、网络布线文档和网络系统文档。

1) 网络结构文档

网络结构文档由下列内容组成:

(1) 网络逻辑拓扑结构图;

(2) 网段关联图;

(3) 网络设备配置图;

(4) IP地址分配表。

2) 网络布线文档

网络布线文档由下列内容组成:

(1) 网络布线逻辑图;

(2) 网络布线工程图(物理图);

(3) 测试报告(提供每一节点的接线图、长度、衰减、近端串扰和光纤测试数据);

(4) 配线架与信息插座对照表;

(5) 配线架与集线器接口对照表;

(6) 集线器与设备间的连接表;

(7) 光纤配线表。

3) 网络系统文档

网络系统文档的主要内容有:

(1) 服务器文档,包括服务器硬件文档和服务器软件文档。

(2) 网络设备文档,网络设备是指工作站、服务器、中继器、集线器、路由器、交换器、网桥、网卡等。在做文档时,必须有设备名称、购买公司、制造公司、购买时间、使用用户、维护期、技术支持电话等。

(3) 网络应用软件文档。

(4) 用户使用权限表。

13.4.4 布线的验收与鉴定

对网络工程验收是施工方用户方移交的正式手续,也是用户对网络工程施工工作的认可,用户要确认,工程是否达到了原来的设计目标?质量是否符合要求?有没有不符合原设计的有关施工规范的地方?鉴定是对工程施工的水平程度做评价。鉴定评价来自专家、教授组成的鉴定小组,是由专家组和甲方、乙方共同进行的。用户只能向鉴定小组客观地反映使用情况,鉴定小组组织人员对新系统进行全面的考察。鉴定组写出鉴定书提交上级主管部门备案。

作为验收,是分两部分进行的,第一部分是物理验收,第二部分是文档验收。

1. 现场验收

甲方、乙方共同组成一个验收小组，对已竣工的工程进行验收。作为网络综合布线系统，在物理上主要验收的是：

1) 工作区子系统验收

对于众多的工作区不可能逐一验收，由甲方抽样挑选工作间。验收的重点包括线槽走向、布线是否美观大方，符合规范；信息座是否按规范进行安装；面板是否都固定牢靠等。

2) 水平干线子系统验收

水平干线验收主要验收：槽安装是否符合规范，是否接合良好；水平干线与垂直干线、工作区交接处是否出现裸线，有没有按规范去做；水平干线槽内的线缆有没有固定等。

3) 垂直干线子系统验收

垂直干线子系统的验收除了类似于水平干线子系统的验收内容外，还要检查楼层与楼层之间的洞口是否封闭，以防火灾出现时，成为一个隐患点；线缆是否按间隔要求固定；拐弯线缆是否留有弧度等。

4) 管理间、设备间子系统验收

管理间、设备间子系统验收主要检查设备安装是否规范整洁。

另外，在施工过程中应随工检查，发现不合格的地方，做到随时返工。

2. 文档与系统测试验收

文档验收主要是检查乙方是否按协议或合同规定的要求，交付所需要的文档。系统测试验收就是由甲方组织的专家组，对信息点进行有选择的测试，检验测试结果。

对于测试的内容主要有：

(1) 电缆的性能测试，包括 5 类线的接线图、长度、衰减、近端串扰要符合规范；超 5 类线的接线图、长度、衰减、近端串扰、时延、时延差要符合规范；6 类线的接线图、长度、衰减、近端串扰、时延、时延差、综合近端串扰、回波损耗、等效远端串扰、综合远端串扰要符合规范等。

(2) 光纤的性能测试，主要包括类型(单模/多模、根数等)是否正确；衰减、反射等是否符合要求。

(3) 系统接地要求小于 4。

3. 鉴定

当验收通过后，就是鉴定程序，乙方要为鉴定会准备的材料有：

(1) 网络综合布线工程建设报告；

(2) 网络综合布线工程测试报告；

(3) 网络综合布线工程资料审查报告；

(4) 网络综合布线工程用户意见报告；

(5) 网络综合布线工程验收报告。

4. 资料归档

在验收、鉴定会结束后，将乙方所交付的文档材料，验收、鉴定会上所使用的材料等一起交给甲方的有关部门存档。

13.5 小　　结

本章围绕网络工程施工过程中各阶段的要点，并结合网络拓扑结构，叙述了网络工程施工过程中的实用技术，包括工作区子系统、水平干线子系统、管理子系统、垂直干线子系统、楼宇(建筑群)子系统、设备间子系统的设计和布线施工以及验收鉴定等。

练习思考题

13-1　结合你所接触的网络画出网络的综合布线图。
13-2　结合实际讨论综合布线系统的组成。
13-3　根据某个实际网络计算所有工作区的电缆、信息插座、RJ-45等的总用量。
13-4　网络验收的主要内容有什么？为什么？
13-5　在布线施工过程中应该注意哪些问题？

第14章 通信网基础

CHAPTER

通信是现代信息社会中包括能源、交通、通信等在内的三大基础结构之一，是现代信息社会运行机体的神经系统。因此，认真地研究、合理地使用通信网这个工具，对于我们及时掌握社会发展动态，把握时代发展脉搏有重要的作用。

本章主要介绍通信和通信网的有关概念和基础知识。

14.1 概 述

通信的基本形式是在信源和信宿之间建立一个传输信息的通道，实现信息的传输。语言、数据、图像等多媒体信息，从信息源开始，经过搜索、筛选、分类、编辑、整理等一系列信息处理过程，加工成信息产品，最终传输给信息消费者，而信息是围绕高速信息通信网络进行的，高速信息通信网是以光纤通信、微波通信、卫星通信等骨干通信网为传输基础，由公众电话网、移动通信网、公众数据网、有线电视网等业务网组成，并通过各类信息应用系统延伸到社会各个领域，从而实现信息资源的共享。

14.1.1 通信网的一般构成

图 14-1 为通信网的基本结构。通信网是由若干用户终端如图 14-1 中

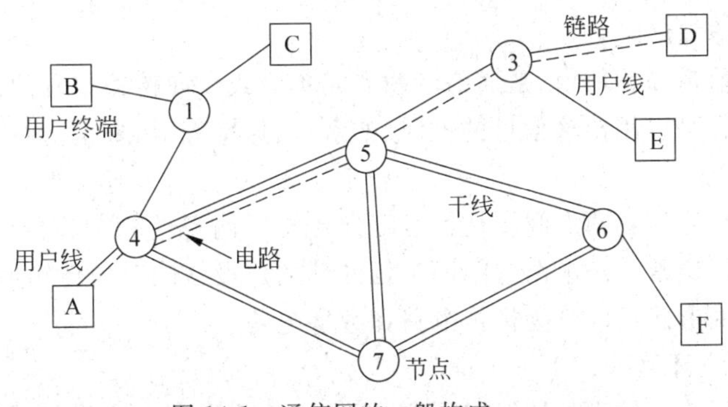

图 14-1 通信网的一般构成

A、B、C等通过传输系统链接起来的。终端与终端之间通过一个或多个节点链接，在节点处提供交换、处理网络管理等功能。传输系统包括用户终端之间、用户终端与节点以及节点之间的各种传输介质和设备。信号可以通过双绞线、同轴电缆、光纤等有线或无线介质传输。实质上，现代通信网一般是由用户终端设备、传输系统和交换设备按照某一种结构组成的。

14.1.2 通信网构成的基本要素

1. 终端设备

终端设备是通信网中的源点和终点，它除对应于信源和信宿之外还包括一部分变换和反变换装置。终端设备主要功能为：一是发送端将发送的信息转变成适合信道上传送的信号，接收端则从信道上接收信号，并将之恢复成能被利用的信息；二是能产生和识别网内所需的信令信号或规则，以便相互联系和应答。常用的用户终端设备有电话机、传真机、各种数据终端、图像终端等。

2. 传输系统

传输系统是指完成信号传输的媒介和设备总称。它在终端设备与交换设备之间以及交换系统相互之间链接起来而形成网络。传输系统按照传输介质不同，分为有线传输系统和无线传输系统。现代通信网中常见的传输系统有光纤传输系统、数字微波系统、无线电传输系统和卫星传输系统等。通过提供并行的不同带宽的频分多路复用或时分多路复用，可获得各种不同数目的复用信道。传输系统又涉及几个物理概念，如传输信道、电路、用户环路、链路干线和节点，图14-2表示了它们之间的关系。下面分别对它们进行介绍。

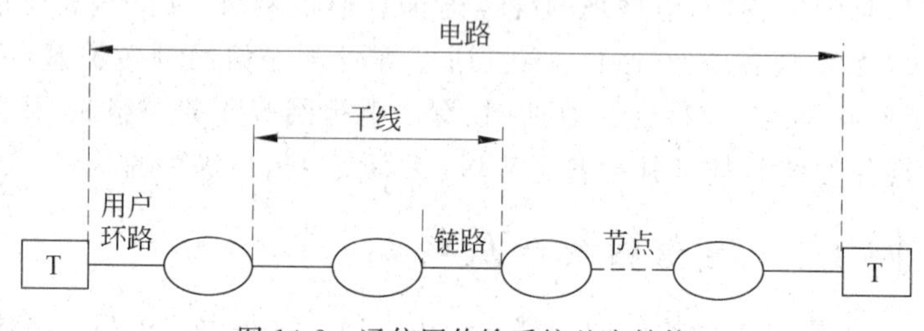

图14-2 通信网传输系统基本结构

1）传输信道

传输信道简称信道，是通信者两点间单向或双向传输信号的通道，包括传输媒介和中间装置。它可以用传输信号的性质(如带宽、速率等)来限定。

2）电路

电路是通信者两点间实现信号双向传输的两条传输信道的组合，以提供完整的一个通信过程。通常一条电路包括两个延伸到用户设备的双向传输信道。电路还可以按设备传送信号的形式不同分为模拟电路和数字电路。

3）用户环路

用户环路也称为本地线或用户线，是一个节点和用户设备或用户分系统之间简单的固定连接。环路可以是双绞线、电缆或其他任意媒体连接。环路可以是二线或四线连接，根据需要提供模拟或数字信号传输。

4）链路

传输全链路简称链路，是指两个相邻节点间或终端设备和节点之间的信道（或电路）段，通常是指两个配线架之间的一段。通路是指从出发点到接收点的一串节点和链路，即是跨越网络一部分而建立路由的“点-点”连接。链路的主要特征是在两点间具有规定特性的传输手段，如无线链路、同轴链路或 2Mb/s 链路。所谓的数据链路是由数据通信协议和设备组成的能够传输数据信号的链路。

5）干线

一条干线可以由一条或多条串联的链路组成。两个交换中心或节点之间通过干线连接。干线连接通常是以交换为基础，由许多用户复用或用户分系统复接的大容量电缆、光纤或无线电传输通路，在干线的两端提供适合节点工作的设备，例如复接器。当提供两条或两条以上的并联链路作为干线使用时，就组成了群路，如综合数字网的干线包含了数据、语音等多种链路。

6）节点

节点是用户环路和链路或链路之间的分配点。节点配备设备的范围可以从二线/四线混合线圈，到包括电路或信息交换、接线、信号处理、业务管理和技术控制等非常复杂的设备。

3. 交换设备

交换设备根据寻址信息和网控指令进行链路连接或信号导向，以使通信网中的多对用户建立信号通路，交换设备以节点的形式与邻接的传输链路一起构成各种拓扑结构的通信网，是现代通信网的核心。对不同业务的通信网，交换设备的性能要求也不同，例如，对电话网交换的要求是不允许对通话的传输产生延时。因此，目前主要是采用直接接续通话电路的交换方式，也有用报文交换和分组交换方式。对于主要用于计算机通信的数据网，由于计算机终端或数据终端可能有各种不同的速率，同时为了提高传输链路的利用率，可将输入的信息流进行存储，然后再转发到所需要的链路上去，这种方式叫做存储转发交换方式。这种交换方式可以达到充分利用链路的目的。

14.1.3 通信网的分类

在不同应用范围和不同应用目标下，信息网络具有不同的含义。

（1）按通信的业务类型分类：分为电话通信网、数据通信网、电视网、多媒体通信网、计算机通信网（局域网、城域网和广域网）、综合业务数字网等。

（2）按通信的传输手段分类：分为长波通信网、载波通信网、光纤通信网、无线电通信网、卫星通信网等。

（3）按通信覆盖的区域分类：分为市话通信网、长话通信网、国际通信网、局域网、城域网和广域网等。

（4）按通信服务的对象分类：分为公用通信网、专用通信网。

(5) 按通信传输处理信号的形式分类：分为模拟通信网、数字通信网。

(6) 按通信的活动方式分类：分为固定通信网、移动通信网。

在一般意义上可以将信息网络分成电话通信网、计算机通信网和有线电视网等3种类型。以话音为主的电话通信网包括公用电话交换网(Public Switched Telephone Network,PSTN)、专用通信网、移动通信网。以数据为主的通信网包括分组交换公用数据网(Packet Switched Public Data Network,PSPDN)、X.25网、数字数据网(Digital Data Network,DDN)、帧中继网(Framc Relay Network,FRN)。计算机通信网包括局域网(Local Area Network,LAN)、城域网(Metropolitan Area Network,MAN)、广域网(Wide Area Network,WAN)等形式。其中高速局域网有光纤分布式数据接口(FDDI)和吉(千兆)比特以太网,高速城域网有分布式队列双总线(DQDB)和交换式多兆位数据服务(SMDS),广域网有 Internet 等典型网络。有线电视网(CATV)以视频业务为主要业务。

14.1.4 通信网的业务

借鉴传统ITU-T建议的方式,根据信息类型的不同将业务分为4类：电话业务、数据业务、图像业务、视频和多媒体业务。

1. 电话业务

目前通信网提供固定电话业务、移动电话业务、VoIP、会议电话业务和电话语音信息服务业务等。该类业务不需要复杂的终端设备,所需带宽小于64kb/s,采用电路或分组方式承载。

2. 数据业务

低速数据业务主要包括电报、电子邮件、数据检索等。该类业务主要通过分组网络承载,所需带宽小于64kb/s。高速数据业务包括局域网互联、文件传输、面向事物的数据处理业务,所需带宽均大于64kb/s,采用电路或分组方式承载。

3. 图像业务

图像业务主要包括传真、CAD/CAM图像传送等。

4. 视频和多媒体业务

视频和多媒体业务包括可视电话、视频会议、视频点播、普通电视、高清电视等。该类业务所需的带宽差别很大,如会议电视需要64kb/s～2Mb/s,而高清电视需要140Mb/s左右。

目前通信网业务存在的主要问题是,大多数业务都是基于旧的技术和现存的网络结构实现的,因此除了基本的语音和低速数据业务外,大多数业务的服务性能都与用户实际的要求存在不小的差距。

5. 承载业务与终端业务

目前，还有另一种广泛使用的业务分类方式，即按照网络提供业务的方式，将业务分为 3 类：承载业务、用户终端业务和补充业务，如图 14-3 所示。

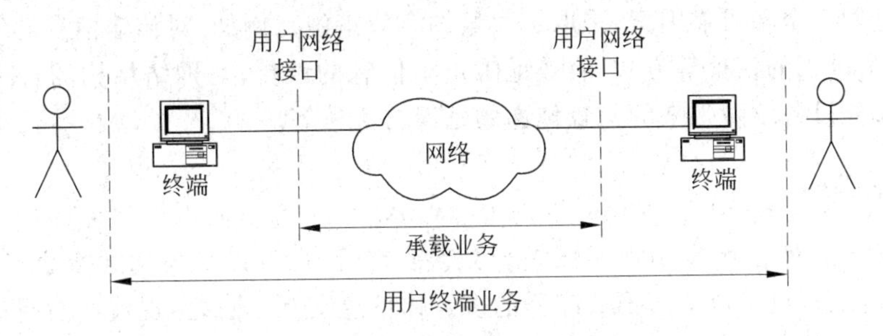

图 14-3　承载业务和用户终端业务

(1) 承载业务：网络提供的单纯的信息传送业务，具体地说，是在用户网络接口处提供的。网络用电路或分组交换方式将信息从一个用户网络接口透明地传送到另一个用户网络接口，而不对信息做任何处理和解释，它与终端类型无关。一个承载业务通常用承载方式(分组还是电路交换)、承载速率、承载能力(语音、数据、多媒体)来定义。

(2) 用户终端业务：所有各种面向用户的业务，它在人与终端的接口上提供。它既反映了网络的信息传递能力，又包含了终端设备的能力，终端业务包括电话、电报、传真、数据、多媒体等。一般来讲，用户终端业务都是在承载业务的基础上增加了高层功能而形成的。

(3) 补充业务：又叫附加业务，是由网络提供的，在承载业务和用户终端业务的基础上附加的业务性能。补充业务不能单独存在，它必须与基本业务一起提供。常见的补充业务有主叫号码显示、呼叫转移、三方通话、闭合用户群等。

未来通信网提供的业务应呈现移动性、带宽按需分配、多媒体性、交互性等特点。

14.1.5　通信网的主要特点

现代通信网主要建立以城市为中心固定的等级结构网络，结合区域蜂窝结构的移动通信网络，为用户提供快捷方便的信息服务。随着科技的不断发展，先进的科学技术成果优先在通信领域推广和应用，为通信网的快速发展提供了强大的物质基础。现代通信网的快速发展，为更多的用户提供了综合化和个性化的通信服务功能。其特点有以下几个方面。

1. 方便快捷

功能强大的通信终端可为用户提供方便的使用条件。电话机、传真机、计算机等通信终端使用非常便利，操作者不再需要漫长的等待，而是通过简单的几个按键操作或单击鼠标，即可向远在万里的人们传递信息，达到信息交流的目的。

2. 安全可靠

现代通信网是社会的神经系统,已成为社会活动的主要机能之一,人们迫切希望现代通信网能够在传递信息中提供安全、可靠的保障。现代通信网的服务功能充分考虑了用户传递信息的安全和可靠因素,采取了大量的有效措施。例如,对传输信息的传输链路进行加密、网络进入的认证等方式,有效地防止了信息的误传;对网络结构的合理安排有效地解决了部分设备故障带来的信息传递的延误与丢失等。

3. 灵活多样

在现代通信网络中,双方既可以进行文字的交流,也可以交换和共享数据信息;既可以进行语音传送,也可以进行形式多样的多媒体信息交互。总之,现代通信网提供了丰富多彩、灵活多样的信息服务。

4. 覆盖面广

现代通信网拉近了人与人之间的距离,增进了人与人之间的交流。无论是外出办事、商务活动,还是探亲访友;无论是在国内活动,还是在国外旅游,现代通信网都能提供广泛的信息交流服务。无怪乎人们都说:“地球变小了,成了地球村了”。

14.2 通信网基础技术

14.2.1 电话网

1. 固定电话网

固定电话网主要有固定电话网和移动电话网(前面已讲)、IP电话网。

(1) 电话网的组成。

(2) 长途两级网的等级结构。

目前我国电话长途网已由四级向两级转变。DC1构成长途两级网的高平面网(省际平面);DC2构成长途网的低平面网(省内平面)。然后逐步向无级网和动态无级网过渡。

① DC1的职能主要是汇接所在省的省际长途来去话务,以及所在本地网的长途终端话务;

② DC2职能主要是汇接所在本地网的长途终端来去话务。

(3) 本地网。本地电话网简称本地网,是在同一长途编号区范围内,由若干个端局,或由若干个端局和汇接局及局间中继线、用户线和话机终端等组成的电话网。

2. 综合业务数字网(ISDN)

IDN是数字传输与数字交换的综合,IDN实现从本地交换节点至另一端本地交换节点间的数字连接,但并不涉及用户连接到网络的方式。

ISDN是以电话IDN为基础发展演变而成的通信网,能够提供端到端的数字连接,提供包括话音和非话在内的多种电信业务,用户能够通过一组有限的、标准的多用途用户/网络接口接入网内,并按统一的规程进行通信。ISDN 分为窄带综合业务数字网(N-ISDN)和宽带业务数字网(B-ISDN)。

ISDN 不是一个新建的网络,而是在电话网基础上加以改进形成的,其传输线路仍然采用电话 IDN 的线路。

3. 移动通信网

前面已讲述移动通信系统要组成移动通信网,这就有业务和服务等多因素,从通信网的三要素来看,它首先要有交换设备这些主要是指移动交换机,传输链路主要是由两大部分组成,一部分各交换机间主要采用光纤联至基站,而基站至移动电话机(端机)主要是无线覆盖,是由蜂窝小区组成的无线覆盖区域。

4. IP 电话网

IP 电话指在 IP 网上传送的,具有一定服务质量的语音业务。

IP 电话网基本模型如图 14-4 所示,主要包括 IP 电话网关、IP 承载网、电话网管理层面及电路交换网接入(PSTN/ISDN/GSM)等几个部分。

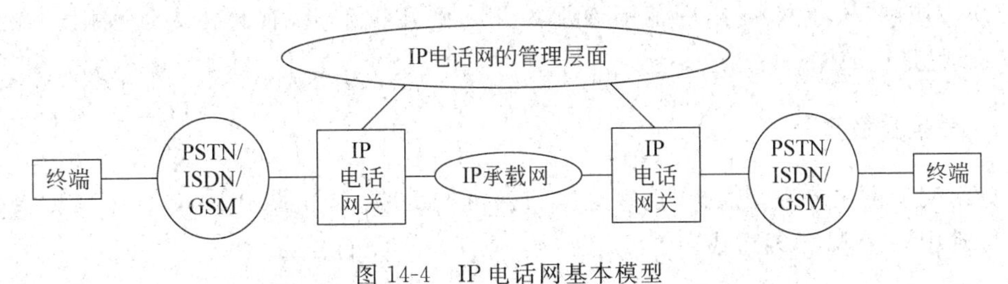

图 14-4　IP 电话网基本模型

IP 电话业务按照通话方式可分为 3 种形式:电话到电话(Phone to Phone)、计算机到电话(PC to Phone)和计算机到计算机(PC to PC)。

5. 智能网

1) 智能网的概念

智能网是在原有通信网络的基础上,为快速、方便、经济、灵活地提供各种新业务而设置的附加网络结构。其核心是运用新的技术和软件,高效地向用户提供各种新业务。智能网将业务的控制功能与网络的交换功能彻底分离,从而改变了由交换机提供业务的传统方式,业务的生成和实现均由智能网中的相应功能部件执行。

2) 智能网业务简介

当前在国际上使用比较普遍的智能业务主要有电话卡业务(300 业务)、被叫付费业务(800 业务)、虚拟专用网业务(600 业务)、个人通信号码业务(700 业务)、电话投票业务(400 业务)、优惠费率业务和大众呼叫业务、预付费业务(PPS)。我国的智能网目前可提供的业务主要有短信业务、300 业务、800 业务、600 业务和预付费业务等。随着智能网不断的发展,新业务也将不断产生。

14.2.2 数据通信(计算机通信)网

1. 数据通信网概念及分类

数据通信网传送和交流的主要是数据信息,其终端主要是机器而不是人,当终端是服务器和计算机时,人们常称为“计算机网”。

1) 按网络拓扑结构分类

在数据通信中,骨干网一般采用网状网或树状网,本地网中可采用星状网。

2) 按传输技术分类

按传输技术分类可分为交换网和广播网。

(1) 交换网。此种网络由交换节点和通信链路构成。

(2) 广播网。在广播网中,每个数据站的收发信机共享同一个传输媒质。

(3) 按传输距离分类

① 局域网:传输距离一般在几千米以内,速率在10Mb/s以上。

② 城域网:传输距离一般在50~100km之内,传输速率比局域网还高。目前以光纤为通信媒体,能提供45~150Mb/s的高速率。

③ 广域网(核心网):作用范围通常为几十到几千千米,有时称为远程网。今天的Internet就是广域网。

2. 分组交换网

分组交换网由分组交换机、连接这些交换机的链路、远程集中器(含分组装拆设备)、网络管理中心(NMC)等组成。

3. 帧中继和DDN网

帧中继(Frame Relay)是综合业务数字网标准化过程中产生的一种重要技术,它是在传输线路数字化和用户终端智能化的趋势下,由X.25分组交换技术发展起来的一种传输技术。它在用户-网络接口之间提供用户信息帧的双向传送,并保持顺序不变。

数字数据网(Digital Data Network,DDN)是利用光纤、数字微波、卫星等数字信道,进行数据通信的基础网络,主要为用户提供永久或半永久的出租数字线路。

我国的帧中继网络以DDN为物理传输基础。

4. 以太网

传统的以太网技术属于计算机网的局域网或用户驻地网(CPN)领域,以太网技术具有应用支持广泛和成本低廉等显著特点,因而发展最快,已成为企事业单位用户自己组建网络的主导接入方式。

图14-5给出了一种基于以太网技术的典型系统结构,它由局侧设备和用户侧设备组成。局侧设备与IP骨干网相连,支持用户认证、授权、计费、IP地址动态分配及QoS保证等功能,另外还提供业务控制功能和对用户侧设备网管信息的汇聚功能。

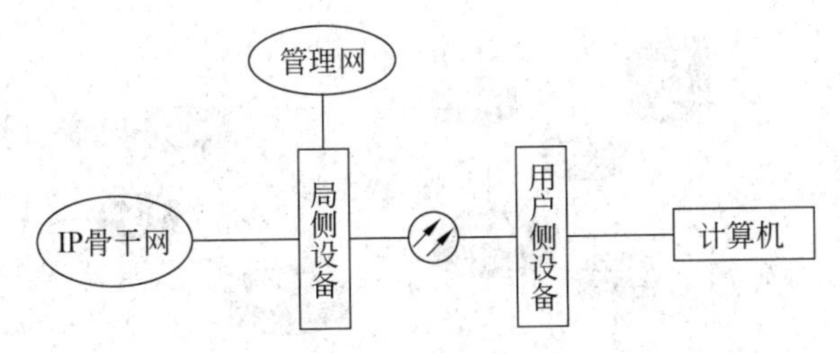

图 14-5 基于以太网技术的典型系统结构

5. 因特网(Internet)与 IP 网络

在全球范围内,有各种类型的数据通信网,如何使这些网络互联互通?这就是当前发展最快的互联网即因特网(Internet),它是在全球范围内,将前面讲到的电路交换网、分组网、帧中继网、以太网、ATM 网以及局域网、广域网、城域网等各种不同规模的计算机网,包括计算机工作站、服务器、中大型机甚至巨型计算机,根据人们信息业务发展的需要,按共同遵守的协议,用现代通信系统或者说有金属电缆(双绞缆、同轴电缆、专用电缆)以及光缆、微波、卫星等传输链路(有线、无线)连接起来,组成区域性的,甚至可组成全球范围的四通八达的“网络的网络”,使之共享信息资源。由计算机组成的全世界范围内的巨大的计算机网络,为世界公民公平地提供有偿或无偿的信息服务的计算机网,我们就称为国际互联网(Internet)。

1) Internet 与 IP 协议

Internet 是由国际间的骨干网、国内骨干网及国际出口、接入网 3 个层次的许多种不同类型的网络互联而成。

根据中继系统所在的层次,可以分为以下 5 种中继系统:

- 物理层中继系统,即转发器;
- 数据链路层中继系统,即网桥或桥接器;
- 网络层中继系统,即路由器;
- 网桥和路由器的混合物,即桥路器;
- 网络层以上的中继系统,称为网关。

2) IP 网络

IP 网络前面已讲述了,因特网在网络的互联中它是用 TCP/IP 协议进行互联的。这里谈到的 IP 网是使用了 TCP/IP 协议的网络。统称为 IP 网。它是一个面向无连接的网络。典型的 IP 网络结构如图 14-6 所示。它主要由路由器,接入服务器和各种数据交换机组成。

(1) IP 地址及其表示方法。所谓 IP 地址,就是给每个连接在 Internet 上的主机分配一个在全世界范围内唯一的 32b 地址。

(2) IP 地址与物理地址。IP 地址放在 IP 数据报的首部,而硬件地址放在 MAC 帧首部。

(3) 子网的划分。现在看来,IPv4 中 IP 地址的设计确实有不够合理的地方。例如,

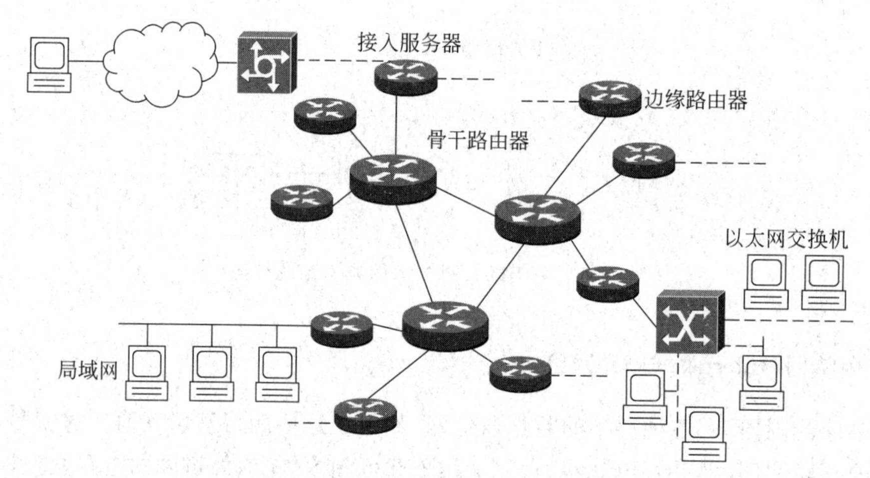

图 14-6 典型的 IP 网络结构图

IP 地址在使用时有很大的浪费。

(4) 地址转换。上面讲的 IP 地址是不能直接用来进行通信的。

Internet 迅速发展暴露出目前使用的协议(IPv4)不适用了。主要问题是 32bIP 地址不够用;另一个原因是它还不适于传递语音和视频等实时性的业务。所以现在已提出下一代的 IPv6。它的主要变化是,IPv6 使用了 128b 的地址空间,并使用全新的数据报格式,简化了协议,加快了分组的转发。

6. 移动分组业务数据网(GPRS)

1) GPRS 基本概念及特点

(1) GPRS 基本概念。

GPRS 是通用无线分组业务的缩写,是介于第二代和第三代之间的一种技术,通常称为 2.5G。

GPRS 是在现有的 GSM 移动通信系统基础上发展起来的一种移动分组数据业务。

(2) GPRS 的特点。

在连接建立时间方面,GSM 需要 10～30s,而 GPRS 只需要极短的时间就可以访问相关请求。

在费用方面,GSM 是按连接时间计费的。

GPRS 还有“永远在线”的特点。

GPRS 还具有数据传输与话音传输可同时进行或切换进行的优势。可实现电话上网两不误。

2) GPRS 网结构

为了实现 GPRS,需要在现有的 GSM 网络中引入 3 种新的逻辑网络实体:服务 GPRS 支持节点(SGSN)、网关支持节点(GGSN)和分组控制单元(PCU)。

3) GPRS 的业务种类

(1) 承载业务。

(2) 短消息业务。

(3) 网络应用业务。

14.2.3 传送网

传送网由许多单元组成,完成信息从一个点传递到另一个点或另一些点的功能,如传输电路的调度、故障切换、业务分离等。传送网是一个庞大的网络。传输链路是信息的传输通道,是连接网络节点的媒介。信道不仅包括单纯的传输媒介,还包括相应的变换设备。

从物理实现角度看,传送网技术包括传输媒介、传输系统和传输节点设备技术。

- 传输媒介:电缆、光纤和自由空间。
- 传输系统:包括传输设备和传输复用设备。传输设备主要有微波收发信机、卫星地面站收发信机和光端机等。为在一定传输媒介中传输多路信息,需要有传输复用设备将多路信息进行复用与解复用。传输复用设备目前分为3大类,即频分复用、时分复用、码分复用。
- 传输节电设备:包括配线架、电分插复用器(ADM)、电交叉连接器(DXC)、光分插复用器(OADM)、光交叉连接器(OXC)等。

另外,不同类型的业务节点可以使用同一个公共的用户接入网,实现由业务点到用户驻地网的信息传送,因此可将接入网视为传送网的一个组成部分。接入设备包括ADSL、PON、无线接入设备等。

14.2.4 支撑网

支撑网是保障业务网正常运行,增强网络功能,提供全面服务质量,以满足用户要求的网络。支撑网主要传送响应的控制、检测信号。支撑网包括信令网、同步网和电信管理网。信令网业务的功能是实现网络节点间(包括交换局、网络管理中心等)信令的传输和转接。同步网的功能是实现在数字交换局之间、数字交换局和传输设备之间的信号时钟同步。电信管理网是为提高全网质量和充分利用网络设备而设置的。网络管理是实时或近实时地监控电信网络的运行,及时地采取控制措施,以达到在任何情况下,最大限度地使用网络中一切可利用的设备,使尽可能多的通信业务得到实现。

14.3 通信网的发展趋势

在当今科技高速发展的年代,信息呈爆炸式出现和广为人们所利用,作为信息的承载体——网络及其发展也格外为人们所重视。因此,研究和探讨未来通信网发展的趋势,从容地应对挑战必须引起人们的高度重视。

具体来讲,现代通信网发展的趋势主要体现在以下5方面。

1. 网络业务数据化

100多年来,通信网的主要业务一直是电话业务,因而通信网一般称为电话通信网。

近年来由于计算机的广泛应用与普及,数据业务正呈现指数式增长态势,平均年增长率达25%~40%,远高于电话业务的增长。可以断言,最终,通信网的业务将主要由数据业务构成,而非电话业务。

2. 网络信道光纤化

鉴于光纤的巨大带宽、小重量、低成本和易维护等一系列优点,从20世纪80年代中期以来,通信网的光纤化一直是包括中国在内的世界各国通信网发展的主要趋势之一。

在新的一轮通信网的光缆建设高潮中,有4个重要的技术新特点。其中是统一采用新一代的非零色散光纤,特别是大有效面积光纤和低色散斜率光纤。目的是为了支撑下一代超高速超大容量通信网。

3. 网络容量宽带化

随着数据业务量特别是IP业务量的飞速增长,主要有以下3大类应用对以电话业务量为主的传统的通信网形成越来越大的压力。

(1) 大量低延时数据业务应用需要高带宽。

(2) 本身带宽窄,但通信量极大的业务应用需要高带宽。

(3) 固有的带宽应用更需要高带宽。

从核心网来看,仅有波分复用链路而不消除节点“电瓶颈”是无法真正实现通信网络容量宽带化。因而,引入以光分插复用器和光交叉连接器节点为特征的光传送网是最终解决网络容量宽带化的手段。

从接入网来看,各种宽带接入技术争奇斗艳。面对日益丰富多彩的多媒体业务和呈爆炸式增长的IP业务的压力,APON可能是一种结合ATM多业务多比特率支持能力和PON透明宽带传送能力的比较理想的长远解决方案,代表宽带接入技术的最新发展方向。这些技术的综合利用,将会给传统通信网带来极高的网络容量。为现代化通信信息的高速大容量传输提供了强大的物质基础。

从现代通信网处理的具体业务上来看,随着信息技术的发展,用户对带宽新业务的需求开始迅速增加。西方和亚洲国家纷纷拨巨资建设自己的信息高速公路。信息高速公路的核心就是B-ISDN。B-ISDN以灵活的数率为用户提供所希望的几乎所有业务。它的基础是新的光干线传输体系、异步转移模式传输方式、复用和交换。

4. 网络接入无线化

100多年来,无论是核心网,还是接入网,通信网基本上是有线通信业务的一统天下。只有在一些特殊的时期和特殊的地区,无线才有过短暂的辉煌。随着语音压缩技术、信号处理技术与智能天线技术的进一步发展,蜂窝移动通信系统的性能价格比还有极大的改进潜力。

5. 网络传输分组化

具有100年历史的电路交换技术尽管有其不可磨灭的历史功勋和内在的高质量、严管理优势。但其基本设计思想是恒定对称的话务量为中心，采用了复杂的分等级时分复用方法，语音编码和交换数率为 64kb/s。

分组化通信网具有传统电路交换通信网所无法具有的优势。随着通信网数据业务量成为主导后，从传统的电路交换技术逐步转向以数据特别是 IP 为基础的整个通信新框架将是历史的必然。

需要指出，从我国具体国情看，由于历史的原因，电话普及率大大落后于发达国家的水平 40%。要实现 2010 年电话普及率 38%的既定目标，还要付出巨大的努力，特别是提高广大农村电话普及率的任务还十分艰巨。

另一方面，随着国家信息化进程的加速，数据通信业务特别是 IP 业务将会成为现代通信业务的新增长点，也是今后业务开发的战略重点，将影响我国未来通信业务的战略性结构重组。为了适应这一全球性大趋势，我国应开始在科研开发、产业化和通信网演进方面做好总体规划和转型准备。

14.4　小　　结

通信是现代信息社会中包括能源、交通、通信等在内的三大基础结构之一。是现代信息社会运行机体的神经系统。通信网是实现通信任务的必要设施，本章就通信系统与通信网重点讨论了如下问题：

(1) 通信系统与通信网；

(2) 通信网分类及特点；

(3) 通信网基础技术及特点分析；

(4) 通信网发展趋势。

通过本章内容的学习，使读者对通信系统与通信网有一个基本的了解。特别是通信网的未来发展状况有一定的把握，以便能够跟上时代发展的潮流，更新自己的知识，更好地利用通信网。

练习思考题

14-1　通信网是如何定义的？

14-2　通信网的构成要素有哪些？

14-3　通信网有哪些主要特点？

14-4　通信网有哪些分类方法？

14-5　现代通信网今后的发展趋势如何变化？

附录A ASCII码

ADDENDUM

二进制	十六进制	字符	二进制	十六进制	字符
0000000	00	NUL	0011101	1D	GS
0000001	01	SOH	0011110	1E	RS
0000010	02	STX	0011111	1F	US
0000011	03	ETX	0100000	20	SP
0000100	04	EOT	0100001	21	!
0000101	05	ENQ	0100010	22	”
0000110	06	ACK	0100011	23	#
0000111	07	BEL	0100100	24	$
0001000	08	BS	0100101	25	%
0001001	09	HT	0100110	26	&
0001010	0A	LF	0100111	27	,
0001011	0B	VT	0101000	28	(
0001100	0C	FF	0101001	29	)
0001101	0D	CR	0101010	2A	*
0001110	0E	SO	0101011	2B	+
0001111	0F	SI	0101100	2C	.
0010000	10	DLE	0101101	2D	—
0010001	11	DC1	0101110	2E	/
0010010	12	DC2	0101111	2F	NUL
0010011	13	DC3	0110000	30	0
0010100	14	DC4	0110001	31	1
0010101	15	NAK	0110010	32	2
0010110	16	SYN	0110011	33	3
0010111	17	ETB	0110100	34	4
0011000	18	CAN	0110101	35	5
0011001	19	EM	0110110	36	6
0011010	1A	SUB	0110111	37	7
0011011	1B	ESC	0111000	38	8
0011100	1C	FS	0111001	39	9

续表

二进制	十六进制	字符	二进制	十六进制	字符
0111010	3A	:	1011101	5D	]
0111011	3B	;	1011110	5E	ˆ
0111100	3C	<	1011111	5F	‘
0111101	3D	=	1100000	60	_
0111110	3E	>	1100001	61	a
0111111	3F	?	1100010	62	b
1000000	40	@	1100011	63	c
1000001	41	A	1100100	64	d
1000010	42	B	1100101	65	e
1000011	43	C	1100110	66	f
1000100	44	D	1100111	67	g
1000101	45	E	1101000	68	h
1000110	46	F	1101001	69	i
1000111	47	G	1101010	6A	j
1001000	48	H	1101011	6B	k
1001001	49	I	1101100	6C	l
1001010	4A	J	1101101	6D	m
1001011	4B	K	1101110	6E	n
1001100	4C	L	1101111	6F	o
1001101	4D	M	1110000	70	p
1001110	4E	N	1110001	1	q
1001111	4F	O	1110010	72	r
1010000	50	P	1110011	73	s
1010001	51	Q	1110100	74	t
1010010	52	R	1110101	75	u
1010011	53	S	1110110	76	v
1010100	54	T	1110111	77	w
1010101	55	U	1111000	78	x
1010110	56	V	1111001	79	y
1010111	57	W	1111010	7A	z
1011000	58	X	1111011	7B	{
1011001	59	Y	1111100	7C	|
1011010	5A	Z	1111101	7D	}
1011011	5B	[	1111110	7E	~
1011100	5C	\	1111111	7F	DEL

参考文献

REFERENCES

[1] 杜煜,姚鸿. 计算机网络基础教程(第2版)[M]. 北京：人民邮电出版社,2008.

[2] 谢希仁. 计算机网络(第5版)[M]. 北京：电子工业出版社,2008.

[3] 蔡开裕. 计算机网络(第2版)[M]. 北京：机械工业出版社,2008.

[4] 王卫红,李晓明. 计算机网络与互联网[M]. 北京：机械工业出版社,2009.

[5] 范立南,周昕. 网络管理员教程[M]. 北京：清华大学出版社,2010.

[6] 谢希仁. 计算机网络教程(第二版)[M]. 北京：人民邮电出版社,2006.

[7] Douglas E. Comer. Computer Networks and Internets Third Edition(影印版)[M]. 北京：清华大学出版社,2002.

[8] Behrouz A. Forouzan. Data Communications and Networking Second Edition(影印版)[M]. 北京：清华大学出版社,2001.

[9] Ata Elahi. Network Communications Technology(英文影印版)[M]. 北京：科学出版社,2002.

[10] Michael A. Miller. Data and Network Communications(英文影印版)[M]. 北京：科学出版社,2002.

[11] J D Wegner Robert Rochell 等著. IP 地址管理与子网划分[M]. 赵英,师雪霖,黄玖梅译. 北京：机械工业出版社,2001.

[12] 赵锦蓉. Internet 原理与应用[M]. 北京：清华大学出版社,2001.

[13] Gilbert Held 著. 数据通信(第6版)[M]. 戴志涛,卞佳丽,郑岩译. 北京：人民邮电出版社,2000.

[14] 李旭. 数据通信技术教程[M]. 北京：机械工业出版社,2001.

[15] 徐超汉. 智能化大厦综合布线系统设计与工程[M]. 北京：电子工业出版社,1999.

[16] 谢小荣,朱理森等. 网络及网络互连技术[M]. 北京：国防工业出版社,2001.

[17] Sami Tabbane 著,李新付等译. 无线移动通信网络[M]. 北京：电子工业出版社,2001.

[18] 敖志刚. 现代高速交换局域网及其应用[M]. 北京：国防工业出版社,2001.

[19] 赵小林. 网络组建技术教程[M]. 北京：国防工业出版社,2002.

[20] 郝卫东等. 企业网组建指南[M]. 北京：清华大学出版社,2001.

[21] 张公忠,陈锦章编著. 当代组网技术[M]. 北京：清华大学出版社,2000.

[22] 桂海员. 现代交换原理[M]. 北京：人民邮电出版社,2002.

[23] 杨明福. 计算机网络技术[M]. 北京:经济科学出版社,2000.
[24] 李宇峰,朱震环,Kevin. 破译思科之CCNA2.0卷[M]. 北京:清华大学出版社,2002.
[25] 谢希仁. 计算机网络教程[M]. 北京:人民邮电出版社,2002.
[26] 王洪,魏惠琴,唐宏. 计算机网络应用教程[M]. 北京:机械工业出版社,2001.
[27] 沈金龙. 计算机通信与网络[M]. 北京:北京邮电大学出版社,2002.
[28] Vito Amato 著. 思科网络技术学院教程[M]. 韩江,马刚译. 北京:人民邮电出版社,2001.
[29] Douglas E Comer 著. 用TCP/IP进行网际互联第1卷:原理、协议与结构(第4版)[M]. 林瑶等,译. 北京:电子工业出版社,2003.
[30] Cisco Systems 公司,Cisco Networking Academy Program 著. 思科网络技术学院教程(第1、2学期)(第3版)[M]. 清华大学,北京大学,北中山大学,华南理工大学译. 北京:人民邮电出版社,2004.
[31] Cisco Systems 公司,Cisco Networking Academy Program 著. 思科网络技术学院教程(第3、4学期)(第3版)[M]. 天津大学,电子科技大学,中山大学译. 北京:人民邮电出版社,2004.
[32] 张国鸣. 网络管理员教程(第2版)[M]. 北京:清华大学出版社,2006.
[33] 范立南,等. 跨越网络工程师必备训练[M]. 北京:清华大学出版社,2006.
[34] 范立南,等. 跨越网络管理员必备训练[M]. 北京:清华大学出版社,2006.
[35] 王相林. 组网技术与配置(第2版)[M]. 北京:清华大学出版社,2007.
[36] 李峰,陈向益. TCP/IP——协议分析与应用编程[M]. 北京:人民邮电出版社,2008.
[37] 刘衍珩,等. 计算机网络(第二版)[M]. 北京:科学出版社,2007,8.
[38] 邓亚平. 计算机网络[M]. 北京:科学出版社,2009,8.
[39] 贾铁军. 网络安全技术及应用[M]. 北京:机械工业出版社,2010,1.
[40] 张卫. 计算机网络工程[M]. 北京:清华大学出版社,2010,1.
[41] 张沪寅,吴黎兵,吕慧,等. 计算机网络管理实用教程. 武汉:武汉大学出版社,2005.
[42] 肖松岭. 网络安全技术内幕. 北京:科学技术出版社,2008.
[43] 李俊娥. 计算机网络基础[M]. 武汉:武汉大学出版社,2006,11.
[44] 范伟林. 关于计算机网络安全问题的研究和探讨[J]. 科技风,2009,2:75.
[45] 岳金波. 浅论新时期计算机网络安全问题产生的原因及防范技术[J]. 光盘技术,2009,1:16.
[46] 谢永红. 网络数据的完整性与安全[J]. 哈尔滨金融高等专科学校学报,2002,72(4):60-61.
[47] 沈其聪. 通信系统教程[M]. 北京:机械工业出版社,2008.1.
[48] 唐宝民,江凌云. 通信网技术基础[M]. 北京:人民邮电出版,2009.2.
[49] 裴昌幸. 现代通信系统与网络测量[M]. 北京:人民邮电出版社,2008.4.
[50] 秦国. 现代通信网概论(第2版)[M]. 北京:人民邮电出版社,2008.11.
[51] 王练,李强,汪血焰,等. 现代通信网[M]. 北京:机械工业出版社,2008.7.
[52] Cisco Systems,Inc. Interconnecting Cisco Network Device. Student Guide. 2000.
[53] http://www.china-infosec.org.cn.
[54] http://www.cns911.com.
[55] http://www.yesky.com/SoftChannel/72356678380552192/20030704/1712057.shtml.
[56] http://www.cnnic.net.cn/annual2002/41.shtml.

质检5